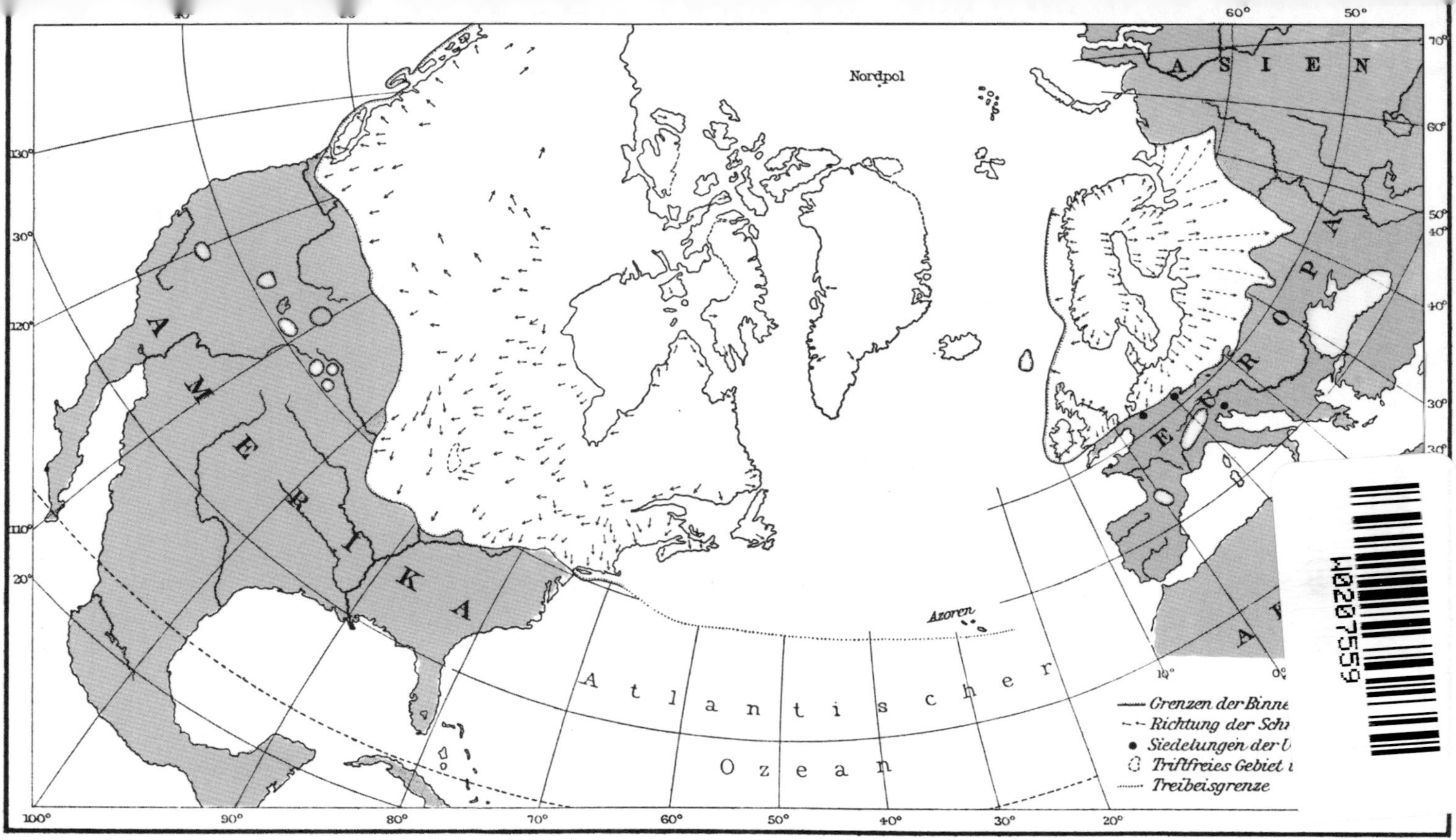

Die Ausdehnung der diluvialen Eisdecken im Ufergebiet des nördlichen Atlantik.

Hans-Joachim Zillmer

IRRTÜMER DER ERDGESCHICHTE

»Die Wissenschaft ist wie die Straßen von New York: nie fertig, und ständig werden sie aufgerissen, oft in großem Umfang.«

A.G. Ingalls (1940)

Verschiedene vom Autor Hans-Joachim Zillmer – verzeichnet in »Who's Who in the World« und »Who's Who in Science and Engineering« – in seinem Bestseller »Darwins Irrtum« vorgestellte neue Hypothesen erregten weltweite Aufmerksamkeit und Anerkennung, wie die »Naturbeton-Theorie« über die wahrscheinlich schnelle Entstehung der Sedimentgesteine. Das von ihm entwickelte »Junge-Erde-Katastrophen-Modell« oder kurz »Junge-Erde-Modell« wurde mittlerweile durch neue wissenschaftliche Untersuchungen gestützt:

- Schiefstellung der Erdachse um 15 bis 20 Grad zu Lebzeiten der Dinosaurier.
- Neue riesige Meteoriteneinschlagsstellen wurden gefunden.
- Neue Überflutungsgebiete (Sintflut) lokalisiert.
- Die Menschheit war einmal fast ausgestorben.
- Die Vögel stammen nicht von Dinosauriern ab.
- Große Säugetiere lebten bereits im Erdmittelalter.
- Die Erde kollidierte mit einem großen Himmelskörper.
- Wissenschaftliche Hinweise auf einen bisher nicht bekannten zusätzlichen Planeten in unserem Sonnensystem.
- Asteroiden aus geschmolzener Lava (Braille) als Reste eines ehemals größeren Himmelskörpers bezeugen eine kosmische Katastrophe in unserem Sonnensystem.

»Wie ein großer Meteorit fräst sich das Weltbild des H.-J. Zillmer in die Gehirnwindungen und zerstört die bislang so logisch erklärte und begründete Welt eines Darwin und Lyell so nachhaltig und gründlich, dass man sich nach der Lektüre allen Ernstes fragt, wieso man all die Jahre ›diese‹ naturwissenschaftlichen Erklärungen unserer Welt für bare Münze genommen hat.«

Thomas Haselberger
für »Amazon Books«

»Wissenschaft ist auch die Lehre vom Irrtum, denn sonst wäre Stillstand zu verzeichnen. Die Menschen haben viel gelernt, trotzdem gleicht dieses Wissen einigen Tropfen in einem großen Ozean des Unbekannten. Die wissenschaftlichen Anschauungen sind andererseits dem Prinzip des Zeitgeistes unterworfen, zwangskanalisiert durch die von unseren geistigen Vordenkern im 19. Jahrhundert aufgestellten Dogmen und Theorien, deren Verletzung als Ketzerei gilt. Entledigen wir uns dieser geistigen Fessel, können wir bessere Zukunftsperspektiven gewinnen.«

H.-J. Zillmer

Hans-Joachim Zillmer

Irrtümer der Erdgeschichte

Die Wüste Mittelmeer, der Urwald Sahara und die Weltherrschaft der Dinosaurier: Die Urzeit war gestern

Mit einem Vorwort von
o. Univ.-Prof. Dr. Bazon Brock
Bergische Universität Wuppertal

Mit 79 Fotos und 71 Textabbildungen

LangenMüller

Bildnachweis

Fotos:
© Evan Hansen 1, 2; Zillmer 3–17; © Scripps Institution of Oceanography (Ref. Series No. 93–30) 18; Zillmer 19–30; © Javier Cabrera Darquea 31 (Detail Zillmer); © Lin Ottinger aus Joe Taylor (1999) 32; Zillmer 33, 34; © Jaime Gutierrez Lega 35; Zillmer 36; © John H. Woodhouse, Adam M. Dziewonski 37, 38; © Henri-Claude Nataf, Ichiro Nakanishi, Don L. Anderson (am »Caltech«; Beschriftung d. V.) 39-41; Zillmer 40–63; © Steven A. Austin (1994) 64–66 (66: Bildausschnitt d. V.); Zillmer 67, 68; © Gary Ladd (1998) 69–72 (70–72: Bildausschnitt d. V.); Zillmer 73, 74; © Evan Hansen 75, 76; © Allan O. Kelly (1989) 77; Zillmer 78, 79

Abbildungen:
© Booth Museum of Natural History 1; Zillmer 2; aus »Geo Wissen« (Nr. 24, S. 138) 3; Zillmer 4/l., Kelly (1985) 4/r.; Zillmer 5; Walther (1908) 6/l., Scheven (1995) 6/o. r., ohne Namen (1886) 6/r. u.; Zillmer 7; J. D. Love (aus Hager, 1970) 8; Zillmer (nach Carlson, 1993) 9; Danial Dzurisin 10/r.; Steven A. Austin (1994) 11; Zillmer 12 A–F (A–E nach Hinweistafeln im »Dinosaur National Museum«); Zillmer 13; Zillmer 14 (nach Toksöz, 1987); aus Tollmann (1993) 15; Chain/Michailov (1989) 16/l (ergänzt d. V.); Zillmer 17; Zillmer 18–21 (19: nach Francheteau, 1988); Anderson/Dziewonski (1988) 22, 23 (ergänzt d. V.); © IMAGE/ NASA 24; Zillmer 25: nach MacDonald/Luyendyk (1987); Zillmer (nach Brown, 1995) 27; Zillmer 28–31; Zillmer 32 (nach Courtillot, 1997); Zillmer 33; Zillmer (nach Stokes, 1993) 34; Zillmer 35 (Karte aus Paturi, 1996); Zillmer 36 (Karte nach Sclater/Tapscott, 1987); Zillmer 37, 38; nach Schwarzbach (Büdel) aus Woldstedt (1954) 39; aus Mania (1990) nach Woldstedt (1954) 40; Zillmer 41 (Ägyptisches Museum Kairo); Zillmer (nach NASA) 42; Zillmer 43; Gary Ladd (1998, Bildausschnitt) 44; aus Tollmann (1993) nach Thorson u. a. (1986) 45; Zillmer 46 (oben Karte nach Sagers/Koppers, 2000); aus Hancock (1995) 47; aus Dacqué (1930) nach Kapfer (1921) 48; Zillmer 49 (l. u. nach Heezen, Tharp, Ewing, 1959); Zillmer 50; Zillmer 51 (Karte: de Sarre (1999) nach Grzimek, 1971); Zillmer 52; Zillmer 53 (Skizze: Berckhemer, 1968/1997); Zillmer 54, 55 (nach Brown, 1995); aus Chain/Michajlov (1989) nach Benz (1967) 56, nach Trusheim (1960) 57; Zillmer (nach Courtillot, 1997) 58; Zillmer 59; Zillmer 60 (Detailskizze aus 53); aus Austin (1994) 61; aus Fischer (1923) 62; aus Austin (1994) nach Rubin/McCulloch (1980) 63 (übersetzt d. V.); nach Austin (1997) 64 (ergänzt d. V.); nach Davidson (1996) 65–66; Zillmer 67; aus Scheven (1995) nach Janensch (1950) 68; aus Mossmann/Sarjeant (1997) 69; aus Davidson (1996) 70; Zillmer 71.

Vor- und Nachsatz:
Linke Seite: Die Erdzeitalter (Zillmer).
Rechte Seite: Ausdehnung der – diluvialen – Eisdecken im Quartär (aus Walther, 1908).

Besuchen Sie uns im Internet unter http://www.langen-mueller-verlag.de

5. Auflage 2008 – Sonderproduktion

Umschlaggestaltung: Wolfgang Heinzel
Satz: Schaber Datentechnik, Wels
Gesetzt aus der 10,2/12,5 Punkt Stempel Garamond in QuarkXPress
Druck und Binden: GGP Media GmbH, Pößneck
Printed in Germany
ISBN 978-3-7844-6012-3

Inhalt

Abkürzungen

a	Jahre (anni)
Ma	Millionen Jahre nach offizieller Zeitrechnung
oZ	offizielle Zeitrechnung
»IlW«	Magazin »Illustrierte Wissenschaft«
»BdW«	Magazin »Bild der Wissenschaft«
»SpW«	Magazin »Spektrum der Wissenschaft«
BdW	»Bild der Wissenschaft« online (www.wissenschaft.de)
SpW	»Spektrum der Wissenschaft« online (www.spektrum.de)

Vorwort

von o. Univ.-Prof. Dr. sc. tc. h.c. Bazon Brock
(Bergische Universität Wuppertal)

Die Natur macht keine Sprünge? Das Denken schon! Zu H.-J. Zillmers experimenteller Erdgeschichtsschreibung

»Sechs Millionen BILD-Leser können nicht irren«, meinte die BILD-Zeitung. Das sollte wohl heißen: Wer die BILD-Zeitung kauft, stimmt deren Meldungen, Behauptungen und Weltverständnis zu.

In der Normalwissenschaft scheint es wie bei der BILD-Zeitung zuzugehen. 30000 Geologen, Paläontologen, Physiker, Biologen u. a., die seit Lyells und Darwins Zeiten Erkenntnisse zur Geschichte unseres Planeten und des Lebens auf ihm hervorbrachten, können sich nicht geirrt haben, weil sie unser Bild von der Welt offensichtlich bestimmen und wir das allgemein zu akzeptieren scheinen.

Bemerkenswerterweise verhielten sich aber BILD-Leser etwa bei Wahlen ganz anders, als es dem propagierten Weltbild der Zeitung entsprach. Auch die Klientel der Normalwissenschaft nutzt offensichtlich deren Weltbild dazu, sich von ihm abzusetzen. Das Verfahren macht Sinn, denn man kann sich ja nur von etwas absetzen, das man kennt. Es geht um die Schlussfolgerungen aus den unstrittigen Gegebenheiten – um alternative Schlussfolgerungen, durch die dann die unstrittigen Fakten eine andere Bedeutung erhalten.

Solche alternativen Schlussfolgerungen präsentieren Klienten der Normalwissenschaft wie etwa die Autoren Velikovsky, den Einstein in seinen letzten Tagen fasziniert und irritiert las, oder Tollmann, der der Kühnheit seiner Schlussfolgerungen psychisch kaum standhalten konnte, oder H.-J. Zillmer, ein heiter-nüchterner Bauingenieur. Sie und ihre vielen Kollegen erfanden keine neue Wissenschaft als Privatmythologie, die man als New-Age-Spiritismus abtun konnte. Vielmehr arbeiten sie alle unter dankbarer Akzeptanz der staunenswerten Arbeitsresultate der etablierten Wissenschaftler diverser Disziplinen. Sie leugnen nicht, wie die Spiritisten, die erhobenen Daten und Erkenntnisse, sondern stützen ihre Argumentation gerade auf solche Erkenntnisse.

Wieso sind wir eigentlich auf Autoren wie Velikovsky, Tollmann oder Zillmer angewiesen, um zu alternativen Deutungsmustern zu kommen? Warum werden die von den Normalwissenschaften nicht auch selbst hervorgebracht, wenn deren Erkenntnisse auch für die Alternativdenker grundlegend sind?

Mit diesen Fragen hat sich etwa Edward de Bono ausführlich und systematisch beschäftigt. Allgemein bekannt wurde seine Studie zum »Spielerischen Denken«, in der er vertikales und laterales Denken vergleicht. Mit vertikal ist gemeint, was wir herkömmlich als logische Ableitung aus Oberbegriffen oder grundlegenden Hypothesen auf die Erfassung von Einzelphänomen bezeichnen. Mit lateralem Denken ist ein Vorgehen auf Umwegen gemeint, ein sprunghaftes Denken, scheinbar unsystematisch. Heutige Umformulierungen für lateral lauten *fuzzy logic* oder *strange revelations*. Man muss aber stets daran erinnern, dass sich laterales und vertikales Denken nicht gegenseitig ausschließen, sondern einander komplementär sind und insofern einander bedingen. Dafür gibt de Bono zahlreiche Beispiele: »Als Marconi die Stärke und Leistungsfähigkeit seiner Apparaturen erhöhte, stellte er fest, dass er Wellen drahtlos über immer größere Entfernungen schicken konnte. Schließlich erkühnte er sich sogar, daran zu denken, ein Signal über den Atlantischen Ozean zu funken. Seiner Ansicht nach kam es lediglich auf einen ausreichend starken Sender und einen entsprechend empfindlichen Empfänger an. Die Experten, die es besser wussten, lachten über diese Vorstellung. Sie versicherten Marconi, dass elektrische Wellen sich wie Licht geradlinig fortpflanzen und daher der Krümmung der Erde nicht folgen, sondern in den Weltraum verstrahlen würden. Vom ihrem logischen Standpunkt aus waren die Fachleute völlig im Recht, doch Marconi blieb hartnäckig, experimentierte weiter und hatte Erfolg. Weder er noch die damaligen Sachverständigen wussten etwas von der elektrisch geladenen Schicht in der oberen Atmosphäre, der Ionosphäre. Diese reflektiert die drahtlos gesendeten Wellen, die sonst, wie die Fachleute vorhersagten, die Erdoberfläche verlassen hätten.«

Also: weder die Experten, die ihre Schlussfolgerung logisch aus ihren Grundannahmen ableiteten, noch Marconi, der diese Ableitungen umging, kannten die »Wahrheit«. Aber Marconis Vorgehen erzwang schließlich die Aufgabe des Deutungsmusters der damaligen Experten, mit denen das Faktum der Wellenwirkung über lange Distanzen nicht mehr verständlich war.

Auch Velikovsky, Tollmann oder Zillmer kennen nicht die »Wahrheit« der erd- wie lebensgeschichtlichen Evolution, aber sie experimentieren mit Begriffen und Theorien wie Marconi mit den Wellen. Sie unterwerfen nicht die Natur selbst dem Experiment, sondern die Logiken wissenschaftlichen Denkens und den Einfluss der Logiken der Sprache und Kommunikation auf dieses Denken. Auch wissenschaftlich einwandfrei gebildete Begriffe müssen über wort- oder bildsprachlichen Ausdruck kommuniziert werden. Dabei kann es vorkommen, dass die Eigenlogiken von Sprache und Kommunikation die wissenschaftlichen Begriffe deformieren.

Ein Beispiel: Wer als Erdgeschichtler annimmt, dass unser Planet zunächst eine glühende Masse war, die langsam erkaltet, kommuniziert sprachlich die dieser Annahme zugrunde liegenden physikalischen Begriffe durch Analogie zum Bratapfel. Die gebirgige Erdoberfläche soll demzufolge entstanden sein wie die Falten auf der Bratapfelschale. Eine zunächst im Großen und Ganzen einleuchtende Analogie, durch die aber die Aufmerksamkeit für geophysikalische Daten, die in dieses Bild nicht passen, verloren geht. Wer sich gegen diesen Verlust sträubt, erfindet ein anderes Analogiebild. Er hält die Erde für einen Luftballon, der sich langsam ausdehnt. In dieses Bild passen dann zwar viele der im Bratapfelmodell unberücksichtigten Kenntnisse, andere aber, die in der Bratapfelanalogie gut aufgehoben waren, fallen aus dem Bild des sich aufblasenden Luftballons heraus. Weiter kommt man auch nicht durch die

Vereinigung beider Bilder, da sich weder ein Bratapfel aufblasen, noch ein Luftballon braten lässt.
In den Zwanzigerjahren formulierte der Mathematiker Carnap ein Bilderverbot für Naturwissenschaftler, um der »Verhexung des Begriffsdenkens durch die Sprache« zu entgehen. Aber wie schon das Schicksal des Bilderverbots jüdischer Theologie zeigt, führen solche Verbote zu noch vertrackteren Hexereien, den Paradoxien. Wer immer daran denken soll, Bildanalogien nicht zu benutzen, bleibt umso stärker an sie fixiert, je konsequenter er dem Imperativ folgt. Auch die abstraktesten Gedanken von Wissenschaftlern müssen über Versprachlichung kommuniziert werden, d. h. sie müssen evident, einleuchtend gemacht werden. Uns leuchtet aber das Wahre wie das Falsche gleichermaßen ein, wie etwa Experimente der Psychologen zeigen. Dieselben vorgelegten Porträtfotografien bestätigen für die Wahrnehmenden bis ins letzte Detail sowohl die Annahme, man habe es bei dem Porträtierten mit einem Kriminellen zu tun, wie die Annahme, der Betreffende sei das Opfer von Kriminellen.
Ästhetiker, Kunst- und Kulturwissenschaftler sind ständig mit der Kraft solcher Evidenzbeweise konfrontiert. Sie und zahlreiche Künstler der Moderne beschäftigen sich mit Fragen, wie man den verführerischen Sprach-Bild-Evidenzen entgeht und sich dennoch mit anderen verständigen kann durch Zeichen mit hoher Ambivalenz, Ambiguität (Doppeldeutigkeit) und Unbestimmtheit. Sie fragen, ob möglicherweise Kommunikation viel fruchtbarer verläuft, wenn sie nicht auf Evidenzen baut. Zu dieser Gruppe gehöre auch ich, womit ich gesagt habe, warum mich Arbeiten wie die von Zillmer so außerordentlich interessieren. Denn Zillmer zeigt ja, dass auch in den verschiedenen Disziplinen der für seine Arbeiten einschlägigen Naturwissenschaften das Beharren auf dem vermeintlich Einleuchtenden zu Schlussfolgerungen führt, die für Außenstehende keineswegs stimmig sind.
Er experimentiert mit den gängigen Theorien zu Kontinentaldrift und Plattentektonik, mehrfachen Verschiebungen der Erdrotationsachse und der Pole wie zur Elektrogravitation so, dass deren Unstimmigkeiten vereinheitlichbarer sind als die behaupteten Stim-

migkeiten im Evidenzerlebnis. Er zeigt also, dass die für unaufgebbar gehaltenen Konzepte der Lyellisten und Darwinisten erst durch deren Unstimmigkeiten gewürdigt werden können. Und diese Würdigung führt zu dem Schluss, dass diese Konzepte durchaus aufgegeben werden könnten, ohne die unstrittigen Fakten zu missachten.

Vor allem aber experimentiert Zillmer mit einem zentralen Theorem der Lyellisten und Darwinisten: die beobachtete Evolution des Planeten wie des Lebens auf ihm setze die Annahme kontinuierlicher Entwicklung durch kontinuierliches Walten der Zeit voraus. Das entspricht einer sehr alten Behauptung: *natura non saltat*, die Natur macht keine Sprünge. Die schöne, weil evidente Erfindung der Erdzeitalter, vornehmlich die Erfindung der Eiszeiten, lässt so etwas wie Velikovskys oder Tollmanns Impact-Prozesse (in der Ästhetik als Theorie der Plötzlichkeit diskutiert) nicht zu, selbst um den Preis nicht, dass erhobene Befunde, vornehmlich versteinerte Lebensspuren aus Erdschichten, die der Chronologie widersprechen, schlicht geleugnet werden müssen oder als seltene Regionalmetamorphosen zu Ausnahmen stilisiert werden, die die Grundannahmen bestätigen. Das aber führt notwendig zu Fehlinterpretationen, wie sie Zillmer uns so nahe legt:

»An der Westküste der USA, im Staat Washington, brach am 18. Mai 1980 der Vulkan Mount St. Helens aus. Dabei wurden ›über Nacht‹, also mit großer Plötzlichkeit, aus dem Eruptionsmaterial 50 Meter dicke Schichtungen von Erdformationen neu gebildet. Geologen einer fernen Zukunft würden den Zeitraum der Bildung dieser Schichtungen dann auf etliche Jahrzehntausende schätzen, wenn sie das historische Ereignis des Vulkanausbruchs nicht berücksichtigten. Ganz ähnlich geht es heutigen Geologen, wenn sie nicht berücksichtigen, dass geologische Schichten der Erdzeitalter sich durch schnell ablaufende, kataklystische Prozesse gebildet haben könnten anstatt durch lang andauernde Ablagerungen von Material, sozusagen Sandkorn für Sandkorn.«

Dazu bietet Zillmer eine fröhliche Pointe. Er weist darauf hin, dass in den durch den Vulkanausbruch neu gebildeten Erdschichten auch Automobile eingeschlossen wurden. Zukünftige zeitskalengläubige Archäologen müssten aus den Funden der Autos schließen, diese Artefakte habe es ja schon vor Jahrtausenden gegeben und sie seien dann ausgestorben, weil man sie in den oberen, also jüngeren Formationen nicht mehr findet.

Grundlegend für alle Modelle von Entstehungsprozessen (unseres Sonnensystems, unseres Planeten Erde, des Lebens) ist der Faktor Zeit, den wir für die Modelle der Evolution in Rechnung stellen. Schon die märchenhafte Formulierung »Es war einmal vor langer, langer Zeit…« zeigt, dass wir das Argumentieren mit Zeitmaßen jenseits aller Erfahrungskontrolle und Vorstellung dazu nutzen, alle Schwierigkeiten, die wir mit unseren Denkmodellen haben, im Ungefähren des unvorstellbaren Waltens der Zeit verschwinden zu lassen. Das ist wirklich märchenhaft und gerade deshalb auch bei den großen Erzählern unserer heutigen Tage, den Erd- und Lebensgeschichtlern, sehr beliebt, so beliebt wie bei den großen Epikern seit Homer und bei den Mythenerzählern aller Völker und Kulturzeiten. Auf sie bezogen sich etwa die Märchensammler Gebrüder Grimm.

Zu Zeiten der Gebrüder Grimm, die sich mit zahlreichen Kollegen der Entwicklung der Sprachen und Kulturen widmeten, versuchten die »Gebrüder Charles«, Charles Lyell und Charles Darwin, ebenso erfolgreiche Erzählungen wie die der Kulturforscher, Epiker und Volksmythenerzähler über die Geschichte der Erde und des Lebens unter das Volk zu bringen. Und der Erfolg der Gebrüder Charles als wissenschaftliche Autoritäten war so groß, dass wir noch heute kaum wagen, andere Erzählungen zu akzeptieren oder wenigstens wie Zillmer mit ihnen zu experimentieren. Lyell schrieb bereits 1840 die bis heute sakrosankte geologische Zeitskala fest, obwohl der damalige Stand des erdgeschichtlichen Wissens zum heutigen sich einigermaßen kurios ausnimmt. Wozu wird überhaupt Erdgeschichte betrieben, wenn 150 Jahre Forschung zu keinerlei Korrektur an den Grundannahmen von 1840 geführt haben müssen?

Die geologische Zeitskala bedingt aber unmittelbar die biologische, da die Datierung von Funden ehemaliger Lebewesen oder ihrer Spuren von der Datierung der Erdformationen abhängig ist, aus denen sie geborgen wurden. Auch beeinflussen die geologische Zeitskala und die an sie geknüpften Vorstellungen von Wandlungsprozessen Annahmen über die zeitvernichtende Konservierung der Lebensspuren. Ein geradezu schlagendes Beispiel für diese Zusammenhänge von Erdgeschichts- und Lebensgeschichtsdarstellung bietet die übliche, umstandslose Übertragung des geologischen Konzepts »Versteinerung« auf die Bewahrung von Lebensspuren, obwohl kein Geologe und kein Biologe bisher zeigen konnte, wie denn ein Organismus sogar mit allen Feinheiten seiner Oberflächengestalt je hätte erhalten werden können, wenn man das geologische Modell der Versteinerung durch lang anhaltendes Walten der Zeit zugrundelegt.

Man kann Autoren wie H.-J. Zillmer das intellektuelle Vergnügen nachempfinden, mit dem sie die Kuriositäten aufspießen, die etablierte Normalwissenschaftler beim Festhalten an überkommenen Denkmodellen produzieren, da sie ihre Forschungsresultate unbedingt ins Denkdogma einpassen wollen, anstatt anhand ihrer Resultate neue Denkmodelle zu entwickeln. Geradezu peinlich wird es, wenn Lyellisten und Darwinisten sich über den Dogmatismus der Kreationisten mit dem Argument erheben, die Forschungsresultate widerlegten die biblischen Schöpfungslehren. Zwar trifft das Argument zu, aber die Lyellisten und Darwinisten wollen ihrerseits nicht wahrhaben, dass eben jene Forschungsresultate auch nicht mehr ins Konzept ihrer Wissenschaftsbibel passen. Den blühenden Unsinn, zu dem solche Weigerung führt, dokumentiert Zillmer an zahlreichen Stellen seiner Analyse von Charles' Märchen:

Ein im Dogma der geologischen Zeitskalen und der zu ihr parallelen Lebenstypologien befangener Paläontologe, der die Orientierung auf Eiszeitalter für selbstverständlich hält, rettet sich aus den Widersprüchen des Eiszeitkonzepts zu konkreten Biofunden in die Feststellung, dass »die typischen Eiszeittiere« (darunter Löwen und Nashörner!) die Jahrtausende oder Jahrzehntausende anhaltenden Temperaturen weit unter dem Gefrierpunkt »mit stoischer Gelassenheit ertrugen«. Das wäre nur denkbar, wenn sie sich für Jahrtausende entmaterialisiert hätten – ein märchenhafter Zauber, gegen den Funde eindeutig sprechen.

Einige Aspekte der experimentellen Erd- und Lebensgeschichtsschreibung von Zillmer, die schon im Buch »Darwins Irrtum« dargelegt wurden und in diesem Band auf interessante Weise erweitert werden, finden in der Öffentlichkeit besondere Aufmerksamkeit. Man könnte sie als Zillmers Verjüngungskur für die Erde und ihr Leben plakatieren. Zillmer verkürzt mit Hinweis auf die vermutete Koexistenz von Dinosauriern und Menschen den Zeithorizont der Evolution des Lebens in spezifischen Ausprägungen erheblich. Um diesen Gedanken des Zeitwandels zu kommunizieren, bietet er seinerseits eine Bildanalogie: den Zeitstrang als ausdehnbares und zurückschrumpfendes Gummiband. Diese Vorstellung ist in der Kunst- und Kulturgeschichte durchaus bekannt, wie nicht zuletzt der populäre Song »Puppet on the string«, love-song-gemäß übersetzt »die Geliebten in Herzensbanden«, andeutet. Aus dem Bild des Zeitstrangs als Gummiband lässt sich aber erst mehr als die übliche Evidenz herausholen, wenn man keinen Marionettenspieler annimmt, sondern die Bewegung der vielen untereinander mit Gummibändern verknüpften Marionetten und ihrer Glieder als wechselseitige Bewegtheit sich vorstellt, die sich selbst steuert, indem sie auf von außen wirkende Kräfte reagiert. Solche Kräfte wirken nachweislich tatsächlich und zwingen die Gummibänder der Zeit zu extremen Ausdehnungen und Rückschrumpfungen, zu Verschnellungen und Verlangsamungen, etwa bei Kollision unseres Planeten mit anderen Himmelskörpern. Sie stellen gleichsam den Einbruch kosmischer Zeitlichkeit in die irdische dar und erzeugen eine Zeitstruktur der Plötzlichkeit, des Zeit-Impacts.
Aber das sind ja nur Bilder mit verführerischer Evidenz, mit denen wir nur experimentieren dürfen, wie Zillmer meint. Sie für wahr zu halten, hieße nur, ein altes Dogma durch ein neues zu ersetzen. Davor bewahren uns die alternativen Erd- und Lebensgeschichtsschreiber dankenswerterweise durch die Erfindung neuer Unbestimmtheit des produktiven Denkens.

Prolog

Das vorliegende Buch dürfte Ihr Bewusstsein verändern, weil darin Material vorgelegt wird, das die Grundpfeiler unseres wissenschaftlichen Weltbildes ins Wanken bringt. Komplexe Zusammenhänge werden auch für Laien verständlich erklärt, und Fakten und Einwände aus mehreren Disziplinen sind in die Argumentation integriert. Im Verlauf der Lektüre unternehmen Sie eine abwechslungsreiche Reise durch die Erdvergangenheit, über kosmologische Aspekte bis in die Vorzeit – und bis zu möglichen Perspektiven für die Zukunft.

Dieses Buch ist Ketzerei, falls die heutige Weltanschauung, basierend auf der Himmelsmechanik Isaac Newtons und der Entwicklungslehre Charles Darwins, richtig sein sollte. Neben den in diesen Theorien zementierten Grundwerten von Harmonie und Beständigkeit in den irdischen und himmlischen Bereichen bildet die geologische Kernthese Charles Lyells den Eckpfeiler unserer heute gültigen Vorstellung von vergangenen Zeiträumen: Die Veränderung der Erdoberfläche soll danach einzig und allein auf die Wirkung *winziger, stetiger Kräfte* zurückzuführen sein. An dieses Dogma glaubten die Geologen *fest bis 1980*, als Luis Alvarez einen Asteroideneinschlag für das Aussterben der Dinosaurier verantwortlich machte. Trotz dieser These akzeptiert man nach wie vor grundsätzlich keine Vorstellungen über Erdkatastrophen, wie sie Georges Cuvier 1821 ins Feld führte, auch wenn Prof. Dr. Alexander Tollmann, der bis vor kurzem den renommierten Lehrstuhl für Geologie an der Universität Wien innehatte, einen kataklystischen Weltuntergang, die globale Sintflut, vor ungefähr 9500 Jahren (oZ) nachwies. Ein Weltuntergang in geschichtlicher Zeit lässt sich mit einer langsamen evolutionären Entwicklung grundsätzlich nicht vereinbaren.

In »Irrtümer der Erdgeschichte« werden Schritt für Schritt die *Auswirkungen* und Perspektiven der verschiedenen bereits in »Darwins Irrtum« diskutierten, in geschichtlicher Zeit abgelaufenen Erdkatastrophen – z.B. Sintflut – auf unser Weltbild aufgezeigt, es werden Widersprüche zu orthodoxen Ansichten herausgearbeitet und alternative Theorien vorgelegt. Gleichzeitig stellt diese empirische Beweisführung ein »Begräbnis für die Evolutionstheorie« dar, wie es der Geologe Dr. Heinrich Kruparz – ehemaliger Professor für Geologie an der Universität Ouro Prêto in Brasilien – in einem Brief an den Verfasser formulierte, allerdings seiner Meinung nach ein Begräbnis zweiter Klasse, da die vorgestellte Argumentation gegen verschiedene Grundsätze der Geologie verstoße. Nun – bei solchen Beerdigungen werden oft auch Prinzipien begraben, für die große Persönlichkeiten manchmal engstirnig einstanden. In diesem Sinn ändert sich aber die wissenschaftliche Meinung vielleicht auch, wenn ein neuer Professor den Lehrstuhl übernimmt.
Wissenschaftliche Dogmen sind nichts anderes als Schlussfolgerungen oder theoretische Ansätze, gewonnen aus Erfahrung und Experiment, die mit den tatsächlichen Gegebenheiten übereinstimmen müssen – *nicht umgekehrt!* Gerne und manchmal als vorsätzliche Täuschung werden Ursache und Wirkung verwechselt. Alle im Folgenden vorgestellten Funde, Artefakte und geologischen Gegebenheiten sind mit den herkömmlichen Dogmen jedoch nicht in Einklang zu bringen. Deshalb werden neben eigenen Ergebnissen einer intensiven Feldforschung und Vor-Ort-Erkenntnissen neue interessante Theorien vorgestellt, die auf neuen und neuesten wissenschaftlichen Untersuchungen basieren.
Es ist ein verbreiteter Irrtum zu glauben, dass sich neue wissenschaftliche Forschungsergebnisse automatisch durchsetzen. In »Darwins Irrtum« wurde etwa darauf hingewiesen, dass Vögel aufgrund morphologischer Unterschiede überhaupt nicht von Theropoden – Dinosauriern – abstammen können, wie es allgemein proklamiert wird. Diese Feststellungen wurden inzwischen durch unabhängige wissenschaftliche Untersuchungen in Amerika und China bestätigt. Auch andere ebenfalls unabhängige wissenschaftli-

che Untersuchungen verwiesen auf die Fehleinschätzung der Biologen (nähere Information im Internet: http://www.zillmer.com). Da man sogar einen nicht flugfähigen Urvogel (*Longisquama insignis*) entdeckte, der 70 Ma älter als der bisher als Vorfahre der Vögel propagierte *Archaeopteryx* ist, können Dinosaurier nicht die Stammväter der Vögel sein, da sie Zeitgenossen des Urvogels waren (BdW, 27.6.2000, und »Focus«, 26/2000). Trotzdem wird in populärwissenschaftlichen Magazinen nach wie vor die Abstammung der Vögel von Dinosauriern in bunten Bildern plakativ dargestellt, und zwar *ohne Wenn und Aber*. Durch diese Vorgehensweise wird eine bestimmte Meinung geprägt und zementiert. Der interessierte Laie weiß nicht, dass jede *neue Idee* in der Wissenschaft gerade das akademische Wissenschaftssystem *selbst* gegen alle Widerstände nach außen in die Öffentlichkeit durchdringen muss.

Alternative wissenschaftliche Arbeiten werden nur bekannt gemacht und akzeptiert, wenn die Erkenntnisse in orthodoxen wissenschaftlichen Zeitschriften oder Magazinen veröffentlicht werden. Aus diesem Grund spielen die Medien eine Schlüsselrolle in der Frage, welche Forschungsergebnisse und Ideen propagiert werden und welche nicht. Die Zeitschriften müssen aber die zu veröffentlichenden Meinungen und Forschungen an kommerzielle Überlegungen knüpfen und demzufolge daran, was für die Mehrzahl der Leser annehmbar ist. Durch dieses System der fortwährend gebetsmühlenartig wiederholten Theorien wird die Leserschaft von Kindesbeinen an vorgeprägt, Worthülsen und Standardfloskeln – z.B. »Versteinerungsvorgang« – erhalten aus sich heraus Beweiskraft und werden nicht mehr hinterfragt.

Die Medien können im Normalfall nicht riskieren, *allzu* kontroverses Material zu veröffentlichen. Die in wissenschaftlichen Magazinen eingereichten Artikel werden vorab von Experten untersucht und beurteilt. Welcher Experte lässt aber gerne sein Lebenswerk oder auch nur seine Meinung ernstlich anzweifeln? Sollte jemand zwar akademische Titel besitzen, aber kontroverse Untersuchungen in einem anderen Wissensgebiet als dem von ihm offiziell studierten Fach veröffentlichen, wird er als Exzentriker, Spinner, Querdenker, Fälscher oder ganz einfach Unwissender bezeichnet.

Da die Wissenschaftler um ihre akademische Stellung und berufliche Zukunft fürchten müssen, bleiben sensationelle neue Aspekte in dem Geflecht des akademischen Systems hängen, und der interessierte Laie erfährt kaum etwas davon. Er glaubt, dass alles im Sinne konventioneller Ideen längst bewiesen und erwiesen ist. So werden viele wissenschaftlich dokumentierte Funde und Artefakte aus dem 19. Jahrhundert, als die Evolutionstheorie sich noch nicht durchgesetzt hatte, ganz einfach nicht mehr beachtet und erwähnt, obwohl viele im Widerspruch zu den heute gehandelten Dogmen stehen und deren Nichtigkeit beweisen würden.

Alte wissenschaftliche Theorien werden sogar ganz unterdrückt, falls sie dem aktuellen Weltbild widersprechen. In »Darwins Irrtum« wurde die alte Theorie von der anorganischen Entstehung des Erdöls vorgestellt und in Einklang mit den Prinzipien ablaufender Erdkatastrophen diskutiert. In einem deutschen populärwissenschaftlichen Magazin erschien ein Artikel, der die heutzutage favorisierte Idee von der organischen Entstehung wort- und bildreich darstellte. Mein Einwand, dass man zumindest in einem *einzigen* Satz irgendwo in dem mehrseitigen Artikel auf die alternative Theorie der anorganischen Entstehung hätte hinweisen können, wurde wie folgt beantwortet: Man kenne diese Theorie, aber die Redaktion glaube nicht daran – und deshalb werde sie auch nicht vorgestellt. Der Leser wird so natürlich nicht umfassend informiert, ja, er weiß noch nicht einmal, dass es eine wissenschaftlich fundierte *alternative Idee gibt*, die vielleicht sogar plausibler erscheint.

Radikal neue und vielleicht wertvolle Ideen erhalten keine Unterstützung, um sie publik zu machen. Deshalb kommt dem in jeder Hinsicht unabhängigen wissenschaftlichen (wie auch dem privaten) Forscher eine wichtige Rolle zu. In diesem Buch wird aufgrund neuer, anscheinend kontroverser Forschungsergebnisse in Übereinstimmung mit in der Natur zu beobachtenden Phänomenen ein alternatives Szenario vorgestellt, das auf den ersten Blick phantastisch anmutet, jedoch die Widersprüche in unserem Weltbild glasklar aufdeckt. Von Ihnen, den Lesern, wird nicht erwartet, dass Sie sich alle Theorien und Überlegungen zu Eigen machen. Es bleibt Ihnen selbst überlassen, wofür und wogegen Sie sich entscheiden.

Die Behandlung der Thematik dieses Buches gliedert sich in zwei Bereiche: Auf der einen Seite werden Fakten vorgestellt, die mit den konventionellen Theorien absolut nicht zu vereinbaren sind. Auf der anderen Seite werden alternative Gedankenmodelle zur Lösung der auftretenden Fragen und der gesamten Problematik skizziert, die nicht für sich in Anspruch nehmen, das Nonplusultra oder die Antwort schlechthin zu sein. Es wird vielmehr eine logische Gedankenspitze formuliert, die den Erkenntnissen aus den im ersten Teil vorgestellten Fakten genügt und anderseits das althergebrachte, zementierte und daher unflexible Gedankengebäude mit dem tragenden, starren Gerippe der orthodoxen Gleichförmigkeitstheorien durchstößt und Raum für neue, revolutionäre Ideen schafft. Gleichzeitig wird die geistige Befangenheit durchbrochen, um den Blick *von außen auf die Gesamtsituation* zu ermöglichen.

1 Dinosaurier-Menschen-Gruppenbildnis

Die Evolutionstheorie wurde im 19. Jahrhundert ohne jeden Beweis erfunden und konnte bis zum heutigen Tag nicht bewiesen werden. Es gibt viele theoretische Widersprüche und praktische Beweise gegen den Darwinismus. In Amerika existiert eine alte Felsenmalerei prähistorischer Indianer, die Dinosaurier und Menschen gemeinsam darstellt.

Überlebende Totgesagte

Am 18. Februar 1928 wurde bei Renovierungsarbeiten am Rathaus von Eastland im US-Bundesstaat Pennsylvania eine Mauer abgerissen. Die Arbeiter staunten nicht schlecht, als sie dahinter zwei abgemagerte, blasse Kröten fanden, die zur Verwunderung aller noch lebten (»IlW«, 8/1998, S. 61). Es stellte sich heraus, dass sie beim Bau des Rathauses 1897 absichtlich eingemauert wurden, um einem Rätsel auf die Spur zu kommen. Seit mehreren Jahrhunderten beschäftigt Naturforscher nämlich die Frage der Krötenlöcher. Bereits im zwölften Jahrhundert wurde über das Phänomen von Kröten, die lange Zeit in eingeschlossenen Räumen überlebten, berichtet. Seither sind weltweit 300 ähnliche Fälle bekannt geworden. Die uralten Kröten sind oft eingetrocknet, scheinen keinen Mund zu haben und sitzen lebend in einer Falle, von Gestein eingeschlossen. Eine Kröte in einer ehemals geschlossenen Geode (Blasenhohlraum) kann man im englischen Booth Museum of Natural History bewundern (Abb. 1).

Man glaubt heute, dass die Kröten durch kleine Ritzen in das Innere von Gesteinshohlräumen kriechen. »Hier haben sie sich dann von kleinen Insekten ernährt und sind gewachsen, bis sie schließlich nicht mehr durch das Loch passten. Das Loch selbst wird sich mit der Zeit mit Sand oder Kalk gefüllt haben, sodass die Funde wie kleine Wunder anmuten«, so heißt es im Bericht (»IlW«) – bei 300 bekannten Fällen jedoch eine eher unwahrscheinliche Erklärung. Früher glaubte man, dass die Kröten vor Jahrmillionen in Sandstein eingeschlossen wurden, als er noch aus losem Sand bestand. Diese Erklärung erscheint logischer. Nur, man glaubt nicht, dass diese Tiere so lange überleben können. Das ist sicher auch unwahrscheinlich. Falls sich die meisten Gesteine durch mehrere Erdkatastrophen während der Sintflut vor nur wenigen tausend Jahren bildeten, wird diese Theorie schon wesentlich wahrscheinlicher. Wie alt sind die Gesteine wirklich?

Den Bericht las ich, während meine Frau das Mietauto im Sommer des Jahres 1999 in Richtung Utah lenkte. Salt Lake City war die Zwischenstation zu unserem eigentlichen Ziel, denn ich war zur Ausgrabung eines Dinosauriers nach Colorado eingeladen worden. Mrs. Mabel Meister erwartete uns bereits in einem Vorort der Hauptstadt des Mormonenstaats. Sie hatte im Jahr 1968 gemeinsam mit ihrem vor zehn Jahren verstorbenen Mann Wil-

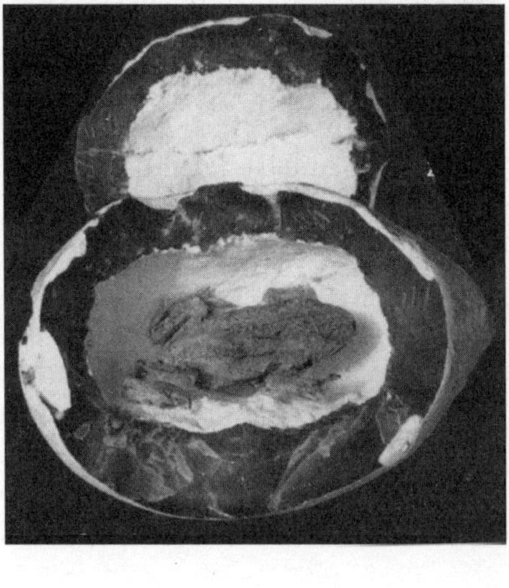

Abb. 1: Kröte. *Im* Inneren *von komplett geschlossenen Steinen wurden immer wieder Kröten gefunden, die manchmal sogar noch lebten. Diese hier wird im britischen »Booth Museum of Natural History« ausgestellt.*

liam J. Meister 43 Meilen nordwestlich von Delta (Utah) einen unglaublichen Fund gemacht: Bei der Suche nach versteinerten *Trilobiten* – ausgestorbenen Urkrebsen, Meeres-Gliederfüßern mit gepanzerter Oberseite – legten sie zwei Schuhsohlenabdrücke mit verstärktem Druck an der Ferse frei. Die eigentliche Sensation war, dass am Hacken deutlich ein zertretener Trilobit zu erkennen war. Diese urzeitlichen Tiere starben allerdings noch vor dem Beginn der Dinosaurier-Ära, also nach vorherrschender Meinung allerspätestens vor 250 Ma aus. Diesen Fund kann und darf es also gar nicht geben, denn er beweist die Nichtigkeit der Evolutionstheorie.
In »Darwins Irrtum« hatte ich nur ein älteres Archivbild des Abdrucks veröffentlichen können. Es gelang mir damals nicht, die Adresse von Mrs. Meister ausfindig zu machen, denn sie lebt zurückgezogen ohne eigene Telefonnummer. Deshalb war es nun ein besonders aufregender – fast geheimnisvoller – Moment für mich, als ich diesen fossilen Abdruck schließlich im Original in der Hand hatte. Er besteht aus zwei Teilen und wurde inzwischen einzementiert und gerahmt. Entgegen manchen Beschreibungen handelt es sich nicht um zwei, den linken und rechten Schuhabdruck, sondern um ein und denselben Abdruck – einerseits der Unterseite, den eigentlichen Originalabdruck, und andrerseits der Oberseite, entstanden durch die Ausfüllung des Originalabdrucks als Negativabdruck. Die vielleicht fünf Zentimeter dicken Schieferplatten mit den versteinerten Abdrücken sind aus geologischer Sicht angeblich 570 Ma alt und bezeugen daher allein schon ein wesentlich zu hohes Alter (Abb. 2). Schuhe tragen die Menschen erst seit wenigen tausend Jahren. Ich fragte Mrs. Meister, ob nicht alle Interessierten die Möglichkeit haben sollten, diesen schlagenden Beweis gegen die Evolutionstheorie bewundern zu können. Da sie nicht direkt ablehnte, riet ich meinem Freund Dr. Carl E. Baugh, Direktor des Creation Evidence Museum in Glen Rose, Mrs. Meister zu besuchen. Das Ergebnis: Demnächst wird *jeder* den Schuhabdruck mit dem zertretenen Trilobit in einem derzeit in Bau befindlichen Museum in Texas sehen können.
Wann aber zertrat ein Mensch diesen Trilobiten? Zu Beginn der

***Abb. 2: Schuhabdruck.** Mabel Meister und der Autor halten das gerahmte Original des versteinerten Schuhabdrucks in Händen. Am Absatz befindet sich ein zertretener Trilobit (siehe Vergrößerung) – ausgestorben vor der Ära der Dinosaurier!*

Ära der Trilobiten vor fast 600 Ma, zum offiziellen Aussterbezeitpunkt der Trilobiten vor 250 Ma oder erst vor kurzer Zeit?
Diese Urtiere gelten sogar als Leitfossil zur Datierung des Gesteinsalters. Findet man entsprechende Fossilien im Gestein, wird danach geologisch dessen Alter bestimmt. Ist dies eine sichere Methode der Altersbestimmung? Tauchen heutzutage nicht immer wieder für ausgestorben gehaltene Tierarten plötzlich wieder auf? Zu meiner Überraschung sandte mir Evan Hansen aus Utah zwei Bilder eines angeblich noch lebenden Trilobiten. Ich stelle hiermit zur Diskussion, ob es sich wirklich um ein solches Urtier handelt. Die Ähnlichkeit ist frappierend – oder handelt es sich tatsächlich um ein lebendes Fossil (siehe Bilder 1 und 2 im Fototeil)?
Ähnlich war es ja bereits beim Quastenflosser, der auch heute noch als Leitfossil der Altersbestimmung dient und vor 70 Ma ausgestorben sein soll. Doch im Jahr 1938 fing man vor den Komoren in der Nähe von Madagaskar ein lebendes Exemplar. Und 1998 wurden

weitere Quastenflosser in der Nähe der Insel *Menado Tua* im Celebes-Archipel (Indonesien) entdeckt. In 400 Ma haben sich diese Quastenflosser kaum verändert. Allein diese Tatsache widerspricht dem Evolutionsgedanken mit der Idee der ständigen Anpassung und Fortentwicklung.

Woher weiß man aber nun, wie alt ein Gestein mit einem darin enthaltenen lebenden Fossil ist? Da die Quastenflosser ja definitiv nicht ausgestorben sind, können sie demnach schwerlich der indirekten Datierung dienen. Entsprechend muss man fragen: Wann zertrat ein Mensch den ausgestorbenen Trilobiten? Setzen wir jetzt einmal voraus, dass ihn ein Mensch mit Schuhen vor wenigen tausend Jahren zertrat. Die Folgerung wäre natürlich, dass Trilobiten eben nicht vor über 250 Ma ausgestorben sind, sondern auch erst vor kurzer Zeit – oder leben sie auch heutzutage noch irgendwo unentdeckt wie die Quastenflosser? Aber damit ergibt sich eine viel entscheidendere Konsequenz: Dann kann das den Abdruck beinhaltende Gestein *auch nicht* aus dem Erdaltertum stammen, sondern es entstand genau zu dem Zeitpunkt, als der Mensch den Trilobiten zertrat, oder etwas später durch einen *schnellen* Erhärtungsvorgang. Wäre die Gesteinsbildung langsam vonstatten gegangen, würde nach kurzer Zeit von dem im Schlamm erzeugten Abdruck durch die verschiedensten permanent nagenden Erosionseinflüsse nichts mehr zu sehen sein. Diese Erkenntnis steht im Widerspruch zu unserem schulwissenschaftlichen Weltbild, denn Sedimentgesteine entstehen nach dem der Geologie zugrunde liegenden Dogma von Charles Lyell *unmerklich langsam über lange Zeiträume hinweg*. Andererseits würde sich die geologische Datierung als grundlegend falsch erweisen, denn das Gestein und die geologische Gebirgsformation wären jung und nicht uralt. Damit müssten also auch die Prinzipien der Altersbestimmung überdacht werden.

Bevor wir nach Colorado aufbrachen, zeigte Mrs. Meister uns noch einen überraschenden Fund. Zum ersten Mal sah ich fossile Röhrenknochen von Dinosauriern, in denen versteinertes Knochenmark zu sehen war. Wie lange muss ein Knochen liegen, bis das Knochenmark versteinert? Jeder weiß, wie schnell Eiweiß verdirbt.

*

Abb. 3: Trilobitenauge. *Das mit einem* Rasterelektronenmikroskop aufgenommene Facettenauge *eines angeblich vor mehreren hundert Millionen Jahren ausgestorbenen Trilobiten blieb detailgetreu erhalten. Wie lange dauert es, bis ein Auge mit allen Details versteinert – ohne geringste Verwesungsspuren? Warum bleibt biologisches Gewebe überhaupt und über lange Zeiträume hinweg erhalten, wenn der Versteinerungsvorgang so langsam erfolgen soll?*

Wie lange dauert eine Versteinerung wirklich? Und kann ein Auge mit allen winzigen Feinheiten versteinern (Abb. 3)?

Diese Gedanken beschäftigten mich auf der Fahrt zur Ausgrabungsstätte in der Nähe des Städtchens Dinosaur in den *Blue Mountains.* In dem riesigen Gebiet von Wyoming bis in den Süden New Mexicos und von Utah bis Colorado beziehungsweise Texas liegen unzählige Dinosaurierknochen in- und nebeneinander, oft an der Erdoberfläche, sodass die versteinerten Knochen zu sehen sind. Nach 150 Ma sind solche Funde in dieser Häufigkeit und noch dazu an der Oberfläche ungewöhnlich. Warum findet man von den angeblich so wesentlich jüngeren Menschen verhältnismäßig selten fossile Überreste?
Die Ausgrabung 1999 wurde von dem erfahrenen Ausgrabungsspezialisten und Fossilienpräparator Joe Taylor aus Crosbyton in Texas geleitet. Inzwischen veröffentlichte er seine vielfältigen Erfahrungen in dem Buch »Fossils, Facts & Fantasies«. Hierin berichtet er über eine Frau, die sein privates Mt. Blanco Fossil Museum in Crosbyton (Texas) im Februar 1995 besuchte und beim Anblick versteinerter Trilobiten erzählte, dass sie als Neunjährige im Jahr 1975 mit anderen Mädchen am Strand Kaliforniens ein schwarzes Tier mit langen Tentakeln gesehen habe, das den Versteinerungen glich: ein Trilobit? Das Tier sei ungefähr 30 Zentimeter lang gewe-

sen und habe sich bewegt. Stellen Hansens Bilder vielleicht doch Trilobiten als lebende Fossilien dar? Es handelt sich immerhin um zwei voneinander unabhängige Hinweise. Nur Zufall?
Wie auch immer, Baugh und Taylor zeigten mir die Ausgrabungsstätte und erklärten mir die weitere Vorgehensweise. Die seit 1996 andauernden Ausgrabungen hatten bisher schon fossile Knochen von Allosaurier, Anklyosaurier und Stegosaurier neben wahrscheinlich vier weiteren noch nicht identifizierten Arten und eines Krokodils zu Tage gefördert. Alle diese Funde wurden auf einer Fläche von 100 Quadratmetern gemacht. Es scheint sich um ein kleines Massengrab zu handeln, das sich direkt unter der Erdoberfläche befindet. Letztendlich weist das Knochenwirrwarr auf ein katastrophisches Ereignis hin. Auch ein sehr dünnes Hautstück eines Dinosauriers wurde während meiner Anwesenheit entdeckt. Teilweise befinden sich die Fossilien in hartem Gestein, sodass man vorsichtig mit einem Stemmhammer arbeiten muss, und teils in leicht zu beseitigendem ehemaligem Schlamm. Das Gestein und der leicht verfestigte Schlamm entstanden anscheinend in der gleichen Periode und gehören der Morrison-Formation (Jura) an.

Das Rätsel versteinerter Bäume

Mein besonderes Interesse erweckte aber ein versteinerter Baumstamm, der ungefähr 30 Meter über den Dinosaurier-Fragmenten horizontal (waagerecht) an der Erdoberfläche lag. Er ist zehn Meter lang, ungefähr 1,30 Meter breit und nur 0,95 Meter hoch. Sicher hat es sich einst nicht um einen ovalen Stammquerschnitt gehandelt. Wurde der Stamm durch eine heftig einwirkende Kraft deformiert? Es benötigt eine ungeheure Kraft, um den Querschnitt eines massiven Baumstammes zusammenzudrücken. Oder war der Baum ursprünglich innen hohl?
Der Stamm ist außerdem in mehrere Teile zerbrochen. Die Bruchkanten erscheinen oft tiefschwarz, aber der Stammquerschnitt leuchtet in herrlichem Kobaltblau. Anzeichen von Baumringen sind nicht zu sehen. Wie aber kann ein Baum so einheitlich in Form

und Farbe versteinern? Wie entstehen versteinerte Baumstämme, die aus massivem Achat, Jaspis oder Chalzedon bestehen, bei denen aber von Holz nichts mehr zu erkennen ist? Man glaubt, dass die Hohlräume langsam Pore für Pore mit Mineralien ausgefüllt, praktisch präpariert wurden. Solche Fälle gibt es tatsächlich.
Bei meinem Besuch im Yellowstone-Nationalpark 1999 (Wyoming) war mein Ziel ein kaum beachtetes Relikt in diesem riesigen Park. Es handelt sich um einen versteinerten Baum westlich der Tower Junction. In diesem Fall soll die Versteinerung vor 50 Ma vor sich gegangen sein. Zu meiner Überraschung handelte es sich um einen Rotholzbaum (*Redwood Tree*). Diese Mammutbäume könnten heutzutage im Yellowstone-Nationalpark mit seinem kalten Klima gar nicht mehr wachsen, denn sie benötigen feuchtwarmes Klima. Es muss sich also in der Vergangenheit ein einschneidender Klimawechsel vollzogen haben. Da der Park zwischen 2150 und 2450 Meter über dem Meeresspiegel liegt, müsste es in dieser Höhenlage vor 50 Ma ein tropisches Klima gegeben haben. Das ist eher unwahrscheinlich. Eine andere Lösung wäre, dass die Bäume samt dem Gebirge plötzlich in diese kältere Höhenlage emporgehoben wurden, denn nicht weit von hier wachsen ganze Redwood-Wälder in tieferen Höhenlagen, ungefähr auf Meeresniveau des klimatisch warmen Kaliforniens – *seit Urzeiten*, wie es scheinen will. Die Auffaltung der Rocky Mountains soll vor 75 bis 60 Ma begonnen haben (Bonechi, 1996, S. 8). Dieser versteinerte Baum ist aber wesentlich jünger. War zu diesem Zeitpunkt nach der Gebirgsauffaltung die Lage für ein Gedeihen der Redwoods nicht schon zu hoch und damit *zu kalt*? Auf dem Hinweisschild steht beschrieben, dass der Baum »in situ« versteinerte, also *genau an diesem Ort*. War es damals in dieser Höhenlage doch tropisch, dort, wo heutzutage langer eisiger Winter herrscht? Das ist eher unwahrscheinlich. Stutzig machte mich auch, dass nur wenige Kilometer entfernt riesige Findlinge wie gesät auf der Hochebene herumliegen. Handelt es sich um glatt geschmirgelte Hinterlassenschaften einer Flut, bevor die Ebene in die Höhe geschoben wurde (Abb. 4)? Da die gerundeten, glatten Brocken auf der Erdoberfläche liegen, müsste dieses Spektakel der Gebirgsauffaltung vor wenigen tausend Jahren

Abb. 4: Findlinge. *Viele große gerundete Findlinge (linkes Bild mit dem Autor) und ganze Felder kleinerer Findlinge trifft man im Gebirge des Yellowstone-Nationalparks ebenso wie in Kalifornien an. Auch etliche moränenartige Ablagerungen mit Findlingen im Südwesten der USA liegen* außerhalb der Vereisungszonen des Großen Eiszeitalters.

und nicht vor Jahrmillionen stattgefunden haben, denn sonst wären die Findlinge in über zwei Kilometern Höhe *durch Frost und andere Erosionseinflüsse gespalten und langsam zu Bröckchen zerkleinert* worden. Liegen diese Findlinge also vielleicht erst seit relativ *kurzer Zeit* hier herum?

Wie soll überhaupt Holz versteinern? Die Lösung ist angeblich, dass im Wasser aufgelöste Silikate die Baumstämme langsam Pore für Pore imprägnieren. Durch das Anwachsen mikroskopisch kleiner Quarzkristalle soll der Luft- und Wassergehalt des Holzes ersetzt worden sein. Und die Silikate begannen mit dem so genannten Versteinerungsprozess oder der Verkieselung (Silifizierung), über einen langen Zeitraum hinweg. Durch die Verdrängung von Holz und das Durchtränken der Hohlräume mit Kieselsäure oder Minerallösungen bildet sich beispielsweise Opal oder Quarz. Kann sich ein solch langsamer, quasi unmerklich schleichender Vorgang im Sinne unseres lyellistisch-darwinschen Weltbildes wirklich in dieser Vollkommenheit vollziehen? Verrottet das Holz nicht teilweise, bevor es versteinern kann (Abb. 5)?

Die Silikate (Mineralien) müssen für einen stetigen Versteinerungsprozess ständig neu angeliefert werden. Vulkanasche ist ein ausgiebiger Silikatlieferant. Entsprechend steht auf der Hinweistafel im Yellowstone-Nationalpark, dass massive Erdrutsche nach hefti-

gen Vulkanausbrüchen vor sich gegangen sein sollen! Mein spontaner Gedanke war jedoch, dass sich der Baum trotz aller gravierenden Umformungen, Hebungen und Senkungen der Geländeoberfläche immer noch an seinem angestammten Platz im Berghang wie vor 50 Ma befindet, so als wenn keine größere Veränderungen in seiner unmittelbaren Nähe vor sich gegangen wären.
Es wird weiter beschrieben, dass eine sich bewegende Mixtur aus Asche, Wasser und Sand den urzeitlichen Wald unter sich begraben haben soll. Das ist verständlich und entspricht dem sicher abgelaufenen katastrophischen Szenario! Dadurch bekamen die Silikate überhaupt die Möglichkeit, in den Baum einzudringen, bevor er verrotten konnte. Das Silikat verschloss die lebenden Zellen und schuf einen versteinerten Wald.
Bedeckt aber die Mixtur aus Asche, Wasser und Sand die Bäume in einer Gebirgslandschaft lange genug, um dieses Phänomen zu erzielen? Wuchs der Baum nicht eher in der *Ebene* mit tropischem Klima? Ein Sturm entwurzelte und knickte die Bäume, danach kam die Flut, und unter katastrophischen Umständen wurden die

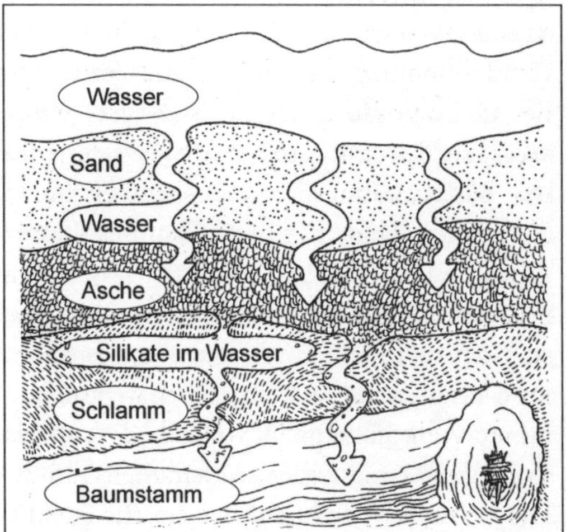

Abb. 5: Holz zu Stein. *Durch den Silifizierungsprozess soll über lange Zeiträume hinweg aus Holz massiver Stein werden, Pore für Pore. Der Baumstamm muss unter einer mineralhaltigen Ascheschicht und fließendem Wasser begraben sein, damit immer neue Mineralien (Silikate) in die Luftporen gespült werden können.*
Bleibt das Holz des Baumes Hunderte oder Tausende von Jahren erhalten, bis alle Luftporen durch Mineralien ersetzt sind?

Stämme durch ein stark mineralhaltiges Wasser schnell und unter Druck imprägniert. Dann wurden die Berge durch gewaltige Erdkrustenbrüche und -verschiebungen während des Sintflutgeschehens *in die für das Überleben dieser Bäume nicht geeignete Höhenlage gewuchtet.*

Wie verhält es sich aber mit dem vor mir liegenden Baum in den Blue Mountains? Es fällt eine wesentliche Abweichung auf: Die gleichmäßige Färbung des Stammes erfordert eine andere Erklärung, da er keine Baumringe und auch keine verpressten Zellen besitzt. Vor der globalen Sintflut, nach offizieller Lesart vielleicht im Zeitalter des feuchtwarmen Karbon (vor 390 bis 290 Ma), gab es ganz andere Bäume als heute, so genannte Rindenbäume (Steinkohlenbäume). Den Hauptbestandteil der Steinkohlewälder bildeten die Bärlappbäume mit ihrer charakteristisch gemusterten Rinde. Warum sind diese Bäume aus der heutigen Vegetation verschwunden? Warum wurde ein *ganzes Ökosystem begraben*? Erste Nadelbäume entwickelten sich angeblich erst am Ende des Karbon.

In Museen findet man oft versteinerte Baumstümpfe, zum Beispiel im Bergbaumuseum in Bochum. Und der Fossil Grove in Glasgow sieht aus wie ein Wald aus vielen Baumstümpfen. Der Eindruck täuscht – es handelt sich nicht nur in diesem Fall um eine klassische Fehldeutung. In diesem und auch in dem von mir beschriebenen Fall in Colorado handelt es sich *nicht um den versteinerten Baum selbst*, auch wenn es so aussieht, sondern nur um seine *Form*.

Die Bärlappbäume bestanden aus einem kleinen Zentralzylinder, der mit der Rinde nur in der Stammspitze verbunden war. Im restlichen Baumstamm gab es zwischen beiden Teilen einen Hohlraum. Eine gewaltige Katastrophe knickte die Bäume und riss die Kronen oder ganze Teile der Stämme weg. Der Baumstamm war jetzt von oben offen, und die Rinde der Bärlappbäume bildete praktisch die äußere Verschalung. Der Hohlraum wurde schließlich mit einer Art schnell erhärtendem Mineralbeton (Silikat- und/oder Calcium-Sand-Gemisch) während der Sintflut gefüllt (Abb. 6). Deshalb bestehen viele versteinerte Bäume wie an der Steilküste von *Nova Scotia* (Neuschottland) in Kanada auch aus reinem Sandstein. Die Rinde verfaulte anschließend, und übrig blieb ein wie ein Baum

aussehender Gesteins- oder Mineralblock mit dem negativ eingedrückten Rindenmuster.
Entsprechend ist auch die horizontale Lage eines versteinerten Baumstammes zu erklären, den ich mitten in einer harter Kalksteinschicht nördlich von Moab in Utah fand (Bild 14 im Fototeil). Versteinerte zuerst der Baum oder der ihn ursprünglich umgebende Schlamm zu Kalkstein? Behindert die fortschreitende Verfestigung

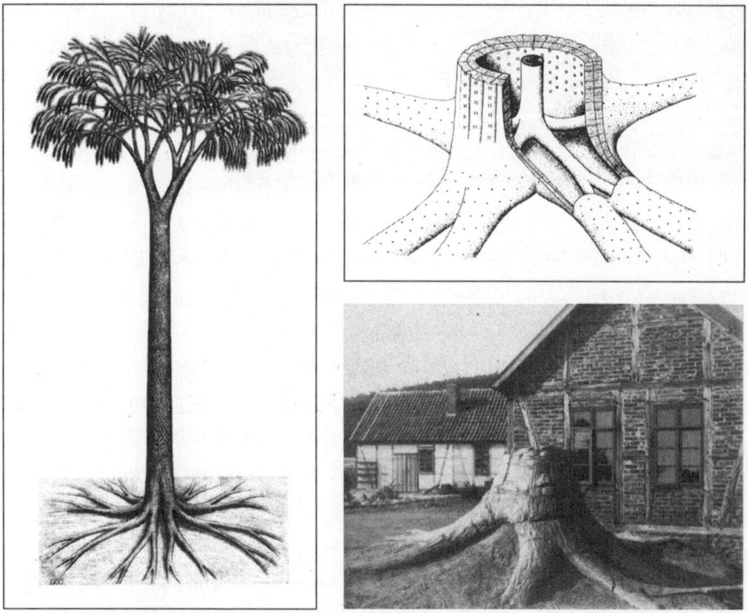

Abb. 6: Urzeitbäume. *Die Schuppenbäume* (Lepidodendron) *lieferten die Hauptmasse des Rohstoffs für die Steinkohlenwälder. Auch die Siegelbäume* (Sigillaria) *gehören zu dieser Gruppe. Die Rekonstruktion zeigt, dass diese Bäume hohl waren. Der Zentralzylinder war mit der Rinde in der Stammspitze* (Sigillaria) *bzw. in den Zweigen* (Lepidodendron) *verbunden. Die 1886 aus dem oberen Westtal des Piesberges bei Osnabrück geborgene Stammbasis einer* Sigillaria *(Bild rechts unten) besteht daher* nicht *aus versteinertem Holz, sondern stellt den* Ausguss des ursprünglichen Hohlkörpers *samt seinen hohlen »Wurzeln« mit sandig-tonigen Sedimenten dar, die aushärteten bzw. versteinerten. Es entsteht der plastische Eindruck, dass es sich wirklich um einen versteinerten Baum mit dem fossilen Holz handelt.*

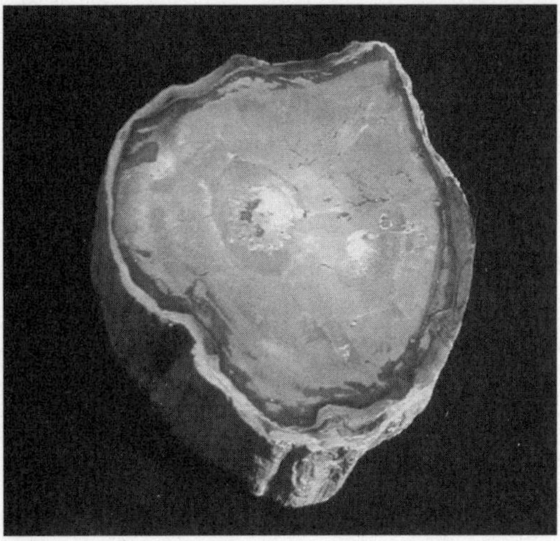

Abb. 7: Versteinertes Holz. Dieses versteinerte Holz aus Madagaskar soll 90 Ma Jahre alt sein. Man erkennt keine Baumringe. Nicht das Holz versteinerte, sondern der hohle Baumstamm wurde »ausbetoniert« (Fossiliensammlung des Autors).

des den Baum umhüllendenden Gesteins nicht den notwendigen Transport von Mineralien in das Holz? Liefen die beiden Vorgänge nicht eher *gleichzeitig und schnell* ab? Deutlich zu erkennen ist, dass die ursprünglich plastisch-elastische Sandsteinmasse den Baumstamm *komplett umfloss* und sich nicht langsam Millimeter für Millimeter übereinander bildete, denn Schichtungen fehlen.
Aus den vorgestellten Gründen gibt es bei den allermeisten versteinerten Bäumen gar *keine Baumringe* (Abb. 7), und die Versteinerung der meisten Bäume stellt so gesehen kein Rätsel dar. Klar erscheint auch, dass diese Vorgänge schnell und unter katastrophischen Umständen abliefen. So ist auch ein anderes ungern diskutiertes Rätsel zu lösen. Denn nicht nur in Nova Scotia durchstoßen solche versteinerten Baumstämme mehrere geologische Schichten, die eigentlich Millionen von Jahren alt sein sollen. Bleibt ein Baum so lange erhalten, bis er endlich langsam versteinert (Bild 12 im Fototeil)? Ist es denkbar, dass die an den westlichen Gestaden von Nova Scotia innerhalb einer Schichtenreihe von 4700 Meter existierenden 76 *übereinander* liegenden Wurzelhorizonte ebenso vielen an Ort und Stelle (autochthon) *übereinander gewachsenen* Wäldern (Credner, 1912, S. 470) entsprechen? Diese Vorstellung ist sehr unwahrscheinlich. Die Erklärung ist, dass die Wogen der Sintflut die

zersplitterten Baumstämme in die verschiedenen an Land gespülten Schlamm- und Sandschichten kreuz und quer, aber eben meistens mit der schwereren Wurzel nach unten begruben.
Ein entsprechendes Szenario beobachtete man 1980 beim Ausbruch des Vulkans Mount Saint Helens im US-Bundesstaat Washington. Die Baumstümpfe wurden in den *Spirit Lake* gespült und stehen dort senkrecht, als wenn sie *in situ* gewachsen wären. Die nachfolgenden Schlamm- und Aschemassen begruben diese Baumstümpfe schnell. Und nach der ebenfalls schnellen Erhärtung dieser Schichten entsteht das beschriebene Phänomen. Sollten Geologen in ein paar tausend Jahren keine Kenntnis von dem Vulkanausbruch haben, wird man den blitzschnell gebildeten Gesteinsschichten ein Alter von etlichen Millionen Jahren im Sinne des lyellistisch-darwinschen Dogmas geben (Abb. 8).
Das ganze Colorado-Plateau war vor 70 Ma eine flache Ebene aus vielen von Wasser und Wind angesammelten Sedimentschichten,

Abb. 8: Baumstamm. *Dieser angeblich ca. 30 Ma (Oligozän) alte versteinerte Baum mit Wurzelstock in Fremont County (Wyoming) ist hier nicht gewachsen, sondern wurde mit den Schlamm-Massen einer Flut angespült und in der moränenartigen Ablagerung stehend abgelagert. Dieses Gebiet war nie vergletschert, außerdem setzte die Eiszeit wesentlich später ein. Die Bildung der mehrere Meter dicken Sedimentschicht dauerte nur* wenige Stunden. *Einerseits sind dicke Gesteinsschichten* kein *Indiz für lang andauernde Zeiträume, andererseits sind Moränen offenbar kein Beweis für eine Eiszeit. Jedoch sind beide Merkmale Kennzeichen einer katastrophischen Überflutung wie in dem vorliegenden Fall.*

ehe der Auffaltungsprozess begann. Die Dinosaurier, zum großen Teil Sumpf- und Wasserbewohner, aber auch Fische, Schildkröten und Krokodile wurden *nicht in der heutigen Höhe* von 2000 Metern begraben, sondern zu Zeiten der Sintflut *auf Meereshöhe.* Nach der Flut erhoben sich die Berge und Plateaus aus der Ebene. Deshalb findet man selten menschliche Relikte und diejenigen von Säugetieren zusammen mit Dinosaurier-Skeletten. Aber es gibt Ausnahmen.

Die Koexistenz – der Beweis

Nach acht Stunden Autofahrt erreichten wir unter Führung von Carl Baugh das interessanteste Ziel unserer Exkursion im südöstlichen Utah. Ich hoffte, hier einen nicht zu widerlegenden Beweis für die Koexistenz von Dinosauriern und Menschen zu finden. Wenn ein Mensch vor langer Zeit einen Dinosaurier gezeichnet hat, muss er ein Exemplar mit eigenen Augen gesehen haben. Nun glauben wir heute zu wissen, wie diese Urgiganten wahrscheinlich aussahen, da unsere Wissenschaftler die Tiere aufgrund der Skelettfunde rekonstruierten. Trotzdem hat kein zeitgenössischer Mensch einen lebenden Dinosaurier gesehen. Seit wann kennt man die äußere Form dieser Urtiere? Große Knochen hat man schon immer gefunden. Das wahrscheinlich erste Buch, das solche Knochen darstellte, stammt aus dem Jahr 1676 und wurde von dem Dekan Robert Plot aus Oxford verfasst. Doch erst im Jahr 1822 nahm die Rekonstruktion der Dinosaurier ihren Anfang, als man Zähne eines Iguanodon in England entdeckte und der Landarzt Gideon Mantell (1790–1852) gegen anfänglich heftigen Widerstand eine Abhandlung über den »Leguan-Zähner« schrieb, der eben ein Reptil und kein Säugetier gewesen sein soll. Nach mehreren Entdeckungen und Veröffentlichungen schlug Dr. Richard Owen (1804–1892) im Jahre 1841 bei einer Tagung der Britischen Gesellschaft zur Förderung der Wissenschaft in Plymouth vor, dass Iguanodon, Megalosaurus und Hylaeosaurus zusammengefasst als »Dinosauria« (schreckliche Echsen) bezeichnet werden sollen. Der schon damals bekannte Cetiosaurus wurde von Owen noch als Krokodil eingeordnet. Erst 1854 wurden unter seiner Anleitung Rekonstruktionen aus Beton, Steinen und Fliesen zur Besichtigung fertig gestellt. Doch die Saurier wurden – entgegen heutiger Ansicht – als Vierbeiner dargestellt.

Somit ergibt sich die Folgerung, dass Bilder von Dinosauriern, die unseren heutigen Abbildungen entsprechen und mindestens 150 Jahre alt sind, als »echt« angesehen werden müssen. Also bezeugt *nur* ein wirklich altes Bild eines realistisch dargestellten Dinosauriers, dass der Künstler ein Exemplar mit eigenen Augen sah oder ein Bild von ihm hatte. Diese Tatsache würde unter allen Umständen und unbestreitbar beweisen, dass Dinosaurier und Menschen gemeinsam lebten.

Kann dieser Nachweis gelingen? Diese Frage stellte sich mir auf dem steilen Abstieg tief in den Canyon des Natural Bridges National Monument. Der Park hat seinen Namen von drei großen natürlichen Felsbrücken aus über 250 Ma altem Sandstein. Unser Ziel war die Kachina Bridge, die als zweitgrößte Felsbrücke dieses Parks eine Spannweite von 63 Metern und eine Höhe von 64 Metern aufweist. Kann eine solche natürliche Brücke Millionen von Jahren überstehen? Bestanden die Felsbrücken schon vor der Hebung des Colorado Plateaus vor vielleicht 70 Ma? Eine durch die Natur gebrochene Felsöffnung von 63 mal 64 Metern müsste eigentlich eine Menge von größeren und kleineren Steinbrocken in der nächsten Nähe oder sogar unter dem Naturbogen hinterlassen. Wo sind die Steinblöcke geblieben? Fortgetragen von dem kaum knöcheltiefen Bach mitten in der Wüste? Aber auch im weiteren Verlauf des Bachbettes waren keine Überreste in nennenswertem Umfang zu entdecken. Aber die Canyonwände waren übersät von Wasserspuren, ja, sie bestehen aus kreuzgeschichtetem Sandstein. (Dieser Effekt ergibt sich beispielsweise, wenn man ein Wasser-Sand-Gemisch schnell in einen Behälter spült, beispielsweise in ein Aquarium. Mischt man etwas Calcium oder Zement dazu, entsteht kreuzgeschichteter Sandstein, und zwar schnell.) Hier wie auch im Canyon de Chelly National Monument in Arizona sind einmal große Wassermassen geflossen. Aber wann? Ähnliche Beobachtungen kann man im gesamten Westen der USA machen. Die erodierten Gesteinsmassen fehlen ganz einfach zum allergrößten Teil. Wurden sie in dieser heutigen Wüstenlandschaft von kleinen Bächen oder doch eher von großen Wassermassen fortgetragen?

Als das gesamte Colorado-Plateau vom Meeresspiegel aus in die Höhe gehoben wurde, entstanden Täler, Berge und Mulden. Das ursprüngliche Meerwasser befand sich wie in Schalen gefangen plötzlich in vielleicht 2000 Metern Höhe. Dann floss dieses Wasser in Richtung sich bildender Gefälle, und es brachen verschiedene Dämme. Die durch die Gebirgsauffaltung gebildeten Seen entleerten sich plötzlich und gruben tiefe Rinnen in die sich verfestigenden Sedimente. Deshalb erscheinen auch fast alle felsigen Canyonwände wie geschliffen, ja poliert. Langsam nagende Flüsse mit relativ wenig Wasser hätten andere, Sägespuren ähnliche Male hinterlassen.

Das Gebiet war immer trocken und karg, solange es sich in dieser Höhe befand. Das Wasser der vielen überall zu findenden Becken und waagerechten Hochplateaus müssen aus der Meereshöhe stammen – zur damaligen Zeit war das Gebiet wasserreich und fruchtbar, es wuchsen Palmen, Mammutbäume und andere tropische Pflanzen. In dieser Umgebung lebten die Dinosaurier zu Millionen von Exemplaren in Meereshöhe. Dieser Wandel von subtropischen zu wüstenhaften Bedingungen kann nicht kaum merklich langsam vor sich gegangen sein, denn sonst hätte sich nicht so viel Wasser in den riesigen Becken befunden und schon gar nicht dieses unvorstellbare Erosionswerk vollenden können. Die Geologen bestätigen das Anheben des gesamten Gebiets. Einzelne Regionen sollen sich zu verschiedenen Zeitpunkten erhoben haben. Diese Vorstellung ist durchaus richtig, und ich stimme mit der geologischen Ansicht prinzipiell überein. Die entscheidende Frage ist nur: Zu welchem Zeitpunkt passierte dies? Aber wichtiger ist noch zu klären, ob es kaum merklich langsam oder aber schnell vor sich ging. Lässt man also die im Sinne der lyellistisch-darwinschen Entwicklungstheorie erfundenen *Phantomzeiten heraus*, verschieben sich die Erdzeitalter wie ein gedehntes und dann einseitig losgelassenes Gummi-

band in Richtung des Fixpunktes, in diesem Fall der Gegenwart. Gleichzeitig wird die Erde um die gestrichenen bzw. komprimierten Zeiträume jünger.
Einige der Dinosaurier überlebten den unvorstellbaren Kataklysmus in vielleicht relativ gleichmäßig angehobenen Regionen. Eine Überlebenschance hatten sie – wie auch die Mammutbäume im Gebirge des Yellowstone-Nationalparks – auf die Dauer nicht, denn sie befanden sich viel zu hoch und in kalter, unwirtlicher Umgebung. Große Dinosaurier hatten Schwierigkeiten damit, ihr Blut durch die riesigen Leiber zirkulieren zu lassen. Deshalb glauben einige Wissenschaftler, »dass die Tiere über einen zweiten Herzmuskel verfügten« (BdW, 3.5.1999). Unter diesen Umständen müssen sie in großer Höhe und dünner Luft eigentlich dem Tod geweiht gewesen sein. Große Dinosaurier lebten daher nicht in höheren Gebirgslagen oder auf Hochebenen, obwohl man heutzutage auch dort ihre Knochen findet.

Im Natural Bridges National Monument gibt es Felsmalereien der Anasazi, prähistorischer Indianer, von denen keiner weiß, wer sie wirklich waren und woher sie kamen oder wohin sie gingen, denn sie verschwanden spurlos. Wir hatten unser Ziel erreicht. Meine Erwartungen wurden übertroffen, denn die Felsmalerei in drei Metern Höhe zeigt auf einer Fläche von etwa drei mal zwei Metern zwei typische Anasazi. *Keiner würde die Echtheit dieser Darstellung anzweifeln.* Aber unmittelbar daneben wurde ein Dinosaurier mit einem langen Schwanz abgebildet, der einem Apatosaurier (frühere Bezeichnung: Brontosaurier) ähnlich sieht, aber dafür einen zu langen Schwanz besitzt. Es könnte ein Diplodocus sein, der eine Länge von 27 Metern erreichte. War dieses Bildnis schon beeindruckend, so gab es noch eine Überraschung: Etwas kleiner und zuerst *schwer zu erkennen* ist daneben anscheinend noch ein Stegosaurus abgebildet. Phantastisch: *ein Gruppenbild von zwei Menschen und zwei Dinosauriern!*
Der Stegosaurus lebte nach offizieller Auffassung zur gleichen Zeit wie der Diplodocus, vor 150 Ma. Stegosaurier wuchsen bis zu einer Länge von ungefähr sieben Metern. War das Bild sogar in *richtigen*

Proportionen dargestellt? Beide Echsen wurden erst 1877 und 1878 offiziell identifiziert.
Auf jeden Fall handelt sich um einen eindeutigen Beweis gegen die Evolutionstheorie Darwins, denn Mensch und Dinosaurier sollen sich zeitlich um mindestens 60 Ma verfehlt haben. Aber ist das Bild echt, oder hat jemand die Dinosaurier später neben die Anasazi gemalt? Die Ureinwohner sollen dieses Gebiet 700 bis 1500 n. Chr. besiedelt haben. Stammen die Bilder aus jener Epoche, dann sind sie *definitiv echt*, denn – zur Erinnerung – Rekonstruktionen von Dinosauriern sind eindeutig ein Produkt *unseres* Zeitalters.
Bei meinem Besuch bei den Navajo-Indianern in der Nähe von Tuba City (Arizona) hatten mir Eingeborene bestätigt, dass es mehrere alte Felsbilder mit Dinosaurier-Darstellungen gibt. Außerdem erzählte man mir vom Anfang der Welt. Die Götter schufen angeblich am Anfang Navajos und Dinosaurier, die gemeinsam lebten. Ich fragte, wie lang es denn wohl Navajos geben kann, seit 150 Ma oder vielleicht doch erst seit ein paar tausend Jahren? In Amerika sollen die Indianer ja erst vor relativ kurzer Zeit in den angeblich menschenleeren amerikanischen Kontinent eingewandert sein.
Wie auch immer, diese anderen Felsbilder können zwar alt sein, aber man kann sie wahrscheinlich nicht datieren. Bei jenem der Anasazi verhält es sich anders: Über dem gesamten Bild liegt ein dunkler Überzug, von den Amerikanern *desert varnish* (Wüstenlack) genannt. Jeder Besucher des Colorado-Plateaus kennt diesen natürlichen *Firnis* als dünne, glänzende blauschwarze Politur aus Eisen- und Magnesiumoxiden (Bild 19 im Fototeil). Die Geologen sind sich darin einig, dass dieser Wüstenlack *sehr langsam* entsteht. Nicht nur in dem Buch »Pages of Stone« (Chronik, 1988, S. 1) wird von der Geologin Halka Chronik bestätigt (übersetzt durch d. V.): »Der Wüstenlack entsteht langsam über viele Jahrhunderte hinweg, entwickelte sich aus allmählich durch das Gestein sickernden Mineralien oder durch von in Staub enthaltenes lösliches Material, das immer wieder mit Regenwasser in dünnen Schichten verteilt wurde.«
Wichtig ist die Feststellung, dass es Jahrhunderte dauern soll, um den *dersert varnish*, den Wüstenlack, langsam wachsen zu lassen. Im vorliegenden Fall ist das Bild durch einen Felsüberhang vor

Regen geschützt. Ist der Wüstenlack also besonders alt, insbesondere da eine *sehr dicke* Schicht über dem *ganzen Bild* mit allen vier Darstellungen liegt? Ein nachträgliches Hinzufügen der Dinosaurier zu den als echt anerkannten Anasazi ist deshalb technisch sicher nicht möglich. Entweder sind alle Figuren jung, wogegen der natürliche Überzug spricht, oder alt – und damit echt. Eigentlich braucht der Wüstenlack nur nicht jünger als 150 Jahre sein, und diese Voraussetzung scheint nach unserem geologischen Weltbild eindeutig sogar *übererfüllt* zu sein. In diesem Fall ist jedoch bewiesen, dass ein Künstler zwei verschiedene Dinosaurier mit eigenen Augen gesehen hat und sie malte. Also: *Dinosaurier und Menschen lebten gemeinsam.* Aber wann? Die Anasazi sollen, wie gesagt, von 700 bis 1500 n. Chr. gelebt haben. Gab es also noch Dinosaurier während der offiziell anerkannten Anasazi-Ära vor wenigen hundert Jahren? Mit der Widerlegung des Aussterbezeitpunkts der Dinosaurier am Ende der Kreidezeit fällt die wichtigste Stütze der Evolutionstheorie und damit das erfundene Modell der lang andauernden Erdzeitalter.

Es handelt sich bei diesem Bild anscheinend auch um keinen Einzelfall, denn es soll zumindest ein weiteres ähnliches Felsbild mit einem Überzug aus Wüstenlack zu geben. Professor Vine Deloria von der University of Colorado in Boulder berichtet über eine wissenschaftliche Expedition, die im Oktober und November 1924 den Havasupai Canyon im nördlichen Arizona untersuchte (Deloria, 1995, S. 224). Die Expedition wurde von Samuel Hubbard, Kurator der archäologischen Abteilung des Oakland Museum, und Charles W. Gilmore, Kurator der Abteilung für Wirbeltierpaläontologie des United States National Museum, geleitet. Nach einem Expeditionsbericht, der im Peabody Museum der Harvard University lagert, fand man die Abbildung eines Dinosauriers (Hubbard, 1924, S. 9). Und knapp fünf Meter daneben wurde ein Mammut zusammen mit einem Menschen dargestellt.

Gemeinsam mit den Dinosauriern lebten nicht nur Menschen, sondern auch große Säugetiere, wie auch Untersuchungen fossiler Erbsubstanzen bestätigen (»Nature, 392/1998) – im Widerspruch zu den Dogmen der Evolutionstheorie.

Dinosaurier und Navajos lebten gleichzeitig

Viele versteinerte Spuren von Dinosauriern begutachtete ich in der Nähe von Tuba City im Norden Arizonas. Dieses Gebiet ist Teil eines Indianerreservats und gehört den Navajos, die in unmittelbarer Nähe ansässig sind. Der Boden des flachen Geländes ist übersät mit unzähligen versteinerten Abdrücken verschiedener Dinosaurier. Auch vereinzelte fossile Knochen ragen aus der massiven, aber dünnen Felsschicht heraus. Seltsam: Alle Spuren liegen auf der Erdoberfläche. Niemand hat hier irgendwelche Erdschichten abgetragen, auch Hangrutsche gab es hier wohl kaum. Mir drängte sich der Eindruck auf, dass sich diese Spuren schon immer hier befunden haben. Nach 150 Ma – und so alt sollen die Spuren sein – ist das eigentlich unmöglich, insbesondere da die gesamte Felsplatte unbeschädigt erhalten ist.

Ich erinnerte mich an meine Reise durch Australien und eine Meldung in der Zeitung »Sydney Morning Herald« über den Fund eines 80 Kilometer langen Dinosaurier-Pfades, bestehend aus mehreren Tausend versteinerter Fußabdrücke im westaustralischen Kimberley-Gebiet. Bleibt ein so langer Pfad über vielleicht 150 Ma trotz ständig nagender Erosionseinflüsse erhalten?

Ähnliche Verhältnisse, wenn auch in kleinerem Umfang, liegen im Navajo-Gebiet vor. Meinen indianischen Führer Willy fragte ich nach erfolgter Besichtigung, ob es nicht auch versteinerte Fußabdrücke von Menschen gebe. Wortlos drehte er sich um und führte uns – meine Frau, meine Tochter und mich – an eine Stelle mit einem Abdruck, der die Form eines menschlichen Fußes, ja eher eines Schuhs aufwies. Als einzelner Abdruck war er allerdings unbrauchbar. Es konnte sich um eine zufällige Ähnlichkeit handeln. Er erzählte, dass es nur einen Meter von hier einen weiteren Abdruck mit allen fünf Zehen gegeben hatte, der aber vor ungefähr fünf Jahren aus dem Felsplateau herausgestemmt worden war. Willy wusste aus eigener Anschauung zu berichten, dass hier früher etliche menschliche Fußabdrücke zu sehen waren, die größtenteils von Arbeitern, die die in der Nähe verlaufende Straße gebaut hatten, entfernt wurden. Also begab ich mich in der näheren Umgebung auf die Suche und fand mehrere ähnliche Abdrücke wie den bereits besichtigten, die teilweise in konsequenter Rechts-Links-Schrittfolge angeordnet sind. Noch mehr Zufälle?

Meine Literatur-Recherche ergab, dass in dieser Gegend wohl an mehreren Stellen menschliche Fußabdrücke gefunden worden waren, die unter anderem von Paul O. Rosnau, J. Auldaney, G. Howe und W. Waisgerber (1990) dokumentiert wurden. Es wird sogar berichtet, dass man in den gleichen geologischen Schichten versteinerte Spuren von Säugetieren fand. Zu Zeiten der Dinosaurier lebten aber angeblich nur kleine primitive Säugetiere in Rattengröße, sagt die Evolutionstheorie, denn erst durch die frei gewordene biologische Nische nach dem gewaltsamen Ende der weltweiten Echsenherrschaft konnten sich Säugetiere frei entwickeln.

Deshalb werden Funde, die die Anwesenheit von großen Säugetieren während der Dinosaurier-Ära im Erdmittelalter beweisen, als frei erfundene Märchen rigoros abqualifiziert. Allerdings wurde in Glen Rose (Texas) ein Pfad von sieben Abdrücken einer großen Katze – eines Säbelzahntigers? – hintereinander in den gleichen geologischen Schichten gefunden, die Abdrücke von Dinosauriern beinhalten. Diese und andere ähnliche Funde wurden von Glen J. Kuban (1992), der seine Artikel auch im Internet veröffentlicht hat, energisch bestritten. Er betrachtet die angeblich menschlichen Fußabdrücke als erosionsbedingte Erscheinungen eines ursprünglich dreizehigen Dinosaurier-Abdrucks. Es ist nicht abzustreiten, dass auf diese Art und Weise Erscheinungsformen entstehen können, die grobe Ähnlichkeit mit der Kontur eines menschlichen Fußes haben können. Allerdings kann man so nicht erklären, dass man nicht nur die Form, sondern spezielle Einzelheiten wie den Abdruck der großen Zehe, mehrerer oder sogar aller Zehen erkennen kann (Fotos in Zillmer, 1999). Ich denke, es wäre ein zu großer Zufall, wenn versteinerte Spuren mit ähnlichen Merkmalen sogar mehrfach zu identifizieren sind und *in Schrittlänge hintereinander liegen.*

In Amerika wurden versteinerte menschliche Fußspuren, deren Alter zwischen 150 und 600 Ma angegeben wird, also sogar aus dem Erdaltertum vor der Dinosaurier-Ära stammen, in verschiedenen Bundesstaaten *wissenschaftlich dokumentiert*. Entsprechende fossile Funde entdeckte man in Kentucky, dokumentiert im Jahr 1938 (»Science News Letter«, 10.12.1938, S. 372). Von ähnlichen Abdrücken in Missouri berichten Henry Schoolcraft und Thomas Benton in »The American Journal of Science and Arts« (5. Jahrgang 1822, S. 223ff.). Im »Science News Letter« vom 29.10.1938 (S. 278f.) wird unter dem Titel »Human-Like Tracks in Stone are Riddle to Scientists« (Versteinerte menschliche Fußspuren sind ein Rätsel für Wissenschaftler) von weiteren fossilen Funden in Pennsylvania berichtet.

Im Jahr 1983 schrieben die »Moskauer Nachrichten« (Nr. 24, S. 10) über den Fund eines anscheinend menschlichen Fußabdrucks in 150 Ma altem Gestein in Turkmenistan, gleich neben einem versteinerten riesigen dreizehigen Abdruck eines Dinosauriers. Professor Amannijazow, korrespondierendes Mitglied der Turkmenischen Akademie der Wissenschaften, gab zu, dass der Abdruck einem menschlichen Fuß ähnlich sei, betrachtete ihn aber nicht als Beweis für die Koexistenz von Mensch und Dinosaurier.

Gemeinsame Funde

Wenn Menschen und Dinosaurier gleichzeitig lebten, müsste es gemeinsame Funde, also fossile Knochen, von ihnen geben. Diese Erwartung ist berechtigt. Doch zuerst einmal lebten Dinosaurier anscheinend in Sümpfen und Seen, am Rand von Gewässern. Zum Beispiel gibt es ein sich südwestlich von Dallas bis kurz vor Eagle Pass an der mexikanischen Grenze erstreckendes Gebiet, in dem sehr viele versteinerte Spuren von Dinosauriern gefunden werden. Glen Rose lag im Jura am östlichen Ende dieses sumpfigen Bereichs, befand sich in der darauf folgenden Kreidezeit jedoch ganz unter Wasser (Abb. 9). Deshalb findet man auch keine jüngeren Dinosaurier-Spuren, sondern nur solche mit einem Alter von ungefähr 140 Ma. Mit anderen Worten: Die dort zu findenden Spuren von Dinosauriern und Menschen entstanden am Rand des damaligen Atlantiks, ungefähr 200 Kilometer im heutigen Landesinneren.

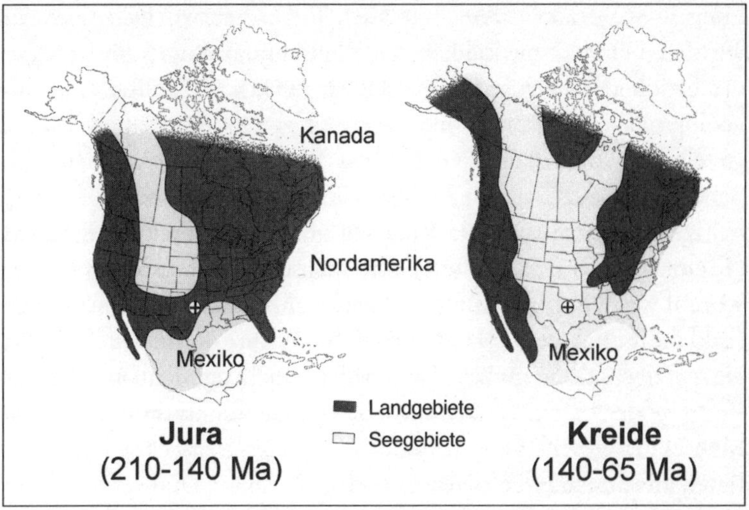

Abb. 9: ***Land-See-Verteilung.*** *Die Landkarten von Nordamerika zeigen, dass es schwimmunfähige Dinosaurier nicht leicht hatten, von Kontinent zu Kontinent zu gelangen. Das Kreuz markiert die Lage der amerikanischen Kleinstadt Glen Rose am Rande des Atlantiks während des Jura (linkes Bild). In diesem Ort wurden viele versteinerte Dinosaurierabdrücke auch neben Menschenfußspuren gefunden. Im südwestlichen Gebiet der USA (Schwerpunkt Colorado) gibt es besonders viele Dinosaurier-Skelette und versteinerte Spuren. Diese Gebiete lagen am Rande eines jurazeitlichen Kontinentalmeeres in Nordamerika. In der Kreidezeit (rechtes Bild) waren diese Gebiete meistens überflutet, und deshalb findet man aus diesem jüngeren Erdzeitalter wenige oder keine entsprechenden Relikte. Aus den Karten erkennt man aber deutlich, warum in bestimmten Landstrichen viele fossile Dinosaurierknochen zu finden sind und in anderen nicht. Nach Carlson (1993).*

Der ganze Gürtel mit darin enthaltenen Fossilien bildete demnach im Zeitalter des Jura die Randablagerung des Atlantiks, mit einer sich daran anschließenden Sumpflandschaft. Menschen leben normalerweise nicht in Sümpfen. Deshalb findet man menschliche Überreste selten mit solchen von Dinosauriern oder auch heutzutage zusammen mit Krokodilen.

In der Nähe von Moab wurden menschliche Überreste vorzeitlicher Menschen gefunden. Joe Taylor, der die Dinosaurier-Ausgra-

bung in Colorado leitete, war auch hier verantwortlich tätig. Es wurden Teile von menschlichen Skeletten ungefähr 15 Meter unter der Erdoberfläche gefunden, und zwar in Dakota-Sandstein, der als geologische Schicht mit Dinosaurier-Fossilien des Jura bekannt ist. In ein und derselben geologischen Schichtart wurden demnach neben Dinosaurier- auch Menschenknochen gefunden. In kupferhaltigem Sand wurden die Knochen von vier Individuen entdeckt (Taylor, 1999, S. 62), die heute eine smaragdgrüne Farbe aufweisen, worauf die Namensgebung »Malachit Man« zurückzuführen ist (Bild 32 im Fototeil). Handelt es sich um kuriose Einzelfälle? Nur *ein einziger authentischer Fund* würde nicht eine Ausnahme der Regel bilden, sondern *definitiv* beweisen, dass unsere Erd- und Menschheitsgeschichte ganz anders verlaufen ist, als wir bisher offiziell annehmen oder zugeben wollen.
In der Zeitschrift »The Geologist« erschien im Dezember 1862 ein interessanter Bericht über den Fund von menschlichen Überresten auf einem Kohleflöz im County Macoupin in Illinois. Die in 28 Meter Tiefe liegenden Knochen waren von einer 60 Zentimeter dicken Schieferschicht bedeckt (Cremo/Thompson, 1997, S. 346). »Die Knochen waren… von einer Kruste aus hartem, glänzendem Material überzogen, das so schwarz war wie die Kohle selbst, die Knochen aber weiß und in natürlichem Erhaltungszustand beließ, sobald es abgekratzt wurde.« Die in Mitte des 19. Jahrhunderts abgebaute Kohle im Macoupin County ist aber 286 bis 320 Ma alt.
Der Leiter der geologischen Abteilung am Berea College in Berea (Kentucky), Professor W.G. Burroughs, schrieb in »The Berea Alumnus« (November 1938, S.46f.) von »Geschöpfen, die zu Beginn des oberen Kohlezeitalters auf ihren zwei Hinterbeinen gingen, mit Füßen, die menschlichen ähnlich waren, und auf einem Sandstrand im Rockcastle County, Kentucky, Spuren hinterlassen haben. Es war die Zeit der Amphibien, in der die Tiere sich auf vier Beinen vorwärts bewegten oder – seltener – vorwärts hoppelten und Füße hatten, die keineswegs an menschliche erinnerten; aber in Rockcastle, Jackson und mehreren Stellen zwischen Pennsylvania und Missouri existierten Geschöpfe mit Füßen, deren Erscheinungsbild auf seltsame Weise an die Füße von Menschen gemahnt

und die auf zwei Hinterbeinen gingen. Der Verfasser dieser Zeilen hat die Existenz dieser Geschöpfe in Kentucky nachgewiesen. Durch die Mitarbeit von Dr. C.W. Gilmore, dem Kustor der Abteilung für die Paläontologie der Wirbeltiere an der Smithsonian Institution, konnte gezeigt werden, dass ähnliche Wesen auch in Pennsylvania und Missouri lebten.«

Weiter wurde von den Wissenschaftlern festgestellt, dass die Sandkörner auf den Abdrücken enger beieinander liegen als außerhalb der Fußspuren, was auf den Druck zurückgeht, der durch das Körpergewicht über die Füße auf den Untergrund übertragen wird. Am dichtesten liegen die Körner an der Ferse, da hier auch der Druck größer ist als auf dem Vorderfuß. Die geologische Schicht wurde auf ein Alter von 250 Ma datiert. Demnach hätte es Menschen bereits zu Beginn der Dinosaurier-Ära, ja sogar vor dem Beginn des Erdmittelalters gegeben.

In »Heimatliche Plaudereien aus Neunkirchen« im Saarland – mir zugesandt von Manfred R. Hornig – wird im Jahr 1975 (S. 40) berichtet: »1908 Besuch der internationalen Studienkommission zur Untersuchung des prähistorischen Fundes eines versteinerten menschlichen Unterschenkelknochens im östlichen Flöz Braun, 2. Sohle, Querschlag 3. 1909 Überführung des ›Braun‹-Fundes nach dem preußischen Staatsmuseum in Berlin (Geheim).« Geheim muss diese Angelegenheit schon behandelt werden, denn Menschen können nicht im Zeitalter des Karbon vor vielleicht 300 Ma gelebt haben. Aber falls die Kohle ein Produkt der globalen Sintflut ist, wird der Fund verständlich und wenig geheimnisvoll. Dann wäre Kohle genauso wie die meisten Sedimente nicht uralt, sondern bildete sich unter katastrophischen Umständen schnell vor wenigen tausend Jahren. Man müsste nur eine Erdkatastrophe in geschichtlicher Zeit offiziell anerkennen...

Auf einer Reise durch Südamerika zur Vorbereitung einer für Sommer 2001 in Wien (Österreich) geplanten internationalen Ausstellung originaler, kontrovers diskutierter Fundstücke (Artefakte) besuchten wir – Dr. Willibald Katzinger, Museumsdirektor des Stadtmuseums Linz, Schriftsteller Reinhard Habeck, Klaus Dona, Spezialist für internationale Ausstellungen, und ich – verschiedene

Museen. Bei unserem Besuch des Privatmuseums in Ica (Peru) berichtete mir Dr. Javier Cabrera Darquea über einen äußerst ungewöhnlichen Fund in der Yupanque-Bucht an der peruanischen Küste. In dieser Gegend sind die verschiedensten Dinosaurier-Fossilien zu finden, deshalb ist ein versteinerter Ursaurier unmittelbar an der Küste keine Überraschung. Die Sensation befindet sich auf dem Rücken einer Versteinerung: Fest mit dem Dinosaurier verbunden ist ein versteinerter Hominidenschädel – ein eindeutiger Beweis für die Koexistenz von Mensch und Dinosaurier. Vielleicht deshalb wurde der menschliche Schädel inzwischen von Unbekannten aus der Versteinerung herausgebrochen (Bild 31 im Fototeil).

Folsom und Clovis

Auf einer Expeditionsreise im Jahre 1998 von Salt Lake City aus kam ich zufällig durch den kleinen Ort Folsom im Nordosten von New Mexico. Dieser Ort wurde bekannt durch den »Folsom-Menschen«. Im Jahr 1926 fanden hier Ausgrabungen statt, bei denen neben Bisonknochen Pfeilspitzen gefunden wurden, die sich durch ihre charakteristische doppelt kannelierte Form auszeichnen. Diese Funde lagen aber in zu alten geologischen Schichten und wurden daher offiziell nicht anerkannt, da die amerikanischen Archäologen zu damaliger Zeit davon überzeugt waren, dass der menschenleere amerikanische Kontinent erst vor 4000 Jahren durch sibirische Jäger über die Beringstraße besiedelt wurde. So gesehen konnten diese Funde nur Fälschungen darstellen. Da die Landbrücke von Sibirien nach Alaska gemäß der Eiszeit-Theorie erst nach dem Abschmelzen der Eisdecke besiedelt worden sein soll, glaubt man auch heute noch, dass Menschen erst vor höchstens 12000 Jahren nach Amerika wanderten. Vielleicht aber besiedelte man Amerika viel früher bereits per Schiff, oder gab es vielleicht Landbrücken, die die Kontinente verbanden?

Aber nicht nur in Folsom fand man Hinterlassenschaften vorzeitlicher Jäger, sondern auch bei der Stadt Clovis, ebenfalls im Bundesstaat New Mexico: den so genannten Clovis-Jäger. Auch dieser galt

anfangs als Fälschung, da er zu alt zu sein schien. Inzwischen spricht man aber sogar von einer Clovis-Kultur, und man streitet sich höchstens noch um deren wirkliches Alter. Denn in Patagonien, also ganz im Süden von Südamerika, stieß man auf ähnliche Relikte der Clovis-Jäger, die jedoch auf 10500 Jahre datiert wurden (Cremo/Thompson 1997, S. 191). Also müssten diese Nomaden in vielleicht 1500 Jahren den amerikanischen Kontinent von der Nord- bis zur Südspitze durchwandert haben. Dabei dürften sie mehr als 70 Prozent der neuweltlichen Säugetierarten ausgerottet haben, wie zum Beispiel Kamele und Pferde, denn die starben zu diesem Zeitpunkt aus. Angeblich war das Ende der Eiszeit für den Massentod verantwortlich. Sterben Tiere eigentlich am Ende oder doch eher am Anfang einer Eiszeit aus? Amerika war maximal bis südlich der großen Seen in Nordamerika vereist. Konnten sich die Tiere dem größer werdenden Lebensraum und den besseren Klimabedingungen nach der Eiszeit – entgegen den Prinzipien der Evolutionstheorie – nicht anpassen? Aber an die vormals einsetzende bitterkalte Eiszeit hatten sie sich in *stoischer Ruhe gewöhnt*?
Alexandre Dorozynky weist auf die Ähnlichkeit der altsteinzeitlichen Steinspitzen in *Südwesteuropa* (Solutréen) mit denjenigen der Clovis-Kultur in *Amerika* hin (Dorozynsky, 1997, vgl. Sarre, 1999, S. 83). Gab es in der Altsteinzeit den Atlantik überbrückende Verbindungen? Heutzutage ist die Clovis-Kultur etabliert, aber der ganze Streit brandete wieder auf, denn man fand in ganz Amerika noch viel ältere Funde eines Prä-Clovis-Menschen. Laut »Science News« (1977a, S. 196) wurde auf *Santa Rosa Island* vor der Küste Santa Barbaras eine Feuergrube gefunden. Die Untersuchung der Holzkohle durch den Archäologen Rainer Berger von der University of California in Los Angeles ergab, dass sie älter als 40000 Jahre sein musste, da der Grenzwert der Radiokarbondatierung überschritten wurde.
In El Cedral im mexikanischen Bundesstaat Sinaloa wurden Artefakte in unberührten stratifizierten Ablagerungen bis auf 33000 Jahre datiert. Es wurden auch Fußwurzelknochen von Elefanten gefunden, die inzwischen bekanntlich auf dem gesamten amerikanischen Kontinent ausgestorben sind (Cremo/Thompson 1997, S. 192).

Es gibt viele ähnliche Funde in Amerika. Dieser Kontinent wurde wahrscheinlich viel früher besiedelt, als man bisher annimmt, über damals noch vorhandene Landbrücken oder auch per Schiff. Die Sintflut fegte jedoch besonders den nordamerikanischen Kontinent förmlich leer – und damit auch die alten Kulturen. Die Rocky Mountains erhoben sich, und viele Tier- und Pflanzenarten verschwanden – so auch der Mensch bis auf wenige Ausnahmen. Danach wurde der quasi menschenleere Kontinent Amerika neu besiedelt, wahrscheinlich auch per Schiff und nur in einer Art Nebenroute über die Beringstraße. Wie auch immer: Es gab eine ganz andere, eine scheinbar verloren gegangene Welt vor der globalen Sintflut.

Diese Fakten und Perspektiven während der langen Autofahrt überdenkend, steuerten wir das kleine Folsom-Museum an. Tatsächlich waren in diesem historischen Haus von 1896 etliche Ausstellungsstücke, Zeitungsausschnitte, Magazine und andere Veröffentlichungen über den Folsom-Jäger ausgestellt. Ich fragte die Direktorin des Heimatmuseums nach alten Fotos und Dinosaurier-Spuren in der Umgebung. Sie gab mir ein Fotoalbum. Zu meiner Überraschung sah ich mehrere menschliche Abdrücke inmitten unzähliger Dinosaurier-Abdrücke. Gab es auch hier tatsächlich versteinerte menschliche Spuren? Die Direktorin bestätigte mir, dass etliche eindeutig menschliche Spuren u.a. in der Nähe der nicht weit entfernten Stadt Clayton gefunden worden waren.
Nördlich dieser Stadt liegt der Clayton Lake State Park mit dem Clayton Lake. Am Rand dieses Sees sind auf einem begrenzten Areal ungefähr 500 Abdrücke von fünf verschiedenen Dinosaurier-Arten zu finden. Die Spuren in Clayton sind in *Dakota-Sandstein* erhalten geblieben und werden auf 120 bis 98 Ma datiert. Ich entdeckte einen Abdruck, der denen in Tuba City gefundenen ähnelte: ein Schuhabdruck? Aber er schien zu schmal zu sein. Dann stellte ich auf der einen Seite eine Erhöhung im Felsgestein fest, so als ob der ursprüngliche Matsch hochgequollen war, bevor er zu Kalkstein erhärtete. Der Abdruck hatte wie schon in Tuba City ungefähr meine Schuhgröße – 45. Also stellte ich den linken Fuß in den schrägen Abdruck: Er passte genau. Hatte sich jemand seitlich in

der schlüpfrigen Masse abgedrückt, Halt gesucht? Ich war spontan davon überzeugt, denn die seitliche Erhebung entsprach dem durch den Fuß weggequetschten Schlamm, der dann schnell erhärtet sein muss. Aber war die Ähnlichkeit nur Zufall? Ein einzelner Abdruck ist kein Beweis. Gab es weitere Fußspuren? Ich stellte mich mit dem linken Fuß in den Abdruck und suchte mit dem rechten Fuß eine Abstützung. Genau an dieser Stelle entdeckte ich einen scharfen Grat, der ziemlich genau der gebogenen Außenkante meines rechten Schuhs entsprach, also sich zur Ferse hin verjüngte. Jetzt glaubte ich nicht mehr an einen Zufall. Die Sohlenfläche war glatt, ohne Unebenheiten im Gegensatz zu der umliegenden Gesteinsoberfläche. Wie lang bleibt überhaupt ein solcher, wenige Millimeter schmaler, scharfkantiger Grat aus Kalkstein erhalten? Da die Dinosaurier-Spuren 100 Ma alt sein sollen und es sich um eine zusammenhängende Gesteinsfläche wie aus einem Guss handelt, müsste dieser Grat auch so alt sein. Oder sollte es sich vielleicht doch nur um kürzere Zeiträume handeln? Kritiker werden sagen, die Natur – Erosionseinflüsse – modellierte diesen Grat in äußerer Schuhform rein zufällig...

Meine Frau entdeckte den nächsten Abdruck. Er befand sich in Laufrichtung vor dem ersten. Er lag etwas schlechter erkennbar halb in einer kleinen Pfütze. Aber er wies die gleiche Form auf, ungefähr in meiner Schuhgröße. Es passte alles zusammen: drei gleich große Abdrücke in genauer Schrittlänge voneinander. Meine Tochter Larissa meinte aber, wo drei sind, da sind auch vier. Sie beseitigte das Wasser der Pfütze mit ihren Händen. Hervor trat ein weiterer klarer Abdruck in gleicher Größe und genau im richtigen Schrittabstand hinter dem dritten Abdruck. Handelte es sich nur um Zufall? Erodierten diese Schuhabdrücke in richtiger Schrittweite voneinander zufällig zur gleichen Form, einschließlich des schräg weggeglittenen Abdrucks? Oder gab es Dinosaurier mit schuhähnlichen Füßen (Fotos 42–51)?

Menschliche Schuhabdrücke im Erdmittelalter? Unmöglich, denkt man, denn Schuhe tragen Menschen erst seit kurzer Zeit. Aber es wurden entsprechende weitere Funde gemacht. In einer 160 bis 195 Ma alten Flözschicht im Fisher Canyon, Pershing County in

Nevada, entdeckte man im Jahr 1927 den Abdruck eines Schuhs. Die Sohle ist so deutlich abgebildet, dass sogar Spuren einer Art Zwirn zu sehen sind. Es handelt sich also bei den menschlichen Funden aus dem Erdmittelalter um keinen Einzelfall. Aber auch in der Nähe von Carson City (Nevada) fand man versteinerte Fußabdrücke von Menschen – mit und ohne Schuhe – in Schiefergestein. In der Wüste Gobi wurde ebenfalls ein Abdruck dokumentiert, in einer allerdings nur zwei Ma alten Gesteinsschicht. Doch auch dieses geologisch *jugendliche* Alter ist für Schuhe tragende Menschen noch viel zu hoch.

Das letzte Geschäft

Erst im Jahr 1998 erregte die Untersuchung versteinerter Kothaufen (Koprolithe) des *Tyrannosaurus rex* durch die kalifornische Paläontologin Karen Chin Aufregung unter ihren Kollegen. Die in der Frenchman Formation von Saskatchewan gefundenen Koprolithe von *Fleisch fressenden* Sauriern sind im Gegensatz zum Kot Pflanzen fressender Saurier nicht gut von denen urzeitlicher Krokodile und großer Fische zu unterscheiden. Deshalb war man erstaunt, dass die Koprolithe zu 40 Prozent aus *millimeterklein* zerbissenen Knochen bestehen. Der Tyrannosaurus Rex gilt als ein gefräßiger Räuber, der – ähnlich wie heute lebende Reptilien – sein Futter in großen Stücken hinunterschlang, die dann erst im Verdauungstrakt zerkleinert wurden. Der Tyrannosaurus besaß keine Mahlzähne. Im britischen Wissenschaftsmagazin »Nature« wurde deshalb vermutet, dass die urzeitlichen Fleischfresser Magensteine (Gastrolithe) zum Zerkleinern der Nahrungsbrocken besaßen. Bis zu diesem Zeitpunkt glaubte man, dass nur Pflanzenfresser Steine zur Zerkleinerung der Nahrung im Magen hatten (»Geo«, 9/1998, S. 170). In den Museen sind diese Mahlsteine in großer Zahl ausgestellt.

Der versteinerte Dung birgt noch ein anderes Geheimnis. Wie lange bleibt ein Haufen Kot liegen, bis er versteinert? Warum bildet sich heutzutage kein Koprolith? Diese Frage stellte ich mir, als ich in

Tuba City neben den vielen fossilen Dinosaurier-Spuren große rundliche Gebilde sah: Dinosaurier-Kot. Diese Gebilde lagen in großer Anzahl verstreut herum, teilweise mutwillig zerbrochen. Zuerst fiel mir auf, dass alle Koprolithe eine glatte, gerundete Form aufweisen. Wie lange dauert ein Versteinerungsprozess? Wie lange bleibt ein Kothaufen liegen, ohne seine Form zu verändern? Gab es keinen Regen, andere Umwelteinflüsse oder Erosionserscheinungen, die zu einer Formänderung oder totalen Zerstörung führten?
Aus geologischer Sichtweise kann es an der Erdoberfläche keine Versteinerung in Form von Fossilien geben, wenn man von biologischen Versteinerungen (Korallen) absieht, da in Übereinstimmung mit den offiziellen geologischen Vorstellungen geochemische Prozesse wie Druck und Hitze auf das biologische Material einwirken müssen, die es im lyellistisch-darwinschen Modell jedoch weltweit nicht gegeben haben kann, da *globale* Katastrophen – weltweite Sintflut – und damit schnelle Veränderungen mit extremen Randbedingungen strikt abgelehnt werden. Deshalb lautet die Antwort der Geologen auf die Frage nach dem Versteinerungsvorgang: *Regional*metamorphose. Damit wird bestätigt, dass es sich bei den Versteinerungen höchstens um regional begrenzte Ereignisse handelt. Fossilien findet man aber doch weltweit. Also braucht man unendlich viele regional wirkende Metamorphosen. Oder sollte man aufgrund der weltweiten Funde nicht lieber von *Global*metamorphosen, also Erdkatastrophen sprechen? Aber die würden dem geologischen Dogma von Lyell widersprechen, der Grundlage unseres Weltbildes und der Bestimmung der Erdzeitalter.
Nach der Theorie der Regionalmetamorphose glauben die Geologen und Paläontologen zu wissen, dass der Körper, der sich zu einem Fossil umwandeln soll, mehrere Kilometer in die Erdrinde abgesenkt werden muss. Der in der Tiefe angeblich herrschende Druck infolge der Auflast aus den überlagernden Erdmassen sowie die höheren Temperaturen im Erdinneren sollen dann die geochemischen Bedingungen ergeben, die zur Versteinerung des Körpers führen. Jetzt muss dieses Fossil nur noch den kilometerlangen Weg durch die Erdkruste zurück zur Erdoberfläche finden oder durch gewaltige Erosionen und geologische Abtragungen oder Ver-

schiebungen im Sinne der Regionalmetamorphose freigelegt werden. Und schon finden sich Abertausende von Skeletten an oder knapp unter der Eroberfläche, wie zum Beispiel die Dinosaurier in einem riesigen Gebiet von Texas bis Arizona und Wyoming bis New Mexico? In diesem Fall kann man auch eigentlich nicht mehr von *Regional*metamorphose sprechen.

In dem beschriebenen Gebiet bei Arizona sind die Knochen im Fels neben den Dinosaurier-Spuren eingeschweißt. Demzufolge müsste die riesige Felsplatte mit allen Spuren und Knochen tief in die Erdkruste abgesunken sein, um dann unbeschadet an die Erdoberfläche zurückzukehren. Die Felsplatte ist aber nur wenige Zentimeter dick und sogar für kleine Verschiebungen, die direkt zum vielfältigen Bruch führen würden, sehr anfällig. Davon ist aber nichts zu sehen. Wurden die Spuren und damit auch die fossilen Knochen nicht doch an der Erdoberfläche erzeugt? Aber wie schon festgestellt wurde: Unser wissenschaftliches Weltbild hat kein Modell oder auch nur ansatzweise eine Erklärung für die weltweite Bildung von Fossilien an oder in der Nähe der Erdoberfläche. Schließlich ist klar, dass die Bildung von Fossilien nur unter totalem Abschluss von Sauerstoff vor sich gehen kann, da sich die organischen Körper sonst zersetzen würden. Diese Bedingungen gibt es jedoch höchstens im Ausnahme- und *nicht im Normalfall*. Damit wäre unser schulwissenschaftliches Weltbild im Sinne des lyellistisch-darwinschen Dogmas auch nur ein *Spezialfall*, den es in dieser Art jedoch nicht gegeben haben kann. Ich unterstreiche noch einmal, dass Dinosaurier und andere Tiere nicht einfach durch Hangrutsche oder Sandschichten überschüttet zu werden brauchen, um zu versteinern. Diese oft nicht nur von Laien vorgetragene Meinung ist allgemein und global gesehen *definitiv falsch*. Dies gilt umso mehr, falls es im Sinne der Gleichförmigkeitstheorien nur schleichend langsam wirkende Evolutionsprozesse gibt. Eine Versteinerung muss im *Gegensatz* zu konventionellen Vorstellungen *schnell* vor sich gehen, damit der biologische Körper nicht verrottet (Abb. 10).

Mit diesem Gedanken betrachtete ich jetzt den versteinerten Dinosaurier-Dung noch einmal kritisch. Zuerst einmal liegt er ja auf der

__Abb. 10: Fossilienbildung.__ Gewaltige Schlammfluten wurden durch die Erdkatastrophen auf die Kontinente geworfen und erhärteten dann teilweise schnell zu Sedimentgesteinen mit darin enthaltenen Tieren und Pflanzen. Das rechte Bild zeigt ein modernes Beispiel nach dem Ausbruch des Vulkans Mount St. Helens.

Erdoberfläche direkt neben den Dinosaurier-Spuren und den im Fels eingeschlossenen Knochen (Bild 5 im Fototeil). Es stellt sich direkt die Frage, wieso diese Koprolithe nach der angeblichen kilometerlangen Reise in die Erdkruste und zurück immer noch *lose* neben den Spuren und fossilen Knochen liegen. Warum sind sie nicht auf der langen Reise irgendwo anders gelandet? Lag der Dinosaurier-Kot nicht schon immer hier neben den Spuren?
Ich drehte einen großen Koprolith um und untersuchte die raue Unterseite näher. Zuerst fiel mir auf, dass die auf der Erdoberfläche liegenden kleinen Kieskörnchen in dem Koprolith *mit versteinert* waren (Foto 4). Außerdem war die Unterseite des fossilen Kothaufens ein *Negativabbild der darunter liegenden Erdoberfläche*, alle Erhebungen und Vertiefungen waren exakt abgebildet. Das zeigt eindeutig, dass der Dinosaurier seine Notdurft genau an dieser Stelle neben seiner eigenen Spur verrichtete. Es ist unmöglich, dass eine Regionalmetamorphose dafür verantwortlich sein kann. Würde ein weicher Kothaufen die Reise ins Erdinnere als dreidimensionales Gebilde überstehen, oder müsste er in diesem Fall nicht eher platt sein, zusammengedrückt durch die Auflast der Erdschichten? Warum besitzen alle mir bekannten Koprolithe keine Schrammen, Kratzer oder andere mechanische Spuren? Die Antwort ist klar, der Dinosaurier-Kot versteinerte an der Erdober-

fläche und lag schon immer hier. Nach 150 Ma ist das aber ein Ding der Unmöglichkeit, denn die Relikte von Dinosauriern müssten tief unten in der Erdkruste schlummern.
Auch Spuren von Dinosauriern an der Erdoberfläche habe ich an etlichen Orten der Welt gefunden und untersucht. Zum Beispiel sind auf einem Berg, von dem man die ganze Umgebung überschauen kann, ungefähr 23 Meilen nördlich von Moab (Utah) 150 Ma alte Spuren von Sauropoden zu finden (Bild 22). Ebenso etwas nördlich von Moab, am Highway 279, befinden sich auf einer Felsplatte Spuren von Dinosauriern, die angeblich 200 Ma alt sein sollen. Man musste sie nicht ausgraben, sondern sie befinden sich auf einer massiven Felsplatte hoch oben an einem Berghang. Um sie zu sehen, muss man eine kleine Kletterpartie auf sich nehmen (Bilder 23 und 24 im Fototeil).
Die bereits beschriebenen fünf Meilen westlich von Tuba City – 65 Meilen nördlich von Flagstaff (Arizona) – befindlichen Dinosaurier-Spuren (Bild 6) liegen scheinbar am Rand eines ursprünglichen Sees. Das Felsgestein muss ja auch zu dem Zeitpunkt, als die Spuren hinterlassen wurden, weich gewesen sein. Meine nachträgli-

Abb. 11: Urzeit-Seen. *Nach der Hebung des Colorado-Plateaus von Meereshöhe befanden sich plötzlich Wassermassen in ungefähr 2000 Meter Höhe, die mehrere große Seen bildeten. Sie entleerten sich u. a. durch den Grand Canyon und hinterließen eine hoch gelegene Wüste.*

che Recherche ergab, dass hier tatsächlich das Ufer eines vorzeitlichen Sees (Hopi Lake) gelegen haben kann (Abb. 11).

Eingeschweißte Dinosaurier

An der Grenze zwischen Utah und Colorado liegt das Dinosaur National Monument. Am 17. August 1909 wurden hier erstmals Dinosaurier-Knochen gefunden, die an der Erdoberfläche aus hartem Gestein herausragten. Heute befindet sich eine 183 Meter lange und 24 Meter hohe Felswand unter einer Halle geschützt. In dieser steil aufragenden Wand sind Hunderte von Dinosauriern in einem wilden Durcheinander in puren Fels eingeschweißt. Auch heute noch werden die fossilen Knochen mit Presslufthämmern herausgestemmt – man kann dabei zusehen. Wie kommen diese vielen Dinosaurier in diese Felsplatte, dicht an dicht gelagert wie Ölsardinen in der Büchse? Die Hinweisschilder geben eine eindeutige Erklärung (übersetzt durch d. V.):
»Vor vielen Jahren spülte ein mäandernder Fluss unzählige Dinosaurier-Leichen auf eine Sandbank. Strömungen und Aasgeier zerstreuten die Überreste. Der Sand bedeckte nach und nach viele der Knochen mit einer oft zwei bis drei Meter dicken Schicht. Über einen noch längeren Zeitraum hinweg lagerten Binnenseen Tausende von Metern Schlamm und Sand auf den Knochen ab. Langsam verwandelten sich die Sedimente und Knochen zu Stein. Verwerfungen und Krümmung der Erdkruste bogen die flach liegenden Felsschichten nach oben und falteten sie zu Bergen; gleichzeitig begann die Erosion die Gipfel wieder abzutragen. Weitere Verwitterung in der Neuzeit legte Teile einer nach oben geschobenen Sandbank frei, bis einige Knochen an die Oberfläche gelangten – und Douglas sie zu sehen bekam.«
Diese Beschreibung scheint niemanden zu verwundern. Warum fragt niemand, wie Hunderte von Dinosaurier-Skeletten übrig und erhalten bleiben konnten, nachdem Aasgeier (?) oder Reptilien ihr räuberisches Werk beendet hatten. Wieso sammelten sich an einer Flussbiegung derart viele Dinosaurier – unter anderem Apatosaurus,

Diplodocus, Camptosaurus, Allosaurus und Camarasaurus – an, und dies nicht während einer Katastrophe, was eher verständlich wäre, sondern ausgesprochen *langsam über lange Zeiträume hinweg*, ganz im Sinne des geologischen Lyell-Dogmas und der darin eingebetteten Idee von der sich nur *unmerklich verändernden Erde*?
Der auf den Hinweistafeln (Abb. 12) dokumentierte Versteinerungsvorgang kann auch nicht die Existenz des fossilen Dinosau-

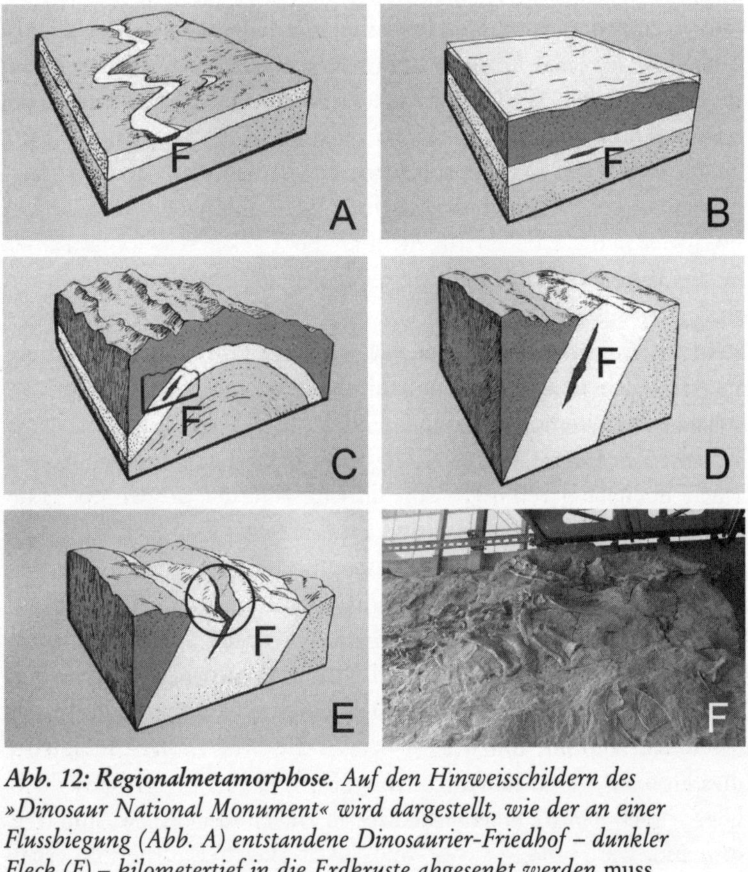

Abb. 12: Regionalmetamorphose. *Auf den Hinweisschildern des »Dinosaur National Monument« wird dargestellt, wie der an einer Flussbiegung (Abb. A) entstandene Dinosaurier-Friedhof – dunkler Fleck (F) – kilometertief in die Erdkruste abgesenkt werden* muss *(Abb. B), damit die Knochen versteinern können. Irgendwann kehren die Relikte zurück an die Erdoberfläche (Abb. C–E) und können dann als Fossilien gesammelt oder aus dem Fels gestemmt werden (Abb. F).*

rier-Kots erklären. Bleiben solche weichen Gebilde trotz des beschriebenen kilometerlangen Weges durch die Erdkruste unbeschadet erhalten? Falls Dinosaurier tatsächlich längere Zeit auch mehrere Meter tief im Erdboden begraben liegen, verrotten die Knochen trotzdem. Es fehlt ganz einfach der *notwendige Luftabschluss* zur Konservierung der Knochen. Deshalb versteinert auch heute kein Tier mehr. Auch nicht in Afrika, wo Millionen von Tieren gestorben sind, ohne über Jahrtausende hinweg Spuren zu hinterlassen. Auf den Prärien im Mittleren Westen Amerikas wurden im letzten Jahrhundert Millionen Büffel aus Eisenbahnwagen heraus abgeschossen. Kein Knochen versteinerte hier und wird je unter den gegebenen aktuellen Bedingungen versteinern können, denn neben dem notwendigen Luftabschluss fehlen die nötigen geochemischen Voraussetzungen: Hitze und Druck.

Das wankende Dogma

Das chinesische Schriftzeichen für Dinosaurier bedeutet »schrecklicher Drache«. Anscheinend wird damit auf eine Verbindung von Drache und Dinosaurier hingewiesen. Bei meinen wiederholten Besuchen in Asien fielen mir stets die vielfältigen und allgegenwärtigen Drachendarstellungen auf, und auch die Boote der Wikinger waren mit Drachenköpfen verziert.

Im Vorderasiatischen Museum in Berlin betrachtete ich eingehend die Darstellungen auf dem original aufgebauten Ischtar-Tor von Babylon mit herrlich farbig glasierten Ziegeln. Der babylonische König Nebukadnezar (605–562 v.Chr.) gab folgende Bauinschrift in Auftrag: »Unbändige Stiere und ergrimmte Drachen stellte ich in ihrem Torraum auf und stattete dieses Tor mit üppiger Pracht so überreich aus, dass die ganze Menschheit sie staunend betrachten möge.« Stellte man einen lebenden Drachen und einen Stier zur Schau?

Auf jeden Fall sind Drachen sowie Stiere groß und vor allen Dingen realistisch detailliert als erhabenes Dekor aus bunten Fliesen auf dem Tor angebracht. Der »Sirrusch« genannte Drache ähnelt teilweise einem Saurier, besitzt aber katzenartige Vorderfüße, während die Hinterfüße an Flugsaurier erinnern könnten. Handelt es sich um ein Phantasiebild? Warum stellt man es dann aber mit einem Stier dar, den es wirklich gegeben hat? Allerdings war dieser Stier (»Reem«) zu damaliger Zeit in Mesopotamien schon ausgestorben, lebte aber noch in Europa. Der Zoologie-Experte Willy Ley (1953) schrieb: »Für die Babylonier war es ein ›Tier von weither‹, und das Gleiche lässt sich wahrscheinlich auch vom Sirrusch sagen.« Stellte man also ein reales Tier dar, das einem uns nicht bekannten Saurier ähnelt?

Aus den vorgelegten Fakten, Untersuchungen und Überlegungen kann man auf die Koexistenz von Menschen und Dinosauriern schließen. Mit anderen Worten: Es müsste alles ganz neu überdacht werden, denn Erzählungen oder Darstellungen von kollektiven Erinnerungen an Ereignisse einer Zeitepoche von vor 65 oder mehr Ma sind äußerst unwahrscheinlich. Deshalb liegt der Schluss nahe, dass Dinosaurier noch vor relativ kurzer Zeit lebten und als Drachen in unserem Bewusstsein oder als künstlerisches Motiv erhalten blieben.

Die Säule der Evolutionstheorie fällt mit den bisher diskutierten Gegebenheiten in sich zusammen. Aber auch die Eckpfeiler der geologischen und biologischen Datierung mit Beginn und Ende des Erdmittelalters begännen zu wanken, hin in *Richtung Jetztzeit.* Diese Sichtweise ergibt einschneidende Konsequenzen für unser schulwissenschaftliches Weltbild. Der endgültige Aussterbezeitpunkt der Dinosaurier dient als Eckpfeiler der Evolutionstheorie. Die geologischen Schichten werden anhand der darin enthaltenen Fossilien und Dinosaurier-Arten datiert. Lebten die Urgiganten noch vor relativ kurzer Zeit, verschieben sich die Erdzeitalter wie eine zusammengequetschte Ziehharmonika in Richtung Jetztzeit. Die Erde wird also jünger, und es gibt einschneidende Konsequenzen, zum Beispiel für die klimatischen Bedingungen der Vorzeit und damit das Große Eiszeitalter oder auch die geophysikalischen Vorstellungen über die noch zu diskutierende Kontinentalverschiebung.

2 Evolutionsgrab Galápagos

Die geologische Zeitskala unserer Erde ist nicht das Ergebnis moderner wissenschaftlicher Forschungen, wie man vielleicht meinen könnte. »Ich frage mich, wie viele von uns sich vor Augen führen, dass die Zeitskala in ihrer heutigen Form bereits 1840 festgelegt war… Wie sahen 1840 die geologischen Kenntnisse über die Welt aus? Man kannte sich ein bisschen in Westeuropa aus, aber nicht zu gut, und noch etwas weniger am östlichen Rand Nordamerikas. Ganz Asien, Afrika, Südamerika und der größte Teil Nordamerikas waren praktisch unbekannt. Wie konnten die Pioniere nur annehmen, dass ihre Einteilung sich auf Felsbildungen in jenen riesigen Gebieten anwenden ließe, die den weit größten Teil der Erde ausmachen?« Diese kritische Feststellung des Geologen Edmund Spieker in einem Vortrag vor der American Association of Petroleum Geologists (Cremo/Thompson, 1997) hinterfragt unser schulwissenschaftliches Weltbild.

Vorgeschriebene Meinung

Die Galápagos-Inseln liegen ungefähr 1000 Kilometer westlich der südamerikanischen Küste im Pazifik und gehören offiziell zu Ecuador. Charakteristisch für die Tierwelt der Inseln ist die Tatsache, dass Säugetiere fast völlig fehlen. Dafür bevölkern die Inseln viele Arten von Reptilien, wovon die überwiegende Mehrheit endemisch ist, also *nur* auf den Galápagos-Inseln vorkommt.
Charles Darwin besuchte das Reich der Elefantenschildkröten und Leguane mit der »Beagle« im Jahre 1835. Der abgelegene Archipel Galápagos scheint ein »Labor« für die Entwicklung von Tierarten zu

sein, da sich viele Tier- und Pflanzenarten nur auf diesen Inseln entwickelt zu haben scheinen. Diesem Umstand war es sehr wahrscheinlich zu verdanken, dass sich die Idee über die Entstehung neuer Arten bei Darwin manifestierte und über die Jahrzehnte langsam zum Dogma, zu einem unumstößlichen Gesetz, heranreifte.
Der Eindruck von exotischen Lebewesen auf den Lavafeldern ließ Darwin in seinem 1845 erschienenen Tagebuch »The Voyage of the Beagle« schwärmerisch formulieren, dass man »sowohl im Raum wie in der Zeit der großen Tatsache, dem Geheimnis aller Geheimnisse, nämlich dem Auftreten neuer Lebewesen auf der Erde näher gebracht« werde.
Das Reich der unförmigen Schildkrötenkolosse und Überreste angeblich früherer geologischer Zeitalter, Meerechsen und Landleguane, hatte eindrucksvoll seine Wirkung hinterlassen. Anscheinend entwickelte sich hier das Leben separat wie in einem Getto mit überlebenden Arten aus der Ära der Dinosaurier, wie die urzeitlich anmutenden Meerechsen *(Meer-Iguana)* als Drachen im Kleinformat vermuten lassen, vergessen vom Rest der Welt für zig Millionen Jahre.
Der Meeresleguan lebt beispielsweise heutzutage nur auf den Galápagos-Inseln und sonst nirgendwo auf der Welt. Dr. Gunnar Heinsohn, Professor an der Universität Bremen, bemerkte in »Zeitensprünge« (4/1995): »Die direkten Verwandten der Meeresleguane haben bereits zur Zeit der Dinosaurier existiert, die vor ca. 100 Millionen Jahren in der Mitte der Kreidezeit ausgestorben sind. Im anschließenden Tertiär (konventionell –65 Mio. bis –2,5 Mio. Jahre) gibt es nach bisheriger Fundlage keine Meeresleguane...« (Hutchinson, 1992, S. 456).
Anscheinend sind diese Tiere während der Ära der Dinosaurier weltweit ausgestorben und haben nur im Galápagos-Archipel überlebt. Dieser Schluss liegt nahe, da Fossilien von Meeresechsen in vergleichbaren geologischen Schichten des Erdmittelalters in anderen Teilen der Welt existieren, aber in jüngeren Schichten bisher nicht gefunden wurden. Auch wenn Fossilien nur zufällige Zeugnisse für die Existenz einer Art in einer bestimmten Periode darstellen, erscheint ein Zeitraum von zig Millionen Jahre *ohne* entsprechende fossile Funde nicht gerade dazu angetan, die Existenz

und gegebenenfalls auch Fortentwicklung der Meeresleguane bis zum heutigen Tag plausibel zu machen.
Automatisch stellt sich dann auch die Frage nach dem Alter des Galápagos-Archipels. Auf Grund der skizzierten Überlegungen müsste er mindestens schon während der Ära der Dinosaurier, in diesem Fall seit 100 Ma, bestanden haben. Welches geologische Alter haben die Galápagos-Inseln? Aus biologischer Sicht ergibt sich aus der *Koexistenz von Dinosauriern und Meerechsen* zwangsläufig ein sehr hohes Alter des Galápagos-Archipels.
Vom Schiff »Glomar Challenger« aus wurde 1076 Meter tief in den Meeresboden gebohrt. Das Bohrloch mit der Bezeichnung 504-B befindet sich im Costa-Rica-Rücken in der Nähe der Galápagos-Inseln. Die Datierung der ozeanischen Kruste ergab ein Alter von nur 6 Ma (Francheteau, 1988, S. 118).
W. D. Dall beschrieb 1928 die von den Inseln Baltra und Santa Cruz stammenden, aus dem Meer herausgehobenen und in die Lavafelder zementierten Fossilien als Überreste mit einem Alter von 3 bis 11 Ma. Professor Wyatt Durham meint in seiner 1964 veröffentlichten Studie, dass die in der Umgebung von Cerro Colorado an der nordöstlichen Seite der Insel Santa Cruz gefundenen Fossilien etwa aus der Zeit vor 12 bis 15 Ma stammen (Balázs, 1975, S. 165). Also auch die Funde von Fossilien dokumentieren ein relativ junges Alter der Galápagos-Inseln.
Im Wissenschaftsmagazin »Science« wurde den ältesten heute *über* dem Meeresspiegel liegenden Inseln ein Alter von *nicht mehr* als 5 Ma zugebilligt, den jüngeren sogar nur einige hunderttausend Jahre (Hickmann/Lipps). Durch dieses geologisch jugendliche Alter entsteht jedoch ein gewichtiges Problem (Heinsohn, 1995, S. 374): »Da es Meeresleguane nur auf den Galápagos gibt, ist nicht ersichtlich, wo diese Spezies die 95 Ma überlebt hat, die zwischen dem Untergang ihrer Kreidezeitvorfahren aus der Dinosaurier-Zeit und dem Auftauchen der Inseln verstrichen sind.«
Aus diesen Überlegungen ergibt sich eine interessante Parallele. Setzt man die *Koexistenz von Dinosauriern und Menschen* als Tatsache voraus, erscheinen 100 Ma Erdgeschichte aus der Luft gegriffen, falls man nicht davon ausgeht, dass es damals schon Menschen gegeben

hat. In Bezug auf Galápagos kann man zu ähnlichen Schlussfolgerungen gelangen. Da 95 Ma ohne fossile Funde der Meerechse nicht gerade ihre Anwesenheit in diesen Erdzeitaltern wahrscheinlich macht, kam Heinsohn (1995, S. 376) zu folgender Überlegung:
»Da die Generationskette aber *niemals* unterbrochen worden sein kann, wenn eine Spezies heute noch da ist, zwingt simple biologische Logik dazu, die fehlenden 95 Ma einfach zu streichen. Die Mitte der Kreidezeit datiert im Hinblick auf die Meeresleguane des Galápagos-Archipels mithin nicht auf –100 Millionen, sondern auf maximal –5 Millionen. Zusammen mit den Vorfahren der Meeresleguane von Galápagos sterben die Dinosaurier 95 Ma später aus, als heute gelernt werden muss.«
Eine Lösung der Frage im Sinne der Evolutionstheorie wäre, dass die Meeresleguane 95 Ma im Pazifischen Ozean umherschwammen, bis endlich die Galápagos-Inseln aus dem Wasser aufstiegen. Aber man weiß, dass sich diese Tiere nicht im offenen Ozean, sondern nur in der Nähe der Küste tummeln.
Die offensichtlich vorhandene zeitliche Lücke versuchen die Geologen jetzt zu schließen, denn es wäre peinlich für unser schulwissenschaftliches Weltbild, wenn dieses allgemein bekannte Freiluftlabor und der *eigentliche Geburtsort der Evolutionstheorie* sich in diesem Sinne als gänzlich *ungeeignetes* Vorzeigeobjekt entpuppen, ja sogar einen Beweis gegen die Abstammungslehre von Darwin darstellen würde.
Inzwischen ist man sich unter den Geologen einig, dass es vor 14 Ma bereits einen isolierten Galápagos-Archipel gegeben haben soll. Das gesamte Gebiet ist tektonisch aktiv und liegt auf einem so genannten »heißen Fleck« (*Hot Spot*), einer Stelle also, an dem heiße Magmaströme aus der Tiefe des Erdmantels bis dicht an die Lithosphäre aufsteigen. Die Lithosphäre umfasst sowohl die Erdkruste als auch die obersten Teile des Erdmantels, die in Bezug auf die Festigkeit eine Einheit bilden.
Das Auf- und Abtauchen der Galápagos-Inseln in der jüngeren Erdvergangenheit wird durch folgenden Vergleich deutlich gemacht: »Es ist, als würde man ein Kuchenblech (eine Erdkrustenplatte: unsere Erdoberfläche) langsam, aber stetig über eine Gas-

1

1, 2 In Utah wurde dieses Tier von Evan Hansen gefunden. Handelt es sich hier um einen Trilobiten – der jedoch angeblich schon vor 250 Ma ausgestorben sein soll?

2

3

3 *Einer von unzähligen Koprolithen liegt unversehrt und ohne jedes Anzeichen einer Erosion auf der Erdoberfläche, wie gerade frisch hinterlassen.*

4 *Die Unterseite des Koprolithen spiegelt die Topographie der Geländeoberfläche exakt wider. Die Mulde (Am) entspricht genau dem Buckel (Ab) des Koproliths. Die losen Kiesel des Untergrunds drückten sich in die weiche Masse ein und versteinerten gemeinsam mit ihr (S). Deshalb erscheint die Erdoberfläche unter dem Koprolithen fast kieselfrei.*

4

5

5 Neben versteinerten Dinosaurier-Spuren sind auch fossilierte Knochen in das Gestein eingeschweißt. Links liegen zerbrochene Koprolithe.

6 Einer von vielen versteinerten Abdrücken in länglicher Fußform, die teilweise mehrfach in Schrittlänge hintereinander liegen. Zum Vergleich der Fuß von Renate Zillmer (Schuhgröße 39).

6

7

7 Joe Taylor präpariert einen großen Dinosaurier-Knochen für den Abtransport.

8 Der Hang mit dem Dinosaurier-Friedhof (D) und dem oberhalb liegenden versteinerten Baum (B).

9 Joe Taylor, Carl E. Baugh und der Autor (rechts) bei der Dinosaurier-Ausgrabung in Colorado mit dem freigelegten Dinosaurier-Knochen. Im Hintergrund ist der Anschnitt des kleinen Hanges zu sehen, unter dem der Urgigant begraben wurde. Die Knochen liegen teilweise in solidem Fels und teilweise in dem darüber lagernden verfestigten Schlamm, der die Tiere ehemals verschüttete.

9

0

11

10 *Der versteinerte Baumstamm (siehe Bild 8) wurde zusammengedrückt, da er ursprünglich hohl war. Das Innere wurde durch ein Mineralgemisch schnell verfüllt.*

11 *Der »Baumstamm« weist keine Baumringe auf. Es ist eine homogen blaue Mineralfarbe im Stammquerschnitt zu erkennen.*

12 *Der angeblich vor 50 Ma in situ versteinerte Mammutbaum im Yellowstone-Nationalpark in über 2000 Metern Höhenlage. Wegen des zu kalten Klimas kann er unter diesen Bedingungen nicht gewachsen sein. Diese Mammutbäume gedeihen bei feuchtwarmem Klima wie im heutigen Kalifornien ungefähr auf Meeresniveau.*

12

13

13 Ein Felsbrocken aus hartem Konglomerat. Er sieht aus wie schlecht gemischter Beton. Man erkennt das Kies-Sand-Gemisch und ein »einbetoniertes« Stück versteinertes Holz. Entstand dieser Brocken schnell oder langsam?

14 Der Autor zeigt auf einen versteinerten Baumstamm mitten in massivem Fels im Mill Canyon nördlich von Moab (Utah). Umschloss das Gestein den Baumstamm langsam Millimeter für Millimeter, Schicht für Schicht oder komplett in kurzer Zeit? Sind langsame oder schnelle Prozesse maßgebend?

14

15

15 Versteinerte Baumstämme in frühere Schlammschichten eingebettet und nach über 200 Ma zerstückelt herumliegend. Wohin ist der ehemals erodierte Hang in der Wüste verschwunden?

16, 17 Neben horizontal auf der Erdoberfläche liegenden, angeblich 200 Ma alten Baumstämmen stecken andere kreuz und quer, auch senkrecht, im Boden als Zeugnisse einer gewaltigen Schlammflut.

16

17

18

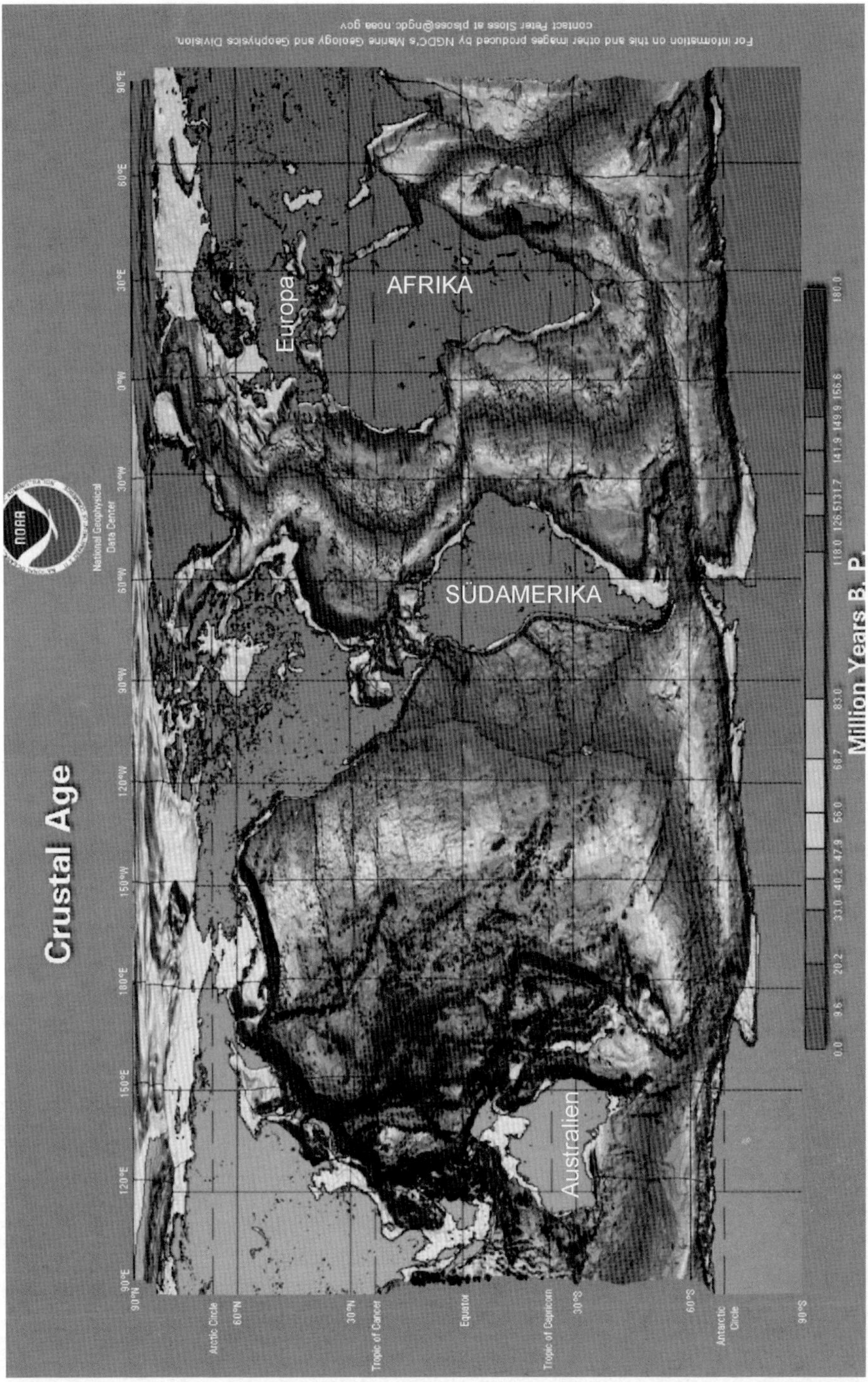

18 Der Ozeanboden im Pazifik erscheint im westlichen Bereich älter und zerfurcht, im östlichen dagegen gleichmäßig jung, ja jünger als die Dinosaurier-Ära (Galápagos) und weist eine unzerstörte Struktur auf. Ausgeprägte »Alterstreifen« wie im Atlantik sind nicht zu erkennen. Digitale Alterskarte der Ozeanböden: © Scipps Institution of Oceanography.

19

0

19 *Dinosaurier (A, B) und prähistorische Indianer (C, D) gemeinsam unter einer dicken Oxidationsschicht (Desert Varnish).*

20 *Der Autor zeigt auf das Gesamtbild.*

21 *Vergrößerung des großen Dinosauriers.*

21

22

22 Große Spuren von Dinosauriern auf einer Bergkuppe nördlich von Moab (Utah). Im Hintergrund ist ein flaches Plateau (Mesa) zu sehen, der frühere Grund eines Sees oder Meeres. An dessen Rand bzw. in seichten Bereichen wurden die Spuren hinterlassen und versteinerten schnell.

23

23, 24 In unmittelbarer Nähe von Moab befinden sich diese Dinosaurier-Spuren auf einer Felsplatte (F) an einem Berghang, zu der der Autor (A) emporsteigt. Hier oben befand sich der frühere Meeresboden in (heutzutage) wüstenartiger Umgebung. Durch gewaltige Wassermassen erodierte der frühere Meeresboden. Woher kam das Wasser? Wo befindet sich das ganze Erdmaterial?

24

25, 26 *Das große runde Objekt ist natürlichen Ursprungs, ebenso wie die losen Kugeln im Bild 25. Es handelt sich um Konkretionen, also mit Mineralien verfestigten Sand um einen kleinen Kern. Wie kommt solch eine Kugel in soliden Fels? Wuchsen die Kugel und der Fels schnell oder langsam? Falls alles langsam vor sich ging, warum ist dann die Kugel nicht erodiert? Ähnliche Kugeln entstehen, wenn man Beton in der Mischmaschine zu trocken mischt. Es bilden sich runde Sand-Zement-Kugeln – und zwar schnell.*

26

27 *Ein ganzes Dinosaurier-Skelett: dreidimensional mit allen kleinen Knochen komplett erhalten – nachdem es die Regionalmetamorphose mit den erforderlichen geochemischen Druck- und Hitzeprozessen hinter sich hatte?*

28 *Die riesige Felswand im »Dinosaur National Monument« mit Hunderten von versteinerten Dinosaurier-Skeletten.*

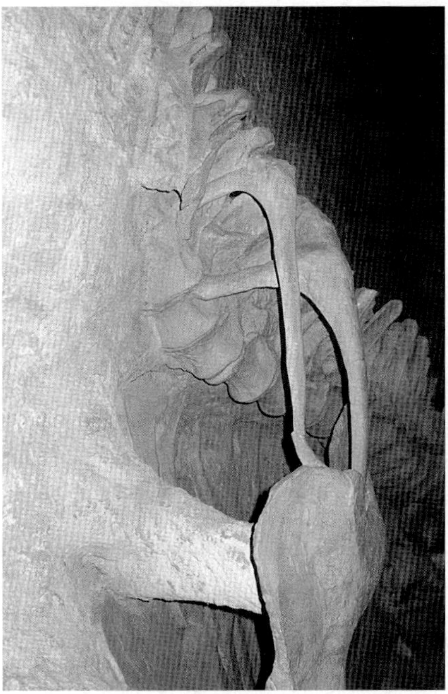

28

29 

29 Das Skelett eines Desmatosuchus, der im Trias vor ungefähr 230 Ma im heutigen Südwesten der USA lebte. Zu erkennen sind zwei dornenartige Fortsätze in Höhe der Vorderbeine.

30 Im El Morro Nationalpark (New Mexico) gibt es diese seit 1906 geschützte Zeichnung, die von den prähistorischen Anasazi stammen soll. Dem Autor fiel das Detail des Dornfortsatzes auf. Wurde ein Desmatosuchus abgebildet?

30 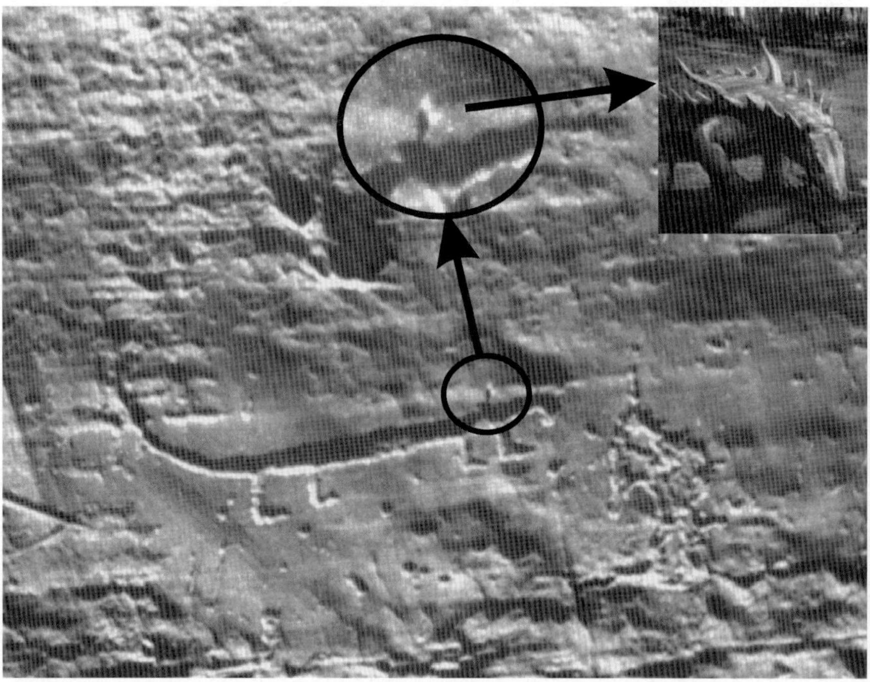

31

31 Javier Cabrera Darquea zeigt auf einen menschlich aussehenden Schädel, der zusammen mit einer fossilen Masse versteinerte, die wie die umliegenden Klippen aus dem Erdmittelalter stammen soll.

32 Die Knochen des in der Nähe von Moab gefundenen Menschen haben einen smaragdgrünen Überzug. Der »Malachit Man« wurde 15 Meter unter der Erdoberfläche in Dakota-Sandstein (Jura) gefunden, der aus der Ära der Dinosaurier stammt.

32

33

33 Diese 1996 freigelegte Spur stammt vermutlich von einem Hadrosaurier. Er rutschte auf dem schlammigen Untergrund aus und landete auf der Seite (Hüfte). Es wurden Abdrücke der Haut hinterlassen. Lief der Vorgang der Versteinerung - Erhärtung des Schlamms zu massivem Kalkstein - nicht anscheinend schnell ab? Oder sind die geologischen Grundsätze - Lyell-Hypothese - maßgebend, die aussagen, dass alles unmerklich langsam über lange Zeiträume ablief?

34 In der Nähe von Morrison (Colorado) sind diese Dinosaurier-Spuren in Schrittfolge erhalten. Der Dinosaurier sank in den damaligen matschigen Untergrund ein, der dann genauso wie die darunter liegende Schicht und der in den Abdruck eingeschwemmte Schlamm schnell zu solidem Fels erhärtete. Es erhärteten also Gesteinsschichten gleichzeitig und nicht langsam Millimeter für Millimeter hinter- bzw. aufeinander.

34

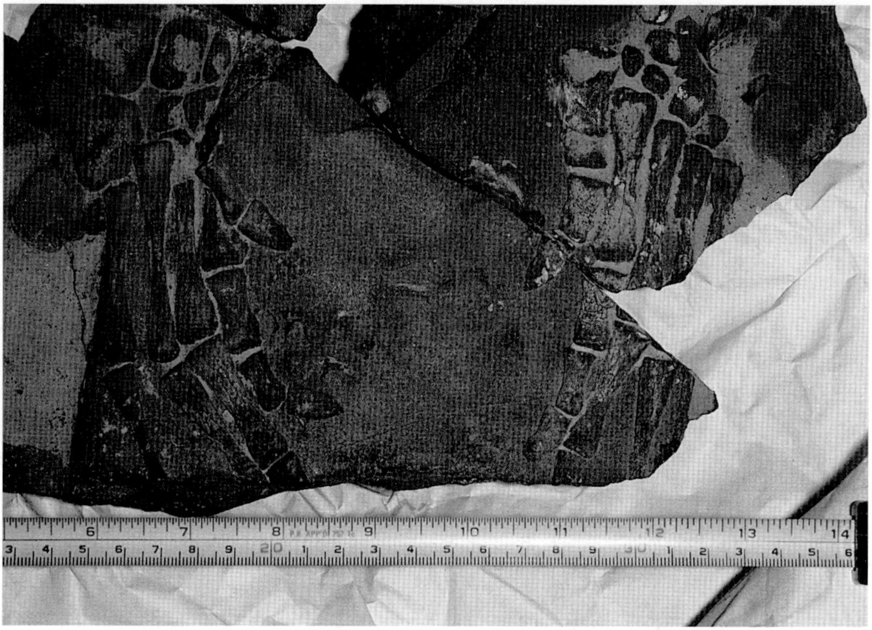

35

35 In der Nähe von Bogotá (Kolumbien) wurden diese Hände in 2000 Metern Höhe gefunden. Sie sind neben anderen Fossilien in 100 bis 200 Ma altem, dunklem Kieselschiefer mit kohligen Substanzen (Lydit) eingeschweißt, der früher auf Meeresniveau lag.

36 Viele Knochen von Dinosauriern wurden in allen Teilen der Welt in solides Gestein eingeschlossen, das zum Zeitpunkt des Einschlusses weich gewesen sein muss. Das Kalkgestein verfestigte sich durch eine chemische Reaktion schnell zu einer dicken Felsschicht wie Beton und konservierte die Knochen. Fundort: Rabbit Valley (Colorado).

36

37
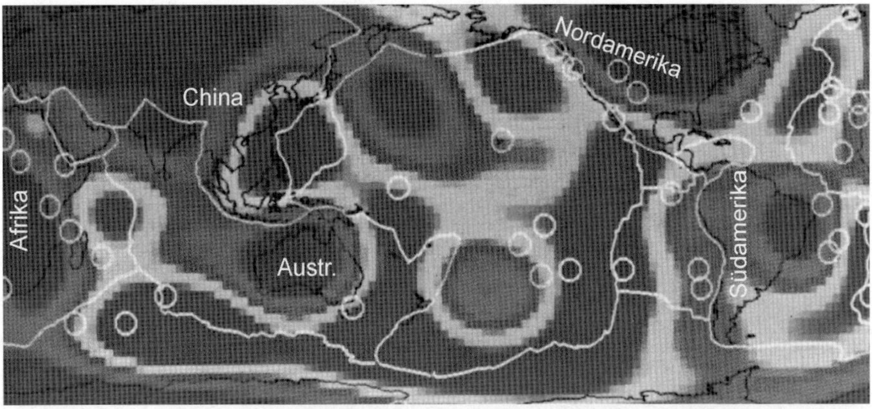

38
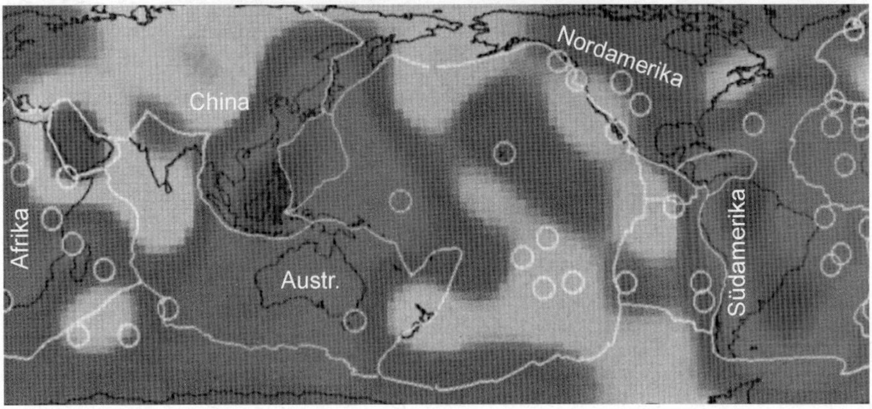

37, 38 Die tomographischen Karten von Woodhouse/Dziewonski zeigen rot gefärbte Bereiche mit heißen und blaue Bereiche mit kälteren Zonen des oberen Mantels. Bild 37 zeigt die Verhältnisse in 150 km Tiefe. In 550 km Tiefe (Bild 38) gibt es außer im Bereich des Roten Meeres entgegen der Theorie der Plattentektonik gar keine Aufströmzonen mehr.

39 Dieses Bild zeigt einen Profilschnitt durch die Erdkugel bis in 350 km Tiefe. Senkrechte Schraffur steht für vertikale und waagrechte für horizontale Strömung. Nur im Bereich des Roten Meeres ist eine senkrechte durchgehend heiße Anomalie zu erkennen. Die restlichen Gebiete scheinen durch seitliche und nicht senkrecht aufsteigende heiße Strömungen gespeist zu werden. (Bild 39-41: Nataf / Nokanischi / Anderson am »Caltech«. Beschriftung: Autor.)

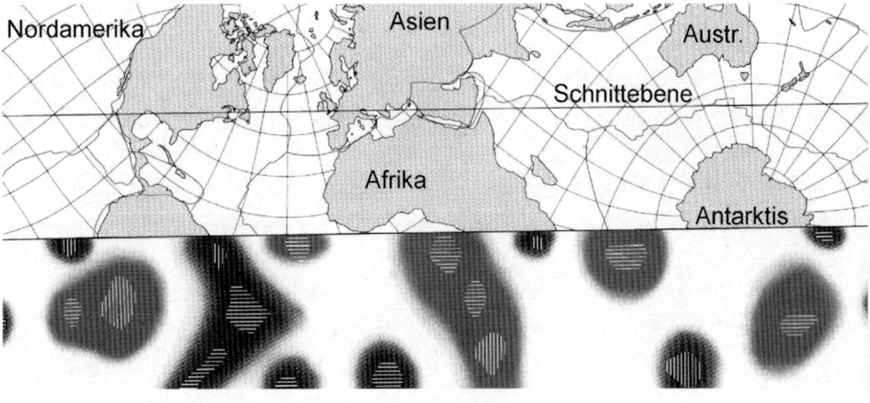

39

flamme ziehen. Somit ergibt sich – wie an einer Perlschnur aufgefädelt – eine ganze Kette von Vulkanen: ältere, schon erloschene und wieder versunkene und heutige, aktive Vulkane. Mit diesen Vulkanen nun ist oftmals die Entstehung von Inseln verbunden: zum Beispiel Galápagos oder Hawaii« (BdW, 16.7.1999). Auf diesem heißen Kuchenblech müssten demzufolge die Tiere von untertauchenden zu dann gerade auftauchenden Inseln förmlich hin und her gehüpft sein. Die Landleguane und Elefantenschildkröten können aber *gar nicht schwimmen*. Wie kommen sie auf eine andere Insel, wenn die bisher von ihnen bewohnte untergeht?

Tierische Nichtschwimmer

Auf den einzelnen Galápagos-Inseln gibt es also Tierarten, die nicht schwimmen können. Früher lebten die Elefantenschildkröten auf elf Inseln der Galápagos. Die bis zu einer halben Tonne schweren Tiere unterscheiden sich durch die Form ihrer Panzer, sodass man die gewaltigen Kolosse nicht einfach zwischen den Inseln austauschen kann. Wie kommen eigentlich diese Nichtschwimmer auf die anderen Inseln? Gab es früher Landverbindungen zwischen den Inseln?
Interessant ist, dass die ältesten bekannten Überreste der Riesenschildkröten aus dem Beginn des *Eozäns* (vor 55 bis 36 Ma) stammen sollen. Entsprechende Fossilien fand man in den US-Bundesstaaten Wyoming und Nebraska sowie in Frankreich, Indien, Brasilien, im Libanon und auf Malta, also auf mehreren Kontinenten. Auch im Falle Maltas fragt man sich, wie Nichtschwimmer auf die Insel gelangten.
Zwischen dem scheinbaren Aussterbezeitpunkt dieser Kolosse und dem Auftauchen der Galápagos-Inseln liegen mindestens 30 Ma. Wo lebten sie in der Zwischenzeit? Woher und vor allen Dingen *wie* kamen die schwimmunfähigen Elefantenschildkröten auf ein ungefähr 1000 Kilometer von der Küste entferntes Eiland? Als blinder Passagier auf einem treibenden Baumstamm oder auf einer grünen Insel aus irgendwie zusammenhängendem Pflanzengeflecht? Zu berücksichtigen ist noch die Tatsache, dass es sich im

Pazifik um Salzwasser handelt, das diese Tiere nicht trinken, denn sie benötigen Süßwasser zum Überleben. Wie lange kann dieses einsame Tier auf dem einsamen Baumstamm überleben? Klappte dann schon der erste Versuch, auf den kleinen Inseln in dem großen Ozean zu landen? Wenn es zufällig eine Insel erreichte, stellte sich auch noch die Frage der Fortpflanzung.

Entsprechend findet der ungarische Zoologe Dénes Balázs folgende Erklärung für dieses Phänomen (Balázs, 1975, S. 169): »...kann es nur das Werk eines außerordentlich glücklichen Zufalls gewesen sein, dass Schildkröten auf einer solchen ›grünen Insel‹ über den Ozean gelangten und tatsächlich auf den Inseln Fuß fassten. Wieder muss ich mich auf die Zeit berufen, die – was Galápagos betrifft – nicht mit menschlichen Maßstäben gemessen werden kann. Zieht man jedoch die Jahrmillionen in Betracht, dann erscheint es durchaus wahrscheinlich, dass dank solcher ›außerordentlicher Zufälle‹ mehrere Elefantenschildkröten über den Ozean getragen wurden.«

Bei meinem Besuch des Galápagos-Archipels im November 2000 musste ich feststellen, dass es auf den verschiedenen Inseln diverse andere Nichtschwimmer gibt: Reisratten, Galápagos-Nattern, Lavaechsen und Skorpione.

Zufall und lange Zeiträume dienen immer wieder der wissenschaftlichen Begründung... Wie auch immer: Falls *mehrere* Schildkröten diese Odyssee ohne einen Tropfen Wasser hinter sich brachten, wäre auch die Fortpflanzung gesichert. Handelt es sich aber hierbei um eine einleuchtende Erklärung?

Auf den Galápagos-Inseln gibt es zwei große Leguanarten, die Meerechse und den Drusenkopf, ein Landleguan. Letzterer ist zwar ein naher Verwandter der Meerechse, taucht seinen Körper jedoch niemals ins Wasser. Die Entwicklungslinien beider Tierarten soll sich hier auf den Galápagos-Inseln getrennt haben. Die Abstammungslehre Darwins fand anscheinend einen oder besser gesagt *den anschaulichen Beweis in der Tatsache, dass sich diese Tierarten auf dem von der restlichen Welt abgeschlossenen Galápagos-Archipel entwickelt haben sollen.* Dieser griffig formulierte biogenetische Kernsatz blieb weit über 100 Jahre unwidersprochen. Neue molekularbiologische Untersuchungen bestätigen diese bisher vertretene Ansicht je-

doch nicht. Die DNA-Analysen der Tiere zeigen, dass »sich ihre Entwicklungslinien vor 20 Ma getrennt haben – und die Inseln sind erst 14 Ma alt. Der Ursprung der Leguane kann also nicht auf den Galápagos-Inseln gelegen haben...« (BdW, 15.7.1999).
Nach der bisherigen im Sinne der Evolutionstheorie geltenden Ansicht waren jedoch gerade diese Tiere auf Galápagos ein *Paradebeispiel für die sich langsam vollziehende Entwicklung der Arten in der Isolation.* Die neue Erkenntnis war da natürlich ein schwerer Schlag für den bisher glorifizierten Evolutionszoo Galápagos. Hätte Darwin die molekularbiologischen Untersuchungen und das wirkliche Alter der Galápagos-Inseln gekannt, wären seine schwärmerischen Sätze über die seltsame Galápagos-Fauna anders oder vielleicht gar nicht formuliert worden. Gäbe es unter diesen Voraussetzungen überhaupt eine Evolutionstheorie (die nach wie vor überhaupt noch zu beweisen wäre)?

Indoktrinierte Ansichten

Aber die Galápagos-Inseln hielten noch andere Überraschungen bereit. Früher nahm man an, dass der dort beheimatete Seelöwe mit den Südlichen Seelöwen *(Eumetopias jubata)* identisch sei. Der Norweger Erling-Sievertsen untersuchte jedoch den Kopf eines Galápagos-Seelöwen, der in die Sammlung des Osloer Museums gelangt war. Dabei stellte er fest, dass dieses Tier als eine eigenständige Art betrachtet werden muss, und es erhielt seinen zoologischen Namen nach dem Norweger Wollebaek *(Zalophus wollebaeki).* Der Galápagos-Seelöwe stammt nicht von den Südlichen, sondern vielmehr von nördlich, nämlich in Kalifornien beheimateten Seelöwen ab. Über *ein Jahrhundert* hinweg waren in Hunderten von Büchern – deren Autoren sich jeweils auf die vorher erschienenen Veröffentlichungen beriefen – falsche Angaben über den Galápagos-Seelöwen gemacht worden. Diese Entdeckung erzeugte im Lager der Biologen eine nicht geringe Aufregung.
Die häufig an mich gerichtete Frage in Bezug auf von mir kontrovers diskutierte Themen lautet oft: Können sich so viele Wissen-

schaftler und Autoren jahrzehntelang geirrt haben? Zumindest in diesem Fall heißt die Antwort eindeutig: Ja. Und da man das Rad nicht immer wieder neu erfindet, sondern sich auf Aussagen und Erkenntnisse anerkannter Kapazitäten beruft, werden Fehlinterpretationen öfter verfestigt und verbreitet, als man annimmt. Wer widerspricht schon gerne einem Vordenker, insbesondere wenn die eigene berufliche Zukunft nicht gefährdet werden soll?

Der ungarische Zoologie-Professor Endre Dudich schreibt in seiner Studie »Darwin und die Galápagos« (Balázs, 1975, S. 36):

»Der Abwechslungsreichtum bestimmter Vogelarten der Inselgruppe, verbunden mit ihrer isolierten und begrenzten Verbreitung, regte Darwin zum Nachdenken über die Entstehung der Rassen und Arten an. Im Wesentlichen eröffnete sich ihm hier das ›Artenproblem‹ der Biologie der Gegenwart. Hier stand daher die Wiege der Abstammungslehre, hier entstand jener Keim eines Gedankens, aus dem später der breite Baum der Abstammungslehre sprießen sollte. Hier wurde er erfasst von ersten Ahnungen und Erkenntnissen. Hier kamen ihm die ersten vagen Gedanken, die später – sich immer mehr formend – wissenschaftliches Gewand annahmen und zu den Grundgedanken seiner die biologische Denkweise völlig revolutionierende Lehre wurden. Der Besuch Darwins auf den Galápagos-Inseln bedeutet Beginn und Ausgangspunkt einer mächtigen geistigen Strömung.«

Treffender kann man es kaum formulieren. Die geologisch viel zu jungen Galápagos-Inseln sind angeblich das Freiluftlaboratorium der Evolution und Wiege der verhängnisvollen Theorie Darwins zugleich. Dieses Märchen könnte nicht schöner erfunden worden sein.

Landbrücke

Um die peinliche Lücke in der Entwicklungsgeschichte der Fauna auf den Galápagos-Inseln zu schließen, wurde von Biologen immer wieder die Frage gestellt, ob es nicht denkbar wäre, dass in der geologischen Vergangenheit irgendwann einmal der Galápagos-Archipel mit dem Kontinent verbunden war. Grundsätzlich müsste diese

Verbindung sehr früh bestanden haben, denn vor 65 Ma, nach dem Massentod der Dinosaurier, entwickelten sich auf den Kontinenten erst die größeren Säugetiere, nachdem es vorher nur kleinere, primitive Arten in Rattengröße gegeben haben soll.

Gegen eine eventuelle *neu* gebildete Landbrücke sprechen verschiedene gesteinskundliche Untersuchungen (Balázs, 1975, S. 163): »Die chemische Zusammensetzung der in Laboratorien analysierten Gesteinsproben verrät durch ihre Armut an Silizium und ihren übrigen Stoffbestand, dass die aus großer Tiefe kommende Lava nur ozeanischen Boden durchbrochen haben kann. Nirgendwo kam sie mit Granit, der die Hauptmasse unserer Kontinente bildet, in Berührung.«

Trotzdem stellt eine vorzeitliche Landbrücke die Lösung für viele der aufgezeigten Problematiken dar. Die Verbreitung der verschiedenen Schildkrötenarten, aber auch der Landleguane auf den unterschiedlichen Inseln des Galápagos-Archipels wäre so einfacher zu erklären. Irgendwann stieg dann der Meeresspiegel der Ozeane, und die Tiere kletterten zum Schutz vor dem Wasser auf die Berge. Die Bergspitzen bilden die heute zu sehenden Inseln. Der Boden

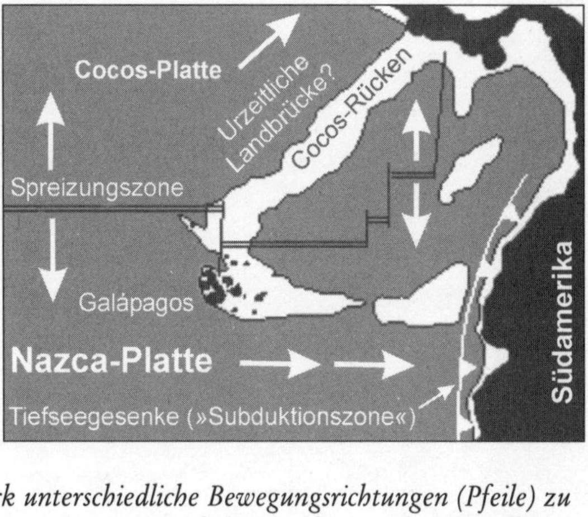

Abb. 13: Galápagos. Dieser Archipel könnte durch eine Landbrücke (helle Partien) mit dem Festland verbunden gewesen sein, falls der Meeresspiegel wesentlich tiefer lag als heutzutage. Innerhalb der Cocos- und Nazca-Platte sind theoretisch jeweils stark unterschiedliche Bewegungsrichtungen (Pfeile) zu verzeichnen. Die Platten müssten eigentlich zerreißen. Anderseits sollten die Galápagos-Inseln nach der Theorie der Plattentektonik schon lange in der »Subduktionszone« verschwunden sein.

des Pazifiks zwischen den Galápagos-Inseln und dem Festland liegt gemäß unseren aktuellen Vorstellungen jedoch *zu tief*, als dass wir eine ehemalige Landbrücke annehmen könnten. Unter Berücksichtigung eines in früheren Zeiten noch *wesentlich* tieferen Meeresspiegels könnte es allerdings sogar eine ringförmige Landbrücke mit einer nördlichen Verbindung zu Mittelamerika (Panama) und einer südlichen zu Südamerika (Ecuador) gegeben haben, über die die seltsamen Echsen und Schildkröten trockenen Fußes einwanderten (Abb. 13). Diese mit unserem Weltbild nicht zu vereinbarende Theorie wurde jedoch bereits von K. W. Vinton und anderen Wissenschaftlern vertreten. Bleibt die Frage zu klären, ob der Meeresspiegel der Ozeane irgendwann in klarem Gegensatz zu den aktuell favorisierten erdgeschichtlichen Modellen wirklich wesentlich tiefer lag als heutzutage.

3 Zerrissene Tektonik

Das Hochgebirge der Anden verläuft an der gesamten pazifischen Küste entlang und bildet förmlich das Rückgrat des südamerikanischen Kontinents. Die Anden, aber auch die Rocky Mountains erhoben sich vor wenigen tausend Jahren mit den Menschen und ihren Städten schnell in die Höhe.

Küstenstreifen in gewaltiger Höhe

Bereits der Forschungsreisende Alexander von Humboldt (1769–1859) führte von 1799 bis 1804 zusammen mit dem französischen Botaniker A. Bonpland in Lateinamerika genaue Ortsbestimmungen und Höhenmessungen durch und maß die Temperaturen des später nach ihm benannten Humboldtstroms. Humboldt beschrieb den *kreideweißen Streifen an den Küstenfelsen der Kordilleren*, der den uralten Küstenstreifen markiert. Diese Strandlinie, die sich früher in Meereshöhe befand, liegt heute in einer Höhe von 2500 bis 3000 Meter. Wuchs der gesamte Küstenstreifen *langsam* in die Höhe, oder wurde er *schnell* in diese Höhe gewuchtet?
Auf seiner Reise von 1834 bis 1835 durch Südamerika schrieb Charles Darwin in sein Tagebuch (Darwin, 1835): »...aber die unterirdischen Kräfte traten wieder in Tätigkeit, und ich sah nun das Bett dieses Meeres eine Kette von Bergen bilden, die über 7000 Fuß hoch waren... So ungeheuer und kaum begreiflich derartige Veränderungen auch erscheinen müssen, so sind sie doch alle in einer Periode aufgetreten, welche mit der Geschichte der Cordillera verglichen als neu erscheinen muss; und die Cordillera selbst wieder

ist absolut modern zu nennen, wenn man sie mit vielen der fossilführenden Schichten von Europa und America vergleicht.«
Darwin bezeugte die aus seiner Sicht jungen Prozesse der Gebirgsauffaltung, und er war überrascht, in 400 Metern Höhe im Bereich einer der früheren Strandlinien am Fuße der Anden in Valparaiso (Chile) Meeresmuscheln zu finden, die noch *nicht verwittert* waren. Diese Funde zeugen jedoch davon, dass das Land erst vor *sehr kurzer* Zeit über den Pazifischen Ozean gestiegen sein kann, und zwar »innerhalb der Periode, während welcher hochgehobene Muscheln unverwittert auf der Oberfläche bleiben« (Darwin: »Geological Observations on the Volcanic Islands and Parts of South America«, Teil II, Kap. 15). Wie lange aber benötigen Muscheln bis zur endgültigen Verwitterung? Jahrmillionen oder realistischer vielleicht doch nur Jahrtausende oder noch weniger? Das Emporsteigen des Meeresspiegels konnte auch nicht langsam nach und nach erfolgt sein, da nur einige wenige Brandungslinien zwischen dem heutigen Meeresspiegel und der in 400 Meter Höhe liegenden Linie festzustellen sind.
Das letzte Ansteigen der Anden soll vielleicht vor einer Million Jahren (oZ) erfolgt sein. Die Ruinen der Festung Tiahuanaco an der Südseite des Titicacasees unweit der Grenze zwischen Bolivien und Peru liegen 3810 Meter hoch und sind nur ein paar tausend Jahre alt. Die Stadt nahm eine weiträumige Fläche ein und ist aus enormen Steinblöcken erbaut worden, sodass sie in Bezug auf die Größe der verarbeiteten Steine als *megalithisch* bezeichnet werden könnte. Die Erbauer sind jedoch unbekannt. Das eigentliche Rätsel liegt in der gegenwärtigen Kargheit dieser Hochebene zwischen den westlichen und östlichen Kordilleren: Wie konnten die Einwohner einer großen Stadt oder sogar ein ganzes Volk unter diesen ungünstigen klimatischen Gegebenheiten überhaupt existieren? In diesem Sinn merkte auch Sir Clemens Markham (1910, S. 21) an: »Eine solche Region ist nur fähig, eine spärliche Bevölkerung ... zu unterhalten.« Auch A. Posnansky (1945, S. 15) ist dieser Ansicht: »In der heutigen Zeit ist das Plateau der Anden ungastlich und fast unfruchtbar. Mit dem heutigen Klima wäre es während keiner Periode als Zufluchtsort großer Menschenmassen geeignet gewesen.«

Es gibt zwar noch viele alte künstliche Terrassen, die die Urbevölkerung anlegten, aber sie liegen 5600 Meter über dem Meer und sogar noch höher. Mais reift aber beispielsweise nicht in dieser Höhe. Aus diesem Grund (Velikovsky, 1980, S. 103) »bot der damalige Präsident der *Royal Geographical Society*, Leonard Darwin, die Vermutung an, dass das Gebirge nach dem Bau der Stadt maßgeblich emporgestiegen sei«. Ich unterstreiche die Feststellung: Nach dem Bau der Stadt erhoben sich vielleicht erst die Anden. Unter der Annahme, dass die Anden vor wenigen tausend Jahren zum Zeitpunkt der Errichtung Tiahuanacos wesentlich tiefer gelegen haben, ergeben die Terrassen einen Sinn, denn unter den dann herrschenden besseren klimatischen Bedingungen hätte auch Mais reifen können.
Die Existenz einer Krustentier-Meeresfauna im Titicacasee dokumentierte Alexander Agassiz (»Proceedings of the American Academy of Arts and Sciences«, 1876). Wie aber kommen Meerestiere in eine Höhe von 4000 Meter? Einfachste Lösung: Die Hochebene muss einmal auf Meereshöhe gelegen haben. Außerdem fand man Überreste des *Cuvieronius* und *Toxodons* am Südufer des Titicacasees. Diese Elefanten oder Flusspferden ähnlichen Tiere lebten aber nicht in Höhen, die 2000 bis 3000 Meter über ihrem normalen Lebensraum lagen (Hancock, 1995). Das Sediment eines höher gelegenen ausgetrockneten Sees beinhaltete charakteristische Mollusken (Posnansky, 1945, S. 23), »was geologisch gesehen einen relativ modernen Ursprung nachweist«. Auf Grund dieser Funde, weiterer Untersuchungen und chemischer Analysen kommt Posnansky (1945) zu dem Schluss: »Titicaca und Poopó, der See und das Salzbett von Coipaga, die Salzlager von Uyuni: Mehrere dieser Seen und Salzlager sind in ihren chemischen Eigenschaften ähnlich wie die des Ozeans.«
Die Stadt Tiahuanaco wurde nach ihrer Erbauung anscheinend mit den Seen und der gesamten Andenkette zu ihrer heutigen Höhe empor geschoben, und das in geschichtlicher Zeit, nicht vor zig Millionen von Jahren. Die vorherrschende Meinung der Geologen im Sinne der Lyell-Hypothese ist, dass die Gebirgsbildung ein langsamer, kontinuierlicher Prozess sei. Offenbar kann die drasti-

sche Höhenveränderung im Fall von Tiahuanaco aber kein Ergebnis eines lang andauernden und urzeitlichen Prozesses gewesen sein, da Menschen diesen Prozess anscheinend miterlebten. Natürlich spielte sich alles in mehreren Phasen ab. Irgendwann befand sich Tiahuanaco am Seeufer des Titicacasees, der auch einmal 30 Meter höher lag, wie die alte Strandlinie beweist. An anderer Stelle befindet sich diese Strandlinie jedoch mehr als 120 Meter über der gegenwärtigen Seeoberfläche. Mit anderen Worten: Sie ist geneigt. Bedeutet dies eine ursprüngliche Schiefstellung des Plateaus? Es gibt aber viele gehobene Strandlinien, die sehr frisch aussehen und ihr geringes Alter durch die darin vorkommenden Fossilien beweisen (Moon, 1939, S. 32).

Amazonas-Quelle in der Sahara

Weit vom Ozean entfernt fangen Eingeborene im Oberlauf des Amazonas Pfauenaugen-Stachelrochen. Es handelt sich eigentlich um einen Bewohner *salzigen* und nicht süßen Wassers. Jetzt leben diese Tiere 4000 km von der Küste entfernt mitten im südamerikanischen Kontinent. Wie kommen sie dorthin? Stellen diese und auch andere Fische in diesem Gebiet stumme Zeugen einer gewaltigen Katastrophe dar und wurden in einer eigentlich für sie lebensfeindlichen Umwelt gefangen? Es handelt sich um eines der bislang nicht gelösten Rätsel.

Der seit 1974 als freier Auslandskorrespondent für die ARD in Rio de Janeiro arbeitende Karl Brugger verfasste das Buch »Die Chronik von Akakor«, auf das mich Horst Glazel aufmerksam machte. Brugger gilt als Spezialist für Indianerfragen und interviewte mehrfach den Häuptling Tatunca Nara. In seinem Buch berichtet er über die unserem Weltbild widersprechende Geschichte der in Amazonien (Brasilien) lebenden Indianer, nach dem die Götter umgerechnet 10481 v. Chr. aufgebrochen sein sollen. Jedenfalls wird diese Geschichte seit Generationen überliefert.

Der Indianerhäuptling erzählt eine unglaubliche Geschichte: Es soll *zwei* die Erde verwüstende große Katastrophen gegeben haben.

Die erste soll sich 10468 v. Chr. ereignet haben und gewaltig gewesen sein (Brugger, 1976, S. 48 f.): »Eine rote Sonne, ein schwarzer Weg kreuzten sich... Sie sahen die Sonne nicht mehr, nicht den Mond und nicht die Sterne... Dunkelheit brach herein. Seltsame Gebilde zogen über ihren Häuptern dahin. Flüssiges Harz troff vom Himmel, und im Dämmerlicht suchten die Menschen nach Nahrung.«

Diese Naturkatastrophe scheint kein örtlich begrenztes Ereignis gewesen zu sein, denn es wird bestätigt (Brugger, 1976, S. 52 f.): »Die erste Große Katastrophe gab dem Antlitz der Erde eine neue Gestalt. In einem Geschehen, das für immer unbegreiflich bleibt, veränderten sich der Lauf der Flüsse, die Höhe der Berge und die Kraft der Sonne. Kontinente wurden überflutet. Die Wasser des großen Sees flossen in die Meere zurück. Der große Fluss wurde durch eine neue Bergkette zerrissen. In einem breiten Strom trieb er jetzt nach Osten. An seinen Ufern entstanden riesige Wälder. In den östlichen Gebieten des Reiches breitete sich eine schwüle Hitze aus. Im Westen, wo sich gewaltige Berge aufgetürmt hatten, erfroren die Menschen in der bitteren Kälte der Höhen.«

Eigentlich ist diese Beschreibung unglaubwürdig. Die Bergkette im Westen, also die Anden, soll erst vor 10000 Jahren entstanden sein? Der große Fluss – der Amazonas? – soll geteilt worden sein und seine Fließrichtung geändert haben? Änderte sich das Gefälle des Flussbettes gravierend, und zwar in entgegengesetzte Richtung? Die Überlieferungen bestätigen die bereits beschriebene Kippung des südamerikanischen Kontinentalsockels und anderseits auch die von Menschen miterlebte heftige Auffaltung der Anden. Dieses Ereignis hat sich anscheinend tief in das Bewusstsein der vorzeitlichen Menschen eingegraben.

Auch die Beschreibung, dass die Menschen erfroren, da sie sich plötzlich in zu großen Höhen befanden, erscheint auf den ersten Blick unglaubwürdig. Aber wurden nicht gerade in letzter Zeit erfrorene Indianer in sehr großen Höhen gefunden, bei denen sogar noch die Organe erhalten sind?

Insgesamt entspricht die Beschreibung dem Ablauf einer großen Naturkatastrophe, einem kataklystischen Weltuntergang, so wie ich

es in »Darwins Irrtum« bereits ausführlich beschrieben habe. Verschiedene Beweisführungen legen ebenfalls zwei Großkatastrophen in geschichtlicher Zeit nahe: eine vor ungefähr 10000 Jahren, die andere als biblische Sintflut nur wenige tausend Jahre später.
Und auch von dieser zweiten weltweiten Katastrophe wird in den indianischen Legenden berichtet, die sich angeblich 6000 Jahre nach der ersten ereignete (Brugger, 1976, S. 60): »Und die Götter begannen, die Menschen zu vernichten. Einen gewaltigen Stern schickten sie, dessen rote Spur den ganzen Himmel bedeckte. Und Feuer sandten sie, heller als tausend Sonnen... Dreizehn Monde lang regnete es. Dreizehn Monde ein unaufhörlicher Regen. Die Wasser der Meere stiegen an. Rückwärts flossen die Flüsse. Der große Strom verwandelte sich in einen gewaltigen See. Und die Menschen wurden vernichtet. In den schrecklichen Fluten ertranken sie.«
Wie konnten einzelne Menschen eine solche Katastrophe überleben? Es heißt, dass sie geschützt in den unterirdischen Wohnstätten ihrer »früheren Herren« überlebten und mit »Entsetzen die Verwüstung der Erde« beobachteten.
Der Amazonas mündete früher also in den Pazifik und nicht in den Atlantik wie heutzutage? Eine anscheinend unglaubwürdige Behauptung. Doch lassen meine jahrelang andauernden Recherchen gar keinen anderen Schluss zu. Gerade als dieses Manuskript in die Druckanstalt gesandt werden sollte, wurde im ORF sowie ZDF (»Der Uramazonas«, 24.9.2000, 19.30 Uhr) ein aufwendig erstellter Dokumentarfilm ausgestrahlt. Nach intensiver Vorarbeit und Expeditionen in Südamerika und Afrika kam der Wissenschaftler Gero Hillmer vom Institut für Geowissenschaften der Universität Hamburg aufgrund geologischer und paläontologischer Untersuchungen zu dem definitiven Schluss, dass der Uramazonas in der Sahara entsprang, also seine Quelle im Herzen der heutigen Wüste lag, durch den Tschadsee floss und in den Pazifik mündete. Damit wird die unglaubhaft erscheinende Überlieferung der Ureinwohner Amazoniens bestätigt. Da Hillmers Untersuchungen keinesfalls den bisherigen wissenschaftlichen Erkenntnissen entsprechen, fragt sich, woher die Indianer dieses Wissen hatten. Auf der Hand liegt

es bestimmt nicht. Damit wird aber die Tragweite dieser Erkenntnisse erst richtig deutlich. Wenn Menschen von diesem ungeheuren katastrophischen Ereignis berichten konnten, müssen sie es selbst miterlebt haben. Seit wann gibt es Menschen? Fand dieses Ereignis vor relativ kurzer Zeit statt, also vor wenigen tausend Jahren, wie die Ureinwohner Brasiliens genau in dem von mir vorgetragen Sinn berichten? Oder hat Hillmer Recht, der das Horror-Szenario auf 130 Ma datiert? Damals gab es aber keine Menschen, die davon berichten konnten. Um es klar und deutlich zu sagen, alles was Hillmer festgestellt hat, ist richtig und entspricht meiner Auffassung. Nur, einzig und allein hinsichtlich der Datierung sind wir gravierend unterschiedlicher Meinung. Fest steht, der Amazonas floss einmal genau entgegengesetzt zur heutigen Fließrichtung: unglaublich, aber wahr. Wann aber falteten sich die Anden auf und zwangen den Amazonas, in den Atlantik zu fließen?
Das Fernsehteam fand außerdem Seekreide über 1000 Kilometer vom heutigen Nordufer des innerafrikanischen Tschadsees entfernt 80 Meter hoch gelegen in der heutigen Wüste Sahara. Hillmer entdeckte hier in den Sedimenten des urzeitlichen Sees in einem Felsblock unmittelbar an der Erdoberfläche (!) inmitten der Sahara auch einen fossilen Mesosaurus, der in den Flüssen und Seen des urzeitlichen Südkontinents Gondwana vor 250 Ma gelebt haben soll und auch in Südamerika entdeckt wurde. Damit ist aber auch das Rätsel des Pfauenaugen-Stachelrochens gelöst, als Überbleibsel urzeitlicher Gegebenheiten an einem anscheinend falschen Platz.
In einem 200 Meter langen See – den Hillmer u.a. als Restwasser einer ursprünglichen Amazonas-Quelle ansieht – entdeckte er fünf Wüstenkrokodile, mitten in der eigentlich lebensfeindlichen Umgebung inmitten der Sandwüste. Aber in der Sahara gibt es an vielen weit voneinander entfernten Orten – in Niger, Südmauretanien, im Tschad und bis in den Dreißigerjahren in Südalgerien – noch lebende Großreptilien, welche als tropische Relikte an einigen Stellen in der Wüste überlebt haben: Exemplare des nur bis circa 2,20 Meter langen Nilkrokodils (BdW, 25.1.2000). Wie lange überleben diese wenigen Tiere – im geschilderten Fall nur fünf – in einem kleinen See oder einer »unterirdischen, fossilen Wasserstelle,

einer so genannten Gueltas« inmitten einer lebensfeindlichen Sandwüste? Jahrmillionen oder doch nur wenige Jahrtausende? Woher bekamen diese Reptilien in der Sandwüste anscheinend über Jahrmillionen hinweg ihr Futter, auch wenn sie genügsam sind? Wie auch immer, die Sahara war einst ein großes Meer und die Quelle des Amazonas, wie auch die reichhaltigen Fossilien-Funde beweisen. Zu dieser Zeit bildeten Afrika und Südamerika noch eine Einheit. Zu welchem Zeitpunkt aber brachen diese Kontinente wirklich auseinander, und wann war die Sahara ein großes Meer? Passierte alles vor nur wenigen tausend Jahren?

Zweifelhafte Plattentektonik-Hypothese

Die auch in indianischen Legenden beschriebene Kippung des südamerikanischen Kontinents hinterließ weitere geologische Spuren. Betrachten wir den Westrand des südamerikanischen Kontinents, der im zentralen Bereich der Anden eine Krustendicke von bis zu 70 Kilometern aufweist. Im Gegensatz zur atlantischen Ostküste mit einem seicht ins Meer verlaufenden Kontinentalsockel – bevor er bis zu acht Kilometer steil in die Tiefen des Atlantiks abfällt – verhält es sich an der pazifischen Westküste genau anders herum. Der Kontinentalsockel fällt hier sehr steil ins Meer ab, und ein tiefer Graben vor der Küste im Pazifik verläuft parallel zum Hochgebirge auf dem Kontinent. Ein Teil dieses Grabens, sich fast vor der ganzen amerikanischen Westküste erstreckend, ist das Peru-Chile-Gesenke (Abb. 14).

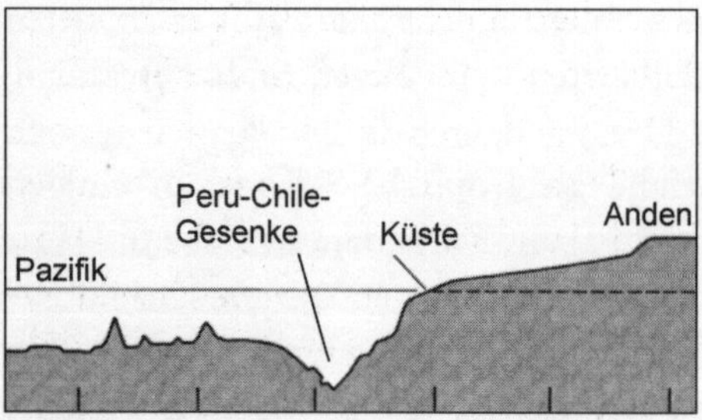

***Abb. 14: Peru-Chile-Gesenke.** Der Schnitt durch die westliche Küstenregion Südamerikas zeigt den bis zu mehr als 8 km hinab reichenden Tiefseegraben und die steil ansteigenden Gebirge der Anden.*

»Auf kurze horizontale Entfernung steht bei Antofagasta einer Tiefe von 8000 Metern im Peru-Chile-Tiefseegesenke eine Höhe von fast 7000 Metern (Vulkan Ojos de Salado) in der Hochkordillere gegenüber. Heftige junge Vertikalbewegungen in der Kruste haben diese Höhenunterschiede bewirkt« (Zeil, 1986, S. 72). Unter diesen Umständen liegt es nahe, die große Anhebung der steilen südwestlichen Seite des südamerikanischen Kontinentalsockels mit dem direkt davor im Ozean liegenden Tiefseegraben in Zusammenhang zu bringen. Setzt man einmal voraus, dass die Ozeankruste früher gegen die Landkruste stieß oder sich auch darunter schob, dann würde eine Anhebung des Kontinentalsockels in der Kontaktzone zum Ozeanboden einen Riss erzeugen.

Bis zur Mitte des 20. Jahrhunderts glaubte man, dass die Kontinente ortsfest seien. Aber im Jahr 1910 kam dem deutschen Geowissenschaftler Alfred Wegener (1880–1930) bei der Betrachtung einer Weltkarte bereits der Gedanke, dass die einander gegenüberliegenden Küsten Afrikas und Südamerikas sich in ihrer Form ergänzen. So entwickelte er die Idee, dass alle Kontinente zueinander passende Fragmente einer ursprünglich zusammenhängenden Landmasse darstellen. Dieser Urkontinent »Pangaea« war von einem Urozean umgeben und wurde schließlich in einzelne Blöcke gespalten, die sich vor angeblich 200, aufgrund neuer Messungen vielleicht vor 180 Ma als Kontinente voneinander zu lösen begannen. In den Trennungszonen entstanden der Indische Ozean und der Atlantik. An den Stirnseiten der driftenden Kontinente falteten sich die Gebirge auf (Wegener, 1915). Diese schlichte Theorie fand unter dem Namen »Kontinentalverschiebung« schließlich in den Sechzigerjahren des 20. Jahrhunderts Eingang in die Wissenschaften, nachdem Wegener zu Lebzeiten für seine Ideen nur Spott geerntet hatte.
Die Kontinentaldrift-Theorie besagt, dass die Kontinente über einen elastisch-plastischen Untergrund schwimmen (driften). Diese Vorstellung wurde aufgrund von Echolotvermessungen der Ozeane und Tiefbohrungen zur Theorie der Plattentektonik weiterentwickelt. Die Kontinente treiben demnach nicht losgelöst von den

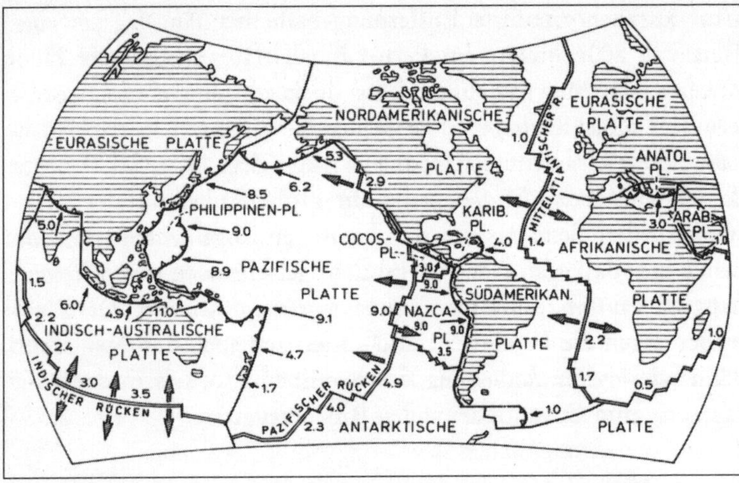

Abb. 15: ***Platten.*** *Die Erdkruste besteht aus mehreren großen und kleinen tektonischen Platten, die sich unterschiedlich schnell und in verschiedene Richtungen bewegen (in cm pro Jahr).*

Ozeanen umher, wie Wegener vermutete, sondern bilden zusammen mit Teilen der Meereskruste sechs große und zahlreiche sich gegeneinander verschiebende kleinere Platten (Abb. 15).

Was geschieht aber, wenn zwei Kontinentalplatten auseinander driften? Es entsteht ein Riss. In diese Spalte dringt von unten glutflüssiges Magma – basaltische Lava – und bildet nach erfolgter Verfestigung neue ozeanische Kruste entlang der mittelozeanischen Rücken, den längs durch die Ozeane verlaufenden untermeerischen Gebirgsketten. Setzt sich dieser Prozess fort, dehnt sich der Meeresboden – von den submarinen Rücken ausgehend – seitlich nach beiden Seiten der Naht aus. Diese Nähte nennt man deshalb auch *Spreizungszonen.* Wie ein riesiges Förderband soll die sich im Bereich der Spreizungszone ständig neu bildende ozeanische Kruste die Kontinente auseinander schieben.

Die neu gebildete Erdkruste wird angeblich Millimeter für Millimeter zur Seite geschoben, stößt schließlich irgendwann an einen Kontinentalrand, um dann an dieser Stelle in das Erdinnere abzutauchen. Dieser als Subduktion bezeichnete Vorgang charakterisiert einen angeblich ständig ablaufenden Abtauchvorgang der Ozeankruste. Da es mehrere tektonische Platten mit mittelozeanischen Rücken dazwischen gibt, muss es also mehrere nebeneinander existierende Kreisläufe geben. Entsprechende Prinzipskizzen scheinen diesen Prozess einleuchtend zu dokumentieren. Aber das ist ein Trugschluss, denn die Skizzen zeigen einen idealisierten zweidimensionalen Zustand, der nicht den Tatsachen entspricht. Der Grund hierfür liegt in der räumlichen Ausdehnung der tektonischen Platten mit zerklüfteten, *nicht parallelen Rändern.* Die Platten liegen wie Steine eines Mosaiks aneinander, ja sind regelrecht miteinander verzahnt wie Antriebsräder. Die Verschiebungsrichtung der Platten kann daher nicht gleich sein. Mit anderen Worten: Es kann keine einheitlichen Bewegungsrichtungen geben (Abb. 15).

Transformstörungen

Bisher ging man davon aus, dass die ozeanischen Schwellen kontinuierlich verlaufende Risse in den Ozeanböden darstellen. Aber auch das ist eine falsche Vorstellung. Die mittelozeanischen Rücken sind in unregelmäßigen Abständen von zahlreichen Störungen (Rissen) quer zur Hauptachse des Rückens durchsetzt, sodass einzelne Abschnitte mit sehr unterschiedlichen Längen entstanden sind. Diese durch die Zerstückelung entstandenen Bereiche sind oft Hunderte von Kilometern *gegeneinander versetzt* (Rona, 1988, S. 141). Die Bruchzonen werden auch als »Transformstörungen« (»Relay-Zonen«) bezeichnet.

Mit anderen Worten: Es gibt keine sich über größere Entfernungen erstreckenden Spreizungszonen in Linienform, sondern diese Nähte sind in relativ kleine Abschnitte zerstückelt, die oftmals parallel zueinander *verschoben* sind (Abb. 16). Wenn aber diese Nähte als Teilstücke bis zu mehreren hundert Kilometern versetzt sind, erscheinen die Voraussetzungen für die Theorie der Spreizungszonen mehr als zweifelhaft, denn der aus der Tiefe aufsteigende heiße Magmastrom müsste oft seine Position wechseln. Man versucht dieses Problem damit zu lösen, dass man neuerdings auch

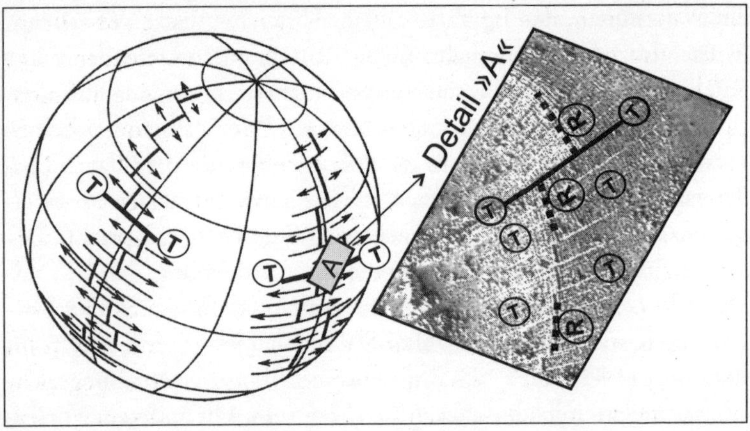

*Abb. 16: **Transformstörungen.** Die mittelozeanischen Rücken (R) bilden keine durchgehenden Rifte, sondern sind durch Transformstörungen (T) gegeneinander parallel verschoben. Die Größe des Versatzes erscheint breitenabhängig und ist in der Nähe des Äquators am größten. Die rechte Abbildung zeigt einen Teilbereich des wirklichen Ozeanbodens (generiert aus Satellitenmessungen): Bruchlinien sind verstärkt markiert.*

von »Spreizungszellen« spricht. Jeweils in der Mitte zwischen zwei Transformstörungen gibt es angeblich von kleinen aneinander gereihten Domen (Blasen) begleitete kleine Berge von Höhen bis zu 500 Metern. Der Physiker Jean Francheteau (1988, S. 115) von der Universität Paris stellt diesbezüglich fest: »Wahrscheinlich entspricht jeder Dom einer eigenen Spreizungszelle: einem kleinen Bereich, wo unabhängig von benachbarten Rückensegmenten neue Kruste erzeugt wird. Statt aus einer einzigen großen Fabrik könnte ein mittelozeanischer Rücken also in Wahrheit aus einer Kette von kleinen Werkstätten bestehen.« Lang gestreckte gleichförmige Spreizungszonen existieren demzufolge gar nicht.

Wie man sich durch einen Blick auf die Satellitenkarte (Abb. 16) leicht vergegenwärtigen kann, *verlaufen die Transformstörungen als Querrisse nicht parallel zueinander* (Morgan, 1968)! Wie kann sich daraus eine gleichmäßige Bewegung des Ozeanbodens entwickeln? Auf jeden Fall ist die Vorstellung von lang gestreckten Spreizungszonen völlig falsch. Unter dieser Voraussetzung – den Grundlagen der Plattentektonik – fragt man sich, wie sich die Platten überhaupt in Richtung der in unregelmäßigen Abständen auftretenden nicht parallelen Bruchlinien verschieben können. Kann ein Zug auf nicht parallelen Schienen fahren? Der sich angeblich horizontal bewegende starre Ozeanboden müsste zwischen nicht parallelen Rändern in viele Stücke zerreißen. Mit anderen Worten: *Der Verschiebungsprozess wird bei nicht parallelen Seiten in Verschiebungsrichtung bis zum Bruch der Platte behindert.*

Dass die ozeanische Kruste jedoch nicht in kleine Stücke zerbröselt ist, bestätigt die Feststellung des Geologen Professor John F. Dewey (1987, S. 29): »Seismische Reflexionsprofile zeigen, dass die Sedimente auch in älteren Schichten völlig flache und ungestörte Schichten bilden.« Die Theorie von Spreizungszellen stellt anscheinend ein idealisiertes, veraltetes Modell dar, das keine Übereinstimmung mit den wirklichen Gegebenheiten aufweist, die durch neue seismische Messungen und Satellitenaufnahmen ermittelt wurden.

Das Modell der Plattentektonik berücksichtigt auch weder die zweidimensionale Ausdehnung der Erdkruste noch die Krümmung der Erdoberfläche. Im Grunde sind nur kleinere Verschiebungen der tektonischen Platten untereinander möglich, so als wenn man ein fertiges Puzzle mit zwei Händen in unterschiedliche Richtungen bewegt. Das Puzzle wird je nach Elastizität und Fugenbreite leicht nachgeben. Dies ist auch bei den tektonischen Platten zu beobachten. Die unterschiedliche Bewegung der Platten – man hat angeblich auch negative, also Rückwärtsbewegungen gemessen – erscheint so durchaus natürlich, oder auch als eine *Restbewegung* eines größeren, plötzlichen Verschiebungsprozesses, der sich beispielsweise während der globalen Sintflut und/oder früher, vor nur ein paar tausend Jahren, vollzogen haben kann.

Die Plattentektonik-Theorie erscheint aufgrund der diskutierten Widersprüche als gänzlich untaugliches Modell für die Erklärung der Vorgänge im Inneren unserer Erdkugel und deren Auswirkungen an der Erdoberfläche. Aber es gibt weitere Widersprüche, die diese Theorie als mit viel Phantasie geschwängertes Gedankenmodell entlarven.

Überlappungszonen

Eigentlich ist die Situation im Bereich der Spreizungszonen noch wesentlich komplizierter. An vielen Stellen des Ozeanbodens in Atlantik und Pazifik *überlappen* sich die mittelozeanischen Rücken um ungefähr zehn Meilen, wie Ken Macdonald und P. J. Fox (1983) in einem Artikel des anerkannten Wissenschaftsmagazins »Nature« (Ausg. 135, 13.5.1983) feststellen. Mit anderen Worten: Es liegen zwei Spreizungszonen (Risse der Ozeankruste) nebeneinander (Abb. 17).

Über diese *überlappenden* Spreizungszonen liest man so gut wie nichts. Sie passen auch *nicht in das klassische Modell der Plattentektonik*. Denn falls die Platten in diesen Bereichen auseinander driften, müssten *die Zonen zwischen diesen sich überlappenden Spreizungszonen anwachsen*. Die Spreizungszonen müssten sich voneinander entfernen, da von beiden Zentren neues sich erhärtendes Magma in den Zwischenraum gepresst wird. Außerdem liegen diese sich überlappenden Spreizungszonen nicht parallel, sondern

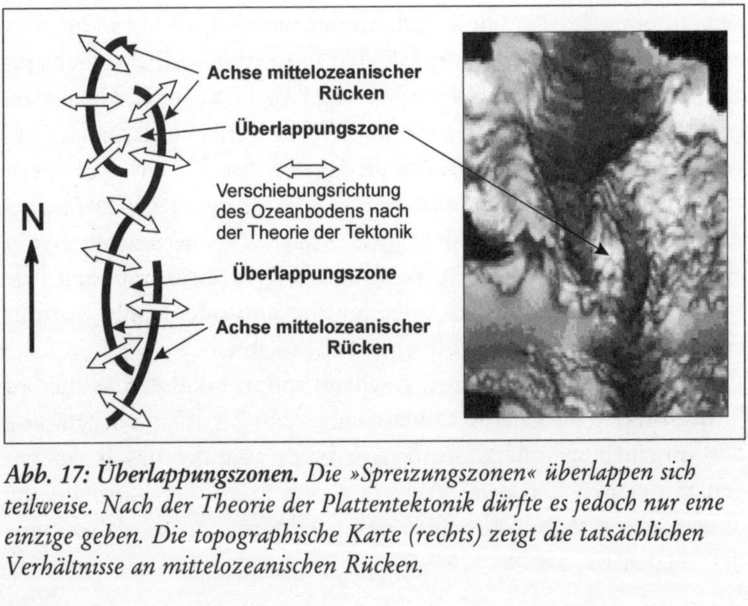

Abb. 17: Überlappungszonen. *Die »Spreizungszonen« überlappen sich teilweise. Nach der Theorie der Plattentektonik dürfte es jedoch nur eine einzige geben. Die topographische Karte (rechts) zeigt die tatsächlichen Verhältnisse an mittelozeanischen Rücken.*

sind kurvenförmig gekrümmt. Das ganze Problem wird dadurch verschärft, dass die Richtung der Spreizung beider Zonen unterschiedlich ist. Anders ausgedrückt: Die entsprechenden Teile des angeblich neu gebildeten Ozeanbodens müssten in *verschiedene* Richtungen auseinander driften, auch auf andere Spreizungszellen zu. Eigentlich sollte sich der Ozeanboden gleichförmig hin zur Subduktionszone bewegen, um sich vernichten zu lassen. Eine entsprechende Vorstellung lässt sich mit den überlappenden Spreizungszonen *nicht* in Einklang bringen. Außerdem liegen die mittelozeanischen Rücken und die Subduktionszonen noch nicht einmal parallel zueinander. Diese Gegebenheiten müssten zu Spannungen und damit zu Brüchen der Ozeankruste führen. Satellitenaufnahmen beweisen jedoch das genaue Gegenteil: Die Ozeanböden liegen flach und unzerstört da.

Zu leichte Erdkruste?

Kann ein Kontinent überhaupt versinken? Immerhin ist die gesamte Erdkruste wesentlich leichter als das, worauf sie angeblich schwimmt. Gibt es diese Subduktionszonen nicht, ist auch die Theorie der Plattentektonik schlichtweg falsch, denn der sich angeblich andauernd neu bildende Ozeanboden würde nicht vernichtet, woraus ganz andere Schlüsse gezogen werden müssten.

Die bei Erdbeben entstehenden S-Wellen und die Art und Weise, wie diese im Erdinnern reflektiert werden, lassen Rückschlüsse auf dessen Struktur zu. Amerikanische Forscher benutzten eine besondere Fototechnik, die schon bei Erdbeben angewandt wird, und erstellten eine Computersimulation des Erdinnern. Dabei wurden Strukturen in 2900 Kilometern Tiefe identifiziert, die als Reste alter Meeresböden gedeutet wurden. Man war verwundert, dass diese nicht spätestens nach 670 Kilometern an der dort vorhandenen Grenzschicht mit bedeutender Diskontinuität (Trennschicht zwischen unterem und oberem Mantel) abgebremst wurden, sondern sich bis zum 2000 Kilometer tiefer liegenden Kern vorgearbeitet hatten (»IlW«, 4/1998, S. 25).

Die Frage ist eigentlich, ob Erdkrustenteile nicht durch katastrophische Umstände in das Erdinnere befördert wurden. Amerikanische Wissenschaftler der Southern Methodist University in Dallas (Texas) haben einen *riesigen festen Brocken* im Erdmantel gefunden. Die Geophysikerin Ilena Madalina Tibuleac veröffentlichte in dem Wissenschaftsmagazin »Science« die Meldung (BdW, 23.3. 1999), dass ein riesiger Koloss mit einem Durchmesser von 130 Kilometern und einer Höhe von 600 Kilometern in einer Tiefe von 800 Kilometern unter der Erdoberfläche entdeckt wurde (Abb. 18). Er scheint langsam in Richtung Erdkern zu sinken. »Allerdings ist noch völlig unklar, wie er sich bewegt« (»IlW«, 4/1998, S. 25).
Die Forscher glauben, dass der Brocken aus der so genannten Subduktionszone im Erdmantel stammt. Natürlich muss man dies im Sinne der Theorie von der Plattentektonik so annehmen, denn falls man keine katastrophischen Umstände berücksichtigt, gibt es eben keinen bekannten oder theoretischen Prozess, der einen massiven Brocken mit einer Länge von mehreren hundert Kilometern in die Tiefe der Erdkruste bewegen könnte. Woher stammt ein solch großer Brocken eigentlich? Er ist doch sicher kein Produkt der Spreizungszone, denn die produziert höchstens acht Kilometer dicken Ozeanboden, wenn überhaupt.
Zu berücksichtigen ist, dass dieser Koloss, wie auch die gesamte Erdkruste, *leichter* als das Erdmantelmaterial ist, in das er ein- und in dem er untertauchte! Die sich in der Subduktionszone angeblich ständig unter die Kontinentalplatte schiebende Ozeankruste ist nur wenige Kilometer dick. Dieser gewaltige Brocken ist jedoch etliche Male dicker und vor allen Dingen sehr lang. Verschluckt sich – bildlich gesprochen – die Subduktionszone nicht an diesem Riesenhappen? Liegt unter diesen Umständen nicht die relativ einfache Lösung nahe, dass der Monolith durch einen riesigen Crash in die Tiefe befördert wurde, beispielsweise durch kosmische Ereignisse in Form einer Planetenkollision? Anderseits: Warum sinkt dieser überdimensionale Brocken überhaupt noch, da er leichter als das ihn umgebende Mantelmaterial ist?
Ein anderes Stück versunkener Lithosphäre soll tief unter dem Baikalsee inmitten des Erdmantels liegen. Vor 200 Ma bildete es an-

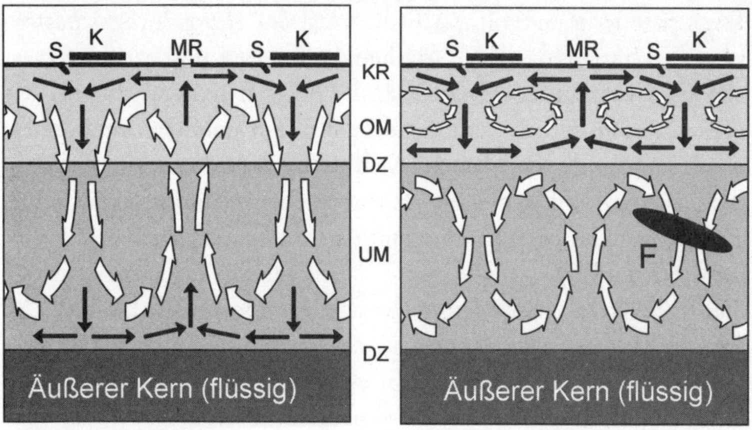

Abb. 18: ***Konvektion.*** *Das Modell der Plattentektonik erfordert mehrere Konvektionswalzen als geschlossene Kreisläufe, die konsequent nebeneinander angeordnet sein müssten. Reichten die Konvektionsströme bis zum Erdkern (linkes Bild), so würde der gesamte Erdmantel (OM und UM) ständig vollkommen durchmischt, und es gäbe keine Bereiche unterschiedlicher Zusammensetzung. Entsprechende Bereiche können nur existieren, wenn im unteren und oberen Mantel gesonderte Konvektionsströme (rechtes Bild) auftreten. Die durch Geschwindigkeitssprünge nachgewiesene Diskontinuitätsschicht (DZ) in 670 km Tiefe als Grenzschicht unterschiedlich dichten Mantelgesteins spricht für mehrere übereinander liegende Kreisläufe. Heißes Material soll an den mittelozeanischen Rücken (MR) aufsteigen, wird als Ozeankruste auch unter die Kontinente (K) fortgeschoben (Pfeile) und an den »Subduktionszonen« (S) als absinkendes kälteres Material eingeschmolzen. In diesem Fall ist aber die Existenz von diversen Erdkrustenteilen, die leichter als das sie umgebende Material im unteren Mantel (UM) sind, nicht zu erklären. Der in einer Tiefe von 800 km mit einer Länge von 600 km nachgewiesene riesige Felsbrocken (F) könnte unter gleichförmigen Bedingungen nur durch große, jedoch in dieser Form nicht existierende Konvektionsströme (linkes Bild) in das Erdinnere befördert worden sein. Wurden die diversen Erdkrustenteile, wie der Felsbrocken (F), vielleicht durch kataklystische Ereignisse in das Erdinnere gestoßen?*

geblich das Bett eines heute nicht mehr existierenden Meeres. Rob Van der Voo, Professor für Geologie an der University of Michigan, und seine Kollegen veröffentlichten in dem weltweit anerkannten Wissenschaftsmagazin »Nature« die Meinung, dass dieses

Stück Erdkruste ursprünglich einen Teil des *Mongolisch-Ochotskischen Ozeans* bildete, der das heutige Sibirien und die Mongolei voneinander trennte (»Nature«, 21.1.1999). »Als vor 200 bis 150 Ma die sibirische und die mongolische Kontinentalplatte zusammenkamen, wurde dieses Material nach unten gedrückt oder tief in die Erde gezogen. Seitdem sinkt es mit einer Durchschnittsgeschwindigkeit von jährlich einem Zentimeter bis heute immer weiter ab« (SpW, 23.3.1999).

Natürlich weiß niemand, mit welcher Geschwindigkeit die Platte einst in die Tiefe sank. Vielleicht wurde sie auch sehr schnell dorthin befördert, insbesondere da dieses Stück Fels ja scheinbar dem Durchmischungsprozess im Erdmantel bisher getrotzt hat und durch die dort herrschenden großen Drücke und Temperaturen noch nicht zerstört wurde. In diesem Gebiet inmitten des asiatischen Kontinentalschildes gibt es aber überhaupt keine theoretische Subduktionszone, in der gegebenenfalls Ozeankruste ständig vernichtet wird. Deshalb kann die folgende Feststellung durchaus in der von mir vorgestellten Idee schneller Absenkungsprozesse verstanden werden (SpW, 23.3.1999): »Die Tatsache, dass die gefundene Felsplatte immer noch da liegt, wo sie einstmals verschluckt wurde, deutet darauf hin, dass sich die sibirische Platte in den letzten 150 Ma kaum bewegt hat.« Aufschlussreich ist der Hinweis auf das Alter des versunkenen Plattenstücks: Es soll 200 Ma alt sein. Die ältesten Teile heutiger Ozeanböden sind aber nur 180 Ma alt. Unter dieser Voraussetzung müsste dieses Stück Fels schon ganz am *Anfang oder sogar vor der Kontinentalverschiebung* abgesunken sein!

Interessant ist aber auch, dass die Dinosaurier vor vielleicht 230 Ma ihre Entwicklung begannen. Als dieses Stück Fels vor 200 Ma in das Erdinnere absank und der Mongolisch-Ochotskische Ozean verschwand (oder sollte man besser sagen: vernichtet wurde?), lebten schon Dinosaurier und auch andere Reptilien. Diese großen Veränderungen an der Erdoberfläche und die angeblich vor 200 Ma beginnende Kontinentalverschiebung haben die Dinosaurier als mitreisende Passagiere überlebt, um dann vor 65 Ma urplötzlich auszusterben?

Mobile Nähte

Die populäre Theorie von der Plattentektonik weist weitere gravierende Widersprüche auf. Der neue Meeresboden soll bekanntlich vom Mittelatlantischen Rücken ausgehend nicht nur westlich in Richtung der Ostküste Südamerikas, sondern auch östlich in Richtung Afrika verschoben werden. Auch hier müsste sich eine den Ozeanboden vernichtende Subduktionszone befinden, also ein Gegenstück zum Peru-Chile-Gesenke. Aber die Afrikanische Platte – wie auch die mit ihr zusammenhängende Somali-Platte – ist nur von *platzenden Nähten* (Spreizungszonen) umgeben.
Östlich der Afrikanischen Platte befinden sich der Carlsberg- und der Mittelindische Rücken, südlich der Atlantisch-Indische Rücken, westlich der Mittelatlantische Rücken, und im Norden stößt sie an die Eurasische Platte. *Nirgends* ist eine Subduktionszone zu entdecken. Auf vielen Darstellungen der tektonischen Platten vermisst man die die Bewegungsrichtung kennzeichnenden Pfeile in Bezug auf die Afrikanische Platte. Zeichnet man sie ein (Abb. 19), erkennt man, dass der Meeresboden von praktisch allen Seiten gegen den Schwarzen Kontinent drückt und ihn eigentlich zu zerquetschen drohen *müsste*. Anderseits sollen sich hohe Gebirge als Folge eines gewaltigen Quetschungsprozesses bilden, falls das geologische Bild von der Entstehung der Hochgebirgsketten stimmt. Aber davon ist auch nichts zu erkennen. Eigentlich müsste der Afrikanische Kontinent wie in einer Schraubzwinge gequetscht werden. Aber es passiert das genaue Gegenteil: Afrika soll sich sogar untermeerisch *vergrößern*.
Diesen der Plattentektonik widersprechenden Sachverhalt bestätigt John Dewey (1987, S. 29), Professor für Geologie an der State University of New York in Albany, unmissverständlich: »Das Wachstum der Afrikanischen Platte hat zudem die Konsequenz, dass sich die Entfernung zwischen dem Carlsberg-Rücken im Indischen Ozean und dem Mittelatlantischen Rücken ständig vergrößert.« Das Gegenteil ist also der Fall: Der afrikanische Kontinent wird nicht zusammengedrückt, sondern dehnt sich sogar in Richtung der Spreizungszellen aus. Man hat für die Frage nach dem Warum angeblich eine

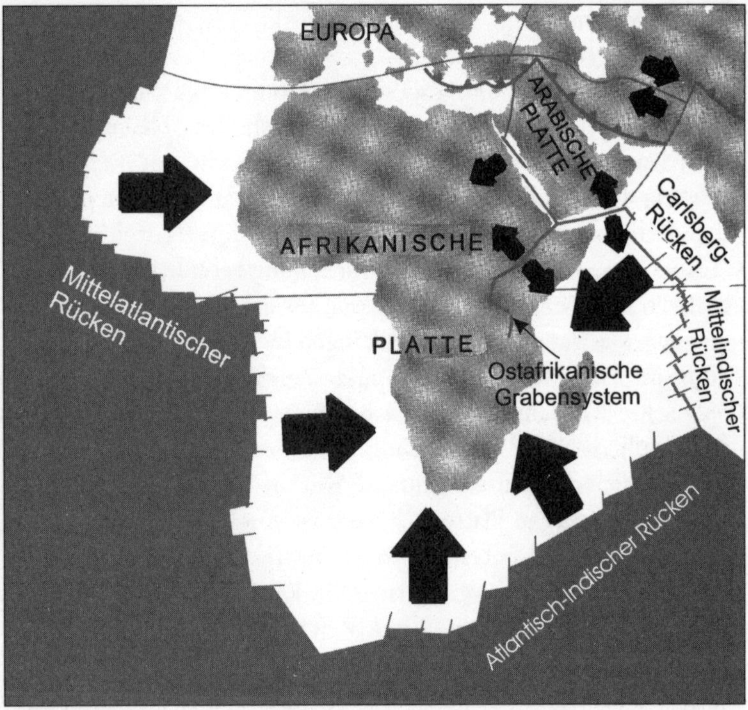

Abb. 19: Afrika zerreißt. *Die Afrikanische Platte ist von platzenden Nähten – Spreizungszonen – umgeben. Nirgends ist eine »Subduktionszone« vorhanden, die nach der Theorie der Plattentektonik die überschüssige Erdkruste vernichten sollte. Afrika müsste sich daher in einer Art Schraubstock befinden und zerdrückt werden. Aber genau das* Gegenteil *ist der Fall, denn die* Afrikanische Platte wird größer. *Nach Francheteau (1988).*

Antwort gefunden, denn nicht nur die tektonischen Platten sollen in Bewegung sein, sondern auch die aufgerissenen Nähte. *Die mittelozeanischen Rücken bewegen sich von Afrika weg.*

Klaus Jakob formuliert die sich daraus ergebende Konsequenz in »BdW« (3/1999, S. 19) treffend: »Wenn aber die Nähte mobil sind, stimmt auch das plattentektonische Standardmodell der Konvektionswalzen nicht: Unmöglich, dass an den mittelozeanischen Rücken ein Konvektionsstrom aufsteigt und nach beiden Seiten abströmt.«

John Woodhouse und Adam Dziewonski (Harvard University) entwickelten tomographische Karten über die Fortpflanzungsgeschwindigkeit der Scherkomponente in Oberflächenwellen (Anderson/Dziewonski, 1988, S. 70ff.). Dabei ist zu berücksichtigen, dass *heißes Mantelmaterial eine niedrige und kaltes Material eine hohe seismische Geschwindigkeit* zulässt. Unter dieser Voraussetzung ergeben sich interessante Erkenntnisse:

- Unter dem nördlichen und südlichen Atlantik erkennt man in 150 Kilometer Tiefe heißes Material, während unter dem ganzen südamerikanischen Kontinent fast komplett kaltes Material anzutreffen ist. Das Erdinnere unter dem Pazifik längs der Ostpazifischen Schwelle erscheint wie erwartet heiß.
- »In 350 Kilometern Tiefe dagegen stimmen seismische Geschwindigkeit und Oberflächenstruktur bereits weniger gut überein« (Anderson/Dziewonski, 1988, S. 72). Mit anderen Worten: *Die heißen Gebiete werden rarer, je tiefer sich die Schichten befinden.* Nur noch im nördlichsten Teil des Atlantiks zwischen Spanien und Grönland sowie im südlichsten Teil zwischen den Südspitzen Afrikas und nördlich der Antarktis gibt es noch ganz heiße Gebiete – wie auch in mit der Tiefe kleiner werdenden Bereichen des Pazifiks.
- In 550 Kilometern Tiefe gibt es nur noch *weniger heiße*, wider Erwarten aber *keine sehr heißen* Gebiete mehr. Unter der *ganzen Südamerikanischen Platte* und dem Atlantik bis zur Höhe von Spanien wird *kaltes* Material ausgewiesen (Bilder 37, 38, 39).

Aus diesen neuen wissenschaftlichen Erkenntnissen ergeben sich Konsequenzen für das Modell der Plattentektonik. Wo sind mit zunehmender Tiefe im Erdmantel die Bereiche mit dem *zirkulierenden heißen Magma* geblieben? Irgendwo unter Südamerika müsste es ja hindurchströmen, wenn das Modell der Konvektionszellen stimmen soll. Außerdem soll es zum Erdkern hin doch immer heißer werden. *Das Modell der Plattentektonik mit dem integrierten Prozess der Konvektionswalzen erscheint so gesehen mehr als fragwürdig.*

Don L. Anderson, Professor für Geophysik am California Institute of Technoloy (»Caltech«) und Leiter des Seismologischen Laboratoriums, sowie Adam Dziewonski, Professor für Geologie an der

bekannten Harvard University, kommen anhand der Untersuchungsergebnisse der seismischen Tomographie (die Karten basieren auf Untersuchungen von Henri-Claude Nataf, Ichiro Nakanishi und Don L. Anderson, »Caltech«) zu dem erstaunlichen Schluss (1988, S. 77): »Unter anderen Rückenabschnitten wie dem Zentralteil des Mittelatlantischen Rückens und dem Atlantisch-Indischen Rücken finden sich wider Erwarten jedoch keine anomal heißen Zonen. Wie die Karte für eine Tiefe von 100 Kilometern... nahe legt, scheinen diese Gebiete vielmehr von seitlichen heißen Strömungen gespeist zu werden.« Und weiter: »Offensichtlich ist das System der mittelozeanischen Rücken also nicht einfach die äußere Manifestation senkrecht aufsteigender Ströme aus dem Erdinnern. Stattdessen scheint es von ein paar wenigen ausgedehnten thermischen Anomalien gespeist zu werden, die ihm von der Seite her heißes Material zuführen.«
Anomalien als generell vorhandenes Phänomen widersprechen der Vorstellung von gleichmäßig verteilten Konvektionswalzen, insbesondere wenn analog der Theorie das *heiße Material nicht von unten, sondern von der Seite zugeführt wird.* Andersen und Dziewonski (1988, S. 78) stellen fest: »Heißes sowie kaltes Material strömt seitwärts in viele verschiedene Richtungen; der oberflächennahe Strom von den Rückenachsen weg und der Rückstrom im Mantel erfolgen keineswegs in derselben vertikalen Ebene. Auch wenn sich die thermischen Anomalien unter mittelozeanischen Rücken, kontinentalen Rifts und selbst Vulkangebieten bis in große Tiefen verfolgen lassen, sind sie gegenüber den Strukturen an der Erdoberfläche oft seitlich versetzt und stellen nicht einfach senkrecht aufsteigende Magmaströme dar.«
Stellen die mittelozeanischen Rücken vielleicht gar nicht die Geburt neuen Ozeanbodens dar? Handelt es sich nur um Nähte, aus denen das heiße, flüssige Magma austritt, das wiederum die Risse nur notdürftig verkittet (Abb. 20)? Die Messungsergebnisse widersprechen jedenfalls der klassischen Theorie der Plattentektonik mit aus dem Erdinneren aufströmendem heißem Magma. Sogar die Vorstellung von zum Erdkern hin immer heißer werdendem Material scheint infrage gestellt zu sein.

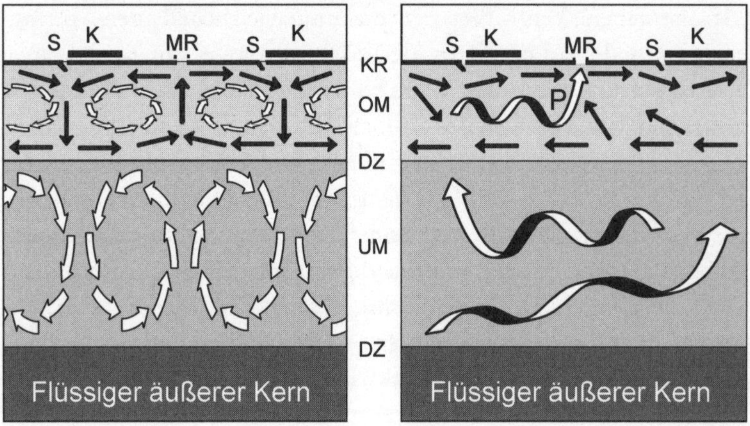

Abb. 20: Turbulenzen. *Das linke Bild stellt das Strömungsmodell nach der Theorie der Plattentektonik mit vielen nebeneinander liegenden Konvektionswalzen im unteren (UM) und oberen Mantel (OM) dar. Deshalb müsste es, ausgehend von den mittelozeanischen Rücken (MR), entgegengesetzt gerichtete Strömungen unter der Erdkruste geben (linkes Bild). Die oberflächigen Strömungsrichtungen verlaufen jedoch einsinnig und ungehindert turbulent in bestimmten Richtungen – hauptsächlich horizontal – wie Strömungen in einem Meer (rechtes Bild). Diese Strömungen bewegen sich unter den mittelozeanischen Rücken (MR) und Subduktionszonen (S) an den Rändern der Kontinente (K) in fast* beliebigen *Richtungen und nicht senkrecht zu deren Achse, wie es die Theorie der Plattentektonik zwingend fordert. Allerdings gibt es wenige einzelne, regional begrenzte Zonen, in denen das heiße Gesteinsmaterial als senkrechter Strom – Plumes (P) – unter die Erdkruste (KR) züngelt.*

Andererseits: Warum ist nur der Ozeanboden in einem schmalen Bereich der mittelozeanischen Rücken durch Querrisse – Transformstörungen – versetzt, teilweise in kleine Teile zerstört und als aufsteigendes Gebirge ausgebildet? Warum befinden sich rechts und links dieser Rücken flach liegende Meeresböden und seitlich der mittelozeanischen Rücken Tiefebenen *fast ohne jedes Anzeichen von Zerstörungen*, die durch die beschriebenen Geburtswehen ja entstehen und mit der Zeit zur Seite geschoben werden müssten? Wenn eine gewisse ständige Neubildung des Meeresbodens an den mittelozeanischen Rücken erfolgen sollte, müsste es dafür eine ganz andere Erklärung geben. Vergrößert sich die Erde vielleicht laufend geringfügig? Zur Erklärung dieser Idee: Malt man zwei Punkte auf einen Luftballon und bläst diesen auf, so entfernen sich diese Punkte mit zunehmendem Volumen des Ballons voneinander (Abb. 21).

Die Kontinentaldrift erscheint unter diesem Gesichtspunkt zwar formal als richtig – die Kontinente entfernen sich voneinander –, aber es findet in Wirklichkeit kein Abdriftvorgang statt: Die dicken Kontinentalplatten sind relativ stationär und bewegen sich nur als Teile eines Puzzles geringfügig mit kleiner Relativgeschwindigkeit und kleinen Rotationsbewegungen relativ zueinander.

Betrachten wir aus diesem Blickwinkel noch einmal den afrikanischen Kontinent, denn obwohl er nach dem Modell der Plattentek-

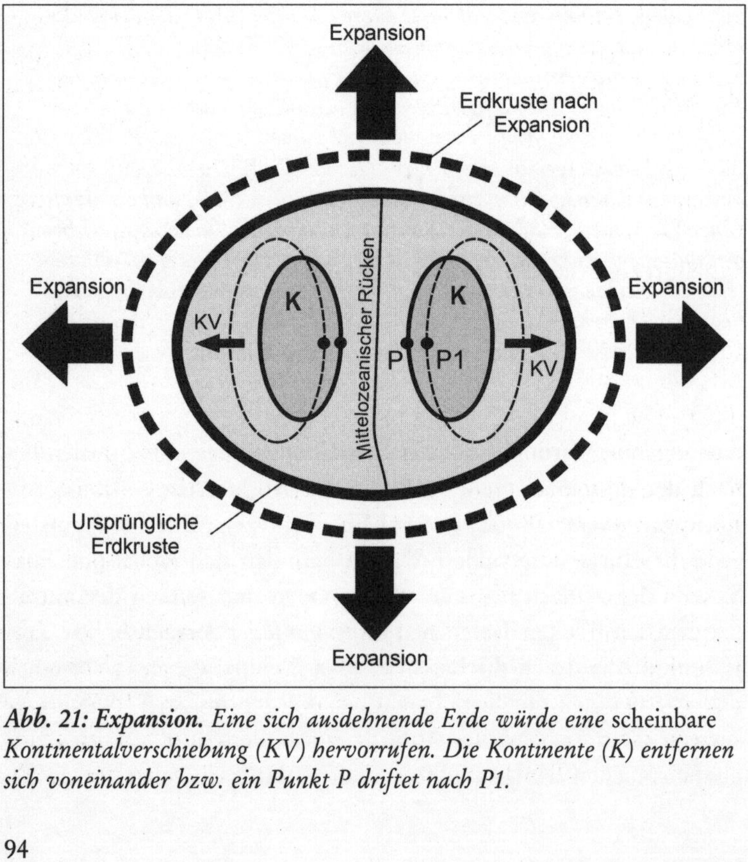

Abb. 21: Expansion. *Eine sich ausdehnende Erde würde eine* scheinbare *Kontinentalverschiebung (KV) hervorrufen. Die Kontinente (K) entfernen sich voneinander bzw. ein Punkt P driftet nach P1.*

tonik gestaucht, also kleiner werden müsste, breitet er sich im Gegenteil dazu noch aus. Da die bisher angebotenen Erklärungsversuche durch die Ergebnisse der seismischen Tomographie offensichtlich nicht bestätigt wurden, müssen neue Erklärungen gesucht werden. Aus diesen Gründen wird neuerdings ein anderes Szenario favorisiert: Tief aus dem Erdinnern sollen Ströme heißen Gesteins als hitzige Wallungen – so genannte »Plumes« – bis zur Erdkruste emporsteigen und die Erdkruste aufweichen. In welcher Tiefe entstehen denn diese »Plumes«? Ist es richtig, wenn Klaus Jacob (»SpW«, 3/1999, S. 18) in Übereinstimmung mit den allgemeinen Ansichten der Geophysik feststellt: »Der glutflüssige Erdkern und radioaktiver Zerfall liefern genügend Wärme, um dem Gesteinsdeckel tüchtig einzuheizen.«

In geophysikalischen Kreisen wird viel über die Frage diskutiert, wie tief die thermischen Anomalien reichen. Die seismische Tomographie liefert 3-D-Bilder des Erdmantels, die beweisen, dass sehr heißes Magma nur bis in Tiefen von ungefähr 400 Kilometern vorkommt (Anderson/Dziewonski, 1988, S. 74f.). Müsste es nicht auch in tieferen Schichten des Erdinnern heiß sein, wenn ein glutflüssiger Erdkern das angeblich flüssige Material der Erdkugel aufheizt, sodass das »Mantelgestein zu wallen beginnt wie der Grießbrei auf der Herdplatte« (»SpW«, 3/1999, S. 18)?

Seltsamerweise sind die thermischen Anomalien, die 400 Kilometer tief reichen, »gegen ihre Manifestationen an der Erdoberfläche aber oft um weite Strecken versetzt« (Anderson/Dziewonski, 1988, S. 75). Die gewaltigen »Plumes« sind so betrachtet keine senkrecht aufsteigenden Ströme heißen Steinmaterials und können *auch nicht der Ausgangspunkt geschlossener Konvektionswalzen entlang der mittelozeanischen Rücken sein* (Abb. 22).

»350 Kilometer unter der Erdoberfläche ist das weltumspannende System der mittelozeanischen Rücken nicht länger eine zusammenhängende Einheit, sondern zerfällt in einzelne Segmente. Der Zentralteil des Mittelatlantischen Rückens ist in dieser Tiefe sogar durchsetzt von ›schnellem‹ (= kaltem, d. V.) Material... In 550 Kilometern Tiefe stimmen die Strukturen im Mantel noch weniger mit denen an der Oberfläche überein« (Anderson/Dziewonski, 1988,

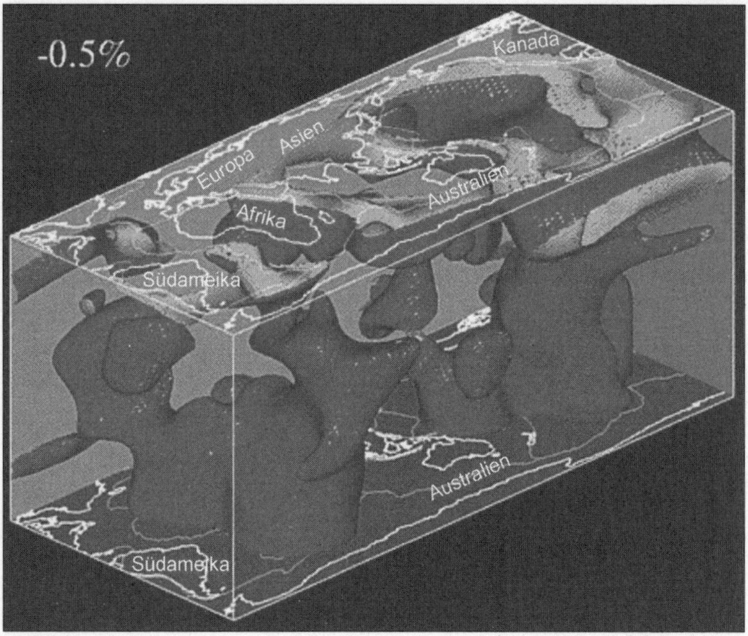

Abb. 22: Plumes. *Dieses an der Harvard-Universität entwickelte dreidimensionale Modell lässt auf eine Durchmischung des oberen Mantels schließen. Einheitliche Aufströmzonen längs der mittelozeanischen Rücken und Absinkzonen an den »Subduktionszonen« sind nicht zu erkennen. Die dunklen Zonen stellen Bereiche aufströmenden heißeren Gesteinsmaterials, so genannte Plumes, dar, während die helleren relativ kältere Zonen anzeigen. Insgesamt lässt sich auf einen punktuell durch Plumes unterbrochenen ausgedehnten* horizontalen Transport *von sowohl heißem als auch kälterem Gesteinsmaterial schließen.*

S. 76f.). Wenn die erstaunlichen Untersuchungsergebnisse der seismischen Tomographie richtig sind, muss das Modell der Plattentektonik und der damit erforderlichen Konvektionswalzen mehr als infrage gestellt werden, insbesondere da Anderson und Dziewonski feststellen, dass das heiße Material »von ein paar wenigen, ausgedehnten thermischen Anomalien gespeist« wird, indem heißes Material *von der Seite und nicht von unten* zugeführt wird. Magma kann deshalb unter keinen Umständen aus einer glutflüssigen, tiefen Erdmitte stammen. So flüssig, wie wir es beobachten, wird die Gesteinsschmelze erst, wenn es den Rand der Erdkruste erreicht (Boschke, 1985).

Die am »Caltech« mit Rayleigh-Wellen einer Periode von 200 Sekunden erstellte Karte (Abb. 23) für den oberen Mantel in einer Tiefe von 200 bis 400 Kilometern zeigt die *horizontale* (!) Strömung. Wie schon ausführlich diskutiert, wird auch durch diese Messung nachgewiesen, dass die Strömungsrichtung *entgegen* der Aussage der Theorie von der Plattentektonik *nicht senkrecht* zu den Achsen der Spreizungszonen und »Subduktionszonen« liegen. Die Messungen ergeben außerdem nicht die Richtung der Strö-

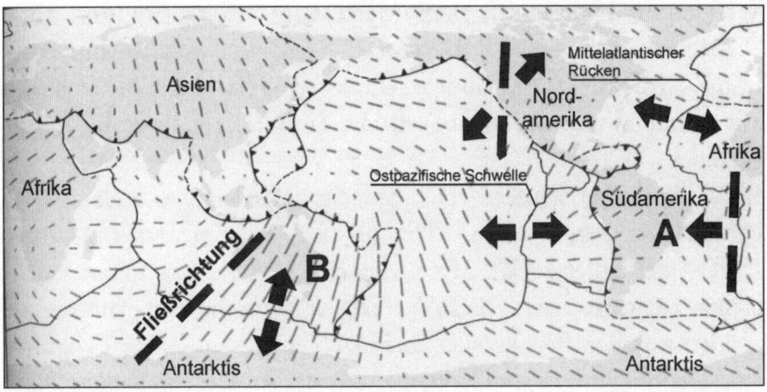

***Abb. 23: Strömungen.** Die horizontalen Strömungsrichtungen im oberen Erdmantel in einer Tiefe von 200 bis 400 km sind entgegen den Annahmen der Plattentektonik fast nie rechtwinklig – Pfeile – zu den Achsen der Plattengrenzen ausgerichtet. Zwischen Afrika und Südamerika verläuft die Strömungsrichtung (dicke gestrichelte Linie) sogar parallel zum Mittelatlantischen Rücken, also ungefähr um 90 Grad zur Verschiebungsrichtung (A) der Kontinente versetzt. Außerdem besteht eine Unsicherheit von 180 Grad hinsichtlich der Richtung der Strömungslinien. Anderseits müsste die Strömung jeweils von den Spreizungszonen weg in zwei entgegengesetzte Richtungen verlaufen, wie die schwarzen Pfeile verdeutlichen. Die Strömungsrichtungen scheinen jedoch* nicht *an den Spreizungszonen* geteilt *zu sein, sondern verlaufen in diesen Tiefenbereichen offenbar flach und einsinnig gerichtet unter den mittelozeanischen Rücken hinweg (dünne gestrichelte Linien).*

mung, die genau um 180 Grad gegensätzlich gerichtet sein kann. Aber man ist sich aufgrund der aufgestellten Theorie absolut sicher und *setzt deshalb ganz einfach voraus*, dass »die Strömung generell von den Subduktionszonen ... zu den Rücken ... erfolgt« (Anderson/Dziewonski, 1987, S. 79).

Zerreißt Afrika?

Der Erforscher des Ostafrikanischen Grabensystems (Abb. 19), J. W. Gregory, stellt im »Geographical Journal« (1894, S. 290) fest: »Vom Libanon bis fast zum Kap (Südafrika, d. V.) verläuft ... ein tiefes und vergleichsweise schmales Tal, mit beinah senkrechten Wänden und ausgefüllt vom Meer, von Salzsteppen und alten Seebecken sowie einer Kette von 20 Seen, von welchen nur einer in das Meer fließt. Es handelt sich um eine Sachlage, die sich von allen anderen auf der Erdoberfläche anzutreffenden völlig unterscheidet.«

B. Willis (1936) schrieb: »Der einfachste Gedanke war, Afrika sei entzwei gerissen worden.« Der als Autorität geltende Deutsche E. Krenkel äußerte 1922 seine Meinung in »Die Bruchzonen Ostafrikas« entsprechend (S. 169): »Die tektonische Aufspaltung der ostafrikanischen Bruchzonen im Einzelnen wie im Ganzen lässt nur eine Deutung zu: *Es sind Zerreißzonen der Kruste, entstanden durch gerichtete Zerrung*... Wirkungen faltender Kräfte sind nirgends zu erkennen.« Dies stellt eine der großen Ausnahmen in der Geologie dar, denn fast alle markanten topographischen Erscheinungen wie Gebirge und Täler sollen durch *Druck- und nicht durch Zugkräfte* entstanden sein – das heißt: also genau umgekehrt.

In diesem Sinn hatten Geologen durchaus vermutet, dass der Graben unter horizontalem Druck entstanden sei. Diese Ansicht würde eigentlich der Idee der Plattentektonik entsprechen. Die Frage ist nur, wie Druck überhaupt tiefe Täler erzeugen kann, ohne dass gleichzeitig hohe Gebirge entstehen. Aber ein prominenter Geologe der Jahrhundertwende, Professor Eduard Sueß, gab den Ausschlag für einen Sinneswandel in geologischen Kreisen, als er meinte, dass die Öffnung von Spalten dieser Größenordnung nur durch die *Wirkung einer Zugspannung* zu erklären sei, die senkrecht zum Verlauf des Bruches ausgerichtet ist (Velikovsky, 1980, S. 110). Für mich als Bauingenieur ist diese Erklärung das Natürlichste der Welt, denn breite Risse entstehen im Normalfall durch Zugspannungen senkrecht zur Rissebene.

Entsprechend kam Gregory (1920, S. 31ff.) zu dem Schluss: »Dieses ausgedehnte Grabensystem ist offensichtlich nicht das Ergebnis einer lokalen Zerklüftung. Seine Länge entspricht einem Sechstel des Erdumfangs. Es muss eine weltweite Ursache haben, deren erste verheißungsvolle Spur die Zeit seiner Entstehung ist.« Wichtig ist die Feststellung, dass es sich um eine *weltweite* Ursache handeln muss. Weltweite Szenerien sind aber eigentlich nicht mit der geologischen Lyell-Hypothese von der sich nur langsam verändernden Welt vereinbar.

Waren Menschen Zeugen des Auseinanderreißens Afrikas? »Überall entlang der Linie bewahren die Eingeborenen Traditionen über große Veränderungen in der Struktur des Landes.« Diese Ansicht wird durch geologische Erscheinungen unterstrichen, denn einige »der Grabenböschungen sind so kahl und scharf, dass sie jüngeren Datums sein müssen … bis in menschliche Epochen.« Ereigneten sich diese gewaltigen geodynamischen Prozesse also vor relativ kurzer Zeit?

Gregory folgte 1920 Sueß in der Meinung, das Ostafrikanische Grabensystem stehe mit den Gebirgsketten infolge der letzten großen Hebung der Faltengebirge in Europa, Asien und auf dem amerikanischen Kontinent in Verbindung. So würde die Zeit der letzten Erhebung, wenn erwiesen, auch klarstellen, wann Afrika den großen Bruch erlitt. *Verknüpft man diese Ereignisse zeitlich mit der globalen Sintflut, dann entstanden die großen Gebirge vor wenigen tausend Jahren.*

R.F. Flint (1947, S. 523) stellt fest: »Die Erde befand sich in Spannung, und ihre Kruste barst entlang eines Meridians über fast die ganze Länge Afrikas … Die Gebirgskette auf dem Grund des Atlantiks könnte durch dieselbe Ursache hervorgerufen sein; und die Zeit des Bruches und der Faltung muss mit einer der gebirgsbildenden Perioden in Europa und Asien zusammengefallen sein. Diese Berge erreichten ihre heutige Höhe zur Zeit des Menschen; das Ostafrikanische Grabensystem ... wurde größtenteils ebenfalls zur Zeit des Menschen gebildet, am Ende der Eiszeit.« Waren *Menschen Augenzeugen der Bildung von Gebirgen*, mittelozeanischer Rücken und des Ostafrikanischen Grabensystems, das damit gar keine klassische Spreizungszone darstellt? Aber vielleicht sind die mittelozeanischen Rücken auch keine klassischen Spreizungszonen in dem Sinn, wie sie die Geophysiker verstehen. Es gibt auf der Erde drei große von Norden nach Süden verlaufende Risse in der Erdkruste: den Mittelatlantischen Rücken, die Ostpazifische Schwelle und den Mittelindischen Rücken mit dem Carlsberg-Rücken als Verlängerung, der sich in den Ostafrikanischen Rücken bis fast zum Mittelmeer fortsetzt.

Liegt diesem regelmäßig scheinenden Bruchschema mit – qualitativ gesehen – parallelen Rissen eine gemeinsame, vielleicht noch nicht endgültig geklärte Ursache zu Grunde? Wie schon festgestellt, entstehen Risse in der Regel durch Zugkräfte, die senkrecht zur Rissebene wirken. Im Fall der Erdkugel müsste diese Zugkraft in Richtung der Breitenkreise, also im Spezialfall des Äquators, verlaufen. Gerade in der Nähe des Äquators sind zusätzliche Risse zu erkennen, wie zum Beispiel das Ostafrikanische Grabensystem. Da die an den Polen abgeflachte Erdkugel am Äquator den größten Umfang hat, kann man hier auf ein größeres Spannungssystem in der Erdkruste schließen. Dehnt sich also die Erde vielleicht wie ein aufgeblasener Luftballon langsam aus?

Da der Kontinent Afrika zerreißt, die Afrikanische Platte größer wird und auch der Abstand zwischen den diesen Kontinent umgebenden mittelozeanischen Rücken zunimmt, wäre eine Ausdehnung der Erdkruste die einfachste logische Erklärung.

Gab es zusätzlich eine, zwei oder auch mehr große Katastrophen, die dieses zerrissene Erscheinungsbild erzeugt oder, falls bereits vorhanden, wesentlich verstärkt haben? Welches kataklystische Ereignis, welche gigantische Kraft ließ einen ganzen Kontinent wie Afrika in zwei Teile zerreißen und erzeugte die großen Risse in der Meereskruste?

Fiktion Subduktion?

Gehören die Tiefseegräben auch zum Erscheinungsbild der durch Risse zerteilten Erdkruste? Sind die Tiefseegesenke vielleicht gar keine Subduktionszonen im Sinne der Plattentektonik? Addieren wir die Tiefseegräben als einfache Risse in der Erdkruste zu den mittelozeanischen Rücken, dann erweitert sich das Rissbild. Es kommen dann weitere aufgerissene Nähte hinzu, die ungefähr von Norden nach Süden verlaufen:

- der Marianengraben östlich der Philippinen in Verbindung mit dem südlich des Äquators verlaufenden Tonga-Graben bzw. Kermadec-Graben bei Neuseeland,
- die Tiefseegräben an der Westküste Amerikas mit dem Peru-Chile-Gesenke und Mittelamerikanischen Graben.

In der Nähe dieser mehrere Kilometer tiefen Gräben am Rande der Kontinentalplatten befinden sich fast ausschließlich kontinentale Hochgebirge wie die Anden entlang dem Peru-Chile-Gesenke an der Westküste Südamerikas. Das Modell der Plattentektonik liefert für diese Tatsache folgende Erklärung: Am Westrand Südamerikas – dem Ort zweier zusammenstoßender tektonischer Platten – wird die schwerere ozeanische Nazca-Platte (Abb. 13, S. 69) angeblich unter die leichtere kontinentale Platte Südamerikas »subduziert« (geschoben). Sollte dieser Vorgang zig Millionen Jahre angedauert haben, müssten diese Tiefseegräben mit Sedimenten gefüllt sein. Da »in den Tiefseegesenken des Pazifiks nur 400 Meter Sedimente vorkommen« (Zeil, 1986, S. 127), scheinen sie jedoch eher ein sehr junges geologisches Alter zu haben. »Da ... nach seismischen Messungen die jungen Sedimente in dem Gesenke flach lagern und keine tektonische Verformung zeigen, werden neue, zum Teil widersprüchliche Vorstellungen über diese Zone geäußert...« (Zeil, 1986, S. 68). Flach abgelagerte Sedimentschichten in einem Tiefseegraben zeugen allerdings nicht von einer andauernden, mit geologischen Störungszonen verbundenen Subduktion, sondern eher von ruhigen Ablagerungsphasen.

So gesehen erscheint die Ausführung von Heinz Kroh in seinem Buch »Es werde Licht« (1980) nachvollziehbar: »Besonders bemerkenswert ist der Tiefseegraben entlang der Westküste Amerikas. Meine Vermutung steht im genauen Gegensatz zur Behauptung der Seismologen (Erdbebenkundler), die Erdschollen würden sich an den Tiefseegräben über- oder untereinander schieben...« (vgl. Markus, 1990, S. 194).

Betrachten wir jetzt noch einmal die von Norden nach Süden verlaufenden Rücken und Gräben, dann können wir in fast regelmäßigen Abständen mindestens fünf große Riss-Systeme erkennen. Nehmen wir jetzt an, dass sich die Erde etwas ausdehnt oder zumindest irgendwann einmal ausgedehnt hat. Dann wäre es einleuchtend, dass die Erdkruste in viele Teile, den tektonischen Platten, auseinander bricht. An den aufgerissenen Nähten tritt dann natürlich das zähflüssige Magma aus dem Erdinnern aus und bildet untermeerische Gebirge entlang der Risse: die mittelozeanischen Rücken. Eine Spreizungszone im Sinne der Plattentektonik wäre das allerdings nicht, obwohl geringfügige Verschiebungen vielleicht möglich erscheinen.

Genauere Messungen in der Neuzeit ließen erkennen, dass der Erdkörper (das Geoid) keine Kugel, sondern eher ein an den Polen »abgeplattetes Rotationsellipsoid ist – eine Folge der durch die Erdrotation hervorgerufenen Zentrifugalkräfte« (Keller, 1994, S. 52), obwohl die Erde eher eine Birnenform aufweist. Man könnte auf die Idee kommen, »dass sich die Äquatorzone durch die Rotation der Erde ständig verdickt und sich somit dort – bei gleichzeitiger Abflachung der Pole – ausdehnt bzw. verformt. An den Schwachstellen der Erdkruste entstehen dann Risse – in den Meeresböden und im Kontinentalbereich. Das könnte in der Tat die Ausdehnung der Tiefseegräben verstärken. Dieses spricht demnach auch gegen Subduktionen« (Kroh, 1980, 146).

Zieht man eine Ausdehnung des Erdkörpers in Betracht, dann könnten die gesamten weltumspannenden Grabenzonen leicht erklärt werden. Wie schon geschildert, verlaufen die mittelozeanischen Schwellen jedoch nicht durchgehend linear. Sie sind vielmehr durch große Transformstörungen oft sehr weit gegeneinander versetzt, die selbst sogar kleine Grabenzonen, ja ganze Querrücken bilden und so den Atlantischen Ozean in verschiedene Meeres-

becken unterteilen. Diese Transformstörungen als Brüche und untermeerische Rücken senkrecht zu den Schwellenachsen könnten durch die Expansion (Volumenvergrößerung) des Erdkörpers erzeugt worden sein, denn er dehnt sich unter diesen Voraussetzungen wie ein Luftballon in alle Richtungen aus und erzeugt entsprechende Risse in zwei Richtungen: längs der mittelozeanischen Rücken und senkrecht dazu längs der Transformstörungen. Damit würde aber auch deutlich werden, dass die Kontinentaldrift ein zum großen Teil nur scheinbarer Effekt sein könnte. Denn falls sich die Erde ausdehnt, entfernen sich die Kontinente automatisch etwas voneinander wie zwei Fixpunkte auf einem sich ausdehnenden Luftballon (Abb. 21, S. 94)!
Die Erde war in geschichtlicher Zeit großen Veränderungen unterworfen. In der Bibel (Psalm 60,4) wird bestätigt: »Gott..., der du die Erde erschüttert und zerrissen hast, heile ihre Risse; denn sie wankt.« Was sagt denn die Geologie zu dem phantastisch scheinenden Modell einer expandierenden Erde? Karl Turekian von der Yale University schreibt in seinem Buch »Die Ozeane«: »Das Auseinanderdriften der Ozeanböden bringt nun mit sich, dass sich die Erde entweder ausdehnt, um die im Bereich der Schwellen neu geschaffene Kruste aufzunehmen, oder dass im Falle eines konstanten Erdumfangs die Kruste irgendwo verschluckt werden muss« (Turekian, 1985, S. 189). Mit anderen Worten: Auf einer sich ausdehnenden Erde entfernen sich die Kontinente zwangsläufig voneinander, aber andererseits benötigt man nicht das phantastische Modell der krustenverschluckenden Subduktionszonen.

Alter der Ozeanböden

Der Geologe Dr. David Howell (1988, S. 80), Professor an der Stanford University, meint, »das Spreizungstempo der Ozeanböden dürfte in den letzten zwei Milliarden Jahren im Mittel fünf Zentimeter pro Jahr betragen haben. Derzeit dehnt sich der Atlantik um jährlich nicht ganz drei Zentimeter aus, während an den aktivsten Bereichen im Ostpazifik der Meeresboden um rund 16 Zentimeter pro Jahr wächst.« Bei diesem Spreizungstempo müssten zum Beispiel die Galápagos-Inseln schon lange in der Subduktionszone an der Westküste Südamerikas vernichtet worden sein. Sie befinden sich aber immer *direkt an der Spreizungszone*.

Man kann verschiedene Rechnungen anstellen. Die Zuwachsrate der gesamten Ozeankruste soll während der verschiedenen Erdzeitalter ungefähr konstant gewesen sein, falls das Modell der Plattentektonik richtig ist. Howell (1988, S. 96) stellt fest: »Multipliziert man die durchschnittliche Spreizungsrate mit der Gesamtlänge der Rückensysteme, so ergibt sich, dass derzeit jährlich ungefähr 2,8 Quadratkilometer Ozeankruste neu gebildet werden. Die Ozeane nehmen gegenwärtig eine Fläche von 310 Millionen Quadratkilometern ein. Rein rechnerisch könnten sie also in nur 110 Ma entstanden sein.« Die Kontinentalverschiebung soll allerdings vor 200 bis 180 Ma begonnen haben. Um einen gleichmäßig ablaufenden Prozess kann es sich sicherlich nicht handeln.

Diese Erkenntnis von Howell ist nicht unwichtig, denn früher hielt man die Ozeane für die ältesten Teile der Erde. Die Kontinente sind nach heutigen Erkenntnissen jedoch vielleicht 20-mal älter als die ältesten Ozeanbodenteile. Das ist schon eine erstaunliche Tatsache und fast nur Fachleuten bekannt. Stimmt das theoretisch ermittelte rechnerische Alter der Ozeankruste auch mit der offiziellen geologischen Altersbestimmung überein?

»Durch die Analyse ozeanischer Krustenproben, die beim *Deep Sea Drilling Project* gewonnen wurden, wissen wir heute jedoch, dass die Ozeane tatsächlich erstaunlich jung sind. Das Alter der ozeanischen Kruste reicht von praktisch null Jahren an den Kämmen der untermeerischen Rücken, also direkt an den Spreizungszentren, bis lediglich 180 Ma im Ostpazifik, der am weitesten von einem Spreizungszentrum entfernten Region« (Howell, 1988, S. 96). Die Bestimmung der ältesten Teile des Ozeanbodens stimmen mit der von der *Sripps Institution of Oceanography* entwickelten digitalen Karte (Ref. Series 93–30) des Alters der Ozeanböden überein, jedoch *nicht* in Bezug auf die *Altersstruktur* (Bild 18).

Vor ungefähr 200 Ma gab es die heutigen Ozeane überhaupt nicht. Man glaubt daher auf einen einzigen Urkontinent zu damaliger

Zeit schließen zu können, der Pangaea genannt wird und sich vor vielleicht 140 bis 160 Ma in zwei Teile aufgespalten haben soll. Der dadurch angeblich entstandene Nordkontinent heißt *Laurasia* (Nordamerika, Europa, Asien) und der südliche *Gondwana* (Antarktis, Südamerika, Afrika, Australien, Indien). Diese beiden Superkontinente behielten aber auch während der folgenden Phase des Auseinanderbrechens grob ihre geographische Lage. Wie erklärt man sich dann aber versteinerte Korallen beispielsweise in Grönland? Da Korallen in der Jetztzeit nur in der Nähe des Äquators wachsen, also auch nicht im Mittelmeer, müssen sich diese Landmassen zu irgendeinem Zeitpunkt am Äquator befunden haben, falls das schulwissenschaftliche Weltbild richtig sein soll. Es gibt jedoch neben dieser wissenschaftlich favorisierten Möglichkeit auch eine andere Alternative. Falls vor der globalen Sintflut ganz andere atmosphärische Bedingungen herrschten und die Erdachse gerade stand, gab es gar *keine Jahreszeiten*. Auf der Erde herrschte unter dieser Voraussetzung weltumspannend ein gleichmäßig warmes Klima vom Nord- bis zum Südpol. Die bei Wassertemperaturen unter 20 Grad Celsius absterbenden Korallen konnten demzufolge in heutzutage kälteren oder sogar vereisten, in früheren Zeiten jedoch warmen Meeresgebieten auch ohne Berücksichtigung einer Kontinentaldrift gedeihen, bevor sie durch katastrophische Vorgänge plötzlich versteinerten und sich das Klima drastisch verschlechterte. Unter diesen Voraussetzungen müssen die Erdteile auch nicht nacheinander den Äquator überquert haben, wie man annimmt, damit Funde fossiler Korallen in Gebieten mit heutzutage viel zu kaltem Klima und niedrigen Wassertemperaturen erklärt werden können.

Aber seit dem Beginn der uns bekannten Kontinentalverschiebung vor vielleicht gut *180 Ma (oZ) befand sich Grönland definitiv und bewiesenermaßen niemals in der Nähe des Äquators*. Korallen konnten unter heutigen Klimabedingungen in den letzten 250 Ma Jahren dort nie gewachsen sein. Da diese Feststellung dem wissenschaftlichen Modell entspricht, werden ganz einfach *mehrere Kontinentalverschiebungen hintereinander* als ewiglich andauernder Kreislauf von Kontinentalverschiebung und anschließender Ver-

einigung zu Superkontinenten propagiert. Die Konsequenz wäre, dass sich Grönland zu irgendeinem Zeitpunkt vor einer früheren Kontinentalverschiebung in Äquatorlage befunden haben kann oder, besser gesagt, muss, denn sonst kann man die Korallenbänke nicht erklären. Die Ozeanböden geben hierauf allerdings keinen Hinweis, denn sie sind ja nur maximal 200 Ma alt.
Aus logischen Überlegungen heraus frage ich, ob die von Wegener propagierte Kontinentalverschiebung als ewiglicher Kreislauf realistisch ist. Allerdings lagen zwischen der uns bekannten und der davor theoretisch ermittelten Kontinentalverschiebung mehrere hundert Millionen Jahre der Ruhe. Entweder gibt es einen dauernd ablaufenden Prozess oder nicht. Ansonsten entspricht die lyellistisch-darwinsche Gleichförmigkeitstheorie mit langsamen, gleichmäßigen Prozessen nicht der Wirklichkeit.
Mehrere Kontinentalverschiebungen nacheinander sind ein rein theoretisches Modell, das aus falsch interpretierten Messergebnissen gefolgert wurde. Die Begründung für diese Behauptung wird in diesem Buch noch eingehender diskutiert. Aber bleiben wir beim Problem des Auseinanderdriftens der Kontinente im späten Erdmittelalter. Afrika und Südamerika trennten sich laut Drifttheorie erst vor ungefähr 125 Ma. Die Behauptung, dass die Küstenlinien dieser beiden Erdteile aneinander passen, stimmt nicht exakt. Es ist eher so, dass die unter der Meeresoberfläche liegenden Schelfe genau an den Mittelatlantischen Rücken passen. Von diesem Ursprungsort sind Afrika und Südamerika dann wie auf einem Förderband auseinander geschoben worden. Die entscheidende Frage ist, ob dieser Vorgang *schnell oder langsam* vor sich ging. Falls die Kontinente sich, ausgehend von den mittelozeanischen Rücken, langsam voneinander entfernen, ergeben sich zwingende Fragen. Im Bereich der mittelozeanischen Rücken entsteht ja angeblich aus der glutflüssigen Lava andauernd neuer Ozeanboden, der erkaltet und nach beiden Seiten wie auf einem Förderband wegtransportiert wird. Daraus folgt, dass der Ozeanboden entlang dem ozeanischen Rücken jung und mit zunehmender Entfernung von diesem *immer älter* sein muss.
Betrachtet man die bereits angesprochene digitale Alterskarte der *Ozeanböden im Atlantik*, scheint sich die Vorstellung der Platten-

tektonik ungefähr zu *bestätigen*, denn der Ozeanboden wird vom Mittelatlantischen Rücken ausgehend immer älter. Betrachtet man jetzt aber den *Pazifik im Bereich des Ostpazifischen Rückens* (Bild 18), dann ergibt sich ein differenziertes Bild. Der östliche Teil des Pazifiks ist mit 60 Ma verhältnismäßig jung und relativ *gleichmäßig alt*. Ausgeprägte Altersstreifen wie im atlantischen Ozeanboden gibt es dort *nicht*.

Gibt es Magnetstreifen?

Alfred Wegeners Idee von der Kontinentalverschiebung konnte lange Zeit keinen nachhaltigen Erfolg erzielen, da es für die Art des Antriebs keine plausible Idee gab. Anfang der Sechzigerjahre gab der Geologe Harry H. Hess von der Universität Princeton den Anstoß mit seinem Konzept von der Spreizung der Meeresböden. Beim so genannten *sea-floor spreading* soll der Meeresboden – wie bereits beschrieben – an den schmalen Rissen auf den mittelozeanischen Rücken ständig auseinander geschoben werden.

Professor Dewey (1987, S. 26) merkt an: »Es wäre nicht leicht gewesen, diese kühne Vorstellung zu beweisen, wäre nicht ein anderes, bis dahin unbekanntes Phänomen aufgetaucht: Das Magnetfeld der Erde wechselt in mehr oder weniger regelmäßigen Abständen seine Polarität. Bei systematischen Magnetometermessungen auf dem Meeresgrund hatte sich ein Muster des Ozeanbodens ergeben, in dem Streifen abrupt wechselnder Magnetisierung wie an einem Zebrasteifen nebeneinander lagen, und zwar parallel zum nächstgelegenen Ozeanrücken.«

Der magnetisch gestreifte Meeresboden gilt als Doppelbeweis *einerseits* für die Theorie des *sea-floor spreading* und *anderseits* für einen häufigen Polaritätswechsel des Magnetfelds der Erde. Falls die Magnetstreifen keinen Beweis für die wechselnde Polarität der Erde darstellen, ist auch die Theorie von der Plattentektonik ihres *tragenden Fundaments beraubt*, wie Dewey richtig feststellt.

Entlang der mittelozeanischen Rückenachsen dringt, so heißt es, kontinuierlich basaltisches Magma nach oben und erstarrt. Bei Ab-

kühlung und Erhärtung des Gesteins unter die Curie-Temperatur – die für Basalt ungefähr 578 Grad Celsius beträgt – wird das Gestein in Richtung des zu diesem Zeitpunkt jeweils herrschenden Magnetfeldes der Erde magnetisiert. Durch entsprechende paläomagnetische Messungen können auf diese Weise die »eingefrorenen« Magnetisierungsrichtungen im Gestein bestimmt werden. »Die Bestimmung der Magnetisierungsrichtungen an altersgleichen Proben vom selben Kontinent haben trotz Streuungen weitgehend übereinstimmende Pollagen ergeben« (Berckhemer, 1997, S. 155). Diese Streuungen können vielleicht auch als Einfluss *magnetischer Stürme* interpretiert werden. »Der vektorielle Charakter der Gesteinsmagnetisierung erschwert die quantitative Interpretation.« Damit wird die Interpretation durch *magnetische Störungen* erschwert, u. a. durch magnetische Stürme. In den »Grundlagen der Geophysik« (Berckhemer, 1997, S. 150) wird bestätigt: »Die magnetischen Stürme korrelieren fast perfekt mit dem Auftreten der Erde zugewandter großer Sonnenflecke.«
Durch den am 25. März 2000 gestarteten Satelliten »Image« wurde erstmals die elektromagnetische Umgebung der Erde mittels einer Dipolantenne gemessen und komplett dargestellt. Aufgrund von Unregelmäßigkeiten der UV-Strahlung ionisierten Heliums in der Helium-Atmosphäre, die sich zwei bis drei Erdradien in den Weltraum erstreckt, konnte einseitig am Rande der Erdkugel ein Mag-

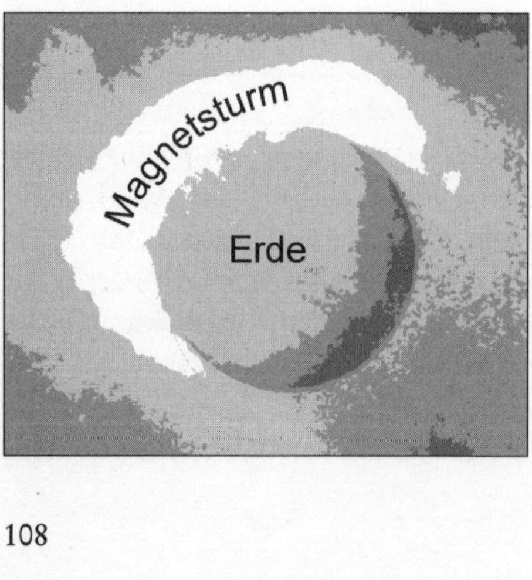

Abb. 24: Magnetsturm. Die Bilder des Satelliten »IMAGE« zeigt die stürmische Umgebung der Erde als UV-Strahlung ionisierten Heliums. Die Unregelmäßigkeiten der Helium-Atmosphäre am Rande der Erdkugel (helle Fläche) dokumentieren einen Magnetsturm.

netsturm (Abb. 24) nachgewiesen werden (»BDW«, 8/2000, S. 8). Die Erde wird von der Sonne durch Protonen- und Elektronenstürme bombardiert, die für Magnetfeldstörungen verantwortlich sind und deren Stärke mit der Aktivität der Eruptionsprozesse an der Sonnenoberfläche wechselt. Kataklysmische Katastrophen können diese anomalen Vorgänge wesentlich verstärkt haben. Wie auch immer, die Sonnenaktivität beeinflusst die irdische Magnetfeldstärke und hat vielleicht einmal oder mehrmals in der Erdvergangenheit regelrecht heftige Magnetstürme erzeugt. Mit anderen Worten, man weiß nicht, wie stark früher magnetische Anomalien in der Erdvergangenheit beeinflusst wurden, denn es gibt zeitlich variable Einflüsse, die durch Tag-und-Nacht-Effekte, Gezeitenkräfte von Sonne und Mond, Variationen der Sonnenaktivität oder auch von der Ionosphäre verursacht werden (»Lexikon der Physik«, Bd. 3, S. 424). Wie stark diese irgendwann einmal wirkten oder das »normale« Erdmagnetfeld überlagerten, weiß man nicht. Demzufolge steht auch nicht zweifelsfrei fest, wie stark das eigentliche Magnetfeld zu einem bestimmten Zeitpunkt war und welche Richtung es tatsächlich hatte.

Betrachten wir aber den angeblichen Beweis für den mehrfachen Polaritätswechsel des Magnetfelds der Erde und damit der Kontinentalverschiebung. Woher weiß man bei einem paläomagnetischen Messergebnis, wo sich damals der Nordpol befand? Die Stärke der Magnetisierung kann bestimmt werden, aber woher kennt man das Vorzeichen (den Richtungssinn) und weiß, wo der Nordpol lag: im Norden oder im Süden? Die klassischen Messungen mit einem Magnetometer ergeben unterschiedlich hohe, aber *absolute* – vorzeichenlose – Werte, die, ausgehend vom mittelozeanischen Rücken, auf charakteristisch symmetrische Streifenmuster schließen lassen sollen. Diese Streifen sind aber keineswegs linienförmig scharf abgegrenzt, wie man vielleicht meinen möchte, sondern es handelt sich um »ausgefranste« und unterbrochene Bereiche mit linienförmigem Charakter, und auch die *exakt symmetrische Anordnung kann höchstens für Ausnahmefälle* dokumentiert werden (Abb. 25).

Wie ermittelt man jetzt die oft auch in Skizzen dargestellten (Abb. 25) positiven und negativen Werte, also den Polarisationswechsel?

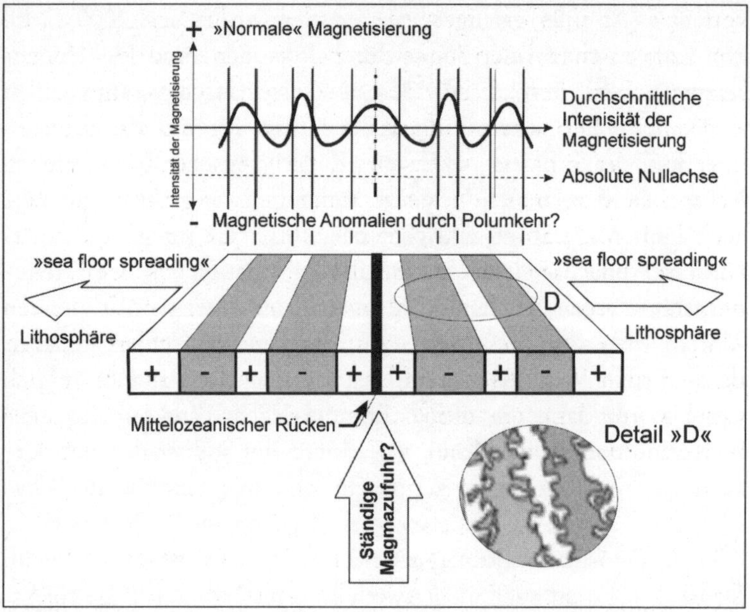

Abb. 25: ***Magnetstreifen.*** *An den mittelozeanischen Rücken (MR) soll ständig neu Magma zugeführt werden, wodurch der Ozeanboden rollbandartig nach beiden Seiten auseinander geschoben wird (sea-floor spreading). Dadurch würden gleichmäßige Streifen beidseitig des MR gebildet, die durch wechselnde Polarität gekennzeichnet sind. Die Streifen sind jedoch nicht linienförmig begrenzt, sondern ausgefranst (Detail D). Außerdem gibt es keine gemessenen +/--Werte in Bezug auf einen Wechsel der Pole, sondern nur absolute Messwerte, die Schwankungen aufweisen.*

Karl K. Turekian von der Yale University schreibt (1985, S. 188): »Wird ein hochempfindliches Magnetometer, das die Intensität des irdischen Magnetfeldes misst, von einem Schiff oder Flugzeug über ein Gebiet geschleppt, so ist es möglich, geringste Veränderungen der magnetischen Feldstärke über lokalen magnetischen Körpern, wie z.B. basaltischen Gesteinen zu erfassen. Sind die Minerale in der Richtung des gegenwärtigen irdischen Magnetfeldes magnetisiert, so verstärkt sich die vom Magnetometer gemessene magnetische Intensität. War jedoch die Richtung des irdischen Magnetfeldes zur Zeit der Auskristallisation der Minerale umgekehrt, so kommt es zu einer geringfügigen Abschwächung der gegenwärtigen magnetischen Intensität aufgrund der anders ausgerichteten Minerale. Beide Effekte bewirken die so genannten *magnetischen Anomalien.*« Die Schwankungen der Messwerte sind also sehr gering, und der Einfluss der bereits diskutierten zeitlich variablen Anomalien ist auch nicht bekannt. Man legt das gegenwärtige Magnetfeld als Maßstab bzw. Normalfall – oder besser gesagt »willkürliche Nullachse« – zu Grunde und interpretiert anscheinend geringer gemessene Werte als negativ und höhere als positiv (siehe Abb. 25). Aber die Messwerte selbst sind absolute Zahlen, besitzen also gar kein Vorzeichen. Auf Grund dieser Deutung der Messwerte wurde dann ein mehrfacher Polwechsel proklamiert, aber auch das Alter der Ozeanböden und damit die Kontinentalver-

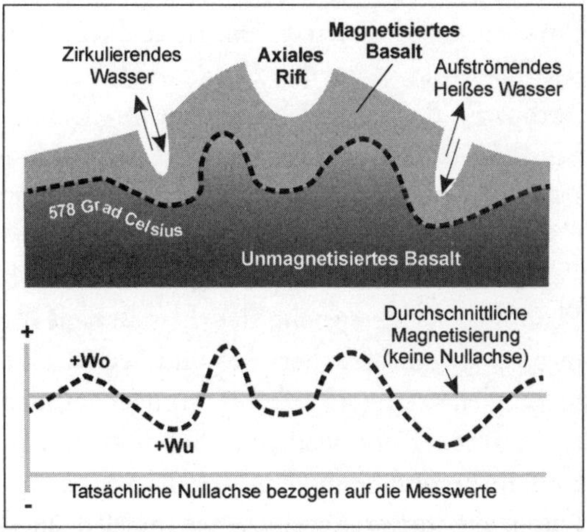

Abb. 26: Magnetometermessung. *Basalt wird nur magnetisch, falls die Temperatur unter dem Curie-Punkt, für dieses Gestein bei ca. 578 Grad Celsius, liegt. Die verschiedenen Risse parallel zum Mittelatlantischen Rücken bewirken ein Abkühlen des Magmas auf unterschiedlich hohe Temperaturen und damit auch einen variierenden Magnetisierungsgrad. Das Messergebnis eines Magnetometers in Richtung von der Achse des mittelozeanischen Rückens weg würde deshalb eine unterschiedliche hohe Intensität ergeben (siehe Abb. 25). Keinesfalls kann dies als Beweis für eine wechselnde Polarität bzw. Vertauschung der Pole angesehen werden, denn die niedrigsten gemessenen Werte (Wu) sind immer noch grundsätzlich positiv wie die höchsten (Wo) und* nicht negativ*! Es gibt Ozeanböden, die gar keine Magnetisierung aufweisen (Azorengebiet), da das Magma beim Erkalten zu heiß war.*

schiebung, ja letztendlich auch eine angebliche Driftgeschwindigkeit angegeben, denn aufgrund »datierbarer magnetischer Umkehrungen an Land ist es möglich, diese Verteilungsmuster der magnetischen Anomalien in einen zeitlichen Rahmen zu stellen« (Turekian, 1995, S. 186). Die Interpretation der so ermittelten Werte stimmt nur dann, wenn in der Erdvergangenheit alles so war wie heute und es keine großen und/oder plötzlichen Veränderungen der Verhältnisse gab. Das Gleichförmigkeitsprinzip bzw. der Aktualismus können in diesem Fall jedoch sicher nicht zweifelsfrei angewendet werden, und damit darf eine Interpretation in diesem Sinn ernsthaft bezweifelt werden, insbesondere falls man die Erdkatastrophen in der jüngeren Erdvergangenheit berücksichtigt, denn dann sind auch weit streuende und in der Intensität stark schwankende Magnetfelder normal. Wie stellte doch Dewey richtig fest: »Falls die Magnetstreifen keinen Beweis für die wechselnde Polarität der Erde darstellen, ist auch die Theorie von der Plattentektonik ihres *tragenden Fundaments beraubt…*«

Arthur D. Raff (1961) beschreibt in »Scientific American« (Oktober 1961, S. 146–156) magnetische Streifenmuster (Anomalien), die *senkrecht* zu den mittelozeanischen Rücken, also parallel zu den Querrissen (Transformstörungen) und damit in Richtung des sich *angeblich* rollbandartig bewegenden Ozeanbodens liegen. Dieses Phänomen widerspricht der klassischen Plattentektonik-Theorie in einer grundsätzlichen Art und Weise, da der Ozeanboden sich nicht gleichzeitig in alle Richtungen ausdehnen kann, denn die dafür allseitig notwendigen »Subduktionszonen« fehlen ganz einfach, insbesondere in Ost-West-Richtung.

Durch die aufgerissenen Zonen parallel zu den mittelozeanischen Rücken – aber auch senkrecht dazu (Transformstörungen) – können die unterschiedlich hohen Intensitätswerte vielleicht ganz einfach erklärt werden. In den Gräben bzw. Rissen zirkuliert das Wasser durch einen Kamineffekt stärker, wodurch auch die Flanken schneller abkühlen als horizontal in offen liegenden Bereichen des Ozeanbodens. Es entstehen somit im Verhältnis zur Curie-Temperatur Bereiche erkaltenden Magmas mit unterschiedlich hohen Temperaturen, ohne dass diese Struktur auf ein unterschiedliches Alter schließen

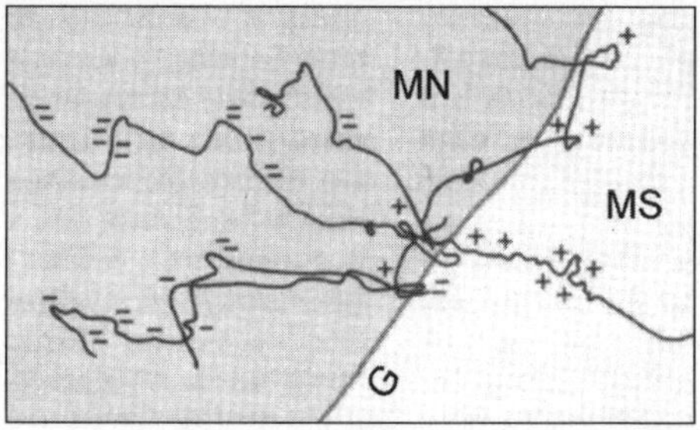

Abb. 27: Magnetisierung. *Die Messergebnisse am Ozeanboden werden als positive und negative Werte angegeben, obwohl nur absolute Werte gemessen werden. Es handelt sich jedoch nur um relative, zueinander unterschiedliche Messwerte. Die Grenzlinie G soll die beiden Krustenstreifen mit unterschiedlicher Polarität voneinander scharf abgrenzen. Dies würde auch einen sehr schnell ablaufenden Polwechsel bedeuten. Im dunklen Bereich lag der magnetische Südpol angeblich im Norden (MN) und im hellen Bereich wie heutzutage im Süden (MS). Seltsamerweise gibt es auch im dunklen Bereich sehr viele dort nicht hingehörende Pluswerte. Nach MacDonald/Luyendyk (1987).*

lassen würde (Abb. 26). Über dem Curie-Punkt nimmt das Gestein sogar überhaupt keine Magnetisierung an. Das ist zum Beispiel im Bereich der Azoren der Fall, wo es *keine Magnetstreifen* gibt. Da die »Datierung mithilfe der Polarität der Magnetisierung« (Berckhemer, 1997, S. 176) bestimmt wird, muss folglich auch die *Altersbestimmung der Ozeanböden abgelehnt werden.*

Die zebrastreifigen Magnetisierungen sind kein einheitliches, ja noch nicht einmal ein grundsätzlich vorhandenes Phänomen. Auch rechts und links vom Ostpazifischen Rücken im Pazifischen Ozean sind keine gleichmäßigen »Altersstreifen« wie im Atlantik vorhanden.

Lagen der Magnetpol und geographische Nordpol irgendwann einmal ganz woanders als heute, beispielsweise südlich von Grönland, und bewegten sie sich dann in Richtung des heutigen Nordpols (Erdachsenverschiebung siehe Abb. 46, S. 233), dann erscheint auch die oft als unumstößlich geltende Theorie der Plattentektonik in dieser Form fraglich. Die Verschiebung der Kontinente wird anhand der im Gestein eingeschweißten Magnetisierungsrichtung bestimmt. Aufgrund der unterschiedlichen Ausrichtung rekonstruiert man differenzierte Lagen der Kontinente zu bestimmten Zeitpunkten. Aus den dargelegten Gründen kann es aber genauso gut anders herum sein: Die Kontinente lagen relativ stationär, aber die Lage des magnetischen Nordpols und damit die Richtung der Magnetisierung im Gestein änderte sich laufend. Vielleicht gab es in der Erdvergangenheit auch mehrere Dipole (Nord- und Südpole). Es ist kaum bekannt, dass auch heutzutage ein *zusätzlicher* Südpol in Westchina liegt und »bewirkt, dass in Mitteleuropa eine Kompassnadel fast genau zum geographischen Nordpol zeigt, obwohl der geomagnetische Haupt-Südpol in Nordkanada liegt. Kleinräumige, geologisch bedingte Anomalien werden u.a. von größeren Erzlagerstätten (z.B. in Nordschweden) hervorgerufen (»Lexikon der Physik«, Bd. 3, S. 424).«

Die aus katastrophischer Sichtweise falsch interpretiert erscheinenden Magnetometer-Messungen direkt am Ozeanboden wurden durch direkte Messungen an Bohrkernen ergänzt, die an einigen hundert Bohrkernen, die aus vielen, an geographisch unterschiedlich angesetzten Bohrungen des *Ocean Drilling Program* stammen, vorgenommen wurden. Dr. J. Lauterjung vom »GeoForschungs-Zentrum Potsdam« (GFZ) teilte mir auf Anfrage offiziell mit: »Aus dem Vergleich der geographischen Orientierung der Bohrkerne und der Orientierung der Magnetisierung im Bohrkern kann definitiv ausgesagt werden, in welcher Richtung z.B. der magnetische Nordpol zum Zeitpunkt der Magnetisierung im heutigen Bezugssystem gelegen hat.« In einem mehrfachen Briefwechsel ließ das GFZ keinen Zweifel an der Eindeutigkeit der Messergebnisse zu, ging aber auch auf genauere Informationen nicht ein. Turekian führt dagegen in »Geowissen kompakt« (1985, S. 94) aus: »Da die normalerweise angewendete Technik bei Kernbohrungen keine sichere Aussage über die Orientierung des Kerns in der horizontalen liefert, kann die Polarisierung nur festgestellt werden, wenn die magnetischen Feldlinien ziemlich steile vertikale Komponenten aufweisen... Zeigt ein magnetischer Vektor, relativ zur horizontalen Schichtung des Kernmaterials gemessen, also nach oben, so liegt eine umgekehrte Polarisierung im Vergleich zu einem in demselben Kern nach unten zeigenden magnetischen Vektor vor.« Wie man auf einfache Weise an den sich nach den magnetischen Feldlinien des Magnetfeldes eines Stabmagneten ausrichtenden Eisenfeilspänen demonstrieren kann, ist die vertikale Komponente der magnetischen Feldlinien jedoch in hohen Breiten (Pole) am größten und nähert sich am Äquator dem Wert Null. Deshalb beinhalten Messungen in mittleren Bereichen (Breiten) Unsicherheitsfaktoren, da der zu messende Winkel sehr klein oder fast Null ist. Es bestehen weitere Unsicherheiten, wie Turekian feststellt: »Diese Methodik kann jedoch nicht angewendet werden, wenn irgendein Zweifel an der kontinuierlichen Sedimentabfolge des Kernmaterials besteht oder wenn kennzeichnende paläontologische Kriterien fehlen. Es handelt sich hierbei nämlich um eine Abfolge ähnlich einer Wechselschaltung, bei der ein Vorgang den anderen bedingt.«

Mit anderen Worten, jede Messmethode bzw. die Auswertung von Messwertreihen besitzt immer eine bestimmte Voraussetzung. In den diskutierten Fällen geht man wie immer bei den Grundprinzipien unseres Weltbildes von einer langsamen und gleichmäßigen Entwicklung unter Voraussetzung heutiger analoger Verhältnisse aus. Die von mir in geschichtlicher und ggf. auch früherer Zeit propagierten Erdkatastrophen lassen jedoch eine andere Interpretation der ausgewerteten Kernbohrungen zu, denn in diesem Fall wurden die Sedimente nicht in kontinuierlicher Folge schön langsam und gleichmäßig abgelagert. Außerdem können und haben sicherlich die bereits diskutierten *zeitlich variablen magnetischen Anomalien in der Erdvergangenheit und die Erdkatastrophen begleitenden Magnetstürme* sogar entscheidenden Einfluss auf die heutzutage zu messenden magnetischen Anomalien ausgeübt. Die aktuellen geophysikalischen Aussagen in Bezug auf die Plattentektonik und einen ständigen Polwechsel sind demnach nur haltbar, wenn es die genannten Einflüsse nicht – eben auch keine Erdkatastrophen – gab und folglich der Aktualismus anwendbar wäre. So gesehen, wird auch eine Aussage des GFZ (Fax vom 31.7.2000) verständlicher: »Da man … eine unterschiedliche Ausrichtung der Minerale festgestellt hat, liegt die Interpretation nahe, dass sich das Erdmagnetfeld mehrfach umgepolt hat.« Die nahe liegende Interpretation – und eben nicht unumstößliche Tatsache – zweifle ich aus den genannten Gründen an, obwohl es vielleicht doch Polumkehrungen gegeben haben kann. Aber für diesen Fall müssen die geophysikalischen Vorstellungen über die Entstehung des irdischen Magnetfeldes revidiert und das so genannte Dynamo-Modell der Erde in Zweifel gezogen werden (Abb. 28).

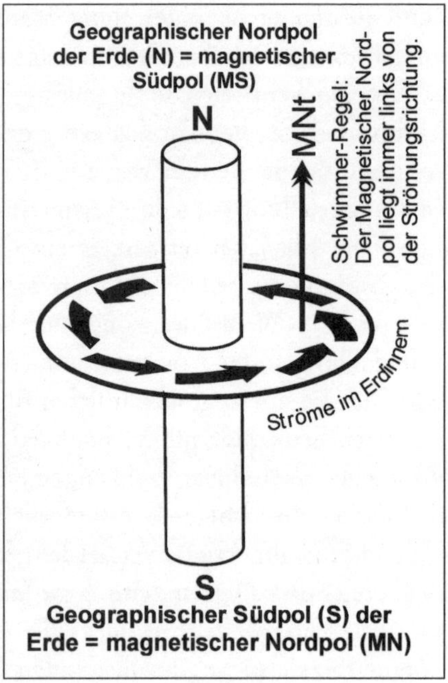

Abb. 28: Widerspruch Erdmagnetismus. *Der magnetische Nordpol (MN) der Erde liegt definitiv auf der geographischen Südhalbkugel (Lexikon der Physik, Bd. 3, 1999, S. 424). Laut der Ampèreschen (Schwimmer-) Regel liegt der Nordpol eines Magnetfeldes jedoch in Richtung des linken ausgestreckten Armes eines Schwimmers (»Lexikon der Physik«, Bd. 2, 1998, S. 86). In Bezug auf die angeblich aufgrund der Erdrotation in West-Ost-Richtung kreisenden Ströme im Erdinnern (Pfeilkreis) müsste der magnetische Nordpol theoretisch (MNt) am geographischen Nordpol und nicht am Südpol liegen, also entgegengesetzt der tatsächlichen Gegebenheit: ein eklatanter Widerspruch in der Theorie der Erzeugung des Erdmagnetismus! Anderseits wird deutlich, dass unter diesen Voraussetzungen (Dynamo-Modell) die proklamierten Polumkehrungen in der Erdvergangenheit unwahrscheinlich sind. Denn, eine Polumkehr bedeutet nach dem geophysikalischen Dynamo-Modell, dass sich die Ströme im Erdinnern hätten umkehren, also entgegengesetzt fließen müssen. Dafür ist aber die Trägheit der Masse viel zu groß – das würde eine (fast undenkbare) Umkehr der Erdumdrehung voraussetzen! Für die Erzeugung des Magnetfeldes muss daher ein ganz anderer Grund vorliegen oder gesucht werden, denn diese geophysikalischen Vorstellungen widersprechen den Grundsätzen der Physik.*

Mobilisten und Fixisten

Ende des 19. Jahrhunderts glaubte man noch an die auf den französischen Naturwissenschaftler René Descartes (1596–1650) zurückgehende, von dem französischen Geologen Elie de Beaumont 1829 formulierte Kontraktionstheorie. Sie geht davon aus, dass die Erde ursprünglich ein glutflüssiger Himmelskörper war. Allmählich soll die Erde dann abgekühlt und geschrumpft sein. Und durch die fortschreitende Kontraktion (Verringerung des Volumens) soll die bereits *erstarrte* Erdrinde gefaltet und *zerbrochen* worden sein. Die tektonischen Bewegungen mussten in diesem Fall hauptsächlich vertikal, also in senkrechter Richtung ausgerichtet gewesen sein. Diese Vorstellung – auch als »fixistisch« bezeichnet – schloss zugleich die Idee von ortsfesten, nicht verschiebbaren Landmassen ein, da diese wissenschaftliche Theorie besagt, dass die Erdkruste als Ganzes oder in ihren Teilen fest mit ihrem Untergrund verbunden ist.

Im Sinne dieser Kontraktionstheorie wurde die Gebirgsbildung der Erde mit einem Bratapfel verglichen. Der Apfel schrumpelt mit zunehmender Abkühlung zusammen, die Haut wirft Falten, und er verringert seine Abmessungen. Und so, meinte noch mein Lehrer im Erdkundeunterricht erklären zu können, entstanden die Gebirge, die den Falten der Apfelschale entsprechen. Leider ist dieses wie viele solcher Beispiele schlicht und einfach falsch. Denn die Erde dehnt sich eher aus und zieht sich nicht zusammen, wie man es von einem abkühlenden Körper erwarten würde. Zwangsläufig muss man sich fragen, ob die Vorstellung von einem ehemals feurigen Glutball überhaupt stimmt. Außerdem verhält sich eine Apfelschale elastisch, die Erdkruste ist jedoch eher starr. Die meisten Gebirgsauffaltungen können weder wie in diesem Vergleich noch so, wie es die Geologen heutzutage propagieren, funktionieren, denn es wird dabei praktisch jedes *Gesetz der Festigkeitslehre verletzt.* Für Fachleute möchte ich kurz das oft in Geologiebüchern angesprochene Argument des *Fließens* von Gesteinsmaterial widerlegen. Dieses Prinzip gibt es zwar, aber um rissfreie Gesteinsformationen – Gebirge – aus sprödem Material aufzutürmen, müsste das

Fließen nicht nur in eine Richtung erfolgen, sondern in alle, also auch quer zur angeblichen Verschiebungsrichtung. Sollte dies nicht der Fall sein, reißen spröde Gesteinsmassen auf. Aber genau das ist in den allermeisten Fällen nicht zu beobachten. Aus diesen Gründen muss das ursprüngliche Gesteinsmaterial bei der Bildung der Gebirge eher weich bzw. elastisch-plastisch gewesen sein. Eine langsame Wanderung der Kontinente scheint aus den ausführlich dargelegten logischen Gründen unmöglich und undenkbar zu sein. Anderseits sind biologische Beweise für ehemalige Landverbindungen zwischen den Kontinenten unwiderlegbar. Man zog Landengen in Betracht oder suchte nach großen versunkenen Kontinenten am Grund der Ozeane.
Die Frage nach der Drift der Kontinente spaltet die geologische Fachwelt in zwei größere Lager: einerseits Fixisten, die eine Drift verneinen, und andererseits die beliebige Verschiebungen der Kontinente bejahenden Mobilisten. Es besteht also auf keinen Fall eine einhellige Meinung, obwohl die Theorie der Plattentektonik seit den Sechzigerjahren starken Aufschwung erhalten hat. Die Vertreter der fixistischen Theorie können sich mit den Vertretern der mobilistischen Theorie nicht darüber einigen, ob die äußere Kruste bei horizontal wirkenden Kräften starr bleibt oder ob sie durch langsame Horizontalverschiebungen ausweicht. Es gibt Beweise sowohl für die fixistische als auch für die mobilistische Theorie. Gibt es vielleicht eine dritte Möglichkeit, die die realistischen Gesichtspunkte beider Theorien verknüpft?

»Heute weiß man, dass sich die Erde in den letzten ein bis zwei Milliarden Jahren nur ganz unwesentlich abgekühlt haben kann, und durch paläomagnetische Messungen ließ sich zeigen, dass der Erdradius während dieser Zeit nicht kürzer geworden ist; im Gegenteil, man kann nicht ausschließen, dass er sich sogar etwas vergrößert haben mag.« (Closs/Giese/Jacobshagen, 1987, S. 47, vgl. »SpW«, 10/1980)

Dr. J. Lauterjung vom GeoForschungsZentrum Potsdam teilte mir auf offizielle Anfrage am 1. August 2000 mit: »Es gibt meines Wissens keinen konkreten Hinweis auf eine anhaltende Expansion der Erde. Hier am GFZ beschäftigt sich niemand konkret mit einer solchen Fragestellung.« Schade eigentlich.

Gequetschte Erdkugel

Der Ausgangspunkt meiner Überlegung war die Existenz gleicher Arten von Dinosauriern auf verschiedenen Kontinenten, ja sogar heutigen Inseln wie Spitzbergen. Gab es Landbrücken, oder verschoben sich die Kontinente mit den Dinosauriern als »blinde Passagiere«?

Wie gesagt: Bis vor kurzem glaubte man an eine mit einem Abkühlungsprozess einhergehende Schrumpfung des Erdballs. Denken wir uns stattdessen eine expandierende Erde – so, wie wenn man einen Luftballon aufbläst. Die Folge wären riesige Zugspannungen in der Erdkruste. Da diese eher starr als elastisch ist, müssten sich große Risse auftun. *Erweitert sich die Erdkugel, so driften die Kontinente tatsächlich auseinander und verbleiben aber gleichzeitig an ihren Plätzen.* Im Zuge dieses Szenarios erweitern sich der Atlantische wie auch der Pazifische Ozean, die Ozeankruste enthält sogar eine Altersstruktur. Die augenscheinlichen Widersprüche der beiden konkurrierenden Theorien – Fixismus und Mobilismus – wären aufgehoben.

Aber gehen wir noch einen Schritt weiter – und betrachten die Erdkugel genauer: Es fallen die abgeflachten Pole auf. War das eigentlich schon immer so? Wahrscheinlich nicht. Durch die bei der Rotation auftretenden Fliehkräfte der Erdkugel sollte sich der Äquatorbereich langsam verdicken, besser gesagt *ausdehnen*. Gleichzeitig flachen die Pole ab. An den Schwachstellen der Erdkruste entstehen Risse, nicht nur in den dünnen Ozeanböden, sondern auch innerhalb der Kontinente. Außerdem würden die charakteristischen Tiefseegesenke gebildet oder, falls bereits vorhanden, durch die Ausdehnung der Erde enorm verbreitert und vertieft.

Die phantastisch anmutenden und bisher nicht nachgewiesenen Subduktionszonen würde man als Gedankenmodell gar nicht mehr benötigen, denn durch die Entfernung der Kontinente während der Expansionsphase – fälschlich Kontinentaldrift genannt – müsste andererseits der bei konstantem Erdumfang »überschüssige« Ozeanboden auch nicht mehr vernichtet werden. Das bedeutet nicht, dass sich an bestimmten Rissen in der Erdkruste nicht zwei Teile etwas übereinander geschoben oder verkeilt haben können. Jedoch war dies ein einmaliger Vorgang aufgrund katastrophischer Vorgänge und stellt *keinen fortwährenden Prozess* dar.

Da sich die Erde in früherer Zeit nach modernen geophysikalischen Ansichten wesentlich schneller drehte, war auch eine höhere Fliehkraft zu verzeichnen, die am Äquator am größten und an den Polen am geringsten war. Dadurch wurde die Rissbildung in der Erdvergangenheit im Bereich des Äquators verstärkt.

Man weiß, dass in früheren Zeiten der Mond sehr viel dichter an der Erde positioniert war und die Länge eines Tages vielleicht nur 16 Stunden oder noch weniger dauerte, woraus sich eine höhere Umdrehungsgeschwindigkeit ergibt. Damit war natürlich auch eine verstärkte Abflachung der Pole und Verdickung im Äquatorbereich mit einhergehender schneller – scheinbarer – Kontinentalverschiebung gegeben. Demnach müssten sich die Hauptrisse in der Erdkruste vornehmlich in Nord-Süd-Richtung einstellen und im Bereich der Schwachstellen in den Ozeanen zwischen den Kontinenten liegen. Genau das ist der Fall. Die mittelozeanischen Rücken im Atlantik, Pazifik, aber auch im Indischen Ozean zeigen eine entsprechende Ausrichtung, während die Risse in der Erdkruste *um die Antarktis* mit ihrem unter dem Eis liegenden Festland herum verlaufen und nicht mitten hindurch.

Die Beanspruchung der äußeren Schichten unserer Erde ist durch die dort größte zu verzeichnende Bahngeschwindigkeit und die daraus resultierenden Flieh-, Scher-, Zug- und Druckkräfte am Äquator natürlich wesentlich höher als an den Polen. Die Erdkruste müsste daher in Äquatornähe mehr als an den Polen aufreißen. Diese Überlegungen beinhalten bis jetzt noch keine *wirkliche* Volumenvergrößerung der Erdkugel, sondern nur eine *Umverteilung* der Massen von den Polbereichen hin zum Äquator. Zur Verdeutlichung: Nimmt man einen Ball in zwei Hände und drückt ihn zusammen,

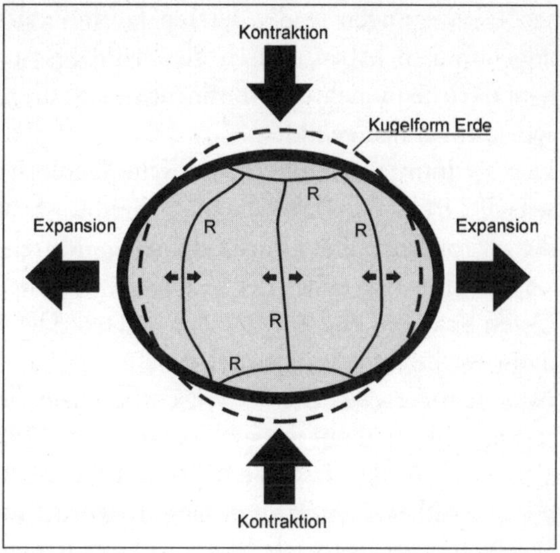

Abb. 29: Kontraktion. Die Erde ist keine ebenmäßige Kugel, sondern hat abgeplattete Pole. Durch Umlagerung *der Polmassen infolge der Erddrehung entsteht im Äquatorbereich eine Expansion der Erde, wodurch Risse (R) zwischen den Kontinenten im Ozeanboden erzeugt werden, die* um den Polbereich herum verlaufen. *Das Rissbild entspricht einer zweiseitig gequetschten Kugel. Kontraktion und Expansion finden* gleichzeitig *statt.*

dann werden diese zwei Seiten – Pole – gestaucht. Der Ball wird also einerseits schmaler, und andererseits dehnt er sich – im Äquatorbereich – aus. Entsprechend verhält sich die Erdkugel (Abb. 29), es entstehen *zugleich Kontraktion und Expansion.*

Expandiert die Erde?

Ein glutflüssiger Ball müsste sich beim Abkühlen aus bekannten physikalischen Gründen zusammenziehen. Kann sich die Erde demnach überhaupt ausdehnen? Zu den ersten bedeutenden Forschungsberichten im Sinne der Expansionshypothese gehörte die Studie des Deutschen B. Lindemann aus dem Jahr 1927. Und im Jahre 1933 trug der deutsche Geophysiker O. Hilgenberg eine Theorie vor, die davon ausgeht, dass die Erdkugel vor über 100 Ma spürbar im Volumen zunahm. Dieser Prozess soll ununterbrochen, also auch noch heutzutage andauern. Der Erdradius soll nach diesen Überlegungen in den letzten Jahrmillionen um das Doppelte zugenommen haben. Durch diesen Prozess teilte sich die Kontinentalkruste in mehrere Kontinente – und die Ozeane wurden zwischen ihnen neu gebildet.

Der als Journalist tätige sowjetische Geologe Wladimir Abramowitsch Drujanow (1984, S. 69) schreibt: »Schließlich bieten auch die Astronomen ihre Unterstützung an. Mittels Atomuhren stellten sie fest, dass sich einige der in Europa verteilten Zeitstationen nach Osten bewegen und andere nach Westen. Die einfachste Erklärung dafür ist die Expansion der Erde.«

Nachdem verschiedene Wissenschaftler wie die sowjetischen Geologen V. M. Bukanovskij und M. M. Tetjaev 1934 sowie der ungarische Geophysiker L. Egyed 1946 mit großer Resonanz die Expansionshypothese unterstützt hatten, wurde diese in den Sechzigerjahren von der nach langem Dornröschenschlaf erwachenden Theorie der Kontinentaldrift abgelöst, da die Geologen plötzlich vor der Frage nach der Entstehung der Ozeane standen. Denn die Ozeanböden sind, wie schon dargestellt, sehr jung und können nicht langsam seit mehreren hundert Millionen Jahren mit der Erde expandiert sein. Dieser Widerspruch konnte damals jedoch nicht aufgelöst werden – und auch heutzutage nicht, wenn man eine *gleichförmige Entwicklung der Erde* zugrunde legt.

Betrachten wir aber jetzt das von mir in »Darwins Irrtum« vorgestellte Szenario mit mindestens zwei kurz hintereinander ablaufenden kataklystischen »Erduntergängen« und mehreren kleineren, räumlich begrenzten Katastrophen in einer erdgeschichtlich gesehen relativ begrenzten Zeitperiode von ein paar tausend Jahren: Die Berücksichtigung dieser Katastrophen könnte der fast in Vergessenheit geratenen Expansionshypothese neues Leben einhauchen.

Ungeheure geophysikalische Vorgänge, die einen ganzen Kontinent zum Kippen bringen können, sind auch in der Lage, Kontinentalsockel auseinander zu schieben, und zwar in einem relativ kurzen Zeitraum. Gleichzeitig expandiert vielleicht aber auch die Erde, also vor, während und nach dem Ablauf der Erdkatastrophen bis zum heutigen Tag.

Wie eingangs zitiert, stellt man eine Expansion der Erde eigentlich gar nicht in Abrede. Jedoch wird die mögliche Expansionsrate in unterschiedlicher Höhe angegeben: Die Angaben reichen von 2 bis 20 oder im Extremfall auch 100 Prozent. So heißt es in dem Buch »Allgemeine Tektonik« (Chain/Michajlov, 1989, S. 291): »Paläomagnetische Daten belegen..., dass Radiusänderungen der Erde seit dem späten Paläozoikum nicht mehr als einige Prozent betrugen.« Die Rate der Expansion kennt niemand genau, da diese nicht Gegenstand ernsthafter Untersuchungen ist. Aber sie wird zumindest in geringem Umfang als theoretisch mögliche Alternative erachtet, ohne sie heutzutage jedoch wirklich ernst zu nehmen.

Die Expansionshypothese wurde durch den australischen Geologen S.W. Carey (1976) zwischenzeitlich jedoch wieder in die Diskussion gebracht, unterstützt durch E. E. Milanovsky (1983). Da die Spreizungszonen zwar einerseits anerkannt werden, die umstrittenen Subduktionszonen jedoch teilweise abgelehnt werden, weil sie unter der genannten Voraussetzung theoretisch auch gar nicht nötigt sind, scheint die Theorie von der Expansion der Erde auch heutzutage noch bei manchen Geologen und Geophysikern beliebt zu sein.

Ein Schwachpunkt der Expansionshypothese stellt die Frage der Gebirgsbildung (Tektogenese-Modelle) dar. Eine expandierende Erde *ebnet Gebirge eher ein*, als dass sie welche bildet! Aus diesem Grund sahen sich einige Wissenschaftler wie Milanovsky (1983) gezwungen, sich der *Pulsationstheorie* zuzuwenden: Sie denken sich abwechselnde Phasen der Expansion und anschließender Einengung, also Kontraktion. Die Erde lebt, sie »atmet«. Aber diese Theorie erscheint fraglich, weil es nacheinander folgende Epochen allgemeiner Einengung und Dehnung der Lithosphäre nicht zu geben scheint (Chain/Michajlov, 1989, S. 292).

Setzt man aber nicht zeitlich versetzte Phasen der Einengung und Erweiterung an, sondern stellt sie sich gleichzeitig vor, kommt man wieder zu dem Bild des an zwei Seiten zusammengepressten Balls: Stauchungen und Dehnungen der Erdkruste finden *gleichzeitig in verschiedenen Gebieten* statt. Verbindet man die von mir vertretene Katastrophentheorie mit der Expansionshypothese, ergeben sich ganz neue Gesichtspunkte, die ich hier zur Diskussion stelle.

Die Erdgeschichte könnte sich somit in mehrere, aber hauptsächlich zwei Phasen gliedern:

1. Die ursprünglich zusammenhängende Erdscholle bricht durch die Umverteilung der Massen und daraus resultierender *Expansion der Erde am Äquator* an mehreren Stellen auseinander.
2. Durch eine kataklystische Katastrophe (Sintflut) sowie parallel dazu eine Expansion der Erdkugel – bis heute mit abnehmender Tendenz andauernd – wurden die Kontinente zuerst relativ schnell weiter auseinander geschoben.

Es bliebe das Rätsel zu lösen, wie Kontinente schnell auseinander driften können.

4 Himmlisches Chaos

Es gibt einen zusätzlichen, bisher nicht entdeckten großen Planeten in unserem Sonnensystem. Die Sumerer berichteten bereits vor 6000 Jahren von ihm, und auf einem akkadischen Rollsiegel ist ebenfalls ein weiterer Planet eingezeichnet. Neueste astronomische Forschungen und Erkenntnisse bestätigen diese unglaubliche Geschichte.

Die antike Himmelskarte

Im Vorderasiatischen Museum auf der Berliner Museumsinsel wird fast unbeachtet von der Öffentlichkeit die älteste Sternenkarte der Menschheit unter der Katalognummer VA/243 aufbewahrt. Sie ist auf einem ungefähr 4500 Jahre alten akkadischen Rollsiegel eingezeichnet. Eigentlich handelt es sich bei diesem Rollsiegel um eine handfeste Sensation, denn es sind alle Planeten unseres Sonnensystems sogar in den richtigen Größenverhältnissen eingezeichnet, auch der sich weit draußen am Rande unseres Sonnensystems befindliche Pluto. Woher kannte man vor Tausenden von Jahren alle uns bekannten Planeten des Sonnensystems? Fernrohre hatte man damals doch angeblich noch nicht.
Noch im Mittelalter, ja selbst in der Renaissance waren lediglich sechs Planeten bekannt, da man nur fünf mit den bloßen Augen sehen kann. Uranus wurde 1781, Neptun 1846 und Pluto sogar erst 1930 entdeckt. Aber bereits 4000 Jahre vor Nikolaus Kopernikus (1473–1543) waren akkadische Astronomen in der Lage, alle Planeten auch in ihren wahren Größenverhältnissen einzuzeichnen? Man hält die Karte für ein Kuriosum, ignoriert sie von offizieller Seite.

Warum? Weil ein zusätzlicher Planet in unserem Sonnensystem eingezeichnet ist, den die Sumerer Tiamat und die Griechen Phaeton nannten, und zwar an der Position des Planetoidengürtels zwischen Mars und Jupiter.

Der griechische Philosoph Platon (427–347 v. Chr.) berichtet über eine Geschichte, die der weise Solon einst von Ägypten nach Griechenland mitbrachte. Ein ägyptischer Priester aus Sais, einer großen Stadt im Nildelta, hatte erklärt:

»…es haben viele Vernichtungen der Menschen stattgefunden… Was auch bei euch erzählt wird, dass einst Phaeton, des Helios Sohn – nachdem er des Vaters Wagen bespannt, es aber nicht vermocht hätte, auf des Vaters Wegen zu fahren –, alles auf Erden verbrannt habe und selbst durch einen Blitzschlag getötet worden sei… das Wahre davon ist aber die Bahnabweichung der um die Erde am Himmel sich bewegenden Gestirne und die nach langen Zeiträumen durch viel Feuer erfolgende Vernichtung von allem, was sich auf der Erde befindet.«

Hier wird eindeutig die apokalyptische Einwirkung von aus der Bahn geratener Himmelskörper bestätigt. In der Königlichen Bibliothek des Palastes Assurbanipals – eines assyrischen Königs, 669 bis etwa 627 v. Chr. – zu Ninive in Mesopotamien fand man 25 000 Keilschrifttafeln mit exakten astronomischen Angaben und neben vielen anderen Aufzeichnungen das »Gilgamesch-Epos«. Die genaue Beschreibung und Analyse dieser mesopotamischen Schöpfungsgeschichte hat Zecharia Sitchin in seinen Büchern vorgenommen (Sitchin, 1995).

Vor ein paar tausend Jahren wusste man zu berichten, dass es einen zusätzlichen, den »zwölften Planeten« (Sonne und Mond mitgezählt) gibt. Er wird bei den Babyloniern Marduk und bei den Sumerern Nibiru (»Jungfrau des Lebens«) genannt. Er soll eine rechtsläufige Umlaufbahn besitzen, entgegengesetzt zur Bewegungsrichtung der Planeten unseres Sonnensystems.

Ein Mond dieses uns – noch – nicht bekannten Planeten stieß angeblich mit dem auf der akkadischen Sternenkarte eingezeichneten Planeten Tiamat (Phaeton) in Höhe des heutigen Planetoidengürtels zusammen. Tiamat wurde in zwei Teile gespalten. Die eine Hälfte zersplitterte, und aus ihr entstanden die Planetoiden, Asteroiden und Kometen. Interessant ist aber, was aus dem anderen Teil Tiamats wurde: Er wurde in eine andere Umlaufbahn geschleudert und wird heute Erde genannt. Die Sumerer glaubten, dass mit der kosmischen Katastrophe, also der Bildung unseres Planeten, Berge, Täler und Flüsse entstanden: »Als Tiamats Kopf (die Erde) seine Stellung hatte, errichtete er darauf die Berge« (Sitchin, 1995, S. 231).

Die ersten Worte der Bibel (Genesis 1: »Am Anfang schuf Gott Himmel und Erde...«) wurden nicht exakt übersetzt, aber gerade der Urtext dokumentiert ein unheimlich anmutendes Geheimwissen. Walter-Jörg Langbein weist auf Folgendes hin: »Am Anfang« müsste präziser mit »Aus dem, was am Anfang war« übersetzt werden (Langbein, 1996). Jetzt wird auch die mögliche Übereinstimmung mit der mesopotamischen Schöpfungsgeschichte deutlich. Die Erde entstand zwar neu und ist quasi jung, aber es war vorher schon etwas vorhanden: der Vorläuferplanet unserer Erde, vielleicht in der Umlaufbahn des Planetoidengürtels.

Eigentlich handelt es sich um eine unglaubliche kosmologische Geschichte, deren Fakten jedoch mit den Gegebenheiten unseres Sonnensystems übereinstimmen. Konnte diese Geschichte irgendjemand *vor ein paar tausend Jahren* einfach erfinden? Woher kannte man die Anzahl der Planeten, wo man doch nur fünf mit dem bloßen Auge sehen kann? Als man im 19. Jahrhundert diese Keilschrifttexte übersetzte, glaubte man an eine Phantasiegeschichte, denn es wurden zu viele Planeten beschrieben, da Pluto ja erst im Jahr 1930 *offiziell* entdeckt wurde. Im Nachhinein hat sich die mesopotamische Schöpfungsgeschichte jedoch als wahr erwiesen. Warum sollte die Angabe über den »zwölften Planeten« dann aber nicht auch stimmen?

Bereits im Jahr 1857 fand Heinrich Karl Brugsch in einem Grab in Theben (Ägypten) auf einem Sargdeckel eine Himmelskarte, auf der alle Planeten eingezeichnet sind, auch Pluto. Da dieser Planet erst 73 Jahre später entdeckt wurde, schenkte man der anscheinend erfundenen alten Himmelskarte keine Beachtung. Insbesondere, da noch ein großer zusätzlicher Planet eingezeichnet ist, den auch wir noch immer nicht kennen: der »zwölfte Planet«. Auch die Ägypter hatten anscheinend Kenntnis von einem zusätzlichen Planeten.

Der zwölfte Planet

Unsere Astronomen suchen immer wieder einen zusätzlichen Planeten in unserem Sonnensystem. Er wird als »Planet X« bezeichnet, der zehnte Planet, da man die Sonne und unseren Mond nicht mitzählt, im Gegensatz zu früher (der »zwölfte Planet«).
Die Entdeckung des Planeten Pluto im Jahr 1930 war kein Zufall. Aus Störungen in den Umlaufbahnen der Planeten Uranus und Neptun schloss man vor der Entdeckung Plutos auf den Einfluss eines zusätzlichen Planeten. Die Entdeckung des kleinen Pluto war also nur eine Frage der Zeit und sozusagen eine Fleißaufgabe. Erst 1978 stellte man fest, dass Pluto viel kleiner war, als es die Auswertung der physikalischen Gesetze ergeben hatte. Außerdem besaß dieser Planet einen bis dahin nicht gekannten Mond: Charon. Diese neuen Erkenntnisse lassen auf einen weiteren Planeten in unserem Sonnensystem schließen, da Größe und Masse Plutos nicht für die gemessenen Bahnstörungen der anderen Planeten ausreichen.
Eine unsichtbare »Bremse« scheint unsere Raumsonden auf unerklärliche Weise zu verlangsamen. Die im März 1972 gestartete »Pioneer 10« durchquerte als erste Sonde den Planetoidengürtel und flog am Jupiter vorbei in Richtung des Sternbildes Stier. Heute ist sie rund elf Milliarden Kilometer von der Erde entfernt und dringt tapfer immer weiter am Rande unseres Sonnensystems in den Weltraum vor. Am 8. Dezember 1992 wurde erstmals eine Richtungsänderung bemerkt – die »Pioneer« verließ den vorbestimmten Kurs für einen Zeitraum von 25 Tagen.
Giacomo Giampieri und sein Wissenschaftlerteam vom Queen Mary Westfield College in London sowie Kollegen vom Jet Propulsion Laboratory (JPL) in Kalifornien sind der Meinung, ein uns nicht bekanntes Objekt am Rande des Sonnensystems sei für die Kursabweichungen und Bremswirkungen verantwortlich. Handelt es sich um den Einfluss von »Planet X«?

Konkret wird festgestellt, dass »das Objekt schon einmal in die Nähe eines Planeten gekommen ist und von ihm aus dem Sonnensystem geschleudert wurde« (BdW, 2.10.1999). Also wird die zumindest zeitweise Existenz eines uns nicht bekannten Planeten in unserem Sonnensystem vermutet und auch eine *Planetenannäherung* oder sogar -kollision für möglich gehalten. Behalten die Sumerer demnach Recht? Der Astronom John Anderson (JPL) stellte fest, dass neben »Pioneer 10« auch die Schwestersonde »Pioneer 11« abgebremst wurde, bevor sie im November 1995 den letzten Piepser von sich gab. Und auch die Jupitersonden »Galileo« und »Ulysses« wurden etwas langsamer (SpW, 30.9.1999). Viele Astronomen akzeptieren die Notwendigkeit eines weiteren uns bisher nicht bekannten Planeten in unserem Sonnensystem, halten die Suche nach dem zwölften Planeten jedoch für überflüssig, da er angeblich weit draußen im Weltall als vereister Steinbrocken um die Sonne kreisen soll.

Ein Unterschied zwischen der Auffassung der Sumerer und der moderner Astronomen besteht in der möglichen Umlaufbahn eines hypothetischen zusätzlichen Planeten: kometenähnlich oder leicht elliptisch? Planetenbahnen müssen aber nicht zwangsläufig eine nahezu runde oder etwas elliptische Form besitzen. Auch Pluto vollführt eine – relativ zu den Planeten unseres Sonnensystems – exzentrische Bahn, die ihn teilweise näher an die Sonne heranführt als Neptun. Sitchin berichtet über eine NASA-Pressekonferenz am 13. Juli 1987. Die Zeitung »Newsweek« meldete daraufhin: »Letzte Woche verkündete die NASA bei einer Pressekonferenz etwas Merkwürdiges: Es sei möglich, dass ein exzentrischer zehnter Planet die Sonne umkreist.«

Am 8. Oktober 1999 erschien von »Spektrum der Wissenschaft« im Internet eine kaum beachtete Meldung unter der Überschrift »Besuch am Rande des Sonnensystems?«: »Es ist riesengroß. Es wiegt mehr als der Jupiter. Es bewegt sich ganz langsam am Rande unseres Sonnensystems. Und es lenkt Kometen von ihrer Bahn ab. Aber niemand weiß, was ›es‹ eigentlich ist. Unabhängig voneinander haben zwei Astronomen Hinweise auf das Objekt gefunden. Sie vermuten, dass es sich dabei um einen fremden Planeten handelt, der auf seiner Wanderung durch das Weltall in den gravitatorischen Sog der Sonne geraten ist.«

Jon B. Murray meint aufgrund seiner Untersuchungen behaupten zu können, dass sich der Himmelskörper dort draußen »falsch herum« bewegt, also entgegen der Richtung, in der die anderen Planeten um die Sonne kreisen. Und genau dies geht aus den astronomischen Beschreibungen in der mesopotamischen Schöpfungsgeschichte hervor! Kann man ein solches Detail so einfach erfinden? Es ist sehr interessant, dass ein zusätzlicher Planet für möglich gehalten wird. Die Sumerer wussten das anscheinend schon vor 6000 Jahren.

Tom Van Flandern (1993) vom Observatorium in Washington erkannte in einem Artikel in »Icarus« mit der Überschrift »Ein ehemaliger Planet als Ursprung der Planeten« die im 19. Jahrhundert gebräuchliche Erklärung an, dass die Asteroiden und Kometen von einem ehemaligen explodierten Planet abstammen. »Meine hauptsächliche Schlussfolgerung ist die, dass die Kometen infolge eines explosiven Ereignisses im inneren Sonnensystem entstanden sind. Höchstwahrscheinlich sind dabei auch der Asteroidengürtel und die meisten heute sichtbaren Meteore entstanden« (Sitchin, 1991, S. 92). Auch diese Vermutung entspricht exakt der sumerischen Kosmologie.

Am 4. Mai 2000 meldete das JPL im Internet (www.jpl.nasa.gov), dass ein riesiger Asteroid (»216 Kleopatra«) aus Metall, der so groß wie New Jersey sei und die Form eines Hundeknochens habe, im Hauptteil des Planetoidengürtel zwischen Mars und Jupiter entdeckt wurde. Allein die Existenz eines solch riesigen Metallklumpens wirft genügend nicht zu beantwortende Fragen auf. Dr. Steven Ostro meint, dass es sich bei diesem und anderen Asteroiden um Überreste einer früheren »unglaublichen kosmischen Kollision« handelt.

Der erdnussförmige, zwei Kilometer lange Asteroid Braille wurde von der NASA-Raumsonde *Deep Space 1* untersucht. »Der Brocken besteht aus vulkanischem Gestein, das also schon einmal geschmolzen gewesen sein muss« (BdW, 4. 8. 1999). Also war Braille früher Teil eines größeren Himmelskörpers.

Die umherirrende Erde

Die mesopotamische Schöpfungsgeschichte schildert das Auseinanderbrechen des Planeten Tiamat/Phaeton. Der größere Teil des ursprünglichen Mutterplaneten irrte anschließend durch das Sonnensystem, bis sich schließlich langsam wieder stabile Planetenbahnen einstellten: *Die Erde war entstanden.* Auf diesem Irrweg waren diverse Planetenannäherungen vorprogrammiert: Erde/Mars, Mars/Venus, Erde/Venus und gegebenenfalls auch andere mit Merkur oder auch Jupiter. Falls dieses Szenario nicht vor Milliarden von Jahren, sondern in geschichtlicher Zeit, also erst vor ein paar tausend Jahren stattfand, müssen unsere Vorfahren entsprechende Vorgänge am Himmel gesehen – und eben auch beschrieben – haben.

Die bereits dargestellten Planetenannäherungen könnten gut mit der Vorstellung der Entladung von elektrischen Kräften und Feldern in Zusammenhang gebracht werden, wodurch riesige Leuchtphänomene und spezielle physikalische Abläufe erzeugt wurden, die wir eventuell nur aus Laborversuchen kennen. Von riesigen elektrischen Entladungen und Blitzen wird in allen Mythologien berichtet. Immanuel Velikovsky sieht entsprechende weltweite Zusammenhänge (Velikovsky, 1994, S. 99): »Die Erinnerung an diese großen Entladungen interplanetarischer Kräfte hat sich in Überlieferung, Sage und Mythologie aller Völker der Welt erhalten. Der Gott – Zeus bei den Griechen, Odin bei den Isländern, Ukko bei den Finnen, Perun bei den russischen Heiden, Wotan bei den alten Germanen, Mazda bei den Persern, Marduk bei den Babyloniern, Shiwa bei den Hindus – wird mit dem Blitz in der Hand dargestellt und als Gott geschildert, der den Blitz auf die von Wasser und Feuer überwältigte Welt schleudert.«

Ebenso wird von den Überlieferungen der Ureinwohner Westbrasiliens berichtet (Bellamy, 1938, S. 80): »Die Blitze zuckten, und der Donner rollte schrecklich, und alle fürchteten sich. Dann barst der Himmel, und die Trümmer fielen herab und töteten alles und jeden. Himmel und Erde vertauschten ihre Plätze. Nichts, was Leben hatte, wurde übrig gelassen.«

Da bei einer entsprechenden Konstellation der sich von außerhalb des Sonnensystems nähernde Himmelskörper (Nibiru, Planet X) wie die Sonne sehr groß am Himmel zu sehen gewesen sein muss, sollten bildliche Darstellungen mit zwei Sonnen bei alten Kulturen zu finden sein. Und gerade im mesopotamischen Raum gibt es auf verschiedenen akkadischen Stelen und Kuderras (Grenzsteine) Abbildungen, die zwei große Sonnen und den Mond zeigen. Die bekannte akkadische Stele des Naram-Sin (2300 v. Chr.) ist im Louvre in Paris ausgestellt und zeigt zwei gleich große Sonnen, und auf einer mittelbabylonischen Kuderra (1100 v. Chr.) sind ebenfalls zwei Sonnen und der Mond abgebildet.

Deshalb ist es nicht verwunderlich, wenn im finnischen Nationalepos »Kalevala« berichtet wird, »dass die Stützen des Himmels nachgaben und dann ein feuriger Funke eine neue Sonne und einen Mond entzündete« (Velikovsky, 1994, S. 102). Falls es keine wirkliche zweite Sonne war, müsste es sich um eine Planetenannäherung gehandelt haben. Der ursprüngliche Planet Tiamat/Phaeton im Bereich des heutigen Asteroidengürtels, der für biologisches Leben infrage kommt, liegt noch innerhalb unseres Sonnensystems. Tiamat war ein Abbild unserer Erde – mit Wasser, Wäldern, Tieren und vielleicht auch Menschen.

Bei der Reise unserer Erde (nach der Explosion von Tiamat/Phaeton) durch unser Sonnensystem schienen sich die Sterne für einen Beobachter auf der Erdoberfläche zu bewegen, obwohl es umgekehrt war. Deshalb wird auch die eigentlich unglaubhafte Aussage in der Offenbarung des Johannes verständlich: »Die Sterne des Himmels fielen herab auf die Erde, wie wenn ein Feigenbaum seine Früchte abwirft.« In der Bibel wird in dem Buch Jesaja (24, 18–20) eine kataklystische Katastrophe bestätigt: »...die Grundfesten der Erde beben. Es wird die Erde mit Krachen zerbrechen, zerbersten und zerfallen. Die Erde wird taumeln wie ein Trunkener und wird hin und her geworfen wie eine schwankende Hütte...«

Ägyptische Texte bestätigen mehrfach und eindeutig, dass »der Süden zum Norden wird und die Erde sich vornüber neigt« oder dass die Sterne im Westen aufhörten zu leben und nun als neue im Osten erschienen.

Auch in der alten chinesischen Chronik »Schu King« wurde die Lage der Himmelsrichtungen neu bestimmt, die Bewegungen und das Erscheinen von Sonne, Mond und den Tierkreiszeichen neu berechnet und dargestellt sowie die Dauer der Jahreszeiten ermittelt und ein neuer Kalender erstellt. Immanuel Velikovsky fasst die chinesischen Überlieferungen und die darin beschriebenen Maßnahmen wie folgt zusammen: »Die Notwendigkeit, bald nach der Flut die vier Himmelsrichtungen neu zu finden und die Bewegungen der Sonne und des Mondes neu zu ermitteln, die Tierkreiszeichen neu festzusetzen, den Kalender neu zu ordnen und die Bevölkerung Chinas über die Folge der Jahreszeiten zu unterrichten, ruft den Eindruck hervor, dass während der Katastrophe die Umlaufbahn der Erde und damit das Jahr, die Laufbahn des Mondes und dann der Monat sich geändert hatten.«

Wir erfahren nicht, was diesen Weltumsturz verursachte, aber in den alten Annalen steht geschrieben, dass während der Regierungszeit Yahous ein glänzender Stern aus dem Sternbild Yin auftauchte.

Der griechische Dramatiker Euripides (ca. 485–406 v.Chr.) berichtete in »Elektra« über rückwärts gelenkte Sterne und auch über eine entsprechende Bahnänderung der Sonne. Außerdem schrieb er in »Orestes«: »…des Sonnenwagens beflügelte Eile … ändernd den westwärts gerichteten Lauf durch das Himmelsgewölbe, dorthin, wo rötlich flammend die Morgendämmerung aufstieg.«

Ein anderer Grieche, der Philosoph Platon (427–347 v.Chr.), schrieb in dem Dialog »Der Staat« über den Wandel im Aufgang und Untergang der Sonne sowie der anderen Himmelskörper. Das Weltall soll sich außerdem in entgegengesetzter Richtung gedreht haben. Von einem Standpunkt auf der Erde bemerkt man, wie gesagt, natürlich die Eigenbewegung unseres Planeten nicht, sondern glaubt vielmehr an eine Bewegung der Sterne und damit des Weltalls.

Auch im Koran wird von den beiden Osten und Westen gesprochen. Der Talmud und andere alte Quellen berichten von Störungen der Sonnenbewegung zur Zeit des Exodus, dem Auszug der Juden aus Ägypten. Und der griechische Geschichtsschreiber

Herodot (490–430 v. Chr.) schrieb in seinem zweiten Buch über Gespräche mit ägyptischen Priestern während seines Besuchs in Ägypten, dass die Sonne viermal entgegengesetzt wie normal aufgegangen sei.
Eine alte Himmelskarte mit der Darstellung der Tierkreiszeichen und anderer Sternbilder fand man an der Decke des Grabes Senmuts, des Baumeisters der Königin Hatschepsut. Das südliche Blickfeld ist in umgekehrter Richtung dargestellt, und das Sternbild des Orion scheint sich nach Osten in der falschen Richtung zu bewegen. Im Großen und Ganzen sind Ost und West sowie Nord und Süd vertauscht. Augenscheinlich stellt das Bild eine Karte dessen dar, wie der Himmel vor der Vertauschung der Pole zu sehen war.

Planeten in Aufruhr

Immanuel Velikovsky trug in seinem Buch »Welten im Zusammenstoß« (1994) entsprechende Hinweise aus den Mythen, Sagen und Überlieferungen zusammen, auf die ich mich im weiteren Verlauf dieses Kapitels beziehen werde.
Bereits der chinesische Philosoph Konfuzius (551–479 v. Chr.) berichtete über entsprechende kosmische Vorgänge vor seiner Zeit, am 23. März 687 v. Chr. (oZ). Velikovsky schreibt hierzu: »Die Annalen berichten, dass die Ursache dieser Erscheinung eine Störung unter den Planeten war … Der Himmel war wolkenlos, sodass die Sterne hätten sichtbar sein müssen – aber sie waren es nicht.« Und weiter unter Bezugnahme auf eine Veröffentlichung von Ronald Strath: »Eine Maya-Inschrift gibt an, dass ein Planet dicht an der Erde entlangstreifte« (Bellamy, 1938, S. 258). Einerseits sah man in China nachts überhaupt keinen anderen Planeten (Fixstern), anderseits wird aber von einem Beinahezusammenstoß der Erde mit einem anderen Planeten berichtet. Eine Odyssee unseres Planeten durch das innere Sonnensystem erscheint nach den Überlieferungen gar nicht so unwahrscheinlich. Es müssen sich tatsächlich für uns unvorstellbare kosmische Ereignisse abgespielt haben. Es ist

kaum zu vermuten, dass die Erde hierbei nur ein passives Glied in einer Kette des Aufruhrs war.
Der römische Dichter Ovid (43 v. Chr. bis 17 oder 18 n. Chr.) berichtet über Ereignisse bei Romulus' Tod (Velikovsky, 1994, S. 246): »Die beiden Pole wankten, und Atlas verlagerte die Last des Himmels... Die Sonne schwand, und aufsteigende Wolken verdunkelten den Himmel... Der Himmel wurde von Flammenstrahlen zerrissen. Das Volk floh, und der König (Romulus) fuhr mit den Rossen seines Vaters (Mars) zu den Sternen empor« – ein deutlicher Hinweis auf außergewöhnliche Himmelsbahnen des Mars!
Die Babylonier nannten den Planeten Mars »Nergal«. Über entsprechende Erkenntnisse der Babylonier schreibt Velikovsky (1994, S. 250) unter Bezugnahme auf Bollenrücher (»Gebete und Hymnen an Nergal«, S. 9) und Langdon (»Sumerian and Babylonian Psalms«, S. 85): »Wir fragen jedoch nach einer ausdrücklichen Bestätigung, dass der Planet Mars-Nergal die unmittelbare Ursache der Weltkatastrophe des 8. und 7. Jahrhunderts war, als die Welt nach den Worten Jesajas ›außerordentlich in Bewegung geriet‹ und ›von ihrem Platz gerückt wurde‹.« Eben diese Wirkung wird dem Planeten Mars/Nergal zugeschrieben: »Den Himmel macht er dunkel und hebt die Erde aus den Fugen«, und: »Nergal ... hoch droben stillt die Himmel ... lässt die Erde erschauern.«
Der Planet Mars bei den Römern war identisch mit Ares bei den Griechen. In Homers Epos »Ilias« werden die Taten des Ares mannigfaltig beschrieben. Diese Erzählung ist älter als die »Odyssee« und wurde wie diese von dem wahrscheinlich ältesten abendländischen Dichter, Homer, geschrieben, der wohl von 750 bis 650 v. Chr. gelebt hat. Wie ich bereits darlegte, war der Mars nach der Analyse Velikovskys am 23. März 687 v. Chr. Hauptakteur eines kosmischen Schauspiels. Homer war wahrscheinlich sogar Augenzeuge außerordentlicher Vorkommnisse in unserem Sonnensystem. In der »Ilias« wird die Geschichte der Kämpfe um Troja beschrieben, wobei die Göttin Athene als Beschützerin der Griechen auftrat, während der Gott Ares auf Seiten der Trojaner kämpfte. Beide Gottheiten waren aber die Hauptgegenspieler. Athene verkörpert nichts anderes als den Planeten Venus. In den so genannten home-

rischen Hymnen heißt es ebenfalls, dass Ares ein Planet ist. Die homerische Hymne an Ares lautet: »Allmächtiger Ares ... heldenmütiger Fürst, der Du Deine feurige Bahn unter den sieben Wandelsternen (Planeten) im Äther ziehst, wo Deine feurigen Rosse Dich hinauftragen über den dritten Wagen.«

Der griechische Schriftsteller Lukian (ungefähr 120 bis nach 180 n. Chr.) schrieb in seinem Werk »Über die Astrologie« in einem Kommentar zu den homerischen Epen: »Alles, was er (Homer) von Venus und von Mars und ihrem Wüten gesagt hat, ist auch ganz offenbar aus keiner anderen Quelle zusammengetragen als von dieser Wissenschaft (Astrologie). Tatsächlich ist es die Konjunktur von Venus und Mars, die die Dichtung Homers hervorbrachte.« Anhand entsprechender Passagen wird belegt, dass es sich um ein dem Irdischen übergeordnetes Ereignis handelt, denn es geht um einen Krieg der Götter, die in den alten Kulturen die Planeten personifizierten.

Auch die chinesischen Überlieferungen erzählen von Störungen der Planetenbahnen und von kämpfenden Sternen. Immanuel Velikovsky (1994, S. 261) berichtet über Vorkommnisse während der Regierungszeit des Kaisers Kwei (Koei-Kie), des 18. Herrschers seit Yahou, unter Bezugnahme auf L. Wieger (»Textes Historiques«, 2. Ausgabe 1922–1923): »Zu dieser Zeit waren die beiden Sonnen zu sehen, wie sie am Himmel miteinander kämpften. Die fünf Planeten wurden durch ungewöhnliche Bewegungen beunruhigt.« Die zwei kämpfenden Sterne werden von Velikovsky als Mars und Venus identifiziert. Er führt weiter aus: »Eratosthenes, der alexandrinische Gelehrte aus dem 3. Jahrhundert v. Chr., schildert diesen Vorgang folgendermaßen: ›An dritter Stelle ist der Stern (stella) des Mars... Er wurde verfolgt durch das Gestirn (sidus) der Venus; dann holte Venus ihn ein und entflammte ihn mit brennender Leidenschaft‹« (Velikovsky, 1994, S. 262).

In den Überlieferungen fast aller alten Kulturvölker, ob in chinesischen, indischen, isländischen oder Maya-Texten, wird in verblüffender Übereinstimmung von einer kosmischen Bedrohung berichtet. In mexikanischen Handschriften steht geschrieben, dass der in aztekischer Zeit vergöttlichte Herrscher des Toltekenreiches Quetzalcoatl die Sonne angegriffen habe, woraufhin die Sonne vier

Tage nicht mehr geschienen habe. Und dieser Himmelsgott verkörpert nichts anderes als die Venus.
Immanuel Velikovsky interpretiert aus den alten Überlieferungen hauptsächlich zwei Ereignisse: eine Annäherung zwischen Erde und Venus im 15. Jahrhundert v. Chr. sowie eine Konjunktion zwischen Mars und Venus im 8. Jahrhundert v. Chr. (oZ).
Die kosmologische Vorstellung, dass unsere Planeten seit Milliarden von Jahren seelenruhig auf ihren heutigen Bahnen dahinrasen und dabei ewiglich rotieren, erscheint aufgrund der vorgelegten Beweise und Hinweise geradezu ein schwärmerisches Idealbild zu sein. Mit den gravierenden Umwälzungen änderte sich das Klima gravierend, Land und Meer vertauschten ihre Plätze, Gebirge und Vulkane entstanden, die Erde riss in weiten Teilen auf, und ganze Tierarten wurden vernichtet.
Legt man dem Ganzen ein Sonnensystem mit elektromagnetischen Vorgängen zugrunde, kommt man aufgrund der mythologischen Überlieferungen und antiken Aufzeichnungen zu dem Schluss, dass zwischen Erde, Mars und Venus Annäherungen mit entsprechenden elektromagnetischen Entladungen stattfanden.
Durch diese Geschehnisse erscheinen viele für uns eigentlich unglaubwürdige antike Beschreibungen bestimmter kosmischer Erscheinungen am Himmel in einem ganz anderen Licht. Die Erde als Restkörper des Urplaneten Tiamat/Phaeton irrte durch das Sonnensystem. Die Planetenbahnen waren instabil, und es kam zu diversen Planetenannäherungen, die unsere Vorfahren sehr anschaulich beschreiben. Auf dem Irrweg unserer Erde schlugen nach und nach bei der Kollision entstandene Planetensplitter auf der Erdoberfläche ein. Eines dieser global wirkenden Hauptereignisse war die biblische Sintflut. Daneben gab es verschiedene andere heftige Katastrophen, die jedoch nur bestimmte Teile der Erdkugel in Mitleidenschaft zogen und fälschlicherweise als Auslöser für die Sintflut beschrieben wurden.
Auch heute noch können sich Einschläge als Spätfolge ereignen, denn als »NEAs« (Near Earth Asteroids) bezeichnet man die Trümmer, welche die Erde heutzutage quasi im Formationsflug umschwirren und begleiten.

Kollisionsnarbe Pazifik?

Bereits 1878 wurde von dem englischen Astronomen George Howard Darvin (1845–1912) die Hypothese aufgestellt, dass sich im Bereich des Pazifischen Ozeans die eventuell vorhandene Granitschicht von unserem Planeten losgerissen habe und daraus dann der Mond entstanden sei.
Seltsam ist, dass der mittelozeanische Rücken im Pazifik nicht wie sonst in der Mitte des Ozeans, sondern sehr weit östlich versetzt in der Nähe der Westküste des südamerikanischen Kontinents liegt. In dem Lehrbuch »Allgemeine Geotektonik« wird festgestellt: »In jüngster Zeit wurde eine moderne Variante der alten Hypothese von J. Darvin/V. Pickering vorgeschlagen, nach der der Stille Ozean als Mondnarbe zu betrachten ist. Nach dieser Auffassung wird die Bildung des Mondes infolge Materialauswurfs aus einem gewaltigen, durch den Impakt eines Asteroiden entstandenen Krater erklärt« (Chain/Michajlov, 1989, S. 104).
Im Wissenschaftsmagazin »P.M.« (6/1998) wird bestätigt: »Ein riesiger Himmelskörper stürzt auf die Erde und zertrümmert einen großen Teil unseres Planeten.« Diese Nachricht basiert auf einer Simulation des Astronomen Glen Stewarts von der Universität in Boulder, Colorado. Die Trümmer der um den Äquator kreisenden Gesteinswolke sollen sich in weniger als einem Jahr zu unserem Mond verdichtet haben. Der mit der Erde zusammengestoßene Planet soll doppelt so groß wie der Mars gewesen sein (»IlW«, 5/1998, S. 26).
Die Frage nach der Entstehung des Pazifischen Ozeans stellt ein spezielles Problem dar, da er hinsichtlich seiner Kontur und seines Alters zu jung zu sein scheint. Der gesamte Pazifik ist mit einem geologisch jungen basaltischen Auswurfmaterial, aktiven Vulkanen und einer unruhigen Erdbebenzone, dem so genannten Feuergürtel, umgeben. Wie die digitale Alterskarte ausweist, besteht zwischen den Ozeanböden an der Westküste und denen an der Ostküste Südamerikas eine *zeitliche Differenz* von über 60 Ma. *Große Bereiche* des Pazifischen Ozeans sind relativ gleichmäßig jung im Gegensatz zum Atlantik, wo entsprechende Bereiche nur in einem

recht engen Band rechts und links des Mittelatlantischen Rückens zu finden sind. Daraus könnte man schließen, dass es im Atlantik einen Verschiebungsvorgang gab, während im westlichen Teil des Pazifiks jedoch ein anderes Ereignis für die Bildung des Ozeanbodens in der jüngeren Erdvergangenheit verantwortlich ist.
Dieses kataklystische Ereignis könnte dann auch die beschriebene, ungefähr gleichzeitige Versenkung des ehemaligen Ozeanbodens tief unter den Baikalsee herbeigeführt haben. Der Geologe W. Rjabow rekonstruierte auf paläotektonischer Basis zwei gigantische Schollen der Erdkruste. Bei den Rändern dieser Platten handelt es sich um West- und Ostsibirien. »Die nördliche Grenze der metallführenden Zone Transbaikaliens ist im Vergleich mit einer solchen Zone im Gebiet von Irkutsk um ungefähr 500 Kilometer verschoben. Wenn man Ostsibirien in Fließrichtung des Jenissej um 500 Kilometer nordwärts ›verschiebt‹, so ergeben sich sofort zwei ausgezeichnet zusammenpassende Teile. Die auf Taimyr anstehenden Gesteinsschichten bilden dann die Fortsetzung der Schichten von Nowaja Semlja, die nun in Strichen übereinstimmen, und die metallführenden Zonen Transbaikaliens und des Irkutsker Gebietes vereinigen sich wieder« (Drujanow, 1984, S. 96). Obwohl diese Erkenntnisse aus geologischer Sicht noch umstritten sind, scheint Sibirien Schauplatz der Auswirkungen kataklystischer Ereignisse gewesen zu sein.
Im April 1995 wurden von der Europäischen Weltraumorganisation (ESA) mehrere Satelliten in eine 760 Kilometer hohe Erdumlaufbahn geschickt. Der Europäische Radar Satellit ERS-1 nahm Messungen der Erdoberfläche vor. Die Auswertung der Daten vom März 1996 war eigentlich eine stille Sensation, denn sie zeigten unsere Erde in einer *nierenförmigen*, »kartoffeligen« und nicht in der erwarteten rundlichen Gestalt. Im Bereich des Stillen Ozeans ergab sich gegenüber den Erwartungen ein tieferes Loch, das sich seit der kosmischen Katastrophe durch Erosionseinflüsse sicher schon wieder größtenteils geschlossen hat.
Betrachtet man die digitale Alterskarte der Ozeanböden aufmerksam, fällt die Zweiteilung des Pazifischen Ozeans auf. Der westliche und ältere Teil wurde vor ungefähr 180 Ma gebildet. Der südli-

che Teil erscheint dagegen fast wie ein versunkener oder heute überfluteter Kontinent, denn es fehlt hier eine Altersstruktur. In östlicher Richtung wird der komplette Ozeanboden des Pazifiks immer jünger und ist am Rand nicht älter als 60 Ma. Es hat offensichtlich eine zeitlich getrennte Entwicklung gegeben. Diese Auffassung bestätigt auch der Verlauf des mittelozeanischen Rückens, der nicht in der Mitte des Ozeans verläuft, sondern nach Osten versetzt. Würde der Längengrad 150 Grad westlicher Länge – ungefähr in der Mitte des Pazifiks – die westliche Grenze bilden, dann läge die Ostpazifische Schwelle *in der Mitte des jüngeren östlichen Teils* (Bild 18). Anderseits wäre der gesamte westliche Teil älter und einheitlicher, denn auch die Struktur des Ozeanbodens ist hier *viel mehr* durch untermeerische Berge und Täler strukturiert als im flachen östlichen Teil. Stellt also der westliche Teil des Pazifischen Ozeans die Narbe der kosmischen Katastrophe dar? Unterstrichen wird dieser Eindruck dadurch, dass zumindest Teile des Ozeanbodens im Alter von ungefähr 120 bis 150 Ma ganz einfach zu fehlen scheinen oder in kleineren Bereichen als eine Art buntes Flickenmuster zu erkennen sind. Zumindest ergibt sich für die älteren Teile des Ozeanbodens nicht das geordnete Bild einer gleichmäßig gegliederten Altersstruktur, wie es die Theorie der Plattentektonik vorgibt.

Auch im Atlantischen Ozean ist eine unterschiedliche Altersstruktur des Ozeanbodens zu erkennen. Afrika und Südamerika haben sich angeblich vor 125 Ma getrennt. Diese Trennungslinie zieht sich relativ gleichmäßig auch im Nordatlantik bis nach Grönland durch. Jedoch vor der nordafrikanischen – ungefähr ab Guinea nord-

Abb. 30: Kontinentalverschiebung. *Während der propagierten Kontinentalverschiebung (3–5) lag Afrika nie in der Nähe des Pols. Angebliche Vereisungsspuren müssten daher von einer noch davor liegenden ganz anderen, separaten Verschiebung der Kontinente (1) stammen. Entsprechend hätte sich Spitzbergen (S) irgendwann am Äquator befunden, denn sonst könnte unser schulwissenschaftliches Weltbild die Existenz versteinerten Korallen in heutzutage arktischen Gebieten* nicht erklären. *Versteinerte Korallen müssten daher aus dem Erdaltertum (1) stammen.*

Lag im Erdaltertum oder vorher **Afrika am Südpol** und **Spitzbergen (S) am Äquator**? Falls unser Weltbild richtig sein soll, muss es damals bereits sehr frühe, extreme Kontinentalverschiebungen gegeben haben.
Seit 250 Ma liegen die Kontinente grob immer ungefähr in denselben geographischen Breiten. 1

900-250 Ma

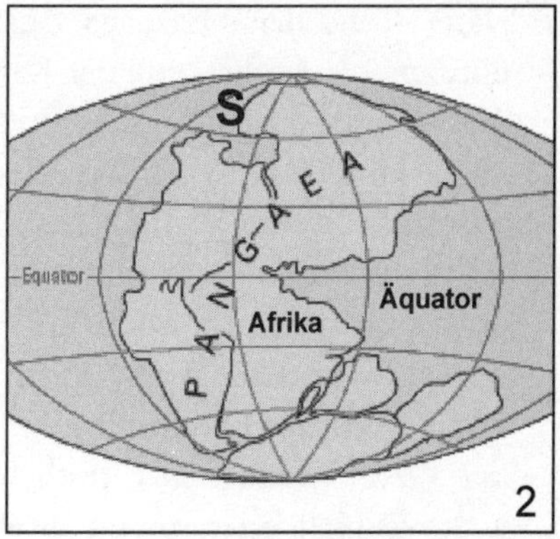

250 Ma (Trias)

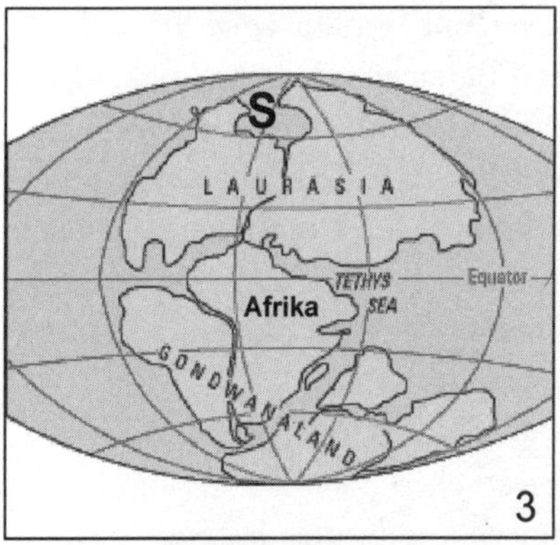

200 Ma (Jura)

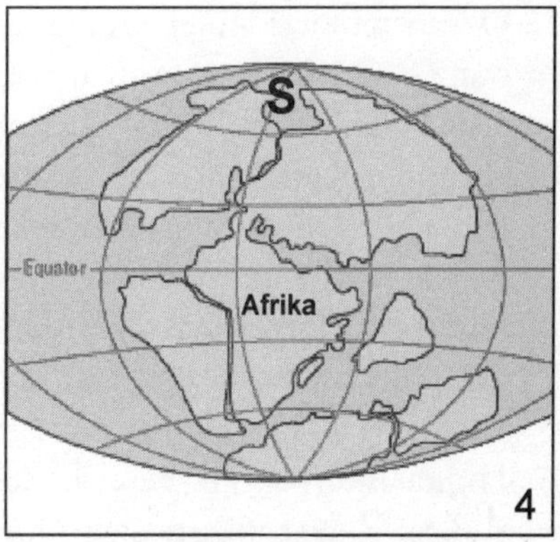

150 Ma (Jura/Kreide)

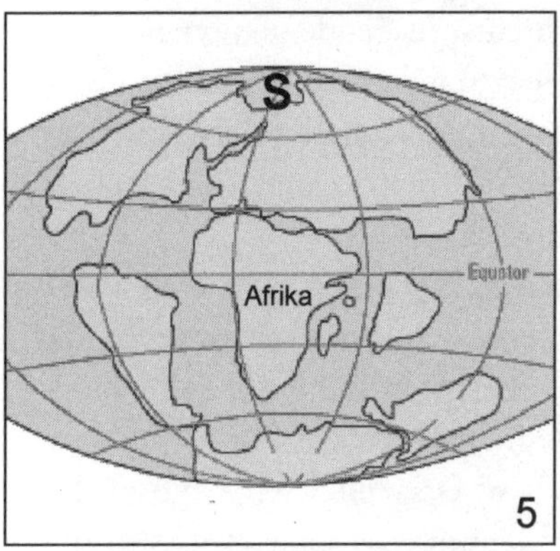

65 Ma (Kreide/Tertiär)

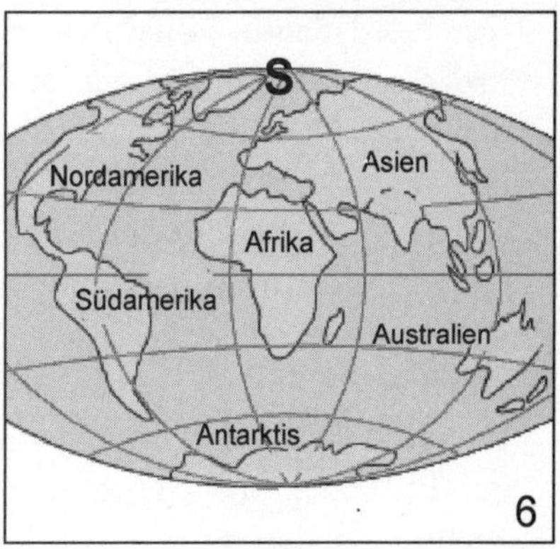

Jetztzeit

wärts – und der iberischen Küste Europas einerseits und vor der nordamerikanischen von der Karibik bis Neufundland andererseits gibt es einen *wesentlich älteren Bereich*, der wie der östliche Pazifik ungefähr 180 Ma alt ist. Auch hier fehlen 20 bis 30 Ma – genau wie im ostpazifischen Raum. Ähnliches gilt auch für den Bereich zwischen der Küste Ostafrikas und der ihr vorgelagerten Insel Madagaskar. Ansonsten stammt nur noch ein sehr kleiner Bereich vor der nordwestlichen Küste Australiens und der Nordküste der Antarktis gegenüber der Südspitze Afrikas aus dem Anfangsstadium der Ozeanbildung. Der restliche Ozeanboden scheint ansonsten weltweit nicht älter zu sein als etwa 125 Ma.

Wann sie auch immer stattgefunden hat, scheint die Bildung der Ozeane in zwei Stufen erfolgt zu sein (Bild 18). Die erste Verschiebung fand schnell statt, da die älteren Bereiche ein relativ einheitliches Alter haben. Folgte danach eine Phase des Auseinanderbrechens der Kontinente, die gegebenenfalls etwas länger dauerte? Zuerst einmal muss es ja einen relativ kompakten Kontinent gegeben haben. Die heutigen Kontinente waren noch vor 180 Ma im Superkontinent *Pangaea* verschmolzen, und es gab auch nur einen einzigen großen Ozean, *Panthalassa* genannt (Abb. 30).

Lassen wir jetzt einmal die Erde gedanklich mit einem anderen Himmelskörper im Bereich des westlichen Pazifiks zusammenstoßen. Zuerst müsste sich Nordamerika mit einer leichten westwärts gerichteten Drehung etwas weiter nach Norden verschieben. Der Nordatlantik öffnet sich durch entsprechende geodynamische Prozesse, vielleicht ist auch in diesem Bereich ein Einschlag eines kleineren Planetoiden zu verzeichnen, der diesen Driftvorgang beschleunigt. Währenddessen liegen Südamerika und Afrika noch dicht beisammen, nur durch eine enge Wasserstraße getrennt. Aber Südamerika driftete daraufhin *ostwärts*. Eigentlich wäre eine westwärts gerichteten Bewegung Südamerikas zu erwarten gewesen, da sich dieser Kontinent ja von Afrika entfernen soll. Gibt es Beweise für die ursprünglich ostwärts gerichtete Driftrichtung – entgegen der Plattentektonik-Hypothese, bevor tatsächlich eine plötzliche Richtungsänderung in westlicher Richtung als eine zweite unabhängige Driftphase erfolgte.

Die patagonische Driftspur

Das eindrucksvolle Bild Wegeners, nach dem die Kontinentalschollen wie Eisberge im Wasser schwimmen, hatten wir schon als nicht richtig anerkannt. Anstelle des Wassers muss man sich jedoch eine zähe, plastische Masse vorstellen. Wenn sich eine tektonische Platte bewegt, werden große Reibungskräfte aktiviert, die in der Erdkruste schon bei kleinen Bewegungen Risse erzeugen. Zusätzlich unterliegen die Plattenränder während der Driftbewegung einem heftigen Abrieb. Dabei bröckeln kleinere oder größere Trümmer gelegentlich ab und bleiben im plastischen Untergrund stecken. So entsteht ein Driftweg, den man auf den anhand von Satellitenaufnahmen zusammengestellten Karten der Ozeanböden verfolgen kann.

Bereits Otto Muck wies auf die Driftspur Patagoniens zwischen der Südspitze Südamerikas und der Antarktis hin. Sie ist durch die südlichen Sandwichinseln, die Gruppe der Süd-Orkney-Inseln, und den Palmer-Archipel gegen das antarktische Grahamland auf der Antarktischen Halbinsel sowie durch die Falklandinseln und die Insel Süd-Georgien gegen Norden markiert: »Diese Brocken sind keine Überreste oder Brückenpfeiler einer versunkenen Landscholle im Sinne der Brückentheorie, sondern die als solche leicht erkennbaren Wegmarken einer längst vergangenen Schleifspur.« Bei der Betrachtung dieser geologischen Urkunden meint man förmlich zu spüren, wie die Gesteinsschmelze die »Kontinentalsohle anfrisst und die Schollenränder annagt, von ihnen Brocken und Trümmer absprengt und diese festhält, während der schwere Sialblock (Kontinentalscholle, d.V.) selbst wegdriftet« (Muck, 1976, S. 159f.).

Man erkennt deutlich die ursprünglich ostwärts gerichtete Driftbewegung, und zwar vom Antarktischen Kontinent (Grahamland) bis zu den südlichen Sandwichinseln (Abb. 31). Aber es ist auch eine weitere Wegmarke zu erkennen, die genau entgegengesetzt westwärts in einer u-förmigen Schleife verläuft. Eine entsprechende Schleifspur findet man auch vom Kap Adare am Rossmeer (Antarktis) bis hin zur Macquarieschwelle an der Südspitze Neuseelands (Bild 18).

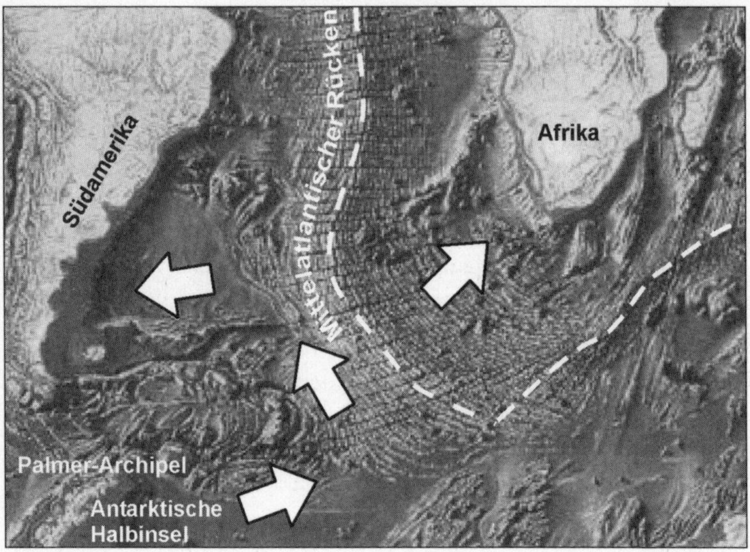

Abb. 31: ***Patagonische Driftspur.*** *Zwischen der Südspitze Südamerikas und der Antarktis sind Wegmarken in Form einer vorzeitlichen Schleifspur am Ozeanboden zu erkennen. Man kann deutlich die ursprünglich vom Palmerarchipel ostwärts gerichtete Driftbewegung verfolgen. Aber es ist auch eine weiter nördlich liegende Wegmarke zu erkennen, die genau entgegengesetzt westwärts am Ende einer u-förmigen Schleife verläuft. Sie beweist als geologisches Dokument die eindeutige Wirkung zweier einander entgegen gerichteter Driftimpulse (vergleiche Abb. 32).*

Die u-förmige Schleifspur beweist die Wirkung zweier unterschiedlicher Driftimpulse. Entsprechend müssen auch zwei katastrophische Ereignisse mit ungeheuren Kräften auf die Erdkruste eingewirkt haben.

Nach Professor Vincent E. Courtillot vom Institut für Physik der Erde in Paris wurde das Basalt des Jamaica-Plateaus durch den *Hot Spot* bei den Galápagos-Inseln erzeugt, wodurch eine westwärts gerichtete Verschiebung (Abb. 32) mit einer Drehung des südamerikanischen Kontinents dokumentiert wird (»Spektrum der Wissenschaft«, Digest 5, 1997, S. 116). Diese Drehbewegung widerspricht der Theorie der Plattentektonik von einer relativ gleichmäßig langsamen Verschiebung der Kontinentalplatten. Die Südspitze

Amerikas scheint durch diese Bewegung *stromlinienförmig* gebildet worden zu sein.

Das Bodenrelief der Ozeane stellt ein beredtes Zeugnis dieser erdumwälzenden Vorgänge dar. Keine der aktuell zu beobachten Kräfte käme als Auslöser für das skizzierte Horrorszenario in Betracht, schon keinesfalls im Sinne des geologischen Lyell-Dogmas mit dem darin eingebetteten Glaubensgrundsatz von der angeblich heutzutage wie auch in der gesamten Erdvergangenheit zu beobachtenden Alleinwirksamkeit *winziger aktueller Kräfte* an der Veränderung der Erdoberfläche. Nicht winzige, sondern nur unglaublich große Kräfte können ganze Kontinente aus ihren ursprünglich fixierten Lage reißen. Es hat also mindestens zwei große Erdumwälzungen gegeben, wobei es sich einerseits um den kosmischen Zusammenprall der Erde mit einem anderen großen Himmelskörper handeln könnte und für die zweite der durch die globale Sintflut charakterisierte kataklystische Erduntergang als zeitlich aufgefächerte Katastrophe infrage kommt. Damit einher ging eine komplette Veränderung der gesamten Erdoberfläche mit der Überschüttung von riesigen Gebieten mit dicken Lava- und Sedimentschichten, verbunden mit einer sich relativ schnell vollziehenden Gebirgsauffaltung.

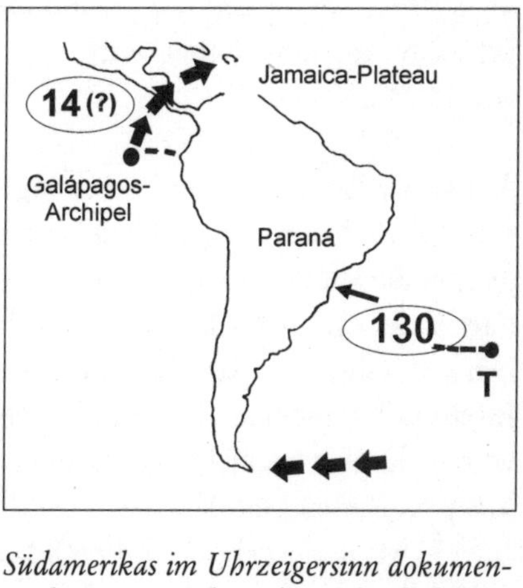

Abb. 32: ***Drehung Südamerikas.*** *Der Plateaubasalt Paraná in Südamerika soll 130 Ma Jahre alt und vom »Hot Spot« Tristan da Cunha (T) am Mittelatlantischen Rücken erzeugt worden sein. Nach Professor Vincent E. Courtillot wurde der Basalt des Jamaica-Plateaus vom »Hot Spot« bei den Galápagos-Inseln verursacht, wodurch eine ostwärts gerichtete Verschiebung zum Mittelatlantischen Rücken (= Spreizungszone) hin mit einer Drehung Südamerikas im Uhrzeigersinn dokumentiert wird (vgl. Abb. 13, S. 69). Die Südspitze Amerikas scheint durch diese Bewegung stromlinienförmig deformiert zu sein. Nach Courtillot (1997).*

Zu alte Felsen

Betrachten wir jetzt einmal die aus den Ozeanböden aufragenden Inseln. Sie müssten sich mit den rollbandartigen Meeresbodenwanderungen von den mittelozeanischen Rücken ausgehend ständig in Richtung der Kontinente, genauer gesagt der Subduktionszonen, bewegen. Die jeweils rechts und links der Meeresrücken liegenden Inseln müssten sich voneinander entfernen und die Abstände zwischen ihnen und den in ihrer Bewegungsrichtung liegenden Subduktionszonen (Tiefseegräben) sich ständig verringern. Diese Inseln müssten irgendwann mit der unter der Kontinentalplatte verschwindenden Ozeankruste abgehobelt werden und in den Tiefseegesenken verschwinden, um schließlich eingeschmolzen zu werden – falls die Theorie der Plattentektonik richtig wäre.
Die Galápagos-Inseln als Wiege der Evolutionstheorie müssten demzufolge schon lange im nur ungefähr 1000 Kilometer entfernten Tiefseegesenke vor der südamerikanischen Küste verschwunden sein. Bei einer Driftgeschwindigkeit von 15 Zentimetern pro Jahr hätte dies weniger als 7 Ma gedauert. Praktisch keine Stelle der tektonischen Platten im östlichen Bereich des Pazifiks vor Süd- und Mittelamerika (Cocos-Platte und Nazca-Platte) ist älter als 60 Ma. Der gesamte Ozeanboden östlich der Ostpazifischen Schwelle entstand daher *nach* dem Aussterben der Dinosaurier vor 65 Ma.

Auf seiner Reise mit dem Forschungsschiff »Beagle« landete Charles Darwin 1835 auf einigen kleinen unwirtlichen Inseln, den St.-Paul-Felsen, die kaum über den Meeresspiegel ragen. Sie befinden sich inmitten des Atlantiks nur wenige Kilometer nördlich des Äquators. Darwin stellte fest, dass diese Felsen sich geologisch von den meisten Inseln unterscheiden, da sie *nicht vulkanischen Ursprungs* sind. Dies wurde durch neuere Untersuchungen von William G. Melson und Mary K. Roden (»SpW«, Mai 1994) bestätigt, und die Inseln wurden auf 150 Ma datiert (Bonatti, 1994). Damit entsteht ein Problem, denn die St.-Paul-Inseln existierten demnach bereits 25 Ma, bevor die endgültige Trennung des südamerikanischen vom afrikanischen Kontinent erfolgte. Es gibt auch andere Inseln, die viel *älter sind als die sie umgebende Ozeankruste* (Wilson, 1987)!

Warum befinden sie sich aber immer noch mitten im Atlantik? Blieben verschiedene Inseln als *abgebröckelte* Trümmer der schnell abdriftenden Kontinentalscholle in dem zähen Magma bis zum heutigen Tag stecken, analog dem geschilderten Szenario mit der hinterlassenen patagonischen Driftspur? Mit dem Szenario der sich schnell verschiebenden Kontinentalplatten könnte der bereits beschriebene Widerspruch der geologisch zu alten Inseln im Atlantik, aber auch derjenigen im Pazifik gelöst werden (Abb. 33). Das Problem der zu alten Inseln widerspricht auf jeden Fall der Theorie von der Plattentektonik und einem förderbandmäßigen Transport der *gesamten* Ozeankruste.

Tritt andererseits das flüssige Magma ganz einfach aus kleinen Ritzen und Spalten in der Kruste an die Oberfläche? Die Antwort muss eigentlich entgegen der Erwartung »Nein« heißen. *Heißes Magma kann nicht so einfach durch kleine Risse und Spalten an die Erdoberfläche dringen*, denn es kühlt durch die niedrigere Temperatur des umliegenden Gesteins der Kruste ab und verdickt, wodurch ein weiteres Eindringen nachfolgenden glutflüssigen Mate-

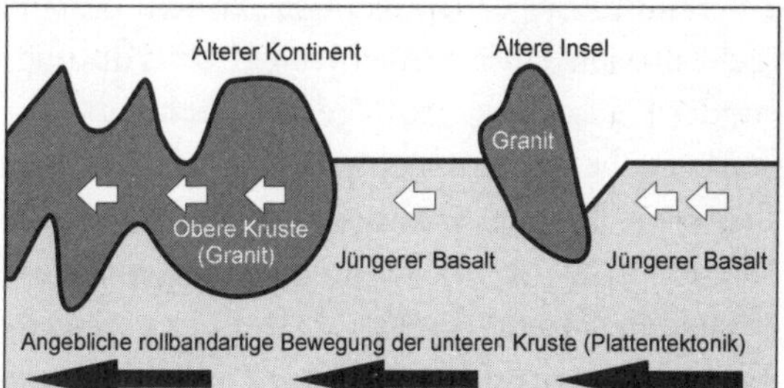

Abb. 33: Alte Inseln. *Falls das Modell der Plattentektonik richtig sein sollte, wird der Ozeanboden rollbandartig von den mittelozeanischen Rücken zu den »Subduktionszonen« fortbewegt. Wie kann es unter diesen Umständen mitten in den Ozeanen Inseln geben, die um ein Mehrfaches älter sind als das sie umgebende Gesteinsmaterial? Eigentlich müssten diese Inseln mit der unteren Kruste schon lange in einer »Subduktionszone« zerquetscht worden sein. Splitterten Teile des älteren Kontinentsockels während einer schnell abgelaufenen Driftphase ab, und blieben sie in der dann erhärtenden Gesteinsschmelze stecken?*

rials verhindert wird. Durch diesen Prozess wird die Kruste von unten förmlich *vulkanisiert und versiegelt*. Der aus Basalt bestehende Ozeanboden spricht »einwandfrei für eine vernichtende Naturkatastrophe: Er muss ja in feurig-flüssigem Zustand aus der Erde gekommen sein...« (Kaiser, 1971, S. 39).

Der zweite Paukenschlag

Nachdem die Erde die kosmische Kollision mit ihren kataklystischen Folgen und der Kontinentalverschiebung als ersten Paukenschlag überstanden hatte, setzte ein Bombardement von Planetensplittern aller Größenordnungen ein, das ihren Höhepunkt mit der biblischen Sintflut erreichte. Landtiere, Fische, Pflanzen und Bäume wurden durch die Sintflutwogen auf den Kontinenten oft als riesige Ansammlung abgelagert (Abb. 34).

Rund um den Erdball finden sich parallele Sintflutberichte, die den Weltuntergang sehr genau dokumentieren. Das vorsintflutliche Leben wurde durch eine kurze Aufeinanderfolge von Katastrophen zerstört: Planetoiden- sowie Splittereinschläge aller Größenordnungen und die Schiefstellung der Erdachse um mindestens 20 Grad. Entgegen landläufiger Ansicht bestand die globale Sintflut nicht nur aus einer vernichtenden Überflutung mit riesigen Wellen, sondern aus einer Abfolge unterschiedlicher Katastrophen. Der weltweit bekannte Geologe Alexander Tollmann, bis vor kurzem Professor an der traditionsreichen Wiener Universität auf dem Lehrstuhl des weltbekannten Geologen Eduard Sueß, charakterisierte den *chronologischen Ablauf der weltweiten Sintflut* wie folgt: *Einschlag der Kometen (Asteroiden/Planetoiden), Impakt-Beben, entfesselter Vulkanismus, Feuersturm und Weltenbrand, die eigentlichen Flutwellen (Sintflut), Impakt-Nacht, Impakt-Winter, Sturzregen, Schneeflut und kochender Ozean, Umweltgiftproduktion, Ozonabbau und Strahlung, Treibhauseffekt und Massensterben* (Tollmann, 1993).

Früher betrachtete man entsprechende Ereignisse als örtlich begrenzte und isolierte, also in sich abgeschlossene Katastrophen.

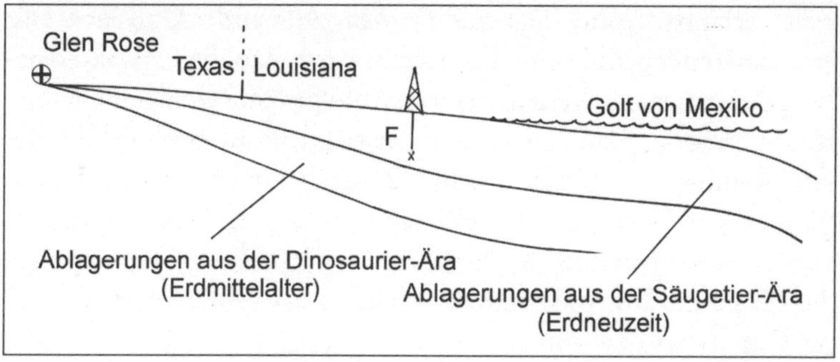

Abb. 34: Schnitt Nordamerika. In 740 Meter Tiefe (F) fand man bei Bohrungen den Schädel eines 55 Ma alten primitiven Säugetiers (Anisonchina fortunatus), *während man anderseits in Mitteltexas Relikte und Spuren von Dinosauriern an und kurz unter der Erdoberfläche findet. Man vermutet die geologischen Schichten aus der Ära der Dinosaurier noch darunter, wie der Querschnitt von Zentraltexas bis zur nördlichen Golfküste darstellt. Die zeitgleich vor ungefähr 140 Ma erzeugten Spuren von Dinosauriern und Menschen in Glen Rose (Kreuz) liegen am Rand des urzeitlichen Ozeans dicht unter oder an der heutigen Erdoberfläche. Bildeten sich die geologischen Schichten Millimeter für Millimeter langsam übereinander, wie es unser traditionelles Weltbild vorgibt, oder bezeugen die zum Golf von Mexiko immer mächtiger werdenden geologischen Schichten nicht eher riesige urzeitliche Überflutungen, da das ablaufende Wasser die Erd- und Geröllmassen wieder in Richtung Ozean schwemmte? In diesem Fall wurden die entsprechenden Schichten jedoch sehr schnell gebildet und nicht über einen Zeitraum von Jahrmillionen hinweg.*

»Für uns Geologen liefert aber gerade diese Kombination von Weltenbeben, Sintbrand, Sintflut, Sintnacht und Sintfrost, die in den meisten Sintflutberichten als sehr eng miteinander verknüpft dargestellt werden, eine logische Grundlage für ihre natürliche Erklärung. Diese merkwürdige Kopplung von scheinbar widersprüchlichen Naturerscheinungen ist durch die geologischen Forschungen der Achtzigerjahre am Beispiel des Dinosaurier-Impakts sehr genau herausgearbeitet worden« (Tollmann, 1993).

Beispielsweise leben wir gemäß den Mythen der Hopi-Indianer jetzt in der vierten Welt. Die erste Welt wurde durch Feuer vernichtet. Die zweite Welt wurde durch die *Schiefstellung der Erd-*

achse beendet, wobei *alles mit Eis bedeckt* wurde. Und eine *Flut* vernichtete schließlich die dritte Welt. Fasst man die Charakterisierung der einzelnen Welten zu einer Abfolge eines einzigen Geschehens zusammen, dann entsteht in der richtigen Reihenfolge die Beschreibung einer globalen Sintflut. Zusätzlich wird aber die Schiefstellung der Erdachse bei gleichzeitigem Impakt-Winter und entsprechender Eisbildung beschrieben. Durch dieses Szenario starben die Mammuts aus, was immer noch eines der größten Rätsel unserer Gegenwart darstellt.

Tollmann lokalisierte neben dem Dinosaurier-Impakt am Nordrand der Halbinsel Yucatán (Mexiko) aufgrund der geologischen und mythologischen Indizien sieben große Meteoriteneinschläge kurz hintereinander vor angeblich 9500 Jahren: im Ostpazifik östlich von Mexiko, im Südpazifik östlich von Feuerland, südlich von Tasmanien bei Australien, südlich von Indien im Indischen Ozean, in der Südchinesischen See, im Mittelatlantik nahe den Azoren und im Nordatlantik. Ein großer Festlandtreffer ist außerdem bei Köfels in Österreich zu verzeichnen. Und inzwischen wurden weitere große Krater entdeckt.

Neben einem Einschlag in der Nähe der Antarktis wurde ein anderer großer im Nordatlantik neu entdeckt. Geologen des IKU Petroleum Research haben in der Barentssee vor der norwegischen Küste einen gigantischen Meteoritenkrater mit einem Durchmesser von 40 Kilometern gefunden (SpW, 5.5.1999). Ein Forscherteam der Universität Oslo und anderer Institutionen sucht nach Antworten auf die Frage, wie das Leben auf der Erde solch ein Ereignis überstehen konnte. Es sollen Temperaturen von 10 000 Grad Celsius und enorme Drücke aufgetreten sein, wie durch einen Schock deformierte Minerale beweisen. Dieser Hinweis ist wichtig, da meine Theorie über Versteinerungen besagt, dass Druck und Hitze – gegebenenfalls neben Frost und elektromagnetischen Strahlungen – an der Erdoberfläche für Versteinerungen der Fossilien verantwortlich sind.

Insgesamt handelte es sich schon bei diesem kleineren Einschlag um eine Art Sintflut: »Die nachfolgenden Flutwellen haben sich von Kanada bis nach Rußland erstreckt; Schlamm und Gestein

wurden vom Grund der Meere in einem zügellosen Inferno bis in die Atmosphäre geschleudert. Als sich die Urgewalten besänftigt hatten, wurde es kalt: Staubpartikel verdunkelten den Himmel und es trat das ein, was wir unter einem ›atomaren Winter‹ verstehen. Ein Großteil der damaligen Lebewelt war von der Katastrophe betroffen.« (BdW, 5.5.1999)
Laut einer Meldung vom April 1999 in »Science« wird eine vorzeitliche Erdkatastrophe durch ganz neue Untersuchungen bestätigt. Die umfassende Genstudie eines internationalen Forscherteams unter Leitung von Pascal Gagneux von der Universität Kaliforniens in San Diego hat ergeben, dass die Menschheit mindestens einmal beinahe ausgestorben wäre. Wann und wie das passiert ist, konnten die Forscher jedoch nicht sagen (BdW, 28.4.1999). Diese Nachricht erinnert an die weltweit bei fast allen Völkern verwurzelte Geschichte einiger weniger Menschen, die die Sintflut überstanden.
Man weiß offiziell nicht, warum die Mammuts ausgestorben sind. Aber man versucht, die Schockgefrierung unzähliger Mammuts mit Haut und Haar, ja sogar mit geöffneten Augen, der unverdauten Nahrung im Magen und mit Pollen damaliger Blüten im zotteligen rötlichen Fell durch *regional begrenzte* Katastrophen zu erklären, und berücksichtigt nicht deren offensichtlich globalen Charakter. Seit 1693, spätestens 1723 wurden mindestens 50 Funde von eingefrorenen Mammuts wissenschaftlich beschrieben. Es handelt sich also um keine Einzelfälle und damit tödlich geendete Unglücksfälle *einzelner* Tiere. Die Funde der oft komplett erhaltenen Mammuts erstrecken sich über 5000 Kilometer vom Permafrostgebiet Sibiriens bis nach Alaska auf einem relativ schmalen Streifen am Nordpolarmeer. Der für den Massentod der Mammuts und vieler anderer Tiere verantwortliche Klimaschock soll sich vor 10000 Jahren ereignet haben. Erwiesen ist, dass bereits Menschen diese zotteligen Tiere jagten. Warum fand man eigentlich keine Menschen zusammen eingefroren mit den Mammuts? Dieser Einwand wird ja oft vorgebracht, wenn die Koexistenz von Dinosauriern und Menschen infrage gestellt werden soll. Doch auch heutzutage findet man praktisch keine menschlichen Überreste zusammen mit Elefanten!

Fand das für den Tod der Mammuts verantwortliche Megaereignis vielleicht wesentlich später als vermutet statt? Es gibt Hinweise, dass »die Tiere wohl noch vor 4000 Jahren auf der Wrangel-Insel gelebt haben und möglicherweise von den dortigen Ureinwohnern auch gejagt wurden« (BdW, 22.9.1999, S. 2). Auf dieser Insel im Arktischen Ozean – 200 Kilometer nördlich von Sibirien – fanden russische Wissenschaftler 1993 teilweise erodierte Stoßzähne, Zähne und andere Knochen, die an der Oberfläche der Tundra oder in seichtem Flussgeröll begraben lagen. Es handelt sich um etwa 1,80 Meter große Tiere. Durch Datierungen mit der Radiocarbonmethode wurde das Alter dieser Fossilien auf nur 7000 bis 3700 Jahre (oZ) bestimmt (Lister, 1997, S. 34f.). Warum lebten auf diesen heutzutage unwirtlichen Inseln überhaupt Mammuts? Oder stimmen die Datierungen ganz einfach nicht?

Unter diesem Eindruck muss man sich wieder einmal die Frage stellen, wie lange überhaupt Knochen *an der Oberfläche der Tundra* erhalten bleiben, bis sie komplett erodieren. Vielleicht gab es in noch wesentlich jüngerer Zeit Mammuts nicht nur auf der Wrangel-Insel? Früheste Belege für die Anwesenheit von Menschen auf dieser Insel sind ungefähr nur 3400 Jahre (oZ) alt (Lister, 1997, S. 137). Andererseits entdeckte man auf einer etwa 3500 Jahre alten ägyptischen Grabmalerei einen sehr kleinen, offenkundig behaarten »Elefant mit Stoßzähnen, der nach der Ansicht einiger Forscher ein Zwergmammut sein kann«.

Da der angebliche Aussterbezeitpunkt der Mammuts mitsamt dem angeblichen Ende der letzten Eiszeit in den letzten Jahren kontinuierlich um mehrere zigtausend Jahre in Richtung Gegenwart verschoben wurde und jetzt auf maximal 12000 Jahre (oZ) – oft auch weniger – fixiert wird, könnten die beschriebenen sowie weitere Funde beweisen, dass dieser Zeitpunkt noch wesentlich näher an die Gegenwart verschoben werden muss. Dann fand aber das für die kataklystische Erdkatastrophe verantwortliche Ereignis auch erst vor wenigen tausend Jahren statt.

Die Mammuts sind im Eis Sibiriens jedenfalls noch so gut erhalten, dass sie den in Sibirien lebenden Menschen seit langer Zeit, mindestens seit 1600 Jahren, als Nahrungsreserve dienen. Das Fleisch ist tiefgefroren und nicht verfault. Es wird immer noch gut erhaltenes Mammutfleisch gefunden! Auch das lange zottelige, rötliche Fell ist in vielen Fällen noch vorhanden. Und in den Mägen der Tiere fand man noch nicht verdaute Gräser, die man nur aus gemäßigten Zonen kennt. Früher muss also das Klima hier beträchtlich wärmer gewesen sein. Besonders gut erhaltene Mammuts hatten sogar noch Butterblumen, wilde Bohnen, Lärchen- und Fichtennadeln im Magen. Deshalb erstaunt es, wenn man beispielsweise in »Bild der Wissenschaft« lesen kann, dass möglicherweise eine *Klimaerwärmung* nach der letzten Eiszeit für das Aussterben der Mammuts verantwortlich war (BdW, 22.9.1999). *Wieso starben die Mammuts am Ende und nicht am Anfang einer Eiszeit aus?* Auf Grund der beschriebenen Funde waren Mammuts *definitiv Bewohner gemäßigter und nicht arktischer Zonen*, die dann plötzlich in einen Gefrierschrank verwandelt wurden.

Gemeinsam mit den Mammuts wurden im Eis Sibiriens Tiere gefunden, die keine Bewohner dauernd kalter Gegenden sind: Rhinozeros, Kaninchen, Wühlmaus, Pferd, Eichhörnchen, Vielfraß, Säbelzahntiger und andere. Den Fund eines Luchses dokumentieren Michael Zimmermann und Richard Tedford im Wissenschaftsmagazin »Science« am 8.10.1976. Bereits 27 Jahre früher, im September 1949, berichtete Harold Anthony in »Natural History« von der Entdeckung eines Bisons. Die Aufzählung dieser Tiere bezeugt eine Fehlinterpretation des Massensterbens, denn die genannten Tiere sind sicher keine Bewohner arktischer Gebiete, ebenso wenig wie die früher mit ihnen lebenden Mammuts.

Das eisige Begräbnis der Mammuts ließ unsere Wissenschaftler im Sinne der lyellistisch-darwinschen Hypothese einen falschen Schluss ziehen. Deshalb kann im Sinne der Gleichförmigkeitstheorien auch nicht erklärt werden, dass während Vermessungsarbeiten der Neusibirischen Inseln durch den Arktisforscher Baron Eduard von Toll ein Obstbaum mit einer ursprünglichen Höhe von 27 Metern gefunden wurde. Der Baum war mitsamt seinen reifen Früchten, grünen Blättern, Wurzeln und Samen plötzlich *im Eis konserviert*, praktisch schockgefroren worden (Brown, 1995). Heutzutage findet man in dieser Gegend nur kriechenden Bewuchs. Auf jeden

Fall vollzog sich der Einfriervorgang ungeheuer schnell. Vorher, also vor 12000 Jahren (oZ), war anscheinend *gar kein Eis vorhanden*, vielmehr herrschte im heutigen Permafrostgebiet ein gemäßigtes Klima. Welcher außerordentliche kataklystische Vorgang war für dieses Szenario maßgeblich? Wie die Hopi berichten: die Schiefstellung der Erdachse? Dadurch wurden die Klimazonen um ungefähr 3500 Kilometer verschoben (Muck, 1976).

Auf der südlichen Erdhalbkugel scheint ein ähnlicher Vorgang stattgefunden zu haben. Auch die Antarktis wurde mit einem Eispanzer überzogen, wenn auch in mehreren Etappen. Auf dem Südpol fand man Überreste einer Flora, die in arktischem Klima nicht vorkommt. Die Landmassen der Antarktis müssen sich ursprünglich ungefähr 3200 Kilometer weiter nördlich und damit in gemäßigten Klimazonen befunden haben (Hapgood, 1970).

Zu Lebzeiten der Dinosaurier war die Antarktis wahrscheinlich eisfrei. Man fand dort bisher fünf verschiedene Arten von Dinosauriern. Ein 1999 entdecktes Fossil gehört zum Genus Iguanodon und soll 74 Ma alt sein. Zuvor waren in der Antarktis bereits Mosasaurus, Hypsilophodon, Ankylosaurus und Hadrosaurus gefunden worden (BdW, 22.7.1999). Der ein Jahr zuvor entdeckte Hadrosaurus gilt als wichtiger Beweis für eine Verbindung der Antarktis mit Argentinien.

In der »Südwest Presse« stand am 11.5.1994 zu lesen, dass nur 650 Kilometer vom geographischen Südpol entfernt in 4000 Meter Höhe die fossilen Überreste eines Dinosauriers entdeckt wurden. Neben Mosasauriern wurden aber auch fossile Reste von in Seen und Meeren lebenden Plesiosauriern in den antarktischen Gewässern gefunden, berichtet Jim Martin vom Museum of Geology in South Dakota (BdW, 14.7.1999) anlässlich einer internationalen Antarktistagung in Wellington (Neuseeland). Die fossilen Reste der Schwimmsaurier werden auf ein Alter von 80 Ma datiert. Konnten Mosa- und Plesiosaurier überhaupt in arktisch kaltem Wasser leben? War das Wasser damals wesentlich wärmer als heute, vielleicht sogar tropisch?

Zu dieser Zeit lag die Antarktis noch in wärmeren Breiten (BdW, 14.7.1999). Da aber gemäß der Plattentektonik die Antarktis auch schon vor 180 Ma, also zu Beginn des Auseinanderbrechens der

Kontinente, zumindest in der Nähe des heutigen Standorts lag, muss das Klima an den Polen warm gewesen sein. Damit wäre auch ein weltweit warmes Klima nachgewiesen. Dies deutet aber wiederum auf eine gerade Erdachse und damit auf fehlende Jahreszeiten hin. Nur bei einer *schiefen* Erdachse, wie sie sich uns heutzutage darstellt, sind *vereiste Pole denkbar*. Das weltweit warme oder sogar tropische Klima ist auch in anderen Teilen der heutigen Arktis nachweisbar. In Spitzbergen fand man fossile Palmwedel und Korallen sowie eigentlich wesentlich südlicher beheimatete Schalentiere. Korallen brauchen Wassertemperaturen von mindestens 20 Grad Celsius, um zu gedeihen. Um entsprechende Bedingungen theoretisch zu beweisen, behauptet man, dass Spitzbergen irgendwann in der Nähe des Äquators gelegen haben müsse, bevor es nach Norden driftete. Aber wie auch die digitale Alterskarte bestätigt, gab es einen solchen Ortswechsel nicht, zumindest nicht nach dem Auseinanderbrechen des Urkontinents Pangaea vor maximal 200 Ma. Im Gegenteil: *In den letzten 60 Ma soll Spitzbergen sogar 400 Kilometer südöstlich gedriftet sein,* wie neue Untersuchungen mit dem Forschungsschiff »Polarstern« im Jahr 1999 ergaben (BdW, 15.9.1999). Somit befand sich Spitzbergen *am Schluss der Kreidezeit, endend vor 65 Ma, sogar weiter nördlich als heute, in noch unwirtlicheren Gefilden.*

Aber eine Fülle von Versteinerungen beweisen, dass in der Primärzeit der Erde tatsächlich ein tropisches Klima von Pol zu Pol geherrscht hat. Mehrere Meter mächtige Schichten glänzender Kohle fand man am nördlichen Zipfel des Spitzbergen-Archipels (Heer, 1868). Aber auch Tannen, Zypressen, Pinien, Feigenbäume und sogar die aus Kalifornien bekannten gigantischen Riesenmammutbäume wuchsen von der Beringstraße bis in den Norden Labradors (Velikovsky, 1980, S. 61f.). Echte Korallenriffe sind praktisch rund um den ganzen Erdball, unter anderem am deutschen Nieder- und Mittelrhein und in Schweden sowie in allen Randgebieten des polaren Amerika von Alaska bis Grönland, in Sibirien, Australien wie auch in fast allen Teilen der Erde zu finden (Vollmer, 1989). Und die Antarktis besaß in der Vergangenheit auch große Wälder. Neben mehreren Kohleschichten entdeckte E. H. Shackleton im Laufe

einer Expedition 1907 bis 1909 dort fossiles Holz im Sandstein einer Moräne (Velikovsky, 1980, S. 62). Ohne drastische Änderungen der Erdachse sind kaum Bedingungen denkbar, die tropische Pflanzen in Polarregionen gedeihen lassen.
Richard Lewis berichtete 1961 in dem Artikel »A Continent for Science« über Funde von Kohle und fossiler Bäume mit einem Durchmesser von ungefähr 60 Zentimetern am Südpol (Lewis, 1991). Außerdem wurden 30 Schichten von Anthrazit, Steinkohle mit sehr hohem Kohlenstoffgehalt, entdeckt, wobei jede Schicht 90 bis 100 Zentimeter dick war.

Eisfreie Antarktis

Berücksichtigt man die Tatsache, dass die Dinosaurier als Landtiere nicht in der Lage waren, große Meere zu überwinden, geben die fossilen Überreste einzelner Dinosaurier-Arten einen Hinweis auf die Anordnung der Kontinente zu Lebzeiten dieser Urtiere. Man fand Dinosaurier, die zu ein und derselben Gattung gehören, in weit voneinander entfernten und heute durch Ozeane getrennten Gebieten – Argentinien und Madagaskar, Alberta (Kanada) und die Mongolei. Aber auch in heute vereisten Gebieten Alaskas, Spitzbergens und, wie bereits beschrieben, im »ewigen« (?) Eis am heutigen Südpol fand man Dinosaurier. Aus der weit gestreuten Verteilung lässt sich ableiten, dass die Landmassen im Erdmittelalter (Mesozoikum: 250 bis 65 Ma) irgendwie miteinander *verbunden* waren.
Aus dem geographischen Vorkommen der Dinosaurier kann auch auf das Klima der damaligen Kontinente geschlossen werden. Die beschriebenen fossilen Funde bezeugen, dass die Antarktis zu Lebzeiten der Dinosaurier noch *nicht vereist* war. Gegen eine teilweise Vereisung im Erdmittelalter sprechen die klimatischen Verhältnisse, denn es soll bis zum Ende der Kreidezeit vor 65 Ma *global ein warmes Klima* geherrscht haben. In dem Fachbuch »Das Klima der Vorzeit« wird bestätigt, dass man den Eindruck erhält, dass »die *Eiszeitalter* (in die auch die Jetztzeit gehört) die *Ausnahmen*, die *eisfreien Zeiten* dagegen der *Normalzustand* der Erde sind«

(Schwarzbach, 1993, S. 255). Die Klimageschichte der heute vereisten Kontinente wird entsprechend charakterisiert:

- Das Nordpolargebiet war erst sehr spät im Pliozän (vor 5 bis 1,7 Ma) stellenweise vereist, ansonsten herrschte im gesamten Erdmittelalter seit 250 Ma sowie im folgenden Tertiär bis zum Pliozän und damit auch zu Lebzeiten der Dinosaurier warmes Klima (Schwarzbach, 1993, S. 261).
- Die Antarktis wies im gesamten Erdmittelalter *mindestens gemäßigtes Klima* auf, im Rahmen des internationalen Cape-Roberts-Projekt wurde bestätigt, dass die Vereisung wesentlich später – *nach* dem Aussterbezeitpunkt der Dinosaurier vor vielleicht 30 Ma – einsetzte (SpW, 22.12.1999, vgl. Schwarzbach, 1993).

Eine gerade ausgerichtete Erdachse würde ein global warmes Klima erklären, denn die Jahreszeiten entstehen erst durch die heutige Schräglage von 23,5 Grad. Diese in »Darwins Irrtum« ausführlich diskutierte Richtungsänderung der Erdachse wird durch Überlegungen von Fachleuten wie Gripenberg (1933), Obuljen (1963) und anderen, besonders ausführlich und abgewandelt von G.E. Williams (1972), unterstützt. »Die senkrechte Stellung ... führt zu keinen Vereisungen...«, bestätigt auch Prof. Dr. Martin Schwarzbach (1993, S. 279) vom Geologischen Institut der Kölner Universität.

Um jedoch bestimmte – allerdings falsch interpretierte – Vereisungsspuren zum Beispiel in Afrika zu erklären, favorisiert man im Sinne der Kontinentaldrift die Vorstellung, dass ein ursprünglich vorhandener Superkontinent oder auch Teile davon mehrfach über den Pol *hin und her* gedriftet sein müssen, damit man entsprechende – meiner Ansicht nach fehlinterpretierte – Phänomene wie glatt geschliffene Felsplatten erklären kann. Die Ozeanböden sind aber höchstens 180 Ma alt, und es lassen sich vor diesem Zeitpunkt keine entsprechenden Drift- und Altersspuren im Boden der Ozeane nachweisen. Deshalb müsste es eine andere Kontinentalverschiebung vor der uns bekannten gegeben haben, denn seit dem Beginn des Erdmittelalters vor 250 Ma befand sich Afrika definitiv nicht an einem Pol, und Spitzbergen oder die Antarktis lagen nicht am Äquator. Die *erste Kontinentalverschiebung* müsste *vor dem Erdmittelalter* erfolgt sein und als Ergebnis erst den Urkontinent

Pangaea ergeben haben, der dann auseinander brach, wodurch die uns bekannte Kontinentalverschiebung einsetzte. Im Erdmittelalter, also zu Lebzeiten der Dinosaurier, entstanden zuerst die Superkontinente Laurasia im Norden und Gondwana im Süden (siehe Abb. 30, S. 141). Festzuhalten bleibt im Einklang mit geophysikalischen Vorstellungen die Tatsache, dass die Antarktis im Erdmittelalter immer im Süden in der Nähe des Südpols gelegen haben muss und eisfrei war.

Die Antarktis war nicht nur eisfrei, dort herrschte sogar ein warmes oder subtropisches Klima. 3000 Meter über dem Meeresspiegel fand man reiche Fossilienlager, Blattabdrücke und versteinertes Holz am Mount Weaver. Einen versteinerten Laubwald entdeckte man 400 Kilometer vom Südpol entfernt. Bohrproben aus dem Grund des Ross-Meeres beinhalteten feinkörnige Sedimente, die auf ins Meer strömende Flüsse vor der Vereisung der Antarktis schließen lassen (Hancock, 1995). Die Beschreibung der Klimaänderung am Südpol erinnert an die Epoche vor der plötzlichen Vereisung Sibiriens. Stand die Erdachse damals gerade, und gab es deshalb keine Vereisung der Antarktis? Wie und wann aber wurde die grüne Antarktis mit dem Eispanzer überzogen?

Wann wurde die Antarktis vermessen?

Der Südpol wurde erst *1818 offiziell entdeckt*. Die Antarktis ist aber als eisfreies Gebiet bereits auf mehreren Karten von *Anfang* des 16. Jahrhunderts eingezeichnet!

Die Weltkarte von Oranteus Finaeus aus dem Jahr 1531 ist aus diversen damals noch vorhandenen älteren Karten zusammengestellt. Auf dieser Karte sind die tatsächlichen Küstenregionen der Antarktis und andere Einzelheiten im *eisfreien* Zustand eingezeichnet. Die Mercator-Karten des niederländischen Geographen Gerhard Kremers (1512–1594) wurden 1569 zu einem Atlas zusammengestellt. Auf mehreren dieser Karten war die Antarktis dargestellt. Wohlgemerkt: bereits vor ihrer offiziellen Entdeckung. Auch die Karte von Finaeus ist in diesem Atlas enthalten.

Der Geograph Phillippe Buache veröffentlichte im 18. Jahrhundert eine Karte der Antarktis – *völlig eisfrei*! Außerdem sind die Topographie des heute unter dem Eis verborgenen Festlandes und eine Wasserstraße eingezeichnet, die den Kontinent in zwei Hälften teilt (Abb. 47, S. 235). Ich stelle noch einmal fest, dass *die Antarktis zum Zeitpunkt der Veröffentlichung dieser Karte im Jahr 1737 offiziell noch gar nicht entdeckt war*, und auch zu dieser Zeit wusste man noch gar nichts über Landmassen unter dem Eis. Am Nordpol gibt es im Gegensatz zum Südpol kein festes Land, sondern nur Eisberge, wenn man von Grönland und einigen Inseln absieht. Die Vorlagen für die antiken Karten scheinen älter zu sein als die Karten von Mercator und Finaeus selbst (Hapgood, 1996).
Die bekanntesten alten Karten sind die Weltkarten des türkischen Generals und Kartographen Piri Reis aus dem Jahre 1513, die erst 1929 im Topkapi-Palast in Istanbul in Form von zwei Fragmenten entdeckt wurden. Zum Zeitpunkt ihrer Entdeckung mussten die eingezeichneten Einzelheiten als Auswüchse purer Phantasie interpretiert werden, denn man hatte damals natürlich noch nicht unseren Kenntnisstand. Da die Karte also ein Wissen dokumentiert, das man damals eigentlich nicht haben konnte, ergibt sich von selbst, dass die Karte echt sein muss. Die Echtheit dieser Dokumente wird auch nicht angezweifelt. Auf diesen Karten waren neben den Küstenlinien von Süd- und Nordamerika auch Einzelheiten dieser Kontinente enthalten, wie etwa die Lage der Anden mit der Quelle des Amazonas. Die Falklandinseln wurden offiziell 1592 entdeckt, sind aber auf den Karten von 1513 bereits auf dem korrekten Breitengrad eingetragen. Interessant ist auch, dass auf den Karten des Piri Reis mit unglaublicher Genauigkeit die Landmassen, Berge, Buchten, Inseln und Küstenlinien der Antarktis richtig eingezeichnet waren, die sich heutzutage unter dem Eis befinden. *Uns ist diese Entdeckung erst 1958*, im Internationalen Geophysikalischen Jahr, *durch spezielle Satellitenaufnahmen geglückt!* Woher wusste man vor über 500 Jahren um die Existenz eines Kontinents am Südpol – und kannte dazu noch die unter dem Eis verborgenen Küstenlinien? Besaß man damals eine uns nicht bekannte Technik mit Präzisionsmessinstrumenten?

Aber es gab zu jener Zeit gemäß unserem wissenschaftlichen Weltbild doch nur »wissenschaftliche Steinzeitmenschen«...?
Gab es vor der Sintflut überhaupt Eis am Südpol und eventuell auch am Nordpol? Erschien das Eis oder zumindest weite Teile des die Erde bedeckenden Eispanzers plötzlich als Begleiterscheinung der kataklystischen Ereignisse, wie es auch die Überlieferungen der Eskimos berichten? Sibirien und auch die Antarktis wurden anscheinend sehr schnell mit einem mächtigen eisigen Panzer überzogen. *Falls die Erdachse einst gerade stand*, kann es damals keine Eiszeit gegeben haben. Vor diesem Hintergrund fällt neues Licht auf die angeblich geologisch nachgewiesenen Eiszeiten zu verschiedenen Epochen des Erdzeitalters.
Auf der Nord- wie auf der Südhalbkugel unserer Erde wurden einst die Klimazonen um ungefähr 3500 Kilometer relativ schnell verschoben. In Sibirien und Alaska froren Mammuts, Rhinozerosse, Bisons, Pferde und andere Tiere gemäßigter Klimazonen in einer Art Tiefkühlschrank teilweise sogar stehend ein, während auch in der Antarktis alles Leben vernichtet wurde, wie die fossilen Funde verschiedener Dinosaurier beweisen. Verschob sich die Erdachse um ungefähr 20 Grad? Falls man die katastrophischen Ereignisse auf der Nord- und Südhalbkugel im Zusammenhang und nicht als isolierte Ereignisse erkennt, erscheint dies logisch. Und gleichzeitig verschoben sich auch die Kontinente, Südamerika driftete etwas nördlich, und der Atlantik verbreitete sich gewaltig.
Falls diese Aussagen richtig sind, könnte es auch Karten geben, die Sibirien eisfrei darstellen. Tatsächlich zeichnete Gerhard Mercator viele Bäume und Flüsse im westlichen Sibirien nicht nur auf der Karte des Nordpol aus dem Jahr 1595 ein. Fast selbstverständlich erscheint dann die von mir erst bei meiner Reise nach Amerika im September 2000 gewonnene Erkenntnis, dass auf der venezianischen Karte der Brüder Niccolo und Antonio Zeno – die selbst den Nordatlantik bereisten – aus dem Jahr 1380 Grönland *total eisfrei*, dafür aber mit Bergen und Flüssen in Polarprojektion dargestellt wurde. Seit mindestens 250000 Jahren soll Grönland vereist sein. Der Experte Professor Charles H. Hapgood (1996) vom Keene State College in Keene (New Hampshire) stellte fest, dass die in

Grönland unter dem Eis vorhandene Topographie qualitativ derjenigen auf der Karte entspricht. Die Zeno-Karte wurde sicher aus älteren Karten kopiert, eventuell 1380 nur ergänzt. Wiederum stellt sich die Frage: Wann wurde die Karte hergestellt? Vor 250000 Jahren oder doch erst vor kurzer Zeit? Für den zweiten Fall ergibt sich eindeutig, dass Grönland vor kurzer, also in geschichtlicher Zeit, eisfrei gewesen sein muss. Hapgood geht wie auch ich von wenigen tausend Jahren aus. Es steht fest, dass die mit »ewigem Eis« bedeckten Gebiete – Antarktis, Sibirien und Grönland – von Menschen kartiert und eisfrei dargestellt wurden, denn die Karten sind nachweislich echt.

Der inzwischen verstorbene Immanuel Velikovsky, der in den Fünfzigerjahren mit seiner Theorie über immer wiederkehrende Katastrophen während der Erdzeitgeschichte Aufsehen erregte, stellte in dem Buch »Welten im Zusammenstoß« (1994) fest:

»Die Pole hatten nicht immer ihre heutige Lage, und die Veränderungen waren keineswegs allmähliche Vorgänge. Die glaziale Eisdecke war nichts anderes als Polareis. Die Eiszeiten endeten mit katastrophaler Plötzlichkeit, Gegenden mit mildem Klima gerieten in ganz wenigen Stunden in den Polarkreis. Die Eisdecken Amerikas und Europas begannen zu schmelzen; große Mengen von der Meeresoberfläche aufsteigenden Wasserdampfes vermehrten die Niederschläge und förderten die Bildung einer neuen Eisdecke. In viel stärkerem Maße als das Vorrücken des Eises brachten riesige Wellen, die über die Kontinente hinweggezogen, den Geschiebeschutt und die Findlingsblöcke mit, die über große Entfernungen hin weggetragen und auf fremden Gesteinsschichten abgesetzt wurden.

Betrachten wir die Grenzen der Vereisung auf der nördlichen Halbkugel, so erkennen wir einen Kreis, dessen Mittelpunkt an der Ostküste Grönlands oder an dem Meeresarm zwischen Grönland und Baffinland in der Nähe des gegenwärtigen magnetischen Nordpols liegt und der mit einem Durchmesser von etwa 3600 km den Bereich der Eisdecke während der letzten Eiszeit umschreibt. Der Nordosten Sibiriens liegt außerhalb dieses Kreises; das Tal des Missouri bis herab auf 39 Grad nördlicher Breite liegt innerhalb

des Kreises. Der östliche Teil Alaskas ist mit eingeschlossen, nicht dagegen der westliche. Nordwesteuropa liegt innerhalb des Kreises; eine Strecke hinter dem Ural biegt die Grenzlinie nach Norden ab und überschneidet den heutigen Polarkreis.
Das führt zu der Frage, ob der Nordpol nicht am Ende in vergangener Zeit um 20 Grad oder mehr von seiner heutigen Lage entfernt an Amerika lag, während der alte Südpol um dieselben 20 Grad von seinem gegenwärtigen Platz entfernt war, etwa in der Gegend des Queen-Mary-Landes auf dem antarktischen Kontinent.«
Konkret muss ergänzt werden, dass *mehrere Vorstöße der Eisgrenze analog zu einer mehrfachen Schwankung der Erdachse erfolgten*. Wie bereits dargelegt, wiederholten sich entsprechende Vorgänge in unterschiedlicher Intensität. Die dadurch entstandenen Eisschichtungen entstanden nicht in Jahrmillionen, sondern während eines relativ kurzen Zeitraumes vor wenigen tausend Jahren mit dem Impakt-Winter während der Sintflut.
Die tiefer liegenden Schichten des sibirischen Eispanzers wurden von O. F. Herz (1904) und E.W. Pfitzenmayer genauer untersucht. Mit zunehmender Tiefe erschien das Eis weißer und brüchiger. Sobald man dieses Eis jedoch der normalen Luft aussetzte, bekam es eine *gelblich braune* Farbe. Manchmal enthält das Eis sogar pflanzliche Partikel und dünne Schichten von Sand oder Lehm. Daraus kann man für die tieferen Eisschichten mit den organischen und anorganischen Verunreinigungen auf einen plötzlichen Einfriervorgang schließen. Bis in größere Tiefen ist das Eis der Regionen in Sibirien *nicht langsam Winter für Winter* gewachsen, sondern schnell entstanden. Deshalb stimmt die Datierung anhand von Eisbohrkernen auch nicht, da man von einer heute zu beobachtenden langsamen Bildungsrate mit einer Schicht pro Jahr ausgeht.
Für die schnelle Entstehung des Eises spricht auch dessen körnige Struktur: Man kann es zwischen den Fingern zerreiben und die Struktur lösen, stellte L.S. Quackenbush (1908) bei einer Expedition fest. Deshalb ist es verständlich, wenn W. H. Dall (1881) dieses Eis, das unter, neben und über Mammuts gefunden wurde, mit zusammengepressten Hagelkörnern vergleicht (»American Journal of

Science«, 21, 1881, S. 107). Ja, er berichtet sogar, dass ein Mammut inmitten solch körnigen Eises gefunden wurde. Diese Untersuchungsergebnisse ließen Dall den Schluss ziehen, dass sich die ursprünglichen Wasserteilchen, bevor sie zu körnigem Eis gefroren, durch kalte Luftschichten oder sogar durch den Weltraum bewegt haben müssen. In den Luftblasen des Eises findet man daher auch mehr Kohlendioxid und weniger Sauerstoffanteile als in normalen Eisblöcken.

Mammuts und Dinosaurier sollen aber nicht zur gleichen Zeit gelebt haben. Deshalb stellen sich die Fragen: Wann fand dieses Szenario tatsächlich statt? Und wer hat die Antarktis so lange vor Christoph Kolumbus (1451–1506) äußerst *exakt* vermessen, und dazu noch eisfrei? Auf jeden Fall dokumentieren die alten Landkarten eindrucksvoll, dass die Antarktis in geschichtlicher Zeit, also zu Lebzeiten unserer Vorfahren *vor wenigen Tausend Jahren eisfrei gewesen sein muss!* Irgendwann wird man am Südpol vielleicht auch Reste menschlicher Besiedlung oder irgendwelche Artefakte im ewigen Eis finden. Dann kann die Behauptung aber nicht stimmen, dass die Antarktis seit 30 Ma einen dauerhaften Eispanzer besitzt – oder gab es schon vor über 30 Ma Hochkulturen? Findet man eines Tages vorzeitliche menschliche Relikte *unter* dem Eis der Antarktis, ist zu diesem Zeitpunkt der hier vorgestellte Zusammenhang und damit der kataklystische Weltuntergang endgültig bewiesen.

Wann löste sich Südamerika?

Wegener nahm an, dass der Urkontinent Pangaea vor 225 Ma unter dem Einfluss der Erddrehung in Teile, die heutigen Kontinente, zu zerfallen begann. Obwohl man heute der Meinung ist, dass Pangaea eher vor 200 Ma oder sogar erst vor 180 Ma auseinander brach, geht aus der Abb. 30 (S. 141) bereits hervor, dass zwischen den sich bildenden Kontinenten Wasserstraßen bestanden.

Geht man jetzt von einer langsamen und nicht von der von mir propagierten schnellen Verschiebung der Kontinente aus, könnte sich für die Entwicklung der Dinosaurier im Sinne unserer Weltbildes ein ernsthaftes Problem ergeben. Dinosaurier bewohnten vielleicht Sümpfe, Teiche oder flache Lagunen, schwammen aber je nach Art höchstens kurze Strecken wie es vom Hadrosaurier (Entenschnabel-Dinosaurier) vermutet wird.

Trennten sich beispielsweise zwei Kontinente, konnte es nach diesem Zeitpunkt keine gleiche Entwicklung desselben Typs von Dinosauriern auf den jetzt getrennten Kontinenten geben. Mit anderen Worten: Falls man in Nordamerika und Afrika dieselbe Spezies findet, muss es zum Zeitpunkt der Entwicklung dieser Arten noch eine Landbrücke oder eine andere Verbindung zwischen diesen Kontinenten gegeben haben.

Bis vor etwa 30 Jahren war man davon überzeugt, dass sich die Tierarten auf den aus dem Superkontinent *Pangaea* gebildeten zwei Landmassen *Laurasia* im Norden (Nordamerika, Europa, Asien) und *Gondwana* im Süden (Südamerika, Afrika, Arabien, Madagaskar, Indien, Australien, Neuseeland und Antarktis) wesentlich unterschieden. Die beiden neuen Kontinente sollen durch eine unüberwindliche Barriere, dem Urmeer *Tethys* voneinander getrennt gewesen sein. Entsprechende Hinweise gaben bisher verschiedene fossile Funde von Dinosaurier-Arten, die zwar im Norden, aber nicht südlich des Äquators gefunden wurden, und anderseits andere Arten, die nur in Brasilien und Afrika gefunden wurden. Diese Ansicht ist aber seit kurzem überholt.

Mindestens im Obertrias vor 230 bis 180 Ma waren die Dinosaurier noch in der Lage, von einem Kontinent zum anderen zu wandern, da die Ozeanböden weltweit nicht älter sind und die Kontinente damals dicht beisammen lagen. Wichtig ist aber festzuhalten, dass der kosmopolitische Charakter der Dinosaurier auf das *Fehlen einer klimatischen Barriere* hindeutet.

Unter diesen Voraussetzungen erscheint es interessant, die räumliche Ausbreitung derjenigen Dinosaurier-Gruppen zu untersuchen, die sich *nach* der Teilung Pangaeas und auch der beiden Superkontinente Laurasia und Gondwana ganz neu entwickelten.

Exemplare des gigantischen Sauropoden *Barosaurus* mit einer Länge von bis zu 27 Metern wurden in Süddakota und Utah (Vereinigte Staaten) ebenso wie in Tendaguru im afrikanischen Staat Tansania gefunden (Paturi, 1996, S. 254). Sie tauchten ungefähr vor 154 Ma, im späten Oberjura auf. Gab es zu diesem Zeitpunkt noch eine Landverbindung zwischen Nordamerika und Afrika via Europa? Denn vor 165 Ma »entfernten sich die nördlichen Kontinente von Afrika und Südamerika, sodass Raum für den jungen Nordatlantik und die Karibische See entstand. Vor 125 Ma ... war der Nordatlantik an einigen Stellen bereits 4000 Meter tief...« (Sclater/Tapscott, 1987, S. 125). Aber vielleicht gab es im *Norden* über England, Skandinavien und Labrador oder Grönland noch eine Landverbindung, die diese Giganten der Urzeit zur Überquerung des Atlantiks nahmen. Der Fund eines Hadrosauriers in der Antarktis 1998 wirft neues Licht auf die Verschiebung der Kontinente (BdW, 22.7.1999, vgl. BdW, 14.7.1999). Dieser und andere Funde von Dinosauriern »stützen die Theorie, dass vor etwa 80 Ma eine Landverbindung sowohl zwischen der Antarktis und Südamerika als auch nach Indien/Madagaskar existiert haben muss – jedoch nicht zwischen Antarktis und Afrika«, meldet »Bild der Wissenschaft« am 26. Oktober 1999. Aber die Funde von Hadrosauriern in Nordamerika einerseits und der Antarktis sowie in Südamerika andererseits bezeugen, dass auch eine Landverbindung zwischen den durch ein Urmeer getrennten Superkontinenten Laurasia im Norden und Gondwana im Süden bestanden haben muss. Die noch vor kurzer Zeit favorisierte Meinung, wie sie auch von Alan Charig in seinem Buch »Dinosaurier« bekräftigt wird, dass die Hadrosaurier nur in Laurasia, also von Amerika bis Asien, gelebt haben, ist nicht richtig.

Ein *einzelner Fund* wirft ein ganz anderes Licht auf den zeitlichen Ablauf der Kontinentalverschiebung und auch auf die Theorie der Plattentektonik. Die Kontinente scheinen länger eine Einheit gebildet zu haben, als man bisher glaubte. Folgerichtig müsste dann auch der ganze Verschiebevorgang schneller abgelaufen sein, da weniger Zeit als bisher angenommen zur Verfügung stand. Was geschieht, falls man in Afrika oder sogar auf der Insel Madagaskar irgendwann einen Hadrosaurier findet? Die Datierung der Ozeanböden und die Theorie von der langsamen Kontinentalverschiebung Millimeter für Millimeter wären falsch, aber auch die Länge der betroffenen Erdzeitalter müsste zeitraffermäßig zusammengeschoben werden. Die Folge wäre eine jüngere Erde.

Auch die Tyrannosaurier als angeblich größte Fleischfresser aller Zeiten galten lange Zeit als Bewohner des nördlichen Superkontinents Laurasia. Entsprechende Funde in der Mongolei sowie in ganz Nordamerika bestätigten diese Auffassung. In »Die Chronik der Erde« wird die Meinung vertreten, dass sich die Gattung Tyrannosaurus mit bis zu 15 Meter langen Individuen erst in der späteren Oberkreidezeit, genauer vor 80 bis 66 Ma, entwickelt haben soll, also relativ spät, kurz vor dem angeblichen Aussterbezeitpunkt der Dinosaurier (Paturi, 1996, S. 304). Aber Lawrence Witmer von der Ohio-Universität in Athens fand 1998 den Schädel eines Tyrannosaurus auf Madagaskar. Die Existenz dieses Sauriers auf einer Insel und in anderen Teilen der Welt – Asien, westliches Nordamerika – beweist, dass es eine Verbindung zwischen Madagaskar und Asiamerika mit einer Landbrücke (Beringstraße?) einerseits und/oder Antarktis, Südamerika und Nordamerika andererseits gegeben haben muss. »Madagaskar war einst Teil eines riesigen Südkontinents namens Gondwana, der während der Blütezeit der Dinosaurier in verschieden große Segmente zu zerbrechen begann« (BdW, 18.5.1998).

Madagaskar trennte sich bereits vor ungefähr 180 bis 150 Ma von Afrika und war andererseits *nicht mit Asien verbunden*. Tyrannosaurier müssten in diesem Fall von Madagaskar über die Antarktis und Südamerika nach Amerika und dann vielleicht über eine Landbrücke nach Asien (oder auch umgekehrt) gewandert sein. Inzwischen fand man erstmals einen 110 Ma alten *Vorfahren* des Tyrannosaurus rex in Südamerika, im Nordosten Brasiliens. An den Knochen klebten noch sehr gut erhaltene Reste von Haaren, Haut, Muskeln und Nerven. Versteinerte das alles schnell oder langsam, bevor es verrottete?

Auch wenn man über die Art und den genauen Zeitpunkt der Verschiebung der Kontinente sehr unterschiedlicher Meinung ist, wird Madagaskar von 140 bis 65 Ma (Kreidezeit) als Insel dargestellt (Paturi, 1996, S. 270 und 284), eventuell verbunden mit dem damals

auch als Insel betrachteten Indien (Abb. 35). Diese Meinung kann nach obigem Fund nicht mehr aufrechterhalten werden. Die digitale Alterskarte der Ozeanböden weist aber zwischen Madagaskar und der Antarktis weite zusammenhängende Gebiete mit einem Alter von mehr als 80 Ma auf. So einfach kann die für den Fund des Tyrannosauriers notwendige Landbrücke nicht konstruiert werden!
Mit jedem ungewöhnlichen Fundort einer bestimmten Dinosaurier-Gattung auf einem nach bisherigen Erkenntnissen »falschen« Kontinent wird auch die Theorie von der *langsamen* Kontinentalverschiebung zunehmend *ad absurdum* geführt. Je mehr Dinosaurier einer Gattung auf verschiedenen Kontinenten gefunden werden, desto klarer kristallisiert sich heraus, dass die Kontinentalverschiebung zumindest schneller vonstatten gegangen sein muss, als man bisher zuzugeben bereit ist. Die weitere weltweite Jagd nach Dinosaurier-Fossilien wird unser Weltbild grundlegend ändern und

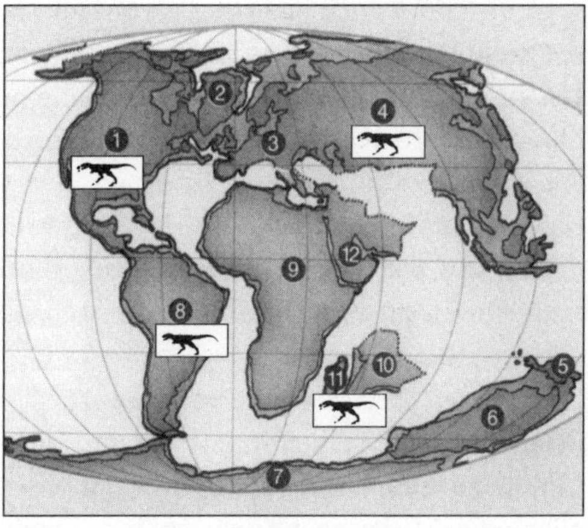

Abb. 35: Madagaskar. *Tyrannosaurier lebten auch auf Madagaskar (10), das vor 150 bis 180 Ma von Afrika (9) abgetrennt wurde und von 140–65 Ma mit Indien (10) eine Insel gebildet haben soll. Die Tyrannenechsen sollen sich erst vor ungefähr 80 Ma entwickelt haben. Die bisherigen Fundorte dieser Saurier lagen in Amerika (1) und Asien (4). Die neuen Funde schwimmunfähiger Saurier (Tyrannosaurus) auf Madagaskar (10) und in Südamerika (8) bezeugen, dass die Kontinente wesentlich länger miteinander verbunden waren, als bisher angenommen. Die Karte zeigt die Lage der Kontinente in der Oberkreidezeit (97–65 Ma) zu Lebzeiten des Tyrannosaurus rex: Grönland (2), Europa (3), Neuguinea (5), Australien (6), Antarktis (7), Südamerika (8), Arabien (12).*

in Zukunft beweisen, dass die Kontinente bis zur großen kataklystischen Katastrophe mehr oder minder eine Einheit bildeten oder zumindest – nur durch Wasserstraßen getrennt – sehr nahe beieinander lagen und durch Landbrücken verbunden waren.
Auf einer Konferenz im Cleveland Museum of Natural History wies James Kirkland, Landespaläontologe in Utah, darauf hin, dass durch mehrjährige Untersuchungen an fossilen Knochen zwei neue Arten *(Ancylsaurus* und *Nodosaurus)* entdeckt wurden. Diese zur Gruppe der Ancylosauriden gehörenden Saurier sollen auf einer damals existierenden Landbrücke von Asien nach Nordamerika eingewandert sein. Der Saurierexperte Kenneth Carpenter – Denver Museum of Natural History – ist der Meinung, »dass die jetzige Entdeckung der bemerkenswerten Fossilien die Existenz der Landbrücke zwischen den Kontinenten um etwa 20 Ma vordatiert« (BdW, 28.4.1999).
So einfach kann man natürlich eine urzeitliche Landbrücke ohne Konsequenzen für die Theorie der Kontinentalverschiebung nicht auftauchen lassen. Insgesamt ist ein Trend zur jüngeren Datierung geologischer Vorgänge – in diesem Fall um 20 Ma – zu erkennen, denn die Kontinente scheinen länger miteinander verbunden gewesen zu sein, als man bisher glaubte. Dinosaurier derselben Gattung diesseits und jenseits des Atlantiks könnten die Ansichten über die Aufspaltung Laurasias und damit über die Bildung des Nordatlantiks revolutionieren. Falls man entsprechende Exemplare der Urgiganten in Amerika und Europa findet, muss es zur Zeit ihrer Existenz zumindest eine Landbrücke zwischen beiden Kontinenten gegeben haben.
Zum ersten Mal wurden im Jahre 1877 in Colorado (Vereinigte Staaten) von dem amerikanischen Paläontologen Othniel C. Marsh Überreste eines flugunfähigen *Allosaurus fragilis* entdeckt. Vor allem die Morrison-Formation im Gebiet von New Mexico bis Montana mit Schwerpunkt in Colorado enthält viele dieser bis zu zwölf Meter großen Fleischfresser, die im späten Jura – vor 160 bis 140 Ma – lebten. »Die erhaltenen Dinosaurier entsprechen erstaunlich genau den gleich alten Fossilien in Tendaguru in Tansania« (Paturi, 1996, S. 254). Aber nicht nur in Amerika und Afrika gab es Allosaurier. Timothy F. Flannery und Thomas H. Rich bestätigen

in dem Artikel »Dinosaur Digging in Victoria«, dass Allosaurier auch in Australien gefunden wurden (Baugh, 1987, S. 127f., und http://www.enchantedlearning.com).

Allerdings konnte der Verwandtschaftsgrad mancher der außerhalb Amerikas gefundenen Exemplare nicht eindeutig bestimmt werden – oder hat man Angst vor den vielleicht einschneidenden Konsequenzen für unser Weltbild? Findet man gleiche Dinosaurier auf angeblich durch breite Ozeane getrennten Kontinenten, kommt es schon einer kleinen Sensation gleich.

Die bereits im Jahr 1988 in Felsen aus Sandstein ungefähr 135 Kilometer nordöstlich von Lissabon (Portugal) gefundenen fossilen Skelett-Teile eines Allosaurus fragilis konnten erst elf Jahre später eindeutig zugeordnet werden (BdW, 29.4.1999). Dieser ungewöhnliche Fund hat Auswirkungen auf die Vorstellung der Entstehung der Kontinente. Paläographische Modelle zeigen im Allgemeinen, dass Westeuropa und die Grand-Banks-Region bei Neufundland (Kanada) bereits im Jura, also zu Lebzeiten des in Portugal und Nordamerika entdeckten Dinosauriers, durch tiefe Wasserkanäle getrennt waren. Auf Grund des neuen Fundes muss im Gegensatz dazu geschlossen werden, dass der europäische Kontinent länger mit dem nordamerikanischen verbunden war, als es viele paläographische Modelle nahe legen. In welchem Licht erscheinen diese Modelle, falls man auch die Funde in Afrika und Australien definitiv zu dieser Gattung zählen kann? Schon vor 160 Ma sollen die Kontinente bereits durch tiefe Gräben voneinander getrennt gewesen sein, wobei der Zerfall des Gondwana-Kontinents danach weiter fortschreitet. Die schwimmunfähigen Dinosaurier-Arten hatten es auch zu diesem frühen Zeitpunkt nicht einfach, um von Kontinent zu Kontinent zu wandern (Abb. 36, S. 170).

Im Großen und Ganzen könnte es für paläogeographische und geotektonische Modelle mit der Idee von sich ganz langsam verschiebenden Kontinentalplatten ernsthafte Probleme geben, falls man Dinosaurier-Gattungen findet, die nur gegen Ende der Kreidezeit existierten. Lebten also vor ungefähr 70 Ma auf (fast) *allen Kontinenten die gleichen Dinosaurier-Spezies*, stimmt die Theorie von der langsamen Verschiebung der Kontinente ganz einfach nicht.

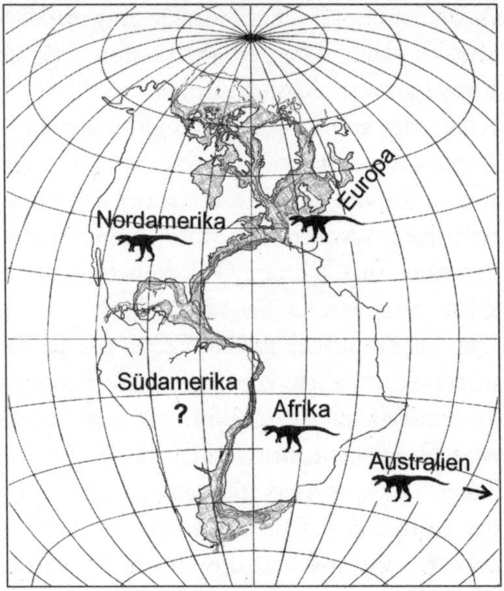

Abb. 36: Gräben. Vor 165 Ma waren Afrika und Europa von Nord- und Südamerika durch tiefe Gräben getrennt. *Eine Landbrücke zwischen Amerika und Europa gab es angeblich ab diesem Zeitpunkt auch nicht mehr. Der Fund eines Allosaurus in Portugal, der nach diesem Zeitpunkt gelebt haben soll, bestätigt, dass zwischen Europa und Amerika eine Landbrücke wesentlich länger Bestand gehabt haben muss, als bisher angenommen. Entsprechende Funde von Allosauriern in Tansania (Afrika) und Australien stehen im Widerspruch zu den bisher favorisierten Szenarien der Plattentektonik, zumindest in Bezug auf die Länge und Abläufe der Erdzeitalter. Karte nach Sclater/Tapscott (1987).*

Letztendlich wäre auch die wirkliche Dauer der bereits im *vorigen* Jahrhundert *willkürlich* festgelegten Erdzeitalter und damit das angegebene Alter der Erde ernsthaft infrage zu stellen. Die Titanosaurier gehören zu den gemütlichen, Pflanzen fressenden Urgiganten mit elefantenartigen Beinen, langem Schwanz und langem Hals, auf dem ein sehr kleiner Kopf saß. Diese Sauropoden ähnelten dem den meisten Menschen bekannten Brontosaurier, der heutzutage allerdings Apatosaurier genannt wird. Diese Namensänderung wurde erforderlich, da man diese Skelette früher immer ohne Kopf fand. Deshalb gab man ihm einen mutmaßlich dazu gehörenden Schädel und stellte ihn in Museen der ganzen Welt entsprechend aus, bis man durch neue Funde schließlich einsehen musste, dass immer die falschen Köpfe auf den Skeletten montiert waren.

Auch Titanosaurier wurden bisher nur kopflos ausgegraben. Ein fast komplettes Skelett – das wahrscheinlich beste seiner Art – wurde jetzt in Argentinien gefunden. Skelettreste dieser Reptilien fand man unter anderem auch in Argentinien, Brasilien, Indien, Malawi (Afrika) und Nordamerika. Aber auch in Madagaskar wurde inzwischen ein fast vollständig erhaltenes Skelett, sogar mit teilweise vorhandenem Schädel, entdeckt (BdW, 13.4.1999). Es wurden also sowohl in Afrika *als auch* auf Madagaskar Titanosaurier gefunden (BdW, 13.4.1999): »Malawisaurus, der älteste afrikanische Titanosaurier, ist 100 bis 140 Ma alt.« Da analog zu allen geotektonischen Modellen Afrika seit mindestens 150 Ma Jahren keine Verbindung mit Madagaskar und damit zum südlichen Superkontinent Gondwana hatte, scheint es hier ein Problem zu geben: Wie kamen die nicht schwimmfähigen Titanosaurier von Afrika auf die Insel Madagaskar (Paturi, 1996, S. 270 und 284) oder auch umgekehrt, wenn gleichzeitig entsprechende Exemplare in Afrika, ja auch in Süd- und Nordamerika gefunden werden? Bisher wurden die meisten Titanosaurier in der südlichen Hemisphäre gefunden, und man glaubte, dass sich diese Urgiganten dort entwickelt haben. Für die Funde in Süd- und Nordamerika wurde bisher nur ein Alter von 70 bis 100 Ma angesetzt. Neue Funde in Utah wurden jedoch auf ein Alter von 100 bis 150 Ma geschätzt, berichtet Brooks Brit vom Eccles Dinosaur Park in Odgen. »Damit könnte die Stammesgeschichte dieser merkwürdigen Dinosaurier eine völlig andere sein als bisher angenommen« (BdW, 13.4.1999).
Andere Konsequenzen sind einschneidender, denn aufgrund derer wären die in Afrika und Nordamerika gefundenen Exemplare ungefähr gleich alt. Damit wäre eine schnelle Ausbreitung der Titanosaurier über Abertausende Kilometer dokumentiert. Tiefe Wasserrinnen oder zwei durch ein Urmeer getrennte Superkontinente wären mit dieser Vorstellung kaum zu vereinbaren.
Auf der bereits beschriebenen Zeno-Karte von 1380 wurde von Grönland bis Norwegen eine zusammenhängende, diese Landmassen verbindende Küstenlinie dargestellt. Ein Hinweis auf eine – eisfreie (?) – Landverbindung, die fast bis zum amerikanischen Kontinent reichte und noch in geschichtlicher Zeit Bestand hatte?

Betrachten wir noch einmal die klimatischen Verhältnisse auf der Erdkugel bis zum Aussterben der Dinosaurier. Im Jahr 1999 wurde ein 74 Ma alter Pflanzen fressender Dinosaurier auf der antarktischen Insel James Ross Island entdeckt (BdW, 22.7.1999). Das gefundene Fossil gehört zum *Genus Iguanodon*. Überreste zahlreicher Arten der Dinosaurier-Familie *Iguanodontidae* wurden auch in Nordamerika, Europa und Afrika gefunden, sogar in Asien (Mongolei). Der in vielen Publikationen angeführte Fund in Australien wird nicht immer berücksichtigt.
Edwin H. Colbert beschreibt in seinem Buch »The Great Dinosaur Hunters and Their Discoveries« (Die großen Dinosaurierjäger und deren Entdeckungen) den Fund von versteinerten Fußabdrücken eines Iguanodon am 3. August 1960 durch ein Expertenteam unter Leitung von Professor Anatol Heintz (University of Oslo) im westlichen Teil Spitzbergens (Colbert, 1984, S. 2057ff.). Dieser Fund, der kaum Eingang in die Fachliteratur fand, wird jetzt durch die neu entdeckten fossilen Reste eines Iguanodon in der Antarktis bestätigt (Abb. 37). Die heutzutage arktischen Gebiete an Nord- und Südpol waren zu Lebzeiten der Dinosaurier nicht nur warm, sondern wahrscheinlich tropisch, wie die Funde in Spitzbergen von versteinerten Palmwedeln und sogar Korallen bestätigen, die eine Wassertemperatur von mindestens 20 Grad Celsius benötigen. *Auch in Grönland waren Palmen während der Oberkreidezeit (vor 97 bis 65 Ma) weit verbreitet* (Paturi, 1996, S. 284), ebenso wie in den heutigen Wüstengebieten im Südwesten der Vereinigten Staaten.
Die heutigen Wüsten waren im Erdmittelalter blühende Landstriche mit üppiger Vegetation. Dies gilt für die Wüste Gobi in der Mongolei, aber auch für das Gebiet um Winton in Westaustralien, dem Fundort Tausender versteinerter Dinosaurier-Spuren. Hier müssen dramatische Klimaveränderungen vor sich gegangen sein, denn die vielen Dinosaurier brauchten ja auch entsprechend viel Futter. Die offizielle Erklärung für den Tod der Dinosaurier eines Wissenschaftlerteams anlässlich einer Gobi-Expedition lautete: »Gobi-Dinosaurier durch zusammenbrechende Dünen getötet« (BdW, 8.1.1998). Es erscheint aber grotesk, dem »lawinenartigen Abgleiten kompletter Dünenpakete« die Tötung der Dinosaurier anzulasten. Tausende von

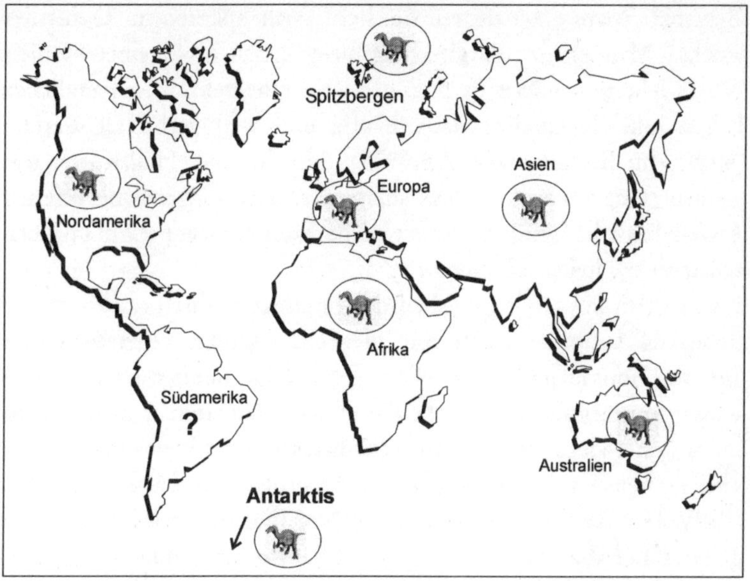

Abb. 37: ***Iguanodon.*** *In der Unterkreidezeit (140–97 Ma) lebten zahlreiche Arten der Dinosaurier-Familie Iguanodontadiae auf fast allen Kontinenten, die in ihrer heutigen Lagesituation abgebildet sind. Fußabdrücke in Spitzbergen und der Fund eines Iguanodon an der Antarktis bezeugen, dass* heutzutage vergletscherte Gebiete im Erdmittelalter eisfrei *waren. Wie konnten sich diese Dinosaurier in der Kreidezeit trotz angeblich bereits* fortgeschrittener *Kontinentalverschiebung über die ganze Welt bis nach Australien ausbreiten?*

Dinosauriern werden nicht von zufällig abrutschenden Dünenhängen begraben. Denn es wäre immer noch genug Sauerstoff auch etliche Meter tief im Boden vorhanden, der ein Zersetzen der biologischen Substanzen der Saurier zur Folge gehabt hätte. *Fossilienbildung geschieht nur unter absolutem Luftabschluss!* Der Sand der Wüste wurde entweder mit Flutwogen herangespült, oder es befand sich hier früher ein Meer, das – wie die Sahara – plötzlich unter katastrophischen Umständen entwässert wurde. Außerdem, wie kann ein Eier ausbrütender Dinosaurier während dieser Prozedur auf seinem Nest versteinern? Abertausende, wenn nicht Millionen von diesen Echsen leben vorher in einer trostlosen, nur manchmal regnerischen

Gegend? Wovon ernährten sie sich? Von spärlichem Dünenbewuchs? Man glaubt, dass »Dinosaurier ... nicht in einer sterilen Wüste lebten, sondern in einem festen Dünenfeld, wo pflanzliches Leben und Regenfälle relativ häufig und weit verbreitet waren« (SpW, »Im Brennpunkt«, 7.6.1998). Also in einer Halbwüste, wie sie heutzutage in Colorado existiert? Wer diese Gegend mit offenen Augen besucht, wird sich dort nicht Millionen von Dinosauriern ernsthaft vorstellen können.

Bei meinem Besuch in Spitzbergen vor einigen Jahren reichte meine Phantasie kaum aus, um mir hier eine üppige Vegetation und äsende Dinosaurier vorzustellen, geschweige denn warmes Meerwasser mit tropischen Fischen und Korallenbänken, obwohl ich im Sommer dort war. Ebenso scheint es schwer verständlich, dass »Funde belegen: In Alaska gab es einst große Dinosaurier-Herden« (BdW, 16.9.1998). In der Nähe des Nordpols muss warmes Klima geherrscht haben, denn Fleisch und Pflanzen fressende Dinosaurier lebten in der frühen Kreidezeit »sehr zahlreich und mit vielen Arten im Gebiet der heutigen Arktis«.

Wichtig ist festzustellen, dass Spitzbergen und die Antarktis zu Lebzeiten der Dinosaurier, also im Erdmittelalter, gemäß aller derzeit diskutierten geotektonischen Modelle immer in *Polnähe* lagen, wenn man von heutigen Klimaverhältnissen ausgeht. Bei einer wie heute um 23,5 Grad geneigten Erdachse ist ein tropisches Klima in der Nähe der Erdpole eigentlich nicht denkbar, weil in der Nähe der Pole *mehrere Monate* Helligkeit bzw. Dunkelheit herrscht. Korallen würden aber mehrere Wochen ohne Helligkeit sicher nicht überstehen, und auch die Palmen würden eingehen.

Das verlorene Paradies

Unter welchen Umständen können Palmen und Korallen in extrem nördlichen oder südlichen Breiten wachsen? Die Erdachse muss zu diesem Zeitpunkt, also vor einer gigantischen Katastrophe, senkrecht gestanden haben. Dies reicht aber für prächtig gedeihende Korallen und Palmen in heutzutage arktischen Gebieten nicht aus.

Es muss zudem an den Polen relativ hell gewesen sein. Schummriges Licht reicht für die beschriebene Fauna nicht. Eventuell gab es eine Art Streuschild für das Sonnenlicht.

Der deutsche Forschungssatellit »Christa-Spas« hat in der oberen Erdatmosphäre Spuren von Wasserdampf entdeckt. Unklar ist, wo das Wasser herkommt. Man vermutet, durch Wasserbeschuss unserer Atmosphäre durch die eindringenden Kometen. Jedenfalls könnte damit ein Hinweis auf andere atmosphärische Voraussetzungen gegeben sein. Gab es damals eine Wasserhohlkugel oder eine mit Wasserdampf angereicherte Atmosphäre, dann würde das Licht großflächig gestreut, und es gäbe keinen ausgeprägten Tag-Nacht-Wechsel. Dadurch könnten auch die Pflanzen überall auf der Welt in vielleicht tropischem Klima gedeihen. Einen ähnlichen Streueffekt des Lichts durch die Atmosphäre kann man kurz nach Sonnenuntergang beobachten, wenn es wieder *heller wird als kurz vor Sonnenuntergang*.

Letztendlich zeugt der Riesenwuchs der Dinosaurier, aber auch der meisten anderen Tiere und Pflanzen, von damals ganz anderen Verhältnissen. War ein bis 58 Meter langer und 100 Tonnen schwerer Dinosaurier, wie er jetzt in Südpatagonien (Argentinien) aufgrund *aus der Erde herausschauender Knochen* gefunden wurde, unter heutigen Umständen überhaupt lebensfähig (BdW, 21.1.2000)? Befinden sich etwa Elefanten nicht schon aufgrund ihrer Masse im Verhältnis zur Körperoberfläche an der Grenze der Lebensfähigkeit eines Organismus an Land? Nicht umsonst stehen diese Tiere im Normalfall und legen sich oft nur im Krankheits- oder Todesfall nieder. Auch die einzelnen Füße der Sauropoden waren enormen Drücken ausgesetzt. Der auf den Untergrund zu übertragende Sohlendruck war für lebendes Gewebe ungeheuer groß, ganz zu schweigen von den Beanspruchungen der Sehnen, Muskeln und Knochen. Auf zwei Hinterbeinen balancierende Sauropoden, wie man es oft auf Darstellungen in Museen sieht, sind daher schwärmerisch fantasievolle, aber grundsätzlich falsche Darstellungen.

Nimmt man an, dass die in »Darwins Irrtum« ausführlich diskutierte Wasserhohlkugel in einer gewissen Höhe am Himmel existierte, dann wären bei gleichzeitig gerade stehender Erdachse die

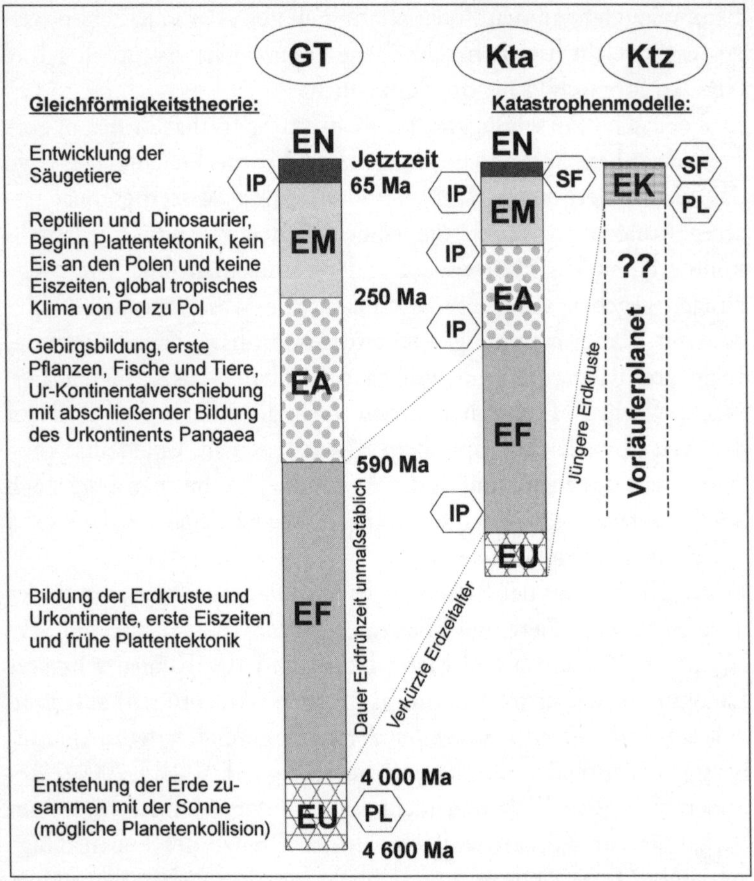

Abb. 38: Erdzeitalter. Die unserem traditionellen Weltbild zu Grunde liegende Gleichförmigkeitstheorie (GT) weist eine lange Entwicklungsgeschichte aus, da sich die Erde und damit einhergehend die Evolution nur in ganz kleinen Schrittchen entwickelt haben sollen. Die Erdzeitalter werden in Erdurzeit (EU), Erdfrühzeit (EF), Erdaltertum (EA), Erdmittelalter (EM) und Erdneuzeit (EN) unterteilt. In jüngster Zeit wird wissenschaftlich ein Zusammenstoß (PL) zwischen der Erde und einem nicht bekannten Planeten favorisiert. Nach langem Zögern setzte sich seit 1980 die Erkenntnis durch, dass es einen Asteroideneinschlag (IP) am Ende des Erdmittelalters gab, der zum Aussterben der Saurier geführt haben dürfte. Mit diesem Modell konkurrieren die Katastrophenmodelle (Kta). Es werden hierbei im Gegensatz zur GT mehrere Erdkatastrophen – u. a. globale Sintflut (SF) – anerkannt und geologisch nachgewiesen. Das modifizierte

Voraussetzungen für die Existenz von Korallen, Palmen und Dinosauriern in Spitzbergen, Grönland, Alaska und auch der Antarktis gegeben. Die Erde und damit alle Geschöpfe sowie Pflanzen wären vor schädlicher kosmischer Strahlung abgeschirmt, und es würden höhere Temperaturen durch den sich einstellenden Treibhauseffekt erzeugt. Mann könnte es mit einem riesigen Wintergarten vergleichen. Unter diesen Voraussetzungen gibt es keine extremen Klimaschwankungen, und es herrschten ideale Bedingungen für vermehrtes Wachstum bei geringeren Strahlungsschäden.
Die Wasserdampfhülle wurde durch die kosmische Katastrophe der Erde erzeugt, wobei in den aufgerissenen Wunden des Erdkörpers mit glühendem Magma das Wasser der Ozeane verdampfte und in die Atmosphäre wirbelte. Brach mit der globalen Sintflut-Katastrophe die Wasserhohlkugel ein? In der Offenbarung des Johannes (6, 12–15), wahrscheinlich im Jahr 96 n. Chr. aufgezeichnet, wird bezeugt: »Da entstand ein gewaltiges Beben. Die Sonne wurde schwarz wie ein Trauergewand, und der Mond wurde wie Blut. Die Sterne des Himmels fielen auf die Erde, wie wenn ein Feigenblatt seine Früchte abwirft, wenn ein heftiger Wind ihn schüttelt. Der Himmel verschwand wie eine Buchrolle, die man zusammenrollt, und alle Berge und Inseln wurden von ihrer Stelle weggerückt…«

Mit den bereits beschriebenen und vielleicht noch zu entdeckenden Funden, besonders der Dinosaurier, rückt der Urkontinent Pangaea zeitlich wesentlich näher an den Aussterbezeitpunkt der Urgiganten samt Massensterben vieler anderer Tierarten und Pflanzen (Faunenschnitt).

Katastrophenmodell des Autors *(KTz) sagt aus, dass es vor wenigen tausend Jahren eine durch Massensterben begleitete weltweite Sintflut gab. Davor ereignete sich vor ungefähr 10 000, allerhöchstens 30 000 Jahren eine Planetenkollision (PL), und die Erde entstand dabei als Teilstück eines ursprünglichen Planeten, der früher wahrscheinlich in Höhe des heutigen Planetoidengürtels existierte. Die Erde hat damit nach wie vor eine – wenn auch ganz andere und bisher völlig unbekannte – Vorgeschichte. Die Erdkruste ist jung, aber die Erdkugel selbst ist älter.*

Betrachtet man in diesem Zusammenhang die von mir bewiesene Koexistenz von Dinosauriern und Menschen, ergeben sich ganz neue Aspekte. Gehen wir davon aus, dass moderne Menschen *(homo sapiens sapiens)* nicht schon vor 65 Millionen, sondern erst seit einigen tausend Jahren leben, dann ergibt sich aufgrund der Koexistenz von Menschen, Dinosauriern und großen Säugetieren, dass auch die Urgiganten noch vor relativ *kurzer Zeit* bis zu einem Weltuntergang existierten – und damit fand auch die Kontinentalverschiebung vielleicht erst vor wenigen tausend Jahren statt (Abb. 38, S. 17).

Die venezianische Zeno-Karte von 1380 dokumentiert vom Cape Farewell in Grönland bis zum Cape Lindesnes in Norwegen nur 30 Längengrade, falls jeder dieser Längengrade ein Grad darstellt. Die heutige Distanz beträgt aber 49,5 Grad und erscheint deshalb wesentlich größer. Handelt es sich um Messfehler? Die Koordinaten bestimmter Punkte in Nord-Süd-Richtung (Breitengrade) sind allerdings im Gegensatz zur Ost-West-Richtung (Längengrade) nur mit sehr geringen Fehlern dargestellt. Oder wird ein früher, in geschichtlicher Zeit engeres Zusammenliegen der Kontinente dokumentiert?

Wie auch immer, in Zukunft werden weitere fossile Funde die weltweite Herrschaft diverser Dinosaurier-Gattungen auf fast allen Kontinenten beweisen und damit die Theorie von einer sehr langsamen, kontinuierlichen, schleichend vonstatten gehenden Verschiebung der Kontinente als geistige Sackgasse bloßstellen.

5 Erfundene Steinzeit?

Dinosaurier und Menschen lebten bis zur Sintflut und vielleicht auch noch danach gemeinsam. Wann aber fand die Steinzeit statt? Wahrscheinlich gar nicht.

Typisches Eiszeittier Flusspferd

Sieht man sich die maximalen Vereisungszonen der Polargebiete während der Eiszeitalter – endend vor vielleicht 10000 Jahren (oZ) – auf einem Globus an, erkennt man, dass das Inlandeis nur bis zu den Mittelgebirgen Europas und zu den Britischen Inseln reichte (Abb. 39). Außerdem waren einige Gebirge wie die Vogesen, die Alpen, die Pyrenäen und der Schwarzwald vergletschert. Der restliche westeuropäische Kontinent war größtenteils eisfrei: Spanien, Frankreich und Italien. Die Eiskappe in Amerika reichte auch nur bis über die großen Seen hinweg oder bis zur Höhe von New York. Am Südpol waren wegen der Insellage nur noch die Südspitzen Afrikas und Südamerikas vereist. Mit anderen Worten: Damals waren vielleicht nur elf Prozent der Erdoberfläche – heutzutage drei Prozent – mit Eis bedeckt (»Meyers Lexikon«).
Die im 18. und 19. Jahrhundert die Szene beherrschenden europäischen Wissenschaftler entwarfen ein malerisches, aber grundfalsches Bild des eiszeitlichen Menschen: ein plumper, fellbekleideter Höhlenmensch, der am schwachen Feuer sitzt und an der Keule eines erlegten Tieres nagt, während draußen eiszeitliche Stürme toben. Zu dieser Vorstellung passen schon gar nicht die geradezu ästhetischen, künstlerisch auf hohem Niveau stehenden ausdrucksvollen, ja geradezu lebendig erscheinenden Höhlenmalereien, die

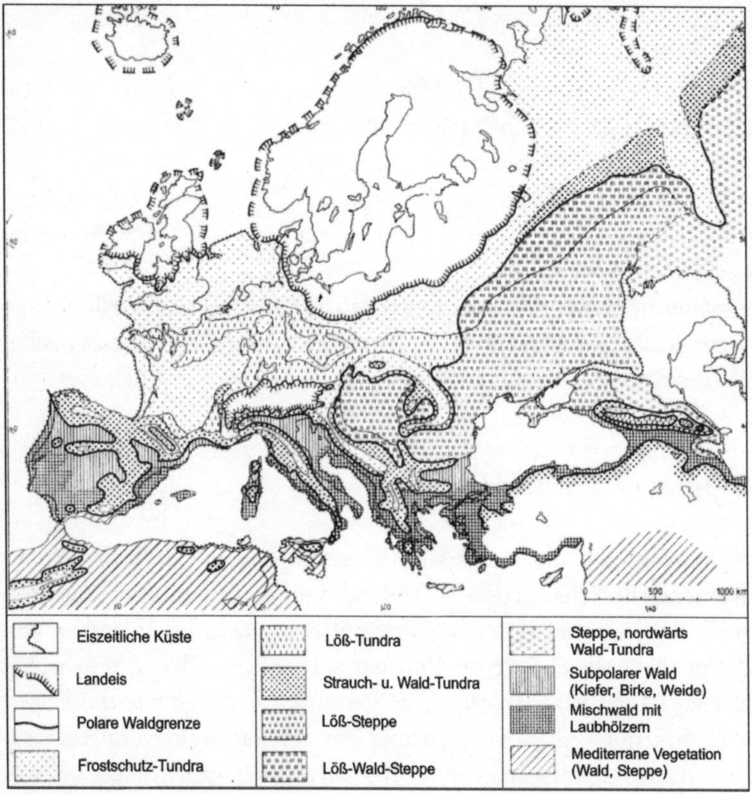

Abb. 39: Eisdecken. *Die Klimazonen der vor ungefähr 10 000 Jahren endenden Würmeiszeit weisen für Mitteleuropa ein unwirtliches Klima in der Nähe der Gletscher in Skandinavien und England aus. Es gab eine Frostschutt- und teilweise Löss-Tundra, aber keine Bäume, da die polare Baumgrenze (durchgezogene Linie) mehr in Südeuropa verlief. In der jüngeren Altsteinsteinzeit waren diese* waldlosen Gebiete jedoch von Menschen besiedelt. *Warum lebten sie nicht etwas weiter südlich in wärmeren und damit auch tierreicheren Gefilden? Sieht man sich die vergletscherten Gebiete genau an, könnte man den Eindruck gewinnen, dass es sich hier um eine Polareiskappe mit dem entsprechenden Pol in der Nähe von Skandinavien handelt. Tatsächlich lag der Pol zu Lebzeiten der Dinosaurier (siehe Abb. 46, S. 233) zeitweise irgendwo in der Nordsee. Völlig ungeklärt ist, warum es Moränen auch in Gebieten ohne Inlandsvereisung gibt.*

zeitgenössische Tiere wie Mammuts, Bären, Löwen, Hyänen oder Gazellen darstellen, also auch Bewohner warmer Gebiete.
Die Steinzeit stellt jene Periode der Zeitgeschichte dar, in der Metalle angeblich noch *unbekannt* waren. Nach herrschender Lehrmeinung wird die Steinzeit in drei Zeitabschnitte unterteilt:

- *Altsteinzeit* (Paläolithikum): Sie begann vor etwa zwei bis drei Ma und endete vor 10000 Jahren (oZ), also ungefähr mit dem Ende der letzten Eiszeit.
- *Mittelsteinzeit* (Mesolithikum): Übergangszeit von der Altsteinzeit zur Jungsteinzeit, endend vor etwa 7000 Jahren (oZ). Gekennzeichnet durch die Entwicklung der Steinwerkzeuge zu kleineren Geräten.
- *Jungsteinzeit* (Neolithikum): Der Beginn dieser dritten Epoche der Menschheitsgeschichte wird unterschiedlich angesetzt. Die Epoche wird vor vielleicht 3800 Jahren (oZ) durch die Bronzezeit abgelöst. Gekennzeichnet ist dieser Zeitabschnitt archäologisch durch geschliffene Steinwerkzeuge und ökonomisch durch größere Siedlungsgemeinschaften, den Beginn des Anbaus von Kulturpflanzen sowie die Haltung von Haustieren.

Die Steinzeit umfasst nahezu die *gesamte* Menschheitsgeschichte, wobei die Altsteinzeit den weitaus *längsten Zeitraum* (*ohne* bedeutende Entwicklung) eingenommen haben soll. Können diese primitiven Steinzeitmenschen etliche begabte Künstler hervorgebracht haben, die durch ihre feine Strichführung auffielen? Das Niveau steht dem unserer modernen Bilder kaum nach. Lassen sich diese Kunstwerke mit unserer Ansicht von primitiven Steinzeitmenschen überhaupt in irgendeiner Art und Weise vereinbaren?
Wie stellt man sich den Alltag dieser in Höhlen lebenden Steinzeitmenschen vor? Er könnte ähnlich ausgesehen haben wie bei den noch heute lebenden Naturvölkern. Der Mann produzierte Waffen, ging jagen oder stellte primitive Fallen, während die Frau in der Nähe der Höhle Beeren pflückte und die Kinder beaufsichtigte. Blieb bei diesem schwierigen Lebenskampf während der Eiszeit Muße und Zeit für künstlerische Dinge? Oder war es nicht eher so, dass es in diesen Gemeinschaften »Berufskünstler« gab? Besaß diese besondere Gruppe überhaupt Zeit, geregelt zur Jagd zu gehen?

Wenn man malen will, müssen entsprechend Pinsel, aber vor allem auch geeignete Farben *vorrätig* sein. Die Steinzeitkünstler mussten zuerst einmal seltene Erden und Pflanzen suchen und aufbewahren. Worin wurden die Farben vor 30000 Jahren (oZ) aufbewahrt? In Steinschalen? Keramische Erzeugnisse gab es angeblich noch nicht. Und schließlich müssen die Farben hergestellt und die gewonnenen Pigmente in Steinschalen zerstoßen werden. Darüber hinaus: Bekommt man eine künstlerische Maltechnik ganz einfach in den Schoß gelegt? Es ist ja nicht nur eine einzige Höhle bemalt, sondern deren gibt es viele. Insgesamt scheint es eine systematische Arbeitsteilung und vor allen Dingen eine Ablaufplanung gegeben zu haben. Passt das zu einer primitiv charakterisierten Steinzeit?
In dem weit verzweigten Höhlensystem von Niaux in Südfrankreich fand man einen Hinweis auf bekleidete Menschen der Altsteinzeit: eine gut erhaltene Fußspur, die sich im Lehmboden erhalten hat. Jean Clottes, ein international renommierter Prähistoriker, schreibt in seiner Dokumentation über die altsteinzeitlichen Bilderhöhlen in der Ariège (1997, S. 21): »Der Fuß war übrigens mit einem weichen Material umgeben – der einzige Beleg für eine Fußbekleidung im Paläolithikum.« Dieses Höhlensystem war von vor 14850 bis 11850 Jahren bewohnt. Clottes bestätigt: »Die Menschen dieser Zeit nähten ihre Kleidung; es waren keine Wilden, die sich Tierfelle überwarfen, wie es in populären Darstellungen gezeigt wird« (Clottes, 1997, S. 9).
Setzen wir einmal voraus, dass es vor 30000 Jahren (oZ) tatsächlich Menschen gab, die auch Metallwerkzeuge herstellten und sich vielleicht kleideten wie wir. Dann stellt sich die Frage: Wie viel von diesen Gebrauchsgegenständen wären heute noch übrig? Müsste nicht alles im Laufe der Zeit korrodiert, zu Staub zerfallen sein, sich in Luft aufgelöst haben? Überdauern vielleicht lediglich Utensilien aus Stein diese langen Zeiträume? Wie lange bleibt Metall ohne Schutzvorkehrungen in der Natur erhalten? Nur weil man also in älteren geologischen Schichten keine entsprechenden Werkzeuge findet, heißt das nicht, dass es damals keine gab.
Erhalten bleibt aber vielleicht besonders vergüteter Stahl. Nahe Olancha in Kalifornien wurde im Februar 1961 eine Steingeode

(kugeliger mineralischer Körper in Gesteinen) mit *fossilen Muscheln an der Oberfläche* gefunden, die geologisch auf ein Alter von mindestens einer halben Million Jahre geschätzt wird. Röntgenaufnahmen wiesen in beiden Hälften der zersägten Geode ein bisher nicht identifiziertes technisches Gerät aus *glänzendem* Metall nach. Beide Hälften waren ursprünglich durch einen Metallstift oder eine Metallachse verbunden (Steiger, 1989). Es gibt Untersuchungen, die dieses Artefakt als Zündkerze einstufen. Was immer es darstellt: Glänzendes Metall kann es in der Steinzeit vor mehreren hunderttausend Jahren, vor der Ära des Neandertalers, doch eigentlich nicht gegeben haben…

Als ich im September 2000 in Amerika die neueste Ausgabe (September/Oktober 2000) des Magazins »Archaeology« des Archäologischen Instituts von Amerika erwarb, war meine Überraschung groß. Auf Seite 50 wird ein eiserner Ring abgebildet, der 100 km südöstlich von Paris (Frankreich) in einer 35000 Jahre (oZ) alten Kulturschicht entdeckt wurde. Fellbekleidete, grunzende Neandertaler fertigten Eisenringe – 30000 Jahre vor der so genannten Eisenzeit? Es wird bestätigt, dass an verschiedenen Stellen in Europa solch alte, ähnliche Artefakte gefunden wurden. Warum heißt dann dieses Zeitalter überhaupt Steinzeit, wenn doch Metalle verarbeitet wurden? Sollten wir das Modell der im 19. Jahrhundert erfundenen Kulturstufen nicht endlich revidieren?

Betrachten wir jetzt einmal den Inhalt der steinzeitlichen Höhlenbilder. In Südfrankreich und Spanien werden nackte, barfüßige Menschen zusammen mit Wisenten, Pferden, Steinböcken, Hirschen, Rentieren und Mardern oder Wieseln dargestellt. In der Höhle Chauvet-Pont-d'Arc (Frankreich) bildete man neben einer Eule auch einen Panther und einen Höhlenbär sowie ein Rhinozeros ab. Kann es diese Tiere während der bitterkalten Eiszeit in dieser Gegend überhaupt gegeben haben? Oder lebten sie in dieser Gegend, aber es gab gar keine Eiszeit? Gingen die nackt mit Speeren dargestellten Jäger barfuß zur Jagd – trotz der angeblichen Kälte? Deuten die dargestellten Tiere nicht auf ein wärmeres als das damalige eiszeitliche Klima hin? Woher bekamen diese unzähligen

Tiere währen der Eiszeit, insbesondere im Winter, ihr Futter? Passt ein auf diesen Höhlenmalereien dargestellter Panther oder Leopard zu einer mit Eis bedeckten Landschaft oder in Gegenden, deren Böden zumindest über längere Zeit im Winter metertief gefroren waren? Clottes schreibt, dass das Kältemaximum vor 20000 Jahren erreicht war, aber das Klima bis vor 13000 Jahren immer noch kalt war, sogar *einige Grade kälter* als heute (Clottes, 1997, S. 14). Stimmt die immer wieder dokumentierte Ansicht, dass die Tiere insgesamt zu 90 Prozent und viele Tierarten – Riesenhirsch, Säbelzahntiger, Höhlenbär, Mammut und viele andere – am Ende der letzten Eiszeit ausgestorben sind? Warum sterben Tiere oder auch Menschen *am Ende* einer Eiszeit aus? Warum nicht am Anfang oder nach einer gewissen Zeit andauernder klirrender Kälte und gefrorener Böden?

Nehmen wir einmal an, dass es keine Eiszeiten gab, sondern dass die Gletscher und Eisberge erst mit der Sintflut, dem so genannten Impakt-Winter, entstanden. In diesem Fall ist die globale Sintflut als kataklystischer Weltuntergang als zeitlich aufgefächertes Ereignis für das Aussterben der Tiere zu verschiedenen Zeithorizonten verantwortlich, gleichzeitig mit dem *Beginn der wirklichen Eiszeit* vor ein paar tausend Jahren. Da Anfang und Ende der Eiszeit als zeitgeraffte Periode auf eine kurze Zeitspanne zusammenschmelzen, wird auch verständlich, warum zu diesem Zeitpunkt ein Massensterben einsetzte.

Ohne den Ablauf der Sintflut näher zu beschreiben, betrachten wir zunächst die Verhaltensweise der Steinzeitmenschen. Warum sollten sie im Bereich und nahe der vereisten Gebiete leben? Wie schon kurz skizziert, waren auch während einer Eiszeit weite Teile unserer Erde eisfrei und durch eine kurze Wanderung in südlicher Richtung zu erreichen. Warum sollen sich »eiszeitliche Jäger durch arktische Gebiete der damals trockenliegenden Eiszeit quälen?«, fragt Armin Naudiet (1996, S. 11) in seiner Dokumentation »Paradies, Sintflut, Eiszeit«. »Wandernde Tierherden, denen sie hätten folgen können, wären mangels Futter gar nicht durch ein solches Gebiet gezogen. Was hätte die eiszeitlichen

Jäger veranlassen sollen, in das für sie gefährliche, gebirgige und vereiste Gebiet einzudringen?«

Im Südwesten Finnlands entdeckten Archäologen 70000 Jahre (oZ) alte Steinwerkzeuge und Feuerspuren. Wie die norwegische Zeitung »Aftenposten« 1997 berichtet, begann die Besiedlung Skandinaviens wesentlich früher als bisher vermutet. Denn bislang ging man davon aus, dass eine Besiedlung erst vor 10000 Jahren nach dem Ende der Eiszeit und Rückzug der Gletscher erfolgte (BdW, 22.10.1997). Diese Ansicht erschien einleuchtend. Aber Skandinavien war das Zentrum des eigentlichen »Nordischen Inlandeises«, von dem angeblich immer wieder die Ausdehnung der Gletscher ausging. Da Norwegen sozusagen aus Gebirgen besteht, musste dieses Gebiet (zusammen mit den anderen Gebirgen) naturgemäß zuerst vereisen. Deshalb muss es aber im davor liegenden Tiefland nicht zwangsläufig auch Gletscher gegeben haben. Wie auch immer: Erst vor 9500 Jahren (oZ) soll sich das Eis endgültig rasch ins skandinavische Hochland zurückgezogen haben (Schwarzbach, 1993, S. 233). Kann es unter diesem Gesichtspunkt überhaupt zu einer Besiedlung gekommen sein? Karten mit Besiedlungsspuren aus der jüngeren Altsteinzeit zeigen keine Eintragungen in den Gebieten Skandinaviens und im Norden Englands. Gab es während der Steinzeit bis vor 10000 Jahren (oZ) wirklich Eis im nördlichen Teil Europas, oder entstand es erst zu diesem Zeitpunkt?

Was zwang die Urmenschen, ihre warme Heimat in Afrika zu verlassen, um in den kalten Norden zu ziehen? Übervölkerung eines Erdteiles war damals sicher nicht der Grund. Man denkt an eine Satire, wenn man liest: »Für den *homo erectus* war es bereits ein großer Erfolg, aus seiner warmen ›Heimat‹ in Ostafrika in warmgemäßigte Klimagebiete mit ausgeprägten Jahreszeiten und winterkaltem Klima vorzudringen und sich dort anzupassen.« Es handelt sich hierbei um keinen Scherz, sondern um die in »Auf den Spuren des Urmenschen« von Dietrich Mania (1990, S. 207) vertretende wissenschaftliche Meinung. Auf jeden Fall lebten vor 300000 Jahren (oZ) am Rande des Thüringer Beckens in der Nähe von Bilzigleben während einer so genannten mitteleiszeitlichen Warmzeit Urmenschen. Passt es in unser Bild vom primitiven eiszeitlichen Men-

schen, wenn in Bilzigleben ganze Pflasterflächen – wie ein Versammlungsplatz – aus »faustgroßen Travertingeröllen, seltener aus Muschelkalkknochen und aus Knochenabfall« entdeckt wurden (Mania, 1990, S. 270)? Lebten die Steinzeitmenschen vielleicht gar nicht in Höhlen? Warum findet man in den angeblichen Wohnhöhlen manchmal noch menschliche Fußspuren im ausgetrockneten Lehm, aber praktisch keine Knochenabfälle oder sonstigen Unrat? Wahrscheinlich waren es sehr ordnungsliebende Menschen. Sie sollen ja am Eingang der Höhlen gewohnt haben. Dann müsste man Knochen und Überbleibsel der Werkzeugbearbeitung direkt vor den Höhlen gefunden haben. In dem Lager – oder sollte man nicht besser Dorf sagen? – von Bilzigleben findet man allerdings viele Zähne, Knochen- und Geweihreste, aber auch Wurzelknochen von Waldelefanten. In »Die Frühgeschichte der Menschheit« wird bestätigt (Marchand, 1992, S. 10): »Die Vorstellung, die prähistorischen Menschen hätten vor allem in Höhlen gewohnt, ist nicht zutreffend. Siedlungen unter freiem Himmel waren sicherlich wesentlich häufiger (doch sind ihre Reste weniger gut erhalten).«
Warum lebten zu damaliger und auch späterer klimatisch unwirtlicher Eiszeit oder der etwas wärmeren Zwischeneiszeit Wald- und Steppennashörner, Waldelefanten, Bisons, Auerochsen, Wasserbüffel, Rot- und Damhirsche, Bären, Wildschweine, Rehe, Löwen, Luchse, Wildkatzen, Wölfe, Füchse, Biber, Dachse und andere große Säugetiere? Aus welchem Grund gab es überhaupt Zwischeneiszeiten, die sich angeblich mit eiskalten Perioden abwechselten? Es muss ja wohl stimmen, wenn ein Eiszeitarchäologe und Leiter der Ausgrabungen in Bilzigleben schreibt (Mania, 1990, S. 181): »Elefant und Nashorn gehören zu den typischen Vertretern der Fauna des Eiszeitalters in Eurasien.« Diese *angeblich typischen (!) Eiszeittiere* lebten unzweifelhaft in Mitteleuropa, aber gab es auch eine Eiszeit?
Der Paläontologe Doktor Ralf-Dietrich Kahlke von der Universität Jena teilte im September 1999 mit, dass Fellnashörner, Mammuts, Moschusochsen und Bisons, aber auch große Raubtiere wie Löwen und Bären die riesigen Gebiete zwischen Nordspanien und der fernöstlichen Pazifikküste, ja über die Beringstraße bis Nord-

amerika bevölkerten. Wörtlich heißt es in der Internet-Meldung vom »Informationsdienst Wissenschaft« (26.9.1999): »Große Trockenheit und Temperaturen weit unter dem Gefrierpunkt ertrugen diese Tiere mit stoischer Gelassenheit ... die Dauerfrostzonen reichten mehrere hundert Meter tief in den Erdboden hinein. Entscheidend für den Charakter des Ökosystems ist aber die Dauer der Kälteeinwirkungen – Jahrtausende oder Jahrzehntausende.« *Diese Feststellung sollte man mehrfach lesen:* Mit stoischer Ruhe vegetierten die Tiere im Dauerfrost – ohne ausreichendes Futter? – dahin. Handelt es sich um eine perfekte Überlebensstrategie dieser Tiere, wie Kahlke meint, oder ist das alles purer Unsinn? Die Kälteperiode überstehen diese Tiere, wenn überhaupt, nur kurze Zeit. Zu fressen finden die großen Herden unter diesen klimatischen Bedingungen sowieso nicht viel.

Waldelefanten und -nashörner leben eher im Wald, wie der Name schon sagt. Sie brauchen eine große Menge Grünfutter. Auch Löwen sollten eher im warmen Klima zu Hause sein. Insgesamt fühlt man sich bei der damaligen Tierwelt eher an die Serengeti in Afrika erinnert, eher an ein Paradies mit tropischem Klima als an eine Eiszeit. Der Mageninhalt der in Sibirien eingefrorenen Mammuts deutete ja auch auf mindestens klimatisch gemäßigte und nicht auf arktische Zonen hin.

Während der Eiszeitphasen war es in Europa wesentlich wärmer als heute, denn auch *Flusspferde (Hippopotamus)* gab es in Deutschland und England (Schwarzbach, 1993, S. 70). Seltsamerweise wird in der einschlägigen Literatur selten auf die Existenz dieser Tropentiere während der Eiszeit hingewiesen. Der Grund liegt auf der Hand, denn diese hitzegewohnten Tiere sind in winterkaltem Klima mit zugefrorenen Flüssen überhaupt nicht denkbar, und doch gab es *Flusspferde während des großen Eiszeitalters in Mitteleuropa!*

Was meint denn der Mitbegründer der Gleichförmigkeitstheorien und modernen Geologie Charles Lyell zu den Flusspferden in Europa? »Der Geologe kann daher ungehindert Vermutungen über die Zeit anstellen, in welcher Herden von Flusspferden aus den nordafrikanischen Flüssen, wie z.B. dem Nil, hervorbrachen und längs den Küsten des Mittelmeers im Sommer nordwärts schwammen oder selbst hie und da Inseln in der Nähe der Küsten besuchten. Andere mögen in wenigen Sommertagen aus den Flüssen Südspaniens oder Südfrankreichs nach der Somme, der Themse oder dem Severn (in England, d. V.) geschwommen sein und wieder zurückgekehrt sein, ehe Schnee und Eis anfingen« (Lyell, 1864, S. 129f.). Flusspferde, die der Hitze Afrikas entkommen wollten, wanderten als vorzeitliche »Touristen« während der wenigen warmen Sommermonate in den kühlen Norden, um dort »Urlaub« zu machen? Vor Einbruch des Winters mussten sie dann allerdings wieder zurück in warme Gefilde wandern, um nicht zu erfrieren, glaubt nicht nur Vordenker Lyell, sondern jeder, der das Große Eiszeitalter für Realität hält zwangsläufig, obwohl es ihm vielleicht bisher nicht bewusst war! Ich denke, ein Märchen könnte nicht schöner erfunden sein. Man hat jetzt die Wahl: Entweder glaubt man an die »Touristen-Theorie«, oder aber die Flusspferde müssen auch als typische Vertreter der Eiszeit-Fauna eingestuft werden. Im Sinne unseres Weltbildes gibt es nur diese beiden Lösungen, aber beide Möglichkeiten sind falsch, denn es gab gar keine Eiszeit und so gesehen auch keine Widersprüche zur ganzjährigen Anwesenheit Hitze liebender Tropentiere in Mitteleuropa, die ansonsten während eiskalter Wintermonate ohne Futter hätten dahinvegetieren müssen. Für die Geologen vor ungefähr 200 Jahren gab es damals auch keine Widersprüche, denn für sie gab es noch nicht die später erfundene Eiszeit. In ihren Augen lebten die Tropentiere zu unzähligen Exemplaren in Mitteleuropa – ihrer damaligen natürlichen Heimat – bis zum Einsetzen einer Katastrophe, der diluvialen Flut. Da Erdkatastrophen in geschichtlicher Zeit jedoch den Gleichförmigkeitstheorien und damit unserem Weltbild in einer grundsätzlichen Art und Weise widersprechen, wurde die Eiszeit anstelle der diluvialen Flut vor gut 150 Jahren erfunden. Die skizzierten unglaublichen Widersprüche in Bezug auf die damalige tropische Tierwelt sind quasi als Geburtswehen oder besser gesagt als *geistige »Fata Morgana« eines neugeborenen Denkschemas willkürlich entstanden.* Die Flusspferde sind ein schlagender Beweis für die Unsinnigkeit einer lang anhaltenden Eiszeitperiode in Mitteleuropa.

Verabschieden wir uns von dem Gemälde einer lang andauernden, bizarren Eiszeit mit in stoischer Ruhe der Kälte trotzenden Flusspferden, Leoparden sowie Steinzeitmenschen. Unterstellen wir »aus guten geologischen und paläontologischen Gründen, dass die Neandertaler in einer Warmzeit gediehen«. Diese Aussage stammt von Erwin Rutte (1992, S. 29), ehemals Professor für Geologie und Paläontologie an der Universität Würzburg, der das damalige Klima in Mitteleuropa mit dem des heutigen Libanon vergleicht. Wenn ich das richtig verstehe, gab es entgegen landläufiger Ansicht während des Eiszeitalters längere Phasen, in denen es in Mitteleuropa so warm wie heute im Vorderen Orient war? Bei meinem Besuch im Libanon im November 1999 war es dort im Winter genauso warm wie in Deutschland an sehr schönen Sommertagen. »Die älteren Warmzeiten des Eiszeitalters waren in Mitteleuropa noch wesentlich wärmer, als wir es heute erleben«, bestätigt auch der Eiszeitarchäologe Dietrich Mania (1990, S. 32) zumindest für bestimmte Phasen *während* des großen Eiszeitalters. Falls es sich

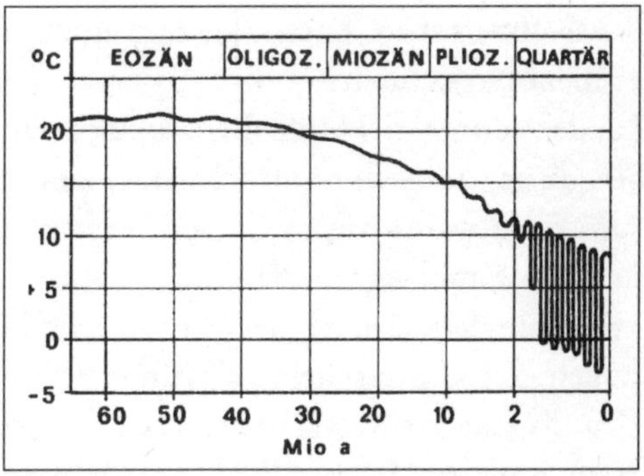

Abb. 40: Temperaturabfall. Nicht nur während des Erdmittelalters zu Lebzeiten der Dinosaurier, sondern bis vor 20 Ma war es in mittleren Breiten sehr warm. Ein krasser Temperaturabfall mit stark wechselnden Temperaturen begann angeblich vor knapp 2 Ma. Eine einleuchtendes offizielles Modell gibt es für die dramatische Klimaänderung nicht, da man Erdkatastrophen strikt ablehnt. Durch mehrfache Schwankungen *der Erdachse wären diese rapiden Temperaturänderungen jedoch ganz einfach zu erklären. Der schwankende Klimaverlauf könnte sich dann vor nur ein paar tausend Jahren ereignet haben. Zu diesem Zeitpunkt fand dann auch das Massensterben statt, da die »Eiszeit« plötzlich einsetzte und nicht aufhörte, wie das schulwissenschaftliche Weltbild aussagt. Aus Mania (1990) nach Woldstedt (1954).*

nach wissenschaftlicher Ansicht nur um kurze Warmzeiten *während* der Eiszeitalters handelte, muss man sich schon fragen, welchen Grund es für eine derart extreme *Änderung des Klimas in der Nähe des angeblich immer noch in Skandinavien lagernden Inlandeises gab*. War es nicht vor einem bestimmten katastrophischen Ereignis *immer* warm auf unserer Erde, auch in nordischen Gefilden? Und liegt dieses einschneidende Geschehen vielleicht nur ein paar tausend Jahre zurück (Abb. 40)?

Todesfalle Hockergräber

In den südlich angrenzenden Gebieten der Gletscherrandlagen scheint es eine seltsame Begräbniskunst gegeben zu haben. Hier wurden menschliche Skelette gefunden, mit angezogenen Knien auf einer Körperseite oder vereinzelt auch sitzend. Teilweise sollen die Toten sogar in ihren Wohnhöhlen beigesetzt worden sein. Neben den Skeletten fand man Geräte, die die Steinzeitmenschen nachts neben ihrem Ruhelager bereithielten. Schnell deklarierte man sie als Grabbeigaben. Diese Funde werden mit dem Begriff »Hockergräber« bezeichnet.

In der Grimaldi-Höhle bei Monaco fand man das Skelett eines Jünglings, der sich an den Rücken einer alten Frau gepresst hatte. Die Toten waren mit roter Ockererde bestreut, und Schmuck sowie anderen Grabbeigaben fand man neben ihnen. Es soll sich um eine rührende Beisetzung eines Jünglings und einer alten Frau gehandelt haben. Seltsam erscheint, dass die Frau ihre Beine extrem eng an den Körper gepresst hatte. Eine interessante Betrachtungsweise stellt Karl H. Marien (1997, S. 142ff.) an. Er fragt, ob es die Frau nicht vielleicht gefroren hat und sie sich zusammenkauerte, wie man es tut, um sich selbst zu wärmen. Der Jüngling hatte sich an den Rücken der Frau gedrückt, als ob er sich vor einer Gefahr schützen oder aber dem Körper der alten Frau seine Wärme geben wollte. Stellen die Hockergräber keine Gräber, sondern eisige Begräbnisse dar? Erfroren diese Leute vielleicht aufgrund eines plötzlich einsetzenden Temperatursturzes?

Diese These würde erklären, warum man nicht nur Hockergräber von *Cro-Magnon-Menschen*, sondern auch von *Neandertalern* fand. Neandertaler lebten vielleicht seit 300000 Jahren (oZ) in Europa und Asien. Entgegen bisherigen Vorstellungen stellen sie erwiesenermaßen *kein* Vorläufermodell oder Übergangsstufe auf der Entwicklung zum modernen Menschen dar, wie DNA-Untersuchungen des Genetikers Suante Päabo von der Universität München ergaben (»Focus«, 29/1997, S. 108).
Die Hockergräber scheinen jedenfalls ein in bestimmten Gebieten über verschiedene Kulturen hinweg weit verbreitetes Phänomen in räumlicher Nähe zu angeblichen Gletscherfronten gewesen zu sein. Die in Höhlenmalereien dargestellten Menschen waren wegen des offensichtlich warmen Klimas meistens nackt, aber es herrschte angeblich zumindest eine Zwischeneiszeit. Ziehen wir einmal eine Parallele zu den Funden eingefrorener Mammuts und anderer Säugetiere in Sibirien und Alaska. Mit dem die Sintflut begleitenden Impakt-Winter raste eine plötzliche infernalische Kältewelle nach Süden – verursacht durch die Achsenverschiebung der Erde. Die Menschen hatten noch nicht einmal eine Schutzkleidung und wurden klimatisch plötzlich in arktische Gefilde in die Nähe der Eisfronten befördert, die sich schnell nach Süden ausbreiteten. Die riesengroßen gefrorenen Wasserflächen strahlten zusätzlich schlagartig eine tödlich wirkende Kälte ab, und stürmische Eiswinde fegten über das Land. Die Menschen flüchteten in Höhlen, kauerten sich zusammen, um sich zu wärmen, und erfroren doch in dieser Stellung. Neben ihnen blieben die als Grabbeigaben falsch interpretierten Gerätschaften des täglichen Lebens liegen…
Gelbroter Löss deckt die Leichen zu. Handelt es sich um einen zeremoniellen Akt oder eher um ein Dokument des kataklystischen Sintflutgeschens? Der ungeschichtete Löss besteht im Gegensatz zum geschichteten aus *kantigen* und nicht durch Wind und Wasser gerundeten Körnern. Außerdem gibt es Lössvorkommen in allen Höhenlagen bis weit über 2000 Meter auf der ganzen Welt. Von der Atlantikküste bis zum Gelben Meer in China zieht sich ein gewaltiger Lössgürtel hin. Die Entstehung der Lössgürtel ist ein wissenschaftlich *ungelöstes Rätsel.* Eine Theorie besagt, dass der durch ab-

schmelzendes Eis frei werdende Moränenstaub nach Süden geblasen wird. Diesem Verwehungsszenario widerspricht aber in vielen Fällen die Ablagerungsrichtung. Kann bei einem wasserreichen Abschmelzen des Eises durchfeuchteter Löss überhaupt so staubtrocken werden, dass er hochwirbeln und wie der Staub der Sahara weite Strecken fliegen kann? Sicher nur im Ausnahmefall. Für die vielen tausend Kubikmeter ungeschichteten Löss in China mit einer Dicke von bis zu mehreren hundert Metern kann diese Annahme schon gar nicht zutreffen. Ich stimme Gunnar Heinsohn (1995, S. 79) zu, der feststellt: »Von reibenden Eismassen erzeugtes Felsmehl hat überdies eine andere Struktur als Löss.«

Die Herkunft des Löss muss im Zusammenhang mit der Sintflut gesucht werden. Ein oder mehrere Asteroidenteile schlugen durch die Erdrinde in die flüssige Magmaschale ein und erzeugten große Mengen von Asche als Rohstoff für den heutigen Löss. Diese Vulkanasche wurde in die höheren Atmosphäreschichten verwirbelt, nach Europa und Asien getragen, dort abgesetzt und dann an den Rand der Sintflutwogen verschwemmt. Bei Otto Muck (1976) kann man in seinem Buch »Alles über Atlantis« nachlesen:

»Der Löss ist also nach dieser Auffassung kein phlegmatisch gebildetes Verwitterungsprodukt lokal benachbarter Kalk- und Quarzgebirge, sondern ein Fremdling aus weiter Ferne – in Tröpfchen zerrissenes Magma, das zur Vulkanasche wurde und sich mit den vom Atlantikboden hochgerissenen, kalkreichen marinen Sedimenten hoch oben in der Stratosphäre, von Tornados und Sturmhosen durchwirbelt, vermischt. Dies wäre das erdgeschichtliche Rezept für die Lössherstellung. Er verdankt seinen Kalkgehalt den marinen Sedimenten und seinen Quarzreichtum dem kieselsauren Oberflächenmagma. Es ist verwittertes Magma, mit Seeschlick vermischt. Die Verwitterung ist dabei bis in mikroskopische Bereiche vorgedrungen, sodass nur die chemische Konstitution, nicht aber die Struktur die vulkanische Herkunft erkennen lässt. Auf Grund dieser Vorstellung vermag man sich unschwer ein plastisches Bild von der Entstehung der geschichteten Lössbänke zu machen. Die alle Vorstellungen übersteigenden Regenfluten waren niedergegangen.«

Damit gibt es für die Existenz des geschichteten und ungeschichteten Löss eine plausible Erklärung. Die Leichen in Hockerstellung wurden teilweise durch die *mit dem Sturm verwirbelten rötlichen Lösspartikeln bedeckt*. Interessant ist, dass die Lungen und Mägen der schockgefrorenen Mammuts oft mit kleinen lehmigen oder sandigen Partikeln verunreinigt waren. Wissenschaftlich *ungeklärt* ist auch die Tatsache, dass viele untersuchte Mammuts anscheinend *erstickt* waren. Durch die während des Impakts freigesetzten Mengen von Flugasche und Lösspartikeln sind diese Phänomene zu erklären. Fazit: Hockergräber sind wahrscheinlich Dokumente einer Erdkatastrophe, nicht eigenartige kulturelle Gepflogenheiten.

Der Neuanfang

Am Ende der Altsteinzeit vor ungefähr 10000 Jahren starben die meisten Tierarten seltsamerweise aus. Die beginnende Mittelsteinzeit (Mesolithikum) war durch die verhältnismäßig rasche Veränderungen von Klima, Pflanzen- und Tierwelt geprägt und stellte »an die Anpassungsfähigkeit der Menschen hohe Ansprüche« (»Meyers Lexikon«). Warum eigentlich, wenn *nach* dem Ende der Eiszeit doch *bessere* Verhältnisse herrschen müssten?
Die Mittelsteinzeit dauerte ungefähr 3000, vielleicht auch 4000 Jahre (oZ) und soll eigentlich eine Fortentwicklung des altsteinzeitlichen Menschen dokumentieren. In »Meyers Lexikon« wird diese Epoche wie folgt definiert: »Fischfang und Sammelwirtschaft gewannen gegenüber der Jagd wachsende Bedeutung; unter den Steinwerkzeugen herrschen Mikrolithen und verschiedene Beilformen vor; Geräte und Schäftungen aus Knochen, Geweih und Holz sind nachgewiesen.«
Auch in der herrschenden Lehrmeinung wird bestätigt, dass die Qualität der aus der Mittelsteinzeit stammenden Werkzeuge wesentlich *schlechter ist als jene aus der jüngeren Altsteinzeit*. Eigentlich müsste sich eine mit der Zeit verbesserte Technik auch in Bezug auf Qualität und Feinheit der Kunst- und Gebrauchsgegenstände niedergeschlagen haben. Warum war das nicht so?

Warum waren Steinwerkzeuge zu Anfang der Mittelsteinzeit plötzlich primitiver bearbeitet als vorher? Wieso gab es *Rück- statt Fortschritt*?
Setzen wir das Ende der Eiszeit und damit den Aussterbezeitpunkt vieler Tierarten mit dem Wüten der Sintflut gleich, dann wird diese Entwicklung verständlich. Der Mensch vor der Sintflut war relativ modern. Nur, nach dem Weltuntergang blieb nicht mehr viel erhalten, metallische Objekte nur im Einzelfall als heutzutage belächelte Kuriositäten. Ich erinnere in diesem Zusammenhang an den in 140 Ma (oZ) altem Sandstein eingeschlossenen Hammer mit einem Griff aus versteinertem Holz, den ich ausführlich in »Darwins Irrtum« beschrieben habe. Meiner Meinung nach wurde er wie viele andere Artefakte während der Sintflut abgelagert. Die geologische Datierung ist nicht nur bei diesem Beispiel falsch – der Hammer ist relativ jung. Er stammt aus der fehlgedeuteten Altsteinzeit.
Die Sintflut erzwang unter katastrophischen Umständen einen Kulturbruch und einen Umbruch der Landschaft sowie der klimatischen Verhältnisse, denn es wurde nach der Sintflut zuerst kälter (Impakt-Winter) und nicht wärmer, bevor der Treibhauseffekt einsetzte. Vereinzelte Menschen, höchstens kleine Gruppen überlebten den Weltuntergang. Die vorsintflutliche Bevölkerung wurde durch traumatische Verwüstungen möglicherweise aus Hochkulturverhältnissen tief hinuntergestürzt in fürchterlich primitive und gefährliche Lebensumstände. Man hatte plötzlich nichts mehr, keine Häuser und keine Werkzeuge, die Bekleidung war zerlumpt. Tiere und Pflanzen gab es kaum noch. Befänden wir uns nicht auch in geradezu »steinzeitlichen« Verhältnissen, falls beispielsweise der Strom ausfiele und keine Energie mehr zur Verfügung stünde? Dann müssten wir uns auf bäuerliche Lebensformen besinnen und Werkzeuge vielleicht aus Stein und Knochen fertigen…
So gesehen könnte das »große Eiszeitalter« durch eine Periode sich wiederholender, enormer Kataklysmen ersetzt werden. Allerdings müsste die Dauer der gesamten Eiszeit um Größenordnungen eines Faktors von vielleicht 1000 wesentlich verkürzt, also »geschrumpft« werden, wodurch die Erde im Ganzen jünger werden würde. Aus dieser Sichtweise sind auch die offensichtlich primiti-

ven Werkzeuge wie Faustkeile als Ausdruck entsprechend primitiver Lebensumstände ganz einfach zu erklären.
Warum wurde der Mensch eigentlich nach dem Ende der Eiszeit mit dem Beginn der Mittelsteinzeit langsam sesshaft und begann spätestens in der Jungsteinzeit, Felder zu bestellen, anstatt zu jagen? Die Lebensräume waren doch nach dem Rückzug der Eisberge viel größer geworden. Vielleicht war es so, dass fast alle Tiere durch die Sintflut ausstarben und dass die *Menschen gezwungen waren, Landwirtschaft zu treiben*. Vor der Sintflut gab es ein global warmes Klima und damit Früchte im Überfluss für die damalige Bevölkerung. Riesige Herden sorgten für einen problemlosen Nachschub mit frischem Fleisch. Man kann die Situation vielleicht etwas mit den früheren freizügig lebenden nordamerikanischen Prärie-Indianern vergleichen, wenn man sich ein ganzjährig warmes Klima vorstellt. Warum sollen diese in Überfluss und Zufriedenheit lebenden Menschen sich der Qual des Ackerbaus ausgesetzt haben, wenn man doch in einem »Paradies« lebt?
Diese Umstrukturierung der Lebensgewohnheiten war dann auch vielleicht schuld am *Beginn* der Kriegsführung. Denn jetzt musste man seine Felder gegen frei umherschweifende Horden *verteidigen*. Diese Sichtweise wird durch den Beginn der Produktion von Kriegswaffen unterstützt. Die scheinbar erstmals für Waffen ersonnenen geometrischen Mikrolithen (steinerne Klingenelemente) wurden erst in der Mittelsteinzeit gebräuchlich und sind archäologisch erstmals in dieser Epoche nachweisbar.

Phantom Mittelsteinzeit

Gab es überhaupt eine ausgeprägte Mittelsteinzeit? Dr. Heribert Illig (1988, S. 145 ff.) schlug in seinem Buch »Die veraltete Vorzeit« aufgrund stilistischer, ethnologischer und paläographischer Beweise eine drastische Reduzierung für die Zeit von der Entstehung des Jetztmenschen bis heute – mit durchaus stichhaltiger Begründung – auf wenige tausend Jahre vor. Ob man 1000 Jahre mehr oder weniger streichen muss, ist im Sinne der hier angestellten Überlegungen

eigentlich nicht relevant. Die sehr langen Zeiträume in der Geologie und Kosmologie stammen aus dem Glauben an den Darwinismus, der die Idee der Entwicklung in *kleinsten* Entwicklungsschrittchen als Grundlage beinhaltet. Für eine kaum sichtbare Fortentwicklung braucht man zwangsläufig auch lange geologische Epochen. Die Folge ist, dass man auch die archäologischen Funde diesen langen Zeiträumen anpassen muss, wodurch die Funddichte pro Zeitabschnitt verringert wird. Mit anderen Worten: Es fehlen entsprechende Funde, um Jahrtausende mit Leben zu erfüllen. Gibt man die Sichtweise einer langsamen, sich gleichmäßig vollziehenden Entwicklung auf und berücksichtigt die von dem französischen Naturforscher und Paläontologen Georges Cuvier (1769–1832) begründete moderne Katastrophentheorie, ergibt sich eine mit den mehrfach ablaufenden Erdkatastrophen *schnellere, ja teilweise blitzschnelle Bildung geologischer Schichten* (Cuvier, 1821). Woher kommt eigentlich das ganze verschiedenartige Material der Erd- und Felsschichten? Es muss irgendwo hergekommen sein, beispielsweise aus anderen Teilen der Erde bzw. aus dem Meer. Der Zuwachs der Erde durch kosmischen Staub ist nicht groß genug, wie auch die dünne Staubschicht auf dem Mond gezeigt hat. Außerdem müssten für diesen Fall die Gesteinsschichten gleichförmiger aufgebaut sein. Erdschichten entstehen daher vorrangig durch gewaltige Umlagerungen in der Erdkruste.
Am 18. Mai 1980 brach der Vulkan Mount Saint Helens an der Westküste der USA aus. Dabei wurden über Nacht durch die Schlamm- und Wasserfluten geologische Schichten mit einer Dicke von bis zu 50 Metern aufgeschichtet. Geologen in ferner Zukunft werden diese *geologische Schicht* dann auf ein Alter von etlichen Jahrzehntausenden schätzen und auch so datieren, denn sie waren nicht Augenzeugen der Ereignisse wie wir. Die heutzutage lebenden Geologen wissen auch nicht, ob die geologischen Schichten der Erdzeitalter langsam Sandkorn für Sandkorn – wie behauptet wird – oder aber schnell durch Katastrophen gebildet wurden.
Um einen Eindruck von der in der Geologie herrschenden Vorstellung von der Geschwindigkeit des Wachsens geologischer Schichten zu geben, zitiere ich aus dem Buch »Die Erde« (Beiser, 1970):

»Jedes Sedimentgestein hat seine eigene Ablagerungsgeschwindigkeit ... Schiefer ... benötigt etwa 3000 bis 3500 Jahre für einen Meter, Kalkstein etwa 20000 Jahre. Kalkstein braucht länger, weil er größtenteils aus Gehäusen und Skeletten von Lebewesen aufgebaut wird, deren Zuwachs langsamer vor sich geht als die Zufuhr von Sedimenten aus Flüssen.«

Auch Prof. Dr. Gunnar Heinsohn (1995, S. 85) schlägt eine Reduzierung für die Zeit vom *Homo erectus* über den Neandertaler – *Homo sapiens* – bis zur Gegenwart von vielleicht 800000 (oZ) auf 5000 Jahre vor (Heinsohn, 1995, S. 85). Diese Behauptung erscheint sehr gewagt, entspricht aber tendenzmäßig meinen Ausführungen. Heinsohn stützt seine stichhaltige Beweisführung auf die stratigraphische Chronologie der Vorzeit, also der Untersuchung der Abfolge von Kulturschichten der letzten Jahrzehntausende.

Als materielle Basis der Entwicklungsgeschichte des Menschen für vielleicht 250000 Generationen von etwa 4 Ma mit dem Beginn der Entwicklung *(Australopithecus afarensis)* bis an den Beginn des Neandertalers verfügt man *nur* über 300 Knochenfragmente, die weniger als 50 Menschen zugeordnet werden können. Unter dieser Voraussetzung kommt *auf vielleicht 3000 Generationen ein einziger Fund*. Wie kann man trotz dieses Missverhältnisses und einzelner Funde überhaupt ganze Entwicklungslinien und Abstammungshypothesen aufstellen und auch noch als wissenschaftlich gesicherte Tatsache hinstellen? Der Glaubensaspekt ist in diesem Fall sicher mehr gefragt als der Wissensaspekt. Fast jeder Fund wirbelt die angebliche Ahnenkette durcheinander. Im Augenblick herrscht die Tendenz vor, die Anfänge der Menschheit weiter in das Dunkle unserer Erdgeschichte hin zur Ära der Dinosaurier zu verlagern. *Andererseits dünnt man mit dieser Vorgehensweise die schon jetzt mehr als lockere Kette fossiler menschlicher Funde noch mehr aus.*

Unter diesem Eindruck möchte ich meine Frage wiederholen, warum man von Dinosauriern wesentlich mehr Knochen und im Gegensatz zu den Hominiden sogar komplett erhaltene Skelette findet, obwohl sie um ein Mehrfaches älter sein sollen? Bisher hat man fossile Überreste von mindestens 1400 Dinosauriern gefunden.

Michael A. Cremo und Richard L. Thompson haben in ihrem sehr gut recherchierten Buch »Verbotene Archäologie« unzählige wissenschaftliche Beweise aus der ganzen Welt vorgelegt, die die Existenz des Menschen schon im Tertiär, im Erdmittelalter und sogar im Karbon nachweisen. Damit müsste es Menschen schon *vor* über 300 Ma gegeben haben (Cremo/Thompson, 1993). Die Autoren halten sich im Gegensatz zu meinen Ausführungen mit ihren Datierungen an die klassische geologische Zeitskala. Doch sie *beweisen* aufgrund unumstößlicher Fakten und Funde (wie auch in »Darwins Irrtum« geschehen) die *Koexistenz von Menschen und Dinosauriern*. Erkennt man die Evolutionstheorie und damit das lyellistisch-darwinsche Dogma als falsch an und schmelzt die Zeiträume der Erdzeitalter stark zusammen, wird nicht nur die Vielzahl der Dinosaurier-Funde verständlicher. Auch die Kette einer angeblichen Entwicklung des Menschen erhält näher zusammenliegende Glieder. So gesehen passen die von Illig, Heinsohn, Topper (1977), Cremo/Thompson und mir vorgestellten Beweise und Gesichtspunkte im Prinzip zusammen. Auch Dr. Horst Friedrich (1998, S. 61) ist dieser Ansicht: »Müsste man auch hier zwei ... oder gar drei Nullen streichen? Dann wäre das Saurieralter erst vor 64 000 Jahren zu Ende gegangen.« Gernot Geise, Autor mehrerer Sachbücher, fragte in einem Artikel des Magazins »Efodon-Synesis« (16/1996, S. 28) mit dem Titel »Das Problem mit den Sauriern«: »Was stimmt nicht mit der Datierung? Sind die Saurier etwa erst vor kurzem ausgestorben?«

Zu wenige Faustkeile

Für eine Zeitreduktion spricht die Anzahl der bisher aufgefundenen steinzeitlichen Werkzeuge. In den Museen lagern Faustkeile, Schaber und Stichel, die beim Jagen, Schlachten, Bauen, bei der Lebensmittelzubereitung, Werkzeugherstellung oder Häutebearbeitung verwendet wurden. Da diese Steinwerkzeuge im Gegensatz zu metallischen *nicht verrotten oder verwittern*, findet man sie heute noch. Auf Grund der Anzahl der gefundenen Werkzeuge kann man

auf die damalige Bevölkerungszahl schließen – falls keine Werkzeuge aus Metall gebraucht wurden.
Die Einwohnerzahl einer heutigen Nation lässt sich annähernd aus der Anzahl der Häuser, der Autos oder eben unentbehrlicher Werkzeuge errechnen. Natürlich sind diese Hochrechnungen nur Schätzungen in einem bestimmten Rahmen. Je nach Ansatz kann man als Näherungslösung durchaus das Doppelte oder Dreifache der wirklichen Bevölkerungszahl annehmen. Aber trotz der vermuteten Ungenauigkeit bekommt man einen Eindruck von der ungefähren Größenordnung. Bereits Robert Charroux wies in seinem Buch »Verratene Geheimnisse« auf diesen Umstand hin (Charroux, 1965). Er geht von 600000 gefundenen Werkzeugen aus Feuerstein oder auch Resten davon für ganz Frankreich aus. Verteilt man diese Menge auf 4000 Generationen, dann ergeben sich lediglich *15 Werkzeuge pro Generation für ganz Frankreich*.
Genaue Untersuchungen der Fundstätte Combe Grenal (Dordogne) durch die amerikanischen Archäologen Louis und Sally Binford haben ergeben, dass mindestens 14 verschiedene Werkzeugsätze mit jeweils vier bis zwölf verschiedenen Einzelgeräten eingesetzt wurden (Binford, vgl. Heinsohn, 1995). Berücksichtigt man nur sechs Sätze mit je acht Einzelgeräten, kommt man auf ungefähr 50 Werkzeuge, die gleichzeitig gebraucht wurden. Zumindest jede Familie, wenn nicht sogar jedes Individuum hatte solch einen Satz, der vielleicht ein Leben lang verwendet wurde. Für ganz Frankreich ergab sich eine Anzahl von 15 Sätzen pro Generation. Teilen wir jetzt diese Zahl noch einmal durch die 50 verschiedenen Einzelgeräte, ergibt sich weniger als *ein Gerät pro Generation in ganz Frankreich*. Augenscheinlich ergibt sich ein Missverhältnis. Diese Rechnung ist sicherlich ungenau. Aber auch eine weitere Erhöhung der Unsicherheitsfaktoren bringt *keine* befriedigende Lösung.
Die Binfords dokumentieren, dass die Schichten von Combe Grenal zweifelsfrei die datenmäßig am besten erschlossenen der Welt seien. Es wurden insgesamt 19000 Steinwerkzeuge nachgewiesen. Die Höhle mit 55 nachgewiesenen Kulturschichten soll gleichzeitig von jeweils 35 bis 40 Individuen über einen Zeitraum von 60000 Jahren (etwa 4000 Generation) vor 90000 bis 30000 Jahren bewohnt gewe-

sen sein. Hieraus errechnet sich alle drei Jahre ein einziges Steinwerkzeug für alle gleichzeitig dort lebenden Neandertaler.
Man kann andererseits auch die theoretisch erforderliche Anzahl der Werkzeuge ausrechnen. Falls 4000 Generation (jeweils 15 Jahre) zu je 40 Menschen jeweils einen Satz Werkzeuge mit 50 Einzelgeräten brauchten, dann ergibt sich eine theoretische Zahl von 800 000 Werkzeugen. Gefunden hat man 19 000! Auch wenn man die Anzahl der ständig dort lebenden Menschen auf 20 senkt oder andere Modifikationen vornimmt, kommt immer eine deutliche Diskrepanz heraus.
Existiert die Steinzeit womöglich nur in der Phantasie verschiedener Wissenschaftler? Denn: Nimmt man zu damaliger Zeit eine Metallverarbeitung an, dann wird die Anzahl der wenigen Feuersteinwerkzeuge plausibler. Benutzten vielleicht nur diejenigen Leute entsprechende Steingeräte, die sich solche aus Eisen oder Metall-Legierungen nicht leisten konnten? Manche Völker leben auch heutzutage noch in einer Art Steinzeit und gebrauchen Steinwerkzeuge. Leben wir deshalb in einer Steinzeit? Ist die Charakterisierung der Zeitabschnitte von der Altsteinzeit bis zur Jungsteinzeit irreführend?
Die 55 Kulturschichten von Combe Grenal sind durchschnittlich nur sechs bis sieben Zentimeter dick. Jede dieser dünnen Schichten repräsentiert damit durchschnittlich über 1000 Jahre (oZ). Müsste die jeweils zu einem solch langen Zeitraum gehörende Schicht nicht mehr unterteilt sein, eventuell pro Jahr eine Unterschicht? *Zeugt eine einheitliche Schicht nicht von einem einzigen Ereignis?* Heinsohn (1995, S. 92) fragt: »Könnten mithin die 55 Schichten von Combe Grenal statt für 55 Jahrtausende mit viel Recht für lediglich 55 einzelne Jahre stehen?« Dafür spricht, dass etliche Schichten (Straten) sich als reine »Sommerschichten« erwiesen (Pfeiffer, 1978, S. 177).
So betrachtet, reduziert sich die Dauer der Benutzung der Höhle von Combe Grenal *auf 55 Jahre, die Anzahl der Kulturschichten*. Auch wenn in dem einen oder anderen Jahr keine Überflutung stattgefunden hat, ergibt sich eine kurze Zeitperiode von wenigen Jahren. Anderseits können auch *zwei Schichten pro Jahr* entstanden

sein, erzeugt durch zwei Überflutungen. Damit wird aber auch die *geringe Anzahl der Steinwerkzeuge plausibel.*
Für die Altersbestimmung gibt es eine alte Methode, die von der Bildung des geschichteten Tons (Bänderton) ausgeht und Warvenchronologie genannt wird. Zur Bestimmung des geologischen Alters geht man hierbei davon aus, dass sauber geschichtete Ablagerungen (Warven) ein optisch auszuwertendes Abbild der abgelaufenen Jahre darstellen. Man setzt ganz einfach voraus, dass in einem Jahr nur eine Warve gebildet wurde. Diese Warvenchronologie berücksichtigt also den hier zur Diskussion gestellten Vorschlag, jeder Schicht von Combe Grenal durchschnittlich nur ein Jahr und *nicht* 1000 Jahre zuzubilligen. Unter katastrophischen Umständen können natürlich auch mehrere Schichten in einem kurzen Zeitraum entstehen. Damit wären Datierungen durch die Warvenchronologie hinfällig, aber gleichzeitig werden die entsprechend dokumentierten Zeiträume drastisch reduziert.
Anscheinend fanden jedenfalls Altsteinzeit, Mittelsteinzeit und Jungsteinzeit in kurzen Zeiträumen hintereinander oder sogar parallel statt. Gleichzeitig wird aber auch die weitere Einteilung in Bronzezeit und Eisenzeit fragwürdig. Falls es in der Vorzeit bereits Metallverarbeitung gab, dann sicherlich auch in der Bronzezeit. Die Tatsache, dass man aus dieser Zeit zwar offiziell keine, inoffiziell jedoch einige metallische Artefakte fand, bezeugt eine Metallverarbeitung schon vor der so genannten Eisenzeit. Bronze war sicher zu irgendeiner Zeitperiode eine Modeerscheinung, wie heutzutage Bronzeskulpturen, da sie ja nicht korrodieren wie Eisen. Über 3000 Jahre alte Artefakte aus Metall kann es hingegen nur im Ausnahmefall geben, denn sie verrosten ganz einfach und verschwinden im Lauf der Zeit. Die relativ jungen Schwerter aus der Wikingerzeit sind heutzutage bereits echte Raritäten.
Die Eisengewinnung soll 1200 v. Chr. im Hethiterreich (Ostanatolien) begonnen und danach den östlichen Mittelmeerraum erreicht haben. Bei meinem letzten Besuch im Ägyptischen Museum in Kairo im November 1999 (anlässlich einer Vortragsreise auf dem Kreuzfahrtschiff »MS Berlin«) habe ich mir ein Ausstellungsstück aus dem Grab des Tutenchamun im Tal der Könige (Theben) be-

Abb. 41: Dolch. Der ägyptische Pharao Tutenchamun besaß bereits über hundert Jahre vor dem offiziellen Beginn der Eisenzeit fein gearbeitete Dolche mit grazilen Klingen, falls die offizielle Chronologie ägyptischer Herrscher zutrifft.

sonders genau angesehen. Es handelt sich um eine Art Dolch mit einer glänzenden Stahlklinge (Abb. 41). Das eigentliche Mysterium liegt auf der Hand: Dieser Pharao soll 1337 v. Chr. gestorben sein. Wie konnte er *vor Beginn* der Eisenzeit einen hervorragend gearbeiteten Dolch aus Stahl besitzen? Es muss dem eine Entwicklung vorausgegangen sein, denn man stellt nicht von einem Tag auf den anderen Tag *dünne* Klingen her – und schon gar nicht aus Metall, das nach über 3300 Jahren noch *glänzt*. Sicherlich müssen wir unsere Vorstellung nicht nur von der Vorzeit einer gründlichen Revision unterziehen.
Berücksichtigen wir den offensichtlichen Bankrott der Theorie vom Höhlenmenschen, erscheint urplötzlich ein großes Tor der Erkenntnis, durch das wir in einen riesigen Raum der bisher unbekannten Vergangenheit gelangen, der allerdings noch durch Nebelschwaden aus Unwissenheit und von dem aus wissenschaftlichen Kämpfen hinterlassenen Pulverdampf verschleiert ist. Es eröffnet sich eine großartige, phantastische Vergangenheit mit intelligenten, Technik nutzenden Menschen. Gleichzeitig reduzieren sich die unendlich langen Zeitalter auf logischer erscheinende, übersichtliche Zeiträume. Jahrmillionen werden so höchstens zu Jahrtausenden, und Jahrtausende schmelzen wie Butter in der Sonne zu Jahrzehnten. Und damit rückt auch die Ära der Dinosaurier immer weiter in Richtung Gegenwart.

Schreibende Steinzeitmenschen

Steinzeitliche Menschen konnten *entgegen der herrschenden Lehrmeinung* zumindest in bestimmten Regionen schreiben. Auf Grund der Verwüstungen durch die Sintflut blieben natürlich kaum Zeugnisse der Schrift übrig, außer sie waren in Stein, Tontafeln, Vasen oder Skulpturen, eventuell auch in Knochen eingeritzt. Aus organischem Material bestehende sehr alte Schriftstücke können dem nagenden Zahn der Zeit *kaum entkommen sein*.
Beim Umpflügen seines Ackers in der Nähe von Glozel südöstlich von Vichy förderte der französische Bauer Emile Fradin zwischen 1924 und 1930 seltsame Fundstücke zutage, insgesamt fast 3000, darunter viele mit eigenartigen Schriftzeichen verziert. Diese Tontafeln, Vasen, Steine und bearbeiteten Knochen datieren einige Wissenschaftler auf 15000 bis 17000 Jahre vor unserer Zeitrechnung. Dieser Fund erzeugte natürlich heftigen Streit unter den angereisten Professoren und Fachleuten aus der ganzen Welt. Die anerkannte Eiszeitkunst ist mit keramischen Zeugnissen überhaupt nicht vereinbar – von einer Schrift, die ja auch von einer hohen Kulturstufe dieser Völker zeugen würde, ganz zu schweigen!
Die Schrift gilt als relativ moderne Erfindung und wurde vor etwa 6000 Jahren (oZ) in Mesopotamien oder vielleicht auch im Industal erstmals entwickelt. Demnach müssen altsteinzeitliche Schriftzeichen eine Fälschung darstellen – und als solche wurden die Funde auch *gebrandmarkt*.
Das Alter dieser Funde könnte durch die Abbildung eines Panthers dokumentiert werden, denn diese Großkatzen gab es *während* und nicht *nach* der »Eiszeit« (Sintflut) tatsächlich in Europa. Das eigentliche Rätsel stellen aber die Schriftzeichen von Glozel dar. Sie ähneln in ihrer geometrisch-lineraren Form denjenigen auf Täfelchen oder Felsinschriften, die in Portugal, Peru, Illinois (USA) und auf den Kanarischen Inseln (Fuerteventura) aufgespürt wurden, wie der Vorsitzende der Studiengemeinschaft Deutscher Linguisten e.V., Kurt Schildmann, in seinem Buch »Als das Raumschiff ›Athena‹ die Erde kippte« (1999) bestätigt. Nachdem er 1994 die Indusschrift entzifferte, gelang ihm das jetzt auch mit den 1982 im

US-Bundesstaat Illinois gefundenen Burrows-Cave-Texten sowie den Glozel-Texten aus Frankreich. Bisher war es sogar fraglich gewesen, ob es sich in beiden Fällen überhaupt um eine richtige Schrift handelt. Trotz umfangreicher Veröffentlichungen wurde Schildmann die gebührende Anerkennung noch nicht zuteil, denn mit der Authentizität (Echtheit) sehr alter Texte, die in diesen Fällen sehr oft von Katastrophen berichten, müsste man ja auch das gewohnte Geschichtsbild, insbesondere der Vor- und damit der Steinzeit, aufgeben. Der von mir sehr verehrte Kurt Schildmann hat damit einen Sprengsatz gelegt, dessen explosive Folgen noch nicht abzusehen sind. Die Glozel-Texte sind wahrscheinlich zeitlich dem Cro-Magnon-Menschen zuzuordnen. Aber die eigentliche Sensation ist, und da möchte ich den Entdecker wörtlich zitieren (1999, S. 9): »Die Glozel-/Mas d'Azil/Cro-Magnon-Texte aus Frankreich… waren auch in Burrows-Cave-Schrift und -Sprache abgefasst!« Also existierte diesseits und jenseits des Atlantiks in der Mittelsteinzeit anscheinend *eine gemeinsame Sprache, ja sogar eine übereinstimmende Schrift*! Wie überquerten Steinzeitmenschen den Atlantik? Mit hochseetüchtigen Schiffen? Oder gab es noch Landbrücken, zum Beispiel über ein eisfreies Grönland?

Auf dem amerikanischen Kontinent wurden Inschriften an den unterschiedlichsten Orten entdeckt. In Paraguay wurde eine iberisch-punische Inschrift, in Tennessee hebräische Buchstaben, in Oklahoma eine zweisprachige Inschrift aus Keltisch und Punisch, in Vermont eine Inschrift in Keltisch und in Rhode Island eine iberische Felsinschrift entdeckt.

Sonderbar erscheint, dass die aus Nordwestrussland stammende Keramik mit der nordamerikanischen enger verwandt ist als mit derjenigen aus Ostsibirien wie der baikalischen Ware. Das ist das Gegenteil dessen, was eigentlich zu erwarten war (Ridley, 1960, S. 46ff.). Gab es bis vor kurzer Zeit eine Landbrücke von Europa über Grönland nach Amerika? Die von mir als Grönlandbrücke bezeichnete Festlandverbindung zwischen Amerika und Europa war mindestens bis zur ersten großen Erdkatastrophe mit der ersten Phase der Kontinentalverschiebung großflächig vorhanden. Zu diesem Zeitpunkt wurde der erste Atlantik gebildet, aber es gab anscheinend noch die eisfreie Grönlandbrücke im Norden. Johannes Walther, Professor für Geologie und Paläontologie an der Universität Halle schreibt (1908, S. 31): »Im Gebiete ... Europa und Amerika umfassend ... konnten wir die Entwicklung der Säugetiere ... leicht verfolgen.« *Diesseits und jenseits des Atlantiks gab es also eine einheitliche Entwicklung der Säugetiere. Ohne Landverbindung,* auf die die Zeno-Karte von 1380 vielleicht einen Hinweis gibt, *wäre dies nicht denkbar.*

Die reiche Fauna wurde 1878 in Cernay bei Reims entdeckt (Lemoine, 1878), und bald darauf fand man eine übereinstimmende Fauna in den Puercoschichten von New Mexico. Spätere Funde in Deutschland, der Schweiz, England, sowie in den US-Bundesstaaten Utah und Wyoming haben ihre weite Verbreitung bewiesen. »Zehn Gattungen sind Europa und Amerika gemeinsam, die Übrigen zeigen, dass schon damals ein faunistischer Gegensatz zwischen beiden Teilen ... bestand.« Und weiter schreibt Walther: »Man könnte glauben, dass die eozäne (vor 55 bis 36 Ma, d. V.) Säugerfauna der Cuvierischen Katastrophen durch die zeitliche Kluft von der Kreidezeit getrennt wäre.« Wichtig ist festzustellen, dass ein anerkannter Wissenschaftler eine plötzliche, katastrophische Ursache für die Trennung der Kontinente als möglich, ja zwingend erforderlich erachtet. Anderseits soll sich Amerika von Grönland spätestens im Paläozän (66 bis 55 Ma) getrennt haben (Paturi, 1996, S. 310): »Und schließlich erweitert sich in Form eines Meeresarms zwischen Nordamerika und Grönland der Atlantik nach Norden.« Die meisten geophysikalischen Modelle gehen von einer wesentlich früheren Trennung Europas von Nordamerika aus. Die Kontinentalverschiebung rückt demnach zeitlich immer mehr in Richtung Gegenwart und muss folglich auch schneller abgelaufen sein. Langsam schleichende Prozesse im Sinne der lyellistisch-darwinschen Doktrin reichen hier zur Erklärung in keiner Hinsicht aus.

Die bereits beschriebene Existenz derselben Dinosaurier-Arten in Nordamerika und Europa deutet ebenfalls auf diese Landbrücke hin. Doch *wann* bestand sie? Auf Grund der Keramikfunde müsste man eher von *geschichtlicher Zeit* ausgehen, denn die Töpferei soll sich ja frühestens in der Mittelsteinzeit entwickelt haben. Falls man diesem Gedanken so weit folgen kann, stellt sich die Frage, ob es entgegen unseren geotektonischen Modellen nur eine »normale« Landbrücke gab oder ob auch die Verschiebung der Kontinente in geschichtlicher Zeit erfolgte. Die alternative Lösung für die Keramikfunde wäre ein transatlantischer Kulturaustausch der steinzeitlichen Menschen mit hochseetüchtigen Booten über den Atlantik, gegebenenfalls auch über den Pazifischen Ozean hinweg. Trotzdem bleibt die Frage offen, warum die Töpferwaren der östlichen Bereiche Sibiriens nicht denen der nordamerikanischen Regionen ähnlich sind.

Bereits der kanadische Anthropologe Alan Lyle Bryan (1978, S. 309ff.) machte auf den Fund einer neandertaloiden Schädelkalotte aufmerksam, die aus der Lagoa-Santa-Region an der atlantischen Seite Brasiliens stammt. Altsteinzeitliche Skelette dürfte es in Amerika kaum geben, da die Besiedlung des menschenleeren Kontinents erst nach dem Rückzug des Eisschildes in Alaska vor höchstens 12000 (oZ) Jahren erfolgt sein soll. Noch in der Zeit des Zweiten Weltkriegs glaubte man, dass Menschen frühestens vor 4000 Jahren (oZ) amerikanischen Boden betreten haben. 1982 entdeckte Mario Beltrao im brasilianischen Bundesstaat Bahia eine Reihe von Höhlen mit Wandmalereien. Bei Grabungen in den Jahren 1986 und 1987 kamen Steinwerkzeuge zusammen mit Säugetierfossilien zutage, die von drei verschiedenen Instituten mittels der Uran-Thorium-Methode auf ein Alter zwischen 204000 und 295000 Jahren (oZ) datiert wurden (Cremo/Thompson, 1997, S. 199f.; vgl. de Lumley, 1988, S. 241).

Einen neuen Hinweis auf ein ganz anderes erdgeschichtliches Szenario liefert ein bereits vor einem Vierteljahrhundert gefundener weiblicher Schädel in Brasilien, der jetzt von Ricardo Ventura Santos von der University of Rio de Janeiro mittels neuartiger Analysen auf 11500 Jahre (oZ) datiert wird. Somit stammt der Schädel aber aus einer Zeit, die ungefähr der anfänglichen Einwanderungsphase asiatischer Bevölkerungsgruppen über die Beringstraße entspricht, ja vielleicht sogar aus der Zeit davor. Diese Feststellung ist *unvereinbar mit unserem Weltbild*! Schließlich mussten die Einwanderer den hohen Norden Alaskas sowie Nord-, Mittel- und halb Südamerika durchwandern. Die *eigentliche* Sensation stellt jedoch der Umstand dar, dass diese Uramerikanerin deutlich markante Züge *afrikanischer* oder *australischer* Ureinwohner aufweist (BdW, 24.9.1999). Diese Abstammungslinie soll vor 15000 Jahren (oZ) über den Ozean gekommen sein, also zu Zeiten der Altsteinzeit, als man in Europa Höhlenbilder malte und sich noch Felle überwarf? Ketzerisch mutet die Frage an, ob es irgendwo noch eine Landbrücke gab, vielleicht über Afrika direkt ins angrenzende Südamerika oder zwischen Madagaskar und der Antarktis. Die alte Karte von Piri Reis zeigt eine eisfreie Antarktis und eindeutig eine Landbrücke zwischen Südamerika und der Antarktis. Oder betrieb man in der Altsteinzeit Hochseeschiffahrt?

Das Dogma von der sibirischen Herkunft der Uramerikaner beherrscht unser schulwissenschaftliches Weltbild und sogar unser Bewusstsein mit einer unbegreiflichen Strenge. Vielleicht sind wirklich ein paar Einwanderer über die Beringstraße gekommen, aber offensichtlich erfolgte die Besiedlung des amerikanischen Kontinents aus Osten *und* Westen. Die deutlich negroiden Züge – wulstige Lippen – der berühmten olmekischen Kolossalköpfe in Mexiko legen ein beredtes Zeugnis ab. Anderseits scheinen die Vorfahren der Mayas von der chinesischen Kultur beeinflusst gewesen zu sein. Auf Artefakten aus Jade, Stein und Ton gefundene Schriftzeichen ähneln chinesischen, die 3000 Jahre alt sind.

Der im US-Bundesstaat Washington entdeckte »Kennewick-Mann« ist eines der vollständigst gefundenen Skelette in Amerika. In einem im Oktober 1999 veröffentlichten Bericht des US-Innenministeriums sowie der Wissenschaftler Joseph Powell und Jerome Rose heißt es (BdW, 20.10.1999): »Der *Kennewick-Mann* scheint die stärkste Verwandtschaft zu den Populationen aus Polynesien und Südasien aufzuweisen und nicht zu den amerikanischen Indianern oder zu Europäern.« Das Alter der menschlichen Überreste wird mit 9500 Jahren (oZ) angegeben. Also fand in Amerika anscheinend ein multikulturelles steinzeitliches Treffen statt.

Sollten wir das Bild von unserer Vorzeit nicht besser revidieren? Nord- und Mitteleuropa scheinen vor ein paar tausend Jahren total leer gefegt und verwüstet worden zu sein, ebenso der nordamerikanische Kontinent. Wurde die damalige Bevölkerung durch gigantische Katastrophen großflächig vernichtet? Die Auswirkungen der Katastrophen waren auf dem nördlichen Teil der Erdkugel offensichtlich wesentlich dramatischer als im Süden, da im Nordatlantik und auf dem angrenzenden Festland wesentlich mehr Meteoriten in die Erdrinde einschlugen. Der nordamerikanische sowie der nordeuropäische Kontinent wurden danach wieder neu besiedelt. Alte Funde stammen aus der Zeit vor der Sintflut, als es noch ein global warmes Klima gegeben haben muss.

Frische Dinosaurier-Relikte

Zwei verschiedene Wissenschaftlerteams aus Amerika unter Leitung von H. R. Miller bestimmten das Alter von fossilen Knochen eines Arcocanthosaurus aus der Gegend des Paluxy River in Texas anhand von C-14-Datierungen und Messungen mit einem Massenspektrometer. Das Ergebnis widerspricht den gängigen Vorstellungen der Evolution, denn für die Knochen wurde ein Alter von nur 36500 bzw. 32000 Jahren ermittelt. Nachmessungen mit zwei verschiedenen Massenspektrometern ergaben sogar ein noch geringeres Alter von 23700 bzw. 25750 Jahren (Ivanov/Kouznetsov/Miller, zitiert in »Factum«, 2/1993, S. 46).

Da Dinosaurier vor ungefähr 65 Ma ausgestorben sein sollen, käme diese Datierung bei einer offiziellen Bestätigung einem *Paradigmenwechsel* gleich: Evolutionstheorie ade! Um Zweifel auszuschalten, wurden in einem Projekt gemeinsam mit einer russischen Forschergruppe weitere Altersbestimmungen vorgenommen. Anhand einer anderen Methode datierte man fossile Dinosaurier-Knochen aus Nordwestsibirien, Knochen von modernen Schildkröten, von Cro-Magnon-Menschen aus Ostkasachstan und die beschriebenen Dinosaurier-Knochen aus Texas. Die Koexistenz von Sauriern und »Steinzeitmenschen« wäre demnach erneut bestätigt, denn (»Factum«, 2/1993, S. 48) »die aufgrund der Isotopenverhältnisse ermittelten Werte der beiden Saurierfossilien lassen sich praktisch nicht von denen eines Cro-Magnon-Kiefers unterscheiden. Das bedeutet, dass beide mit hoher Wahrscheinlichkeit zur selben Zeit gelebt haben.«

Was spricht dagegen, dass Dinosaurier erst vor relativ kurzer Zeit ausstarben? Wie die »International Herald Tribune« (22.6.1995, S. 12) berichtete, fanden Blair Hedges und John R. Horner bei ihrer Suche nach Dinosaurier-DNA Tyrannosaurus-rex-Knochen (Browne, 1995), die angeblich 80 Ma »überdauerten, ohne zu versteinern«. Noch einmal muss ernsthaft die Frage gestellt werden, wie lange normale Knochen erhalten bleiben, ohne zu versteinern und in den Mühlen der Zeit zermahlen zu werden.

Aber es gibt noch erstaunlichere Funde. Im anerkannten Wissenschaftsmagazin »Science« wurde im Jahr 1994 (S. 1229ff.) ein kaum beachteter Artikel veröffentlicht (Woodward/Weyand/Bunnel, 1994). Aus einem am Oberrand eines knapp unter der Oberfläche eines Kohleflözes in Price (Utah) liegenden 80 Ma alten Dinosaurier-Knochens gewann Scott R. Woodward DNA! Wie lange kann die DNA überhaupt erhalten bleiben? Eiweiß verdirbt innerhalb weniger Tage, aber genetisches Material soll sehr lange Zeiträume überstehen? Anscheinend handelt es sich um keinen Einzelfall, denn eine Meldung im April des Jahres 2000 besagt, dass es Wissenschaftlern der University of Alabama wahrscheinlich gelungen ist, das Erbgut eines 65 Ma alten Triceratops aus in Nord-Dakota gefundenen Knochen zu isolieren (BdW, 17.4.2000). »Da die Knochen nicht stark mineralisiert waren, gelang es Wissenschaftlern, eine Sequenz von 130 Basenpaaren zu isolieren.« Und das nach – angeblich – 65 Ma Jahren!

Dazu passt der in diesem Buch vorgestellte Fund von versteinerten Dinosaurier-Knochen mit vielleicht darin versteinertem Knochenmark (Bilder 52 und 53). Eine andere sensationelle Meldung in »Science« besagt, dass US-Forscher um Paul Fisher von der North Carolina State University einen Thescelosaurus untersuchten, der bereits 1993 in Süd-Dakota gefunden worden war. Sie stießen dabei erstmals auf ein Saurierherz, aber auch auf Muskeln und Bindegewebe (»BdW«, 26.4.2000; vgl. »Bild«, 22.4.2000). Das Herz soll aus vier Kammern bestehen, so vermutet man. Gefunden wurden

nur zwei – angeblich die unteren – und eine röhrenförmige Struktur, offenbar die Hauptschlagader. Die Untersuchungen werden fortgesetzt, denn es sollen weitere Organe erhalten sein. Normalerweise findet man nur versteinerte Saurierknochen, aber kein biologisches Gewebe, da dieses vor Abschluss des Versteinerungsprozesses verwesen würde. Was war anders bei den Dinosauriern und auch in Bezug auf ihre Todesumstände?
Was spricht denn letztendlich und tatsächlich dagegen, dass die nachgewiesene Koexistenz von Dinosauriern und Menschen historische Wirklichkeit war und dass die Drachen unserer Märchen vermutlich Restpopulationen der Dinosaurier oder teilweise auch großer urzeitlicher Echsen darstellten? In dem erst im zwölften Jahrhundert in Frankreich entstandenen, aber vielleicht auf keltischen Ursprüngen vor Christi Geburt basierenden Epos »Tristan und Isolde« tötet Tristan einen Drachen und schneidet ihm zum Beweis die Zunge heraus. Auch in der Nibelungensage kommen Drachen vor. Siegfried badet sogar im Blut des von ihm erlegten Urtieres. Auch der heilige Georg soll einen Drachen getötet haben. Handelt es sich nur um Phantasiewesen, oder waren die Drachen unserer Märchen Dinosaurier? Dann läge es auf der Hand, dass die Urgiganten nicht vor 65 Ma, sondern vor relativ kurzer Zeit ausstarben.
So gesehen rückt aber auch das durch die Existenz der Dinosaurier nachgewiesene globale Tropenklima nahe zur Gegenwart, und die Eiszeiten fanden erst in geschichtlicher Zeit statt. Die Existenz der Dinosaurier in Spitzbergen, Alaska und der Antarktis beweist diese anscheinend unvorstellbare Überlegung. Fast schon selbstverständlich wird unter dieser Voraussetzung und der kosmopolitischen Anwesenheit der einzelnen schwimmunfähigen Dinosaurier-Gattungen auf allen Kontinenten bewiesen, dass die Kontinentalverschiebung schnell und nicht langsam, schon gar nicht über Äonen von Jahren, stattfand. Viel hängt vom Zeitpunkt des Aussterbens der Dinosaurier ab, sehr viel sogar: unser gesamtes Weltbild. Das ist auch der Grund, warum dieser Zeitpunkt, der auch das Ende der Kreidezeit und damit des Erdmittelalters symbolisiert, *energisch verteidigt wird*! Bringt man diesen Eckpfeiler unseres schulwissen-

schaftlichen Weltbildes und damit der darwinschen Evolutionstheorie zu Fall, stürzt ein Gedankenmodell in sich zusammen, das bisher unerschütterlich schien.
Der weltbekannte Paläontologe Edgar Dacqué (1931) beschrieb in seinem Buch »Urwelt, Sage und Menschheit« die Koexistenz von Menschen und Dinosauriern. Die Konsequenz war, dass er vorzeitig pensioniert wurde und seinen Lehrstuhl verlor.
Die Buschmänner im Süden Afrikas malen noch heute Phantasiefiguren mit außergewöhnlichen Attributen wie Hörnern und Flügeln an die Wände ihrer Hütten – Erinnerungen an die Zeit der Riesenechsen? Die Legenden der Zuni-Indianer aus New Mexico berichten: »Riesige Ungeheuer lebten einst auf der Erde, mit fürchterlichen Zähnen und Klauen ausgestattet.« In fast allen indianischen Legenden wird von Furcht erregenden großen Ungeheuern in den Seen, aber auch auf dem Land berichtet. Und wie bereits berichtet, bestätigen die Legenden, dass am Anfang der Welt die Navajos von den Göttern zusammen mit den Dinosauriern geschaffen wurden – was mir vor Ort von den Ureinwohnern erzählt und bestätigt wurde. Cornelia Petratu und Bernard Roidinger (1994) legen in ihrem Buch »Die Steine von Ica« weitere Hinweise für die Koexistenz von Dinosauriern und Menschen vor und fragen: »Dinosaurier, einst die Haustiere des Menschen?«

6 Schwankende Erde

Das Mittelmeer war eine Wüste und die Sahara ein Urwald beziehungsweise ein Meer. Unglaubliche Veränderungen fanden vor wenigen tausend Jahren statt, und die Dinosaurier, aber auch Menschen, waren Augenzeugen der gigantischen Szenerie, als sich die Pole verschoben.

Trügerische Eisbohrkerne

Die direkten Datierungen und damit die Bestimmung des Erdalters müssen falsche Ergebnisse erbringen, falls es kataklystische Erdkatastrophen gab, da die zugrunde gelegten gleichförmigen Rahmenbedingungen nicht existiert haben und chaotische Zustände herrschten (siehe hierzu ausführlich: Zillmer, 1999, S. 73 ff.).
Eines von vielen Beispielen soll die Unzulänglichkeit der Methoden exemplarisch aufzeigen. Im Wissenschaftsjournal »Science« (141/1963, S. 634 ff.) ist die Datierung der Schale einer Molluske (Weichtier) dokumentiert. Das Alter wurde mit der Radiocarbonmethode auf 2300 Jahre festgelegt. Der Schönheitsmakel war nur, dass es sich um ein noch *lebendes* Exemplar handelte.
Der Datierung dienen auch Eisbohrkerne. Durch das Greenland Icecore Project (GRIP) konnte ein gut 3028 Meter langer Bohrkern aus dem grönländischen Eis gewonnen werden, bevor das Grundgestein erreicht wurde. Er soll 250 000 Jahre repräsentieren. Das bedeutet, dass ungefähr nur 1,2 Zentimeter Eisdicke einem Kalenderjahr entsprechen. Die *obersten Bereiche* lassen bis zu 14 500 deutliche Schichten erkennen, wovon *jede ein Kalenderjahr repräsentieren* soll (»Science«, Nr. 260, 18.6.1993). Könnte nicht irgendwann

auch mehr als eine Schicht pro Jahr entstanden sein, da es ganz einfach mehrere intensive Schneefallperioden gab? Wie viele Jahre repräsentieren diese oberen Schichten tatsächlich?
Durch den Druck der Eigenlast der über dem betrachteten Niveau liegenden Eismassen kann man in den unteren Bereichen *keine Schichtungen* mehr erkennen. Wie ermittelt man aber das Alter dieses Eises, wenn es keine Schichten gibt? Man schätzt das Alter anhand bestimmter Gedankenmodelle. Heinsohn formuliert dieses Problem in dem Bulletin »Vorzeit, Frühzeit, Gegenwart« (4/1994, S. 76) treffend: »Das Zerquetschen des Eises unter seinem eigenen Gewicht und sein Wegfließen zur Seite unter Druck wird dabei mit bestimmten Annahmen über beobachtetes Eisverhalten andernorts versehen, die in Modellen durchgerechnet werden, welche dann jene 235 5000 bis 237 000 Jahre ergeben. Für die älteren bzw. tiefsten 100 000 Jahre wird auf diese Weise genau ein Millimeter Eis pro Jahr veranschlagt.«
Stimmen diese Schätzungen? Wie alt ist der Eispanzer in Grönland wirklich? Klimaschwankungen werden auf diese Art und Weise gar nicht berücksichtigt. Vielleicht gab es in einer Periode wesentlich mehr Schneefall als sonst? Dies kann zu Zeiten der Sintflut geschehen sein, denn die kosmischen Einschläge verursachten hohe Temperaturen und eine vermehrte Verdampfung des Wassers in den Ozeanen mit darauf folgenden heftigen Niederschlägen.
Alte mesopotamische Keilschrifttexte berichten, dass beim Einschlag kosmischer Geschosse sogar der nackte Boden der Ozeane zu sehen gewesen sein soll. Der vermehrte Wasserdampf führt in kälteren Gebieten zu Schneefall und damit zur Eisbildung. Durch dieses Szenario kann in relativ kurzer Zeit ein Eisberg entstehen. Andererseits erkennt man bei diesem Gedankengang den grundlegenden Fehler aller Eiszeittheorien. Es soll auf unserer Erde nämlich immer kälter geworden sein. *Durch sinkende Temperaturen entsteht jedoch kein Eisberg!* Genauso wenig, wie auf einem zufrierenden Teich ein Eisberg entsteht. Soll aber einer entstehen, muss es schneien. Der sich aufeinander türmende, gefrierende Schnee bildet dann einen Eisberg. Damit liegt das Dilemma klar auf der Hand: Die Entstehung eines Eisberges bedingt hohe Temperaturen in anderen Regionen der Erde,

beispielsweise am Äquator. Dies widerspricht aber der Tendenz der global sinkenden Temperaturen. Fazit: Ohne Hitze hier gibt es keine Eisberge. Damit ist ein Hinweis auf die während der Sintflut schnell entstehenden Eisberge gegeben.

Bei sehr niedrigen Temperaturen gibt es oft wolkenlos blauen Himmel, aber es fällt weniger Schnee. Das ist etwa in Westeuropa der Fall, wenn der Wind von Osten kommt. Schwarzbach (1993, S. 225) bestätigt: »...die Haupttrockenzeiten fallen in die Kaltzeiten.« Wenn es kalt wird, schneit es weniger, und Eisberge entstehen dann am wenigsten! Mit dieser Feststellung erscheinen fast alle Eiszeittheorien im Zwielicht eines gut erfundenen Märchens. Professor Schwarzbach (1993, S. 309) stellt weiter fest: »Für Vereisungen ist – eine zunächst überraschende Annahme! – ein eisfreies Meer notwendig; denn nur dieses kann genügend Niederschläge für ausgedehnte Gletscherbildung liefern... Das Polarmeer bleibt eisfrei, bis die großen Inlandgebiete sich gebildet haben; erst dann setzt Vereisung der Arktis ein...«

Eiszeiten sind also durch ein offenes Meer gekennzeichnet, zumindest in der Entstehungsphase. Was unterscheidet denn das damalige Klima von heute? Falls es wirklich einfach immer nur kälter geworden sein soll, bedeutet dies, dass eigentlich immer weniger Schnee oder Hagel zur Bildung eines Eisbergs fällt.

Festzuhalten bleibt, dass es *langsam* verlaufende Eiszeiten nicht geben kann. Auch in einem Kühlschrank entsteht das Eis *nicht ohne Zufuhr von Energie*! Diese zusätzlich erforderliche Energie, die damals das Wasser verdampfte und die Erde in Polnähe mit Eis überzog, muss plötzlich gekommen sein und kann nur aus gewaltigen Katastrophen resultieren.

Die größten Eisbrocken fallen im Hochsommer vom Himmel, wenn feuchte Warmluft aufsteigt, die sich bildenden Eiskörnchen anwachsen und möglicherweise als taubeneigroße Hagelkörner auf die Erde prasseln, denn in zehn Kilometern Höhe herrschen bereits –50 Grad Celsius. In der Bibel (Offenbarung: 16, 20–21) wird bestätigt: »Alle Inseln verschwanden, und es gab keine Berge mehr. Und gewaltige Hagelkörner, zentnerschwer, stürzten vom Himmel auf die Menschen herab...«

Bereits in den Sechzigerjahren des 20. Jahrhunderts schien die Eiszeittheorie eigentlich nicht mehr zu halten zu sein. *In Kiesschichten* im Alpenvorland, die mindestens 20 000 Jahre (oZ) alt sein sollen und damit vor der letzten Eiszeit entstanden sein müssten, wurden *römische Ziegel* und *nacheiszeitliche Baumstämme* entdeckt. In einer anderen bis dahin unangetasteten Kiesschicht, die aus der Eiszeit stammen soll, wurde ein *verrostetes Fahrradteil* gefunden, wie Windsor Charlton (1983) ausführt. Dieser Fund hätte den Garaus für die Idee der Eiszeiten bedeuten müssen, denn zu damaliger Zeit gab es nur Steinzeitmenschen – sind unsere Urahnen schon Fahrrad gefahren? Seltsamerweise konnte der Eiszeittheorie jedoch wieder *neues Leben* eingehaucht werden, denn es gab im Sinne der Evolution *keine Alternative*.

Damit wäre der Dauer für die Eiszeiten von 700 000 Jahren (oZ) oder mehr zu fast null geschrumpft, und das Zeitalter des Pleistozän (vor 1,7 Ma bis 10 000 Jahren) könnte sofort aufgegeben werden, zumindest das Obere Pleistozän, beginnend vor 720 000 Jahren (oZ).

Der beschriebene Bohrkern aus dem stabilsten und höchsten Eispunkt in Grönland erreichte nach 3028 Metern Fels. Da das Alter auf 250 000 Jahre (oZ) geschätzt wird, muss man sich fragen: Was war vor dieser Zeit? Denn die Eiszeit begann doch angeblich schon mehrere hunderttausend oder sogar Millionen Jahre vorher. Die Antwort könnte heißen: Vor dieser Zeit gab es kein Eis auf Grönland. Oder schmolzen die Grönlandgletscher während des großen Eiszeitalters immer wieder *komplett* ab?

Grönland bedeutet »Grünland«, und im Englischen nennt man es sogar »Greenland«. Nach der Saga von Erich dem Roten wurde die ungefähr 900 n. Chr. entdeckte größte Insel der Erde »grünes Land« genannt. Warum eigentlich? Ich verweise noch einmal auf die eisfreie Darstellung Grönlands (Zeno-Karte von 1380).

Vor über 250 000 Jahren (oZ) besaß Grönland also anscheinend kein Eis. Wie alt ist der Eispanzer also wirklich? Heinsohn erläutert ein Beispiel für die Nichtigkeit der Datierung anhand von Eisbohrkernen in allen Details (Hayes, 1994, sowie Heinsohn, 1994). Am 15. Juli 1942 mussten sechs Jagdflieger (P 38) und zwei

Bomber (B 17) während der Überführung zweier Pionierstaffeln (»Tomcat Green« und »Tomcat Yellow«) von Kanada nach Schottland an der grönländischen Ostküste auf festem Eis notlanden. Die Besatzungen wurden geborgen, aber die Maschinen mussten dort bleiben. Im September 1989 – 47 Jahre nach der Notlandung – sollten ein Jagdflugzeug und ein Bomber aus dem Eis geschmolzen werden. Eisspezialisten hatten ausgerechnet, dass die Maschinen nach dieser Zeitspanne zwölf Meter tief im Eis eingefroren sein müssten. Der Hinweis, dass die Maschinen wegen der starken Wanderung des Eises – eine Voraussetzung der Eiszeittheorie – schwer zu finden seien, war falsch. Die Maschinen standen koordinatenmäßig dort, wo sie gelandet waren. Außerdem sollten die Maschinen wegen des Drucks des aufliegenden Eises zusammengedrückt sein – auch diese Voraussage war falsch. Nur die Plexiglasscheiben der Kabinen waren zerbrochen. Die filigranen Verstrebungen und empfindlichen Flügel waren noch so intakt wie zum Zeitpunkt der Landung. Die größte Überraschung war aber die Dicke der Eisschicht über den Maschinen. Anstatt der vorausgesagten zwölf Meter stieß man auf 54 Meter massives Eis und 24 Meter sehr harten Firn (Hayes, 1994, S. 101 und 131), also insgesamt 78 Meter – mehr als das Sechsfache der geschätzten Eisschicht.

Da das Eis entgegen den Voraussagen nicht komprimiert war, muss man die angesetzten Zeitangaben für die Eisbohrkerne eigentlich als einen einfältigen Witz betrachten. Ein Millimeter Eisdicke soll einem Jahr entsprechen? Über den Flugzeugen bildete sich im Durchschnitt eine Schicht von 1,65 Metern jährlich. Im Verhältnis zu den Eisbohrkernen müssten diese Eisschichten dann um den Faktor 1650 zusammengedrückt werden. Aber das Eis hatte die Flugzeuge in 80 Meter Tiefe noch nicht einmal leicht zusammengedrückt. Da man andererseits das vorausgesagte Fließen des Eises nicht bestätigen konnte, ist auch nicht klar, warum nach 14 500 Schichten keine Bänderungen mehr zu erkennen sind. Entstand der gesamte Restpanzer vielleicht nicht Jahr für Jahr, sondern schnell als kompakte Eismasse? Warum soll sich von den 14 500 Schichten nur eine pro Jahr gebildet haben? Ich denke, *jeder* Schneefall hinterlässt eine eigene sichtbare Schicht.

Stellen wir einmal eine überschlägige Berechnung an: Das angebliche Alter des Eisbohrkerns von 250000 Jahren (oZ) teilen wir durch die in den letzten 47 Jahren exemplarisch nachgewiesene mittlere Schichtdicke von 1,65 Metern. Dann kommt für den über *3000 Meter langen Eiskern ein Alter von nur 1818 Jahren heraus.* Diese Rechnung ist natürlich nicht genau, aber das Ergebnis überrascht. Nach meiner Überzeugung bildeten sich die Gletscher mit der Sintflut vor gut 5500, maximal 10000 Jahren und tauen seither tendenziell wieder ab. Das Klima war einige Zeit nach der Sintflut durch den Treibhauseffekt wesentlich wärmer, und damit gab es auch eine erhöhte Abtaurate.

Die Eisberge wandern, entgegen den Aussagen der Eiszeittheorie, im Normalfall nicht, sondern sie breiten sich höchstens etwas aus, beispielsweise durch abtauende Randgebiete und »Böschungsbrüche« der Gletscherfronten. Die jüngsten Meldungen über »rasende Gletscher«, die 30 Meter pro Tag zurücklegen, beziehen sich natürlich auf Gletscher im Gebirge (BdW, 30.4.1999, und »Rheinische Post Online«, 8.8.1999). Die schrägen Felshänge unter dem Eispanzer sind eine natürliche Gleitfläche, auf der das Eis allein durch sein Eigengewicht abrutschen muss. Im Gegensatz dazu breitet sich ein Eisberg auf einer flachen Ebene zwar etwas aus, aber er wandert nicht.

Aus diesen Gründen schrumpft nicht nur das antarktische Schelfeis seit der Entstehungszeit vor ein paar tausend Jahren dramatisch. Logbücher norwegischer und britischer Walfänger von 1920 bis 1987 (dem Jahr, in dem der Walfang vor der Antarktis verboten wurde) beweisen, dass *ein Viertel* des Schelfeises der Antarktis zwischen 1954 und 1972 *verschwunden* ist. Trotz des viel diskutierten Treibhauseffekts hat sich die durchschnittliche Temperatur der letzten Jahrhunderte nicht so dramatisch erhöht, um in 18 Jahren für ein Verschwinden von 5,65 Millionen Kubikmeter Eis verantwortlich zu sein (»IlW«, 5/1998, S. 24). In »Das Klima der Vorzeit« (Schwarzbach, 1993, S. 260) wird bestätigt, dass es vor 5000 bis 8000 Jahren (oZ) *wärmer war als heutzutage*. Und im Magazin »P.M.« (6/1998, S. 11) wird in dem Artikel »Eiszeit« beschrieben, dass die Durchschnittstemperaturen vor etwa 6000 Jahren (oZ) bis zwei Grad Celsius höher lagen als heute. Anderseits wurde es im 20. Jahrhundert wieder etwas wärmer (»Rheinische Post Online«, 28.12.1999): »Die Durchschnittstemperaturen liegen zum Ende diesen Jahrhunderts rund 0,7 Grad Celsius über den Werten von vor 100 Jahren.«

Setzt man auch eine wesentlich geringere Abtaurate als die jetzt für die Antarktis ermittelte an, fragt man sich, ob das Eis überhaupt insgesamt 10000 Jahre lang *überdauern* kann – noch dazu bei höheren Temperaturen vor ein paar tausend Jahren. Im Oktober 1999 wurde in »Science« eine Studie verschiedener Geowissenschaftler veröffentlicht, derzufolge sich die gesamte Eisplatte der Westantarktis *in nur etwa 7000 Jahren aufgelöst* haben soll (»Science«, 8.10.1999). Howard Conway wies auf eine Beschleunigung dieses Prozesses hin, falls sich die Erwärmung der Erdatmosphäre und Ozeane weiter intensiviert.

Unter der Überschrift »Dramatische Eisschmelze auf der Erde« wird in »Bild der Wissenschaft« bestätigt, dass das arktische Eis zwischen 1978 und 1996 um sechs Prozent geschrumpft ist. Dies entspricht dem Verlust von 3400 Quadratkilometern, einer Fläche so groß wie Nordrhein-Westfalen. Seit den Siebzigerjahren reduzierte sich die durchschnittliche Dicke des See-Eises von 3,1 auf

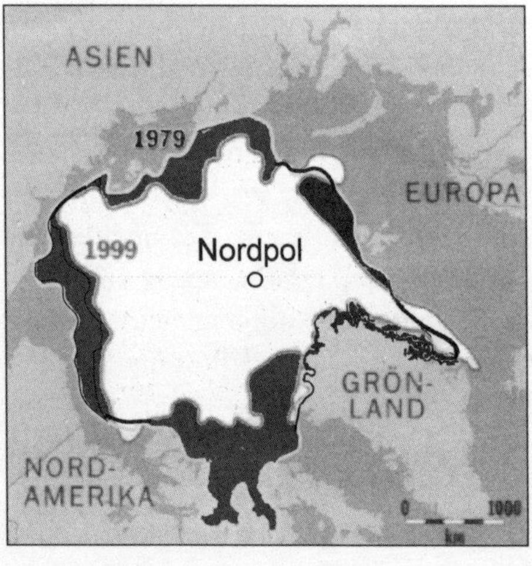

Abb. 42: Eisgrenzen. *Satellitenaufnahmen belegen, dass der Eispanzer der Arktis von 1979 bis 1999 dramatisch abgeschmolzen ist (dunkle Flächen). Die Größe des heutigen Eispanzers ist hell dargestellt.*

1,8 Meter, ein Rückgang von 40 Prozent in weniger als 30 Jahren. Es wird befürchtet, dass »bis zum Jahr 2050 bis zu einem Viertel, bis 2100 sogar die Hälfte der heutigen Gletschermasse verschwunden sein könnte. Größere Flächen würden nur in Alaska, Patago-

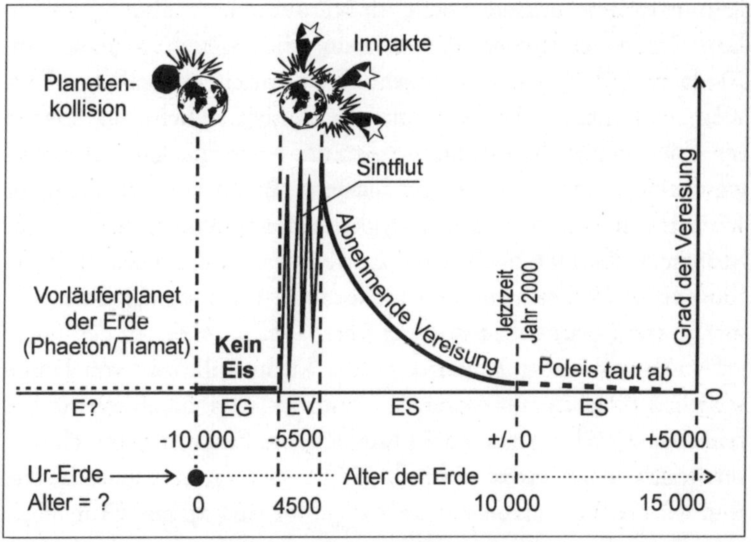

Abb. 43: Schneezeit-Modell. *Nach sumerischen Angaben entstand die Erde durch eine kosmische Kollision aus einem Vorläuferplaneten, der sich in Höhe des Planetoidengürtels befand. Von dieser Urerde ist wenig bekannt (E?). Nach diesem Ereignis – vor etwa 10 000 bis maximal 30 000 Jahren – stand die Erdachse gerade (EG), und es gab kein Eis auf der Erde, wie es auch geophysikalische Modelle für das Erdmittelalter – Ära der Dinosaurier – aussagen. Durch verstärkte Meteoriten-(= Splitter-)einschläge vor vielleicht 4500 bis 6500 Jahren gab es eine zeitlich aufgefächerte zweite Erdkatastrophe (globale Sintflut). Durch geoelektrische Vorgänge könnte die Erdachse in dieser Phase schief gestellt (EV) worden sein. Die Erdachse pendelte hin und her, wodurch unterschiedliche Vereisungsphasen kurzzeitig einmal mehr in Nordamerika und dann wieder in Europa entstanden. »Eiszeiten« (genauer Schneezeiten) und warme Phasen (Zwischeneiszeiten) wechselten in diesen Gebieten innerhalb weniger Jahrzehnte ab. Nach den Erdkatastrophen begann die Phase des abtauenden Eises (ES), die bis zum heutigen Tage anhält. In wenigen tausend Jahren wird es dann in Übereinstimmung mit wissenschaftlichen Prognosen kein Eis mehr an den Polen geben, genauso wie zu Lebzeiten der Dinosaurier.*

nien und im Himalaja übrig bleiben« (BdW, 8.3.2000). Andere Schätzungen sagen ab dem Jahr 2050 sogar völlige Eisfreiheit der Arktis im Sommer voraus (»Focus«, 29/2000, S. 16 – siehe Abb. 42). Gemäß einer Meldung der Deutschen Presse-Agentur vom 21.8.2000 entdeckten Wissenschaftler zufällig eine knapp zwei Kilometer lange eisfreie Fläche am Nordpol.
Dass für die Tendenz des Abtauens der Eismassen der angeblich im 20. Jahrhundert neu entstandene Treibhauseffekt verantwortlich sein soll, ist eine irrige Annahme. Es handelt es sich ganz einfach um einen natürlichen Abtauprozess, der höchstens ganz *geringfügig* durch einen von Menschen gemachte Erwärmung beschleunigt wird. Da die Temperaturen in früheren Zeiten entgegen der allgemeinen Auffassung noch *höher als heute* lagen und nach der Sintflut durch eine Treibhausatmosphäre sogar noch wesentlich erhöht waren, fragt man sich, *warum es überhaupt noch Eis an den Polen gibt.* Das Eis an der Antarktis soll ja schon Millionen von Jahren bestehen. Warum taut es gerade in unserer Periode ab, obwohl es früher sehr viel wärmer war? Oder fand die Eiszeit wesentlich später statt, vor nur etwas mehr als 5500 oder maximal 10000 Jahren, und wir erleben zurzeit nur die *endgültige Abtauphase* (Abb. 43)?

Falsche Zeugen

Mächtige Schichten von Sand und Ton überziehen die norddeutsche Tiefebene mit einer Menge großer und kleiner Blöcke. Vor der »Erfindung« der Eiszeit galten diese Schwemmland-Bildungen als Beweis sintflutähnlicher Wellenbewegungen. Von alters her wurde deshalb der Ausdruck »Diluvium« (Überschwemmung) für das heutzutage Pleistozän genannte Zeitalter gebraucht.
Die Findlinge und Moränen gelten als Zeugen der Eiszeit. Riesige, rund geschliffene Felsbrocken, die aus fernen Gegenden stammen, gibt es auf der ganzen Welt (Abb. 44). Welche Kraft hat mehrere Kubikmeter große Blöcke von Schweden bis zum Nordfuß des Riesengebirges, des Erzgebirges und des Thüringer Walds getragen? Sie sollen mit den sich vorwärts bewegenden Eisbergen trans-

Abb. 44: Steinkugeln. *Was machen diese harten Quarzite, Lavagesteine und Kalksteine in einer Landschaft von weichem Sandstein und Schiefer in der Wüste auf dem Colorado Plateau?* Eine Eiszeit hat es hier nicht gegeben. *Die Steine sind fast unverwittert und können deshalb an diesem Ort nicht allzu lange liegen. Man gibt zu: »Sie wurden hierher transportiert als das Flussbett des Colorado River 150 Meter über dem heutigen lag, wahrscheinlich während einer Flut vor vielen hunderttausend Jahren.« So lange trotzten die Steine den Witterungseinflüssen, insbesondere dem Frost im Winter, ohne zu Sandkörnern zu zerbröseln? Die »Findlinge« liegen nicht seit Urzeiten hier. Woher kam das ganze Wasser für eine Flut auf diesem wüstenhaften Hochplateau?*

portiert worden sein. Charles Lyell lehrte, dass das Land versunken war und darüber schwimmende Eisberge ihre Steinlasten fallen ließen. Danach tauchte das Land mit den darauf liegenden Steinen wieder auf. Aber an vielen Orten – wie in den Berkshires (Massachusetts) – sind die Findlinge in langen Ketten angeordnet, eigentlich deutliche Kennzeichen einer Flut. Falls Findlingsketten jedoch blinde Passagiere anscheinend *intelligenter* Eisberge gewesen sein sollen, fragt man sich, warum man auch in Kalifornien, Afrika und Australien Findlinge findet, also in Gebieten, die *während der letzten Eiszeit definitiv nicht vergletschert waren*!

In der jüngeren Erdvergangenheit gab es nur in Nordeuropa Eisbildung – in Westsibirien, dem nördlichen Teil Nordamerikas, an den Südspitzen Südamerikas und Australiens sowie Neuseelands –

alles Gebiete, die in der Nähe der Pole liegen. *In den restlichen Gebieten gab es Eis nur auf den höheren Bergen.* Dies entspricht exakt der Sintfluttheorie. In allen anderen Gebieten gab es seit mindestens 300 Ma keine Eiszeit, sondern nur eine Absenkung der durchschnittlichen Temperaturen. Ich lasse wieder einen Fachmann zu Wort kommen (Schwarzbach, 1993, S. 238): »Die pleistozäne Vergletscherung in *Afrika* (am Kilimandscharo und anderen hohen Bergen) und *Australien* (Mt. Kosciusko, Tasmanien) war räumlich unbedeutend.«

Also: Wie kommen Findlinge in alle Gegenden dieser Erde, auch in solche, die einschließlich Erdmittelalter – der Ära der Dinosaurier – nie mit Eis bedeckt waren? Bei Vorträgen kommt immer der Einwand, dass es in Afrika auch eine Eiszeit gegeben hat. Das wird aus geophysikalischer Sicht auch entsprechend dargestellt. Warum? Weil man sonst die Findlinge und glatt geschliffene Felsplateaus nicht erklären kann und die Sintflut mit ihren Begleiterscheinungen aber nicht anerkennt. Ich stelle nochmals fest, dass es im Erdmittelalter und in der Erdneuzeit keine Eiszeit in Afrika gab.

In diesem Zusammenhang möchte ich auf das allgemein von den Geophysikern favorisierte Szenario eingehen. Denn es gibt zwei große Probleme: Korallen in den arktischen Gebieten und angebliche *Eiszeiten in den Tropen*. Beide Phänomene sind, wie gesagt, mit der Sintfluttheorie zu erklären. Die Geophysiker wissen, dass sich die ungefähre Lage der Kontinente seit dem Ende des Erdmittelalters nicht gravierend geändert hat, zumindest befand sich Afrika in dieser Periode nie am Pol und Grönland nicht am Äquator, sodass die Korallen bei mindestens 20 Grad Celsius gedeihen konnten. Damit die Theorie von den Eiszeiten glaubhaft bleibt und man auch Findlinge in den Tropen erklären kann, muss man die Kontinente eben gedanklich entsprechend verschieben. Da dies in den letzten 250 Ma aufgrund geophysikalischer Gegebenheiten nicht stattgefunden haben kann, konstruiert man eine *zusätzliche, ja sogar mehrere* Kontinentalverschiebungen vor der uns heute bekannten. Das bedeutet, dass es bereits eine, genauer gesagt *mehrere Verschiebungen der Kontinente* gegeben haben soll, bevor sich schließlich der Urkontinent Pangaea bildete, der dann wieder auseinander brach (Abb. 30, S. 141). Ich unterstreiche die wissenschaftlich lebensnotwendige Vorstellung von mehreren Kontinentalverschiebungen hintereinander, begleitet durch Phasen *globalen tropischen Klimas* wie im *gesamten Erdmittelalter.*

Die zur Erklärung der weltweit gefundenen Findlinge notwendige Vereisung der Kontinente soll im Oberproterozoikum (vor 900 bis 590 Ma) stattgefunden haben. Die Kontinente sollen damals hin- und hergeschwommen sein, einmal zum Pol und dann wieder zum Äquator. Damit sind die Korallen an den Polen und die Findlinge in den Tropen erklärt. Weitere Erklärungen braucht man aus wissenschaftlicher Sicht nicht, denn irgendwie wird es passiert sein, denn jeder sieht doch die Findlinge und Verschrammungen...? Damit handelt es sich um einen klassischen Zirkelschluss. Das zu erklärende Phänomen wird als sichtbarer Beweis der Theorie zur Schau gestellt. Die erfundenen langen Erdalter decken einen großen, dicken Mantel über alle Rätsel unserer Erdgeschichte. So wird eine logische Erklärung überflüssig. Ich überlasse es jedem Leser selbst, die Idee dieses mehrfachen Umherschwimmens der Kontinente zu bewerten. Eine Frage bleibt auf jeden Fall unbeantwortet: Bleiben Findlinge in Kalifornien und anderen Warmgebieten mehrere hundert Millionen Jahre nach der angeblichen Vereisung *auf der Oberfläche* jungfräulich liegen? Gab es nicht seit dieser Zeit heftige Gebirgsauffaltungen und geologische Tätigkeit, Erosionen und klimatische Faktoren wie Frost, die die Findlinge geteilt, zerstückelt oder sonstwie in den Mühlen der Zeit zerrieben oder durch tektonische Aktivitäten tief in der Erde begraben hätten? Findlinge in während der letzten Eiszeit nicht vereisten Gebieten – zum Beispiel Kalifornien – können nicht mehrere hundert Millionen Jahre alt sein (siehe Abb. 4, S. 30) und daher definitiv auch nicht Relikte einer Eiszeit darstellen.

Und die Moränen, die als Beweis für die Eiszeiten herangezogen werden? In dieser Frage, merkt Velikovsky (1950/51) an, »...neigen wir zu der Ansicht, dass die erratischen Blöcke und der Geschiebelehm nicht vom Eis, sondern von dem Schwall riesenhafter Flutwellen mitgeführt werden, die durch eine Veränderung in der Erdrotation ausgelöst wurden; auf diese Weise fanden wir eine Erklärung für die Moränen, die vom Äquator aus nach höheren Breiten und Höhen (Himalaja) wanderten oder vom Äquator über Afrika hinweg zum Südpol.«

Toteislöcher und Eiskeile

Als Zeugen der Eiszeit werden auch so genannte Toteislöcher angeführt, riesige Hohlformen beispielsweise in den Endmoränen der Alpenvorlandgletscher. Diese sollen durch vom Gletscher abgebrochene Eisstücke entstanden sein, die dann über einen langen Zeitraum geschmolzen sind, und der entstehende Hohlraum füllte sich anschließend mit Kies- und Sandmassen. Das könnte auch so gewesen sein. Nur ist es kein Beweis für die Eiszeittheorie. Mit einem katastrophischen Szenario ließe sich dieses Phänomen ebenfalls erklären, vielleicht sogar glaubhafter. Riesige Wellen brachten nicht nur Sand, Kies, Geröll und Findlinge mit, sondern auch Eisschollen von den mit den Katastrophen im Ozean entstehenden Eisbergen. Durch das sich schnell bildende Treibhausklima während der Sintflut schmolzen diese Eisbrocken rapide. Dass die Verfüllung der entstehenden Hohlräume schnell und nicht langsam vor sich gegangen sein muss, erkennt man deutlich an den wohl sortierten geologischen Schichtungen in den Toteislöchern.
Andererseits gelten so genannte Eiskeile als eindeutige Beweise für eine Eiszeit. Ähnliche Krater entstehen aber auch als Brunnen, verursacht durch starke Beben. Entsprechende Strukturen, die von »prähistorischen« Katastrophen stammen, sind außerhalb der von den Eiszeitforschern proklamierten Inlandeisbereiche in vertikalem Anschnitt in Steinbrüchen aufgeschlossen gefunden worden (Abb. 45). Der amerikanische Geologe Robert M. Thorson (1986, S. 464f.) und sein Team haben in Connecticut (USA) sowohl das brunnenförmige Aufbrechen des Materials als auch die hierfür erforderliche Bodenverflüssigung in früher einmal wassergetränkten Flusssanden und -kiesen an ihren gekräuselten Lagen im Untergrund erkennen können. Die Eiskeile können also statt propagierter Eiszeitrelikte das Ergebnis von Katastrophen mit gewaltigen

*Abb. 45: **Erdbeben-brunnen.** Querschnitt eines fossilen »Erdbebenbrunnens« mit Erdverflüssigung aus ehemals* nicht vergletscherten *Gebieten in Connecticut. Liegen solche Brunnen innerhalb der proklamierten Inlandeisgrenzen, werden sie auch »Eiskeile« genannt und als Beweis für eine Eiszeit angesehen.*

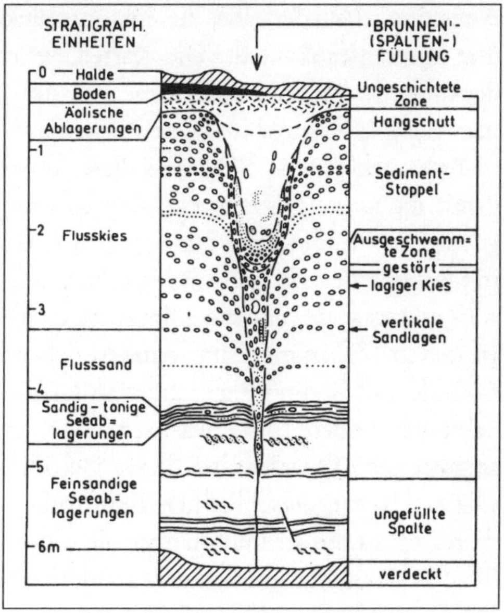

Beben sein und »Erdbebenbrunnen« genannt werden (Tollmann, 1993, S. 148f., und Friedrich, 1997, S. 29).

Andererseits gilt der als Grundmoräne geltende Geschiebelehm als der schlagende Beweis für das »große Eiszeitalter«. Nicht nur der Geologe Cristoph Georg Sigismund Sandberg (1937) sieht in der Eiszeitlehre keineswegs eine wissenschaftlich erwiesene Tatsache, sondern eine unhaltbare Spekulation, ja um eine leichtfertig aufgepustete »Seifenblase« (Friedrich, 1997, S. 60). Das ganze Gedankengebäude benötigte man, um die unserem Weltbild zugrunde liegende lyellsche Ideologie und damit die Gleichförmigkeitstheorien »zu stützen und dem Publikum verkaufen zu können. Einwandfreie nachvollziehbare Beweise für diese Lehre ersparte man sich, respektive man ›drehte alles so hin‹, dass es wie Beweise aussah«. Erdkatastrophen, wie die globale Sintflut, sind eben nicht mit der Evolutionstheorie zu vereinbaren, grundsätzlich nicht.

Sandberg (1937, S. 9f.) führt weiter aus: »Das Problem des Wesens des Geschiebelehms... ist deswegen von vitaler Bedeutung, weil die ganze glaziale Lehrvorstellung letzten Endes aufgebaut ist auf der

Annahme, dass derselbe die lokal zurückgelassene Grundmoräne des Inlandeises darstellt. Die Karten, welche die vermutete Eisbedeckung der nordeuropäischen und nordamerikanischen Gebiete darstellen, sind sogar im Wesentlichen auf dieser Annahme basiert. Sollte es sich herausstellen, dass diese Annahme falsch ist, dann wäre damit die ganze Eiszeitvorstellung eo ipso verurteilt. Eine zurückgelassene Grundmoräne bildet ja den einzigen Beweis, dass die betreffende Stelle einst von Eis bedeckt sein musste. Einen anderen Beweis gibt es nicht, und ein solcher ist auch nicht denkbar.«
In diesem Zusammenhang erinnere ich noch einmal an die vielen Grund- und Endmoränen, die man im Westen der USA besonders zahlreich findet, und zwar sehr deutlich dort, wo Straßeneinschnitte gute Querschnitte dieses Geröllmaterials freigelegt haben. Diese Gebiete, einschließlich Kalifornien, befanden sich aber seit dem Beginn des Erdmittelalters nie unter einer Inlandeisdecke. Es handelt sich nicht um Eiszeit-, sondern um Flutrelikte.
Der Vordenker und Begründer der »modernen« Geologie Lyell »hatte angenommen, dass die großen ›Findlinge‹ in Mitteleuropa durch driftende Eisberge transportiert wurden. Diese ›Drifttheorie‹ ist längst verlassen…«, schreibt Schwarzbach (1993, S. 34). Ich hatte ja bereits dokumentiert, dass Findlinge zahlreich auch oder gerade in nachweislich ehemals nicht vergletscherten Gebieten zu Abermillionen herumliegen. Die von Schwarzbach geäußerte Meinung scheint sich aber offiziell noch nicht herumgesprochen zu haben. Der Grund könnte sein, dass man für das massenhafte Vorkommen großer und kleiner Findlinge offiziell keine Erklärung ohne Berücksichtigung von Erdkatastrophen findet. Aber die Idee von Sintfluten steht in krassem Widerspruch zur lyellistisch-darwinschen Gleichförmigkeitstheorie und damit zum Evolutionsdogma.
Jeder Geologe kennt zahlreiche weitere Erscheinungen, die als beweiskräftig für das Wirken der Eiszeit angesehen werden: Kesseltäler der Alpen, Strudellöcher in felsigem Boden, Fjorde der nordischen Küsten, gerundete Form der Täler, Schuttmengen in den Trockentälern der Wüste, wechselnder Wasserstand abflussloser Seen oder das Auftreten vereinzelter kälteliebender Pflanzen und Tiere. Dazu gehört auch die allgemeine Oberflächenform des wel-

ligen Geländes. Aber gerade diese geologische Struktur erinnert mehr an einen flachen Meeresboden. Wenn man alle diese und auch andere Tatsachen als Beweise für ehemalige Gletschermassen betrachtet, dann kommt man allerdings zu der Annahme, dass einmal die *ganze Erde vergletschert* gewesen sein muss! Auch die trockenen Wüsten und ebenso das heiße Tropenland müssten demnach vereist gewesen sein. Ja selbst auf den warmen Ozeanen müssten Eisberge dahingetrieben sein (Walther, 1908, S. 497).
Wenn man nun feststellt, dass diese Erscheinungen mal stärker, mal schwächer ausgebildet sind, und einen Wechsel in ihrer Anlage findet, kommt der Fachmann zu dem Schluss, dass es nicht eine Eiszeit, sondern eine ganze Kette solcher Perioden, durch Interglazialeiszeiten (Zwischeneiszeiten) getrennt, aufeinander folgten. Während sich der eine Forscher mit drei Eiszeiten begnügt, nimmt der andere sechs oder auch zehn an. Wenn man nun andere Erscheinungen wie das Auftreten bestimmter Tier- oder Pflanzenarten und auch des Urmenschen zwischen diese Eiszeiten einzuordnen versucht, dann mehrt sich die Unsicherheit, und die Probleme werden immer verwickelter, ja unlösbarer. Der interessierte Laie kann der Thematik nicht mehr folgen, und auch an die Kombinationsgabe des Fachmanns werden große Anforderungen gestellt, die zu gewaltigen, eigentlich unerklärlichen Widersprüchen führen können. Die in Mitteleuropa und England lebenden Flusspferde sind dafür ein Beispiel.

Schneezeit-Modell

Insgesamt ergeben sich viele Fragen, die mit einer lange andauernden Eiszeit, dem großen Eiszeitalter, nicht in Einklang gebracht werden können. Ich stelle ein alternatives Szenario vor, das zwar eine Kaltzeit berücksichtigt, die aber schnell ihr Leichentuch ausbreitete und auch nur einige Jahrzehnte, längstens Jahrhunderte, aber nicht Jahrhunderttausende andauerte. Mit der Schwankung der Erdachse lösten sich kalte, ja glaziale und tropische Klimaphasen ab.

Die Eskimos beschreiben die Ereignisse während der Sintflut plastisch (Tollmann, 1993): »Das Wasser floss über die Gipfel der Berge, und das Eis trieb über sie hinweg. Als die Flut sich dann zurückzog, strandete das Eis und bildete überall auf den Gipfeln der Berge Eishauben.« Die Eskimos erlebten die Sintflut und die Eisbildung mit und beschreiben das Szenario eindeutig und richtig: Das Eis kam schnell und mit der Flut. Sicherlich überflutet die ganze Welt nicht gleichzeitig und überall gleich intensiv, sondern abhängig von der Entfernung vom Epizentrum, beispielsweise des Einschlagsorts eines Asteroiden. Die ganze Sintflut kann global gesehen Jahre gedauert haben.
Es ist von allergrößter Bedeutung, dass in Ostsibirien und Ostasien keine Spuren einer allgemeinen Eisbedeckung nachgewiesen werden können. Diese Beobachtung widerspricht der allgemeinen Erwartung, dass für die Bildung der Binneneisdecken große Landflächen besonders geeignet sind. Daran ändert die Tatsache nichts, dass im Altai- und Baikalgebiet Gletschergebiete existieren. Im Allgemeinen vergletscherten hohe Gebirge schnell und weltweit – auch in den Tropen – durch die gravierende Abkühlung der Atmosphäre als Folge des Sintflutgeschehens. Im Gegensatz dazu blieben die Temperaturen der Ozeane durch das gewaltige Speicherungsvermögen relativ konstant, und nur die Oberflächentemperaturen sanken kurzfristig ab. Deshalb gab es für viele Urtiere eine große Überlebenschance im Meer, und vielleicht schwimmen auch noch ein paar Plesio- oder andere Schwimmsaurier in den Weiten der uns fast völlig unbekannten Ozeane, wie der Fang eines entsprechenden Ungeheuers im Jahr 1977 durch ein japanisches Fischerboot vor Neuseeland zu beweisen scheint (Fotos in Zillmer, 1999).
Zweifellos gibt es Spuren der Vereisung in der norddeutschen Tiefebene. Es blieb ein ungefähr 300 Kilometer breiter Streifen zwischen der Donau und den deutschen Mittelgebirgen eisfrei. Andererseits findet man statt der vorher verbreiteten Steppengräser plötzlich Tundrapflanzen, zum Beispiel die verkrüppelte Zwergbirke. Bei Schussenried wuchsen Moose aus dem hohen Norden zu zwei Meter mächtigen Mooslagern heran. Der jetzt in Lappland und Spitzbergen brütende Singschwan flog über die Moosflächen, auf denen Rentiere

weideten, von denen man dort mindestens 200 Exemplare fand. Aber auch Eisbären und Eisfüchse wurden nachgewiesen (Walther, 1908, S. 512). Steinböcke und Gämsen bewohnten die Mittelgebirge, und das nordische Walross war bis Hamburg verbreitet.

Wie sind eigentlich Walrosse mit den Boden abschürfenden riesigen Eisbergen zu vereinbaren? Das sich von Skandinavien ausbreitende Eis ließ während der Haupteiszeiten wohl kaum eine offene Wasserfläche im Bereich der norddeutschen Tiefebene zu. Handelte es sich nicht eher um eine gefrierende Wasserfläche mit großen Eisschollen, zwischen denen die Walrosse umherschwammen? Andererseits drangen die Gletscher der Alpen tief in die Täler hinab. Das geschah plötzlich und schnell. So ist es zu erklären, dass ein Bau mit vier Murmeltierskeletten in der Nähe von Graz (Österreich) erhalten blieb.

Gerade die mehrfachen Vorstöße der Kaltzeiten widersprechen einer allgemeinen Abkühlung der Erde oder auch Polarländer. Die so genannte Eiszeit stellt also eine selbstständige Klimaepisode, wahrscheinlich als Teilaspekt des Sintflutgeschehens, dar. Professor J. W. Walther (1908, S. 515 f.) schrieb in seinem Buch »Geschichte der Erde und des Lebens«: »Eine Verschiebung des Nordpols um etwa zehn Grad bis in die Gegend von Spitzbergen würde ein nahezu ausreichender Grund für die Verbreitung der europäischen und nordamerikanischen Eisdecken sein und gleichzeitig befriedigend erklären, weshalb der asiatische Kontinent nicht vereiste. Der Südpol würde sich unter diesen Umständen gegen Neuseeland verschoben haben, das ebenfalls mit Tasmanien und Südaustralien große Gletscher trug. In Neuseeland liegt aber auch ein echter Löss auf den alten Moränen und zeigt uns, dass hier ein entsprechendes interglaziales Klima wie in Europa und Nordamerika herrschte. Das würde beweisen, dass jene Verlagerung der Erdachse vorübergehend nach der entgegengesetzten Seite erfolgte, sodass am Südfuß der Alpen tropische Verwitterungen und in Deutschland ein trockenes Steppenklima herrschen konnten.«

Walthers Gedanke unterstützt die in »Darwins Irrtum« diskutierte Hypothese, dass die Erdachse nicht nur schief gestellt wurde, sondern sogar pendelte. Diese Beschreibung scheint als grundsätzlicher Ansatz geeignet, die anscheinend widersprüchlichen Funde in Mit-

teleuropa und somit den mehrfachen Wechsel von tropischen zu arktischen Klimaverhältnissen zu erklären. Unter diesem Gesichtspunkt kann man durchaus mit den Worten Walthers feststellen, »dass große Bewegungen der Erdrinde und damit tief greifende Veränderungen in der Verteilung von Wasser und Land, der Meeresströmungen und der barometrischen Zugstraßen durch ihr zufälliges Zusammentreffen mit einer Polverschiebung die gesteigerte Anhäufung von Schnee in den Küstenländern des nördlichen Atlantiks bedingt haben. Gegenwärtig ist, wie wir durch Nansens (mit seinem Schiff »Fram«, d.V.) kühne Fahrt wissen, der größte Teil des Nordpolargebietes Tiefseeboden, und doch lehren uns zahlreiche Schalen von Yoldia artica … und zahlreiche Gehörsteine von Flachseefischen, die man in einer Tiefe von 1000 bis 2500 Meter zwischen Jan Mayen und Island fand, dass dieser Teil des Nordpolarmeeres in jüngster Zeit um 2000 Meter gesenkt worden ist. Wenn sich hier so tief greifende Veränderungen in der Lithosphäre vollzogen haben, dann liegt der Gedanke nahe, dass Hand in Hand damit eine wesentlich andere Verteilung der Massen eintreten musste, welche auf die Lage des Drehungspoles nicht ohne Einfluss bleiben konnte.
Die diluviale Schneezeit mit ihren gewaltigen Eisdecken in den Küstenländern des nördlichen Atlantiks war also unseres Erachtens ein Ereignis; bedingt durch allgemein tellurisch-kosmische Ursachen, lokal gesteigert durch örtliche geographische Umstände. Nur durch das Zusammentreffen verschiedener Ursachen ergab sich in Europa und Nordamerika eine so außerordentliche Wirkung.«
Mit anderen Worten: Dieser Professor für Geologie und Paläontologie erkennt ein Zusammenwirken kosmischer und irdischer Ursachen für die tief greifenden Umwälzungen auf unserer Erde, besonders aber der polaren und angrenzenden Bereiche. Örtliche Phänomene ergänzen dieses kataklystische Szenario, insbesondere die Bildung von Gletschern auf den hohen Gebirgen und auch in den Tropen. Andererseits wird bestätigt, dass umfangreiche geophysikalische Veränderungen stattfanden, und zwar in jüngster Zeit, denn der Boden des Nordpolarmeeres sank nicht ohne Folgen für die angrenzenden Kontinente um 2000 Meter tief ab und erzeugte Flutwellen. Die gleichzeitige Schiefstellung der Erdachse ließ plötzlich arktisches Klima ent-

stehen. Europa wurde bis zu den Mittelgebirgen überflutet, wobei durch die tiefen Temperaturen die sich bildenden Sand- und Lehmschichten gefroren. Gleichzeitig erfroren die leicht bekleideten Steinzeitmenschen zusammengekauert (fälschlich interpretiert als Hockergräber), und die Mammuts, Rhinozerosse sowie auch ganze Bäume mit ihren reifen Früchten froren komplett in einer Art Schnappschuss ein. Langsam kann dieser Prozess nicht abgelaufen sein.
Die Erdachse kippte aber auch zur anderen Seite, sodass entsprechende Vereisungen in Nordamerika bis auf die Höhe von New York auftraten. Gleichzeitig wurde das Klima in Mitteleuropa tropisch, so wie es vor der Vereisungsphase auch schon gewesen war. Dieser Wechsel dauerte nicht Jahrzigtausende, sondern ging relativ schnell innerhalb weniger Jahren vor sich. Die ursprünglich in diesen Breiten beheimateten tropischen Bewohner Mitteleuropas, die am Rande der Vereisungszonen überlebten, kehrten in die plötzlich wieder wärmeren Gebiete zurück, die jetzt allerdings teilweise unpassierbar waren, da man in dem auftauenden morastigen Boden versank. So kam es zu den heutigen geologischen Schichten, die nur durch das längere Bestehen von Eislinsen in aufgeschütteten Moränen in den Tiefebenen zu erklären sind und als definitiver Beweis für eine Eiszeit gelten. In Wirklichkeit handelt es sich um von Wasserfluten auf dem Festland abgelagerte Geröllmassen, in denen sich Eisschollen der zugefrorenen Ozeane befanden, die dann irgendwann auftauten und dadurch charakteristische Bodenstrukturen hinterließen.
Damit wird klar, dass Moränen in den Gebirgen durchaus von abrutschenden Eismassen gebildet werden, dass aber eine Übertragung dieses Szenarios auf flache Gebiete nicht zutreffen kann. Nicht nur in der norddeutschen Tiefebene sind die Moränen Randablagerungen der Sintfluten, wobei der Boden durch die arktischen Temperaturen schnell gefror. So ist es auch zu erklären, dass Robben oder Walrosse im Bereich des heutigen Festlandes umherschwammen, wo nach der Eiszeittheorie eigentlich kilometerhohes Eis hätte lagern müssen.
Ist man bereit, einen relativ *schnellen* Wechsel der Gegebenheiten und eine kosmische Ursache zu akzeptieren, werden die ursprünglich vorhandenen Widersprüche aufgelöst.

Der Geologe Professor Martin Schwarzbach (1993) führt aus: »*Erheblich* abweichende Neigungen der Erdachse würden dagegen das irdische Klima wesentlich umgestalten. Darauf stützen sich bereits die ersten Erfinder von Klimahypothesen vor zwei bis drei Jahrhunderten (Hooke, Herder u. a.). Eine andere Lage der Rotationspole würde ja das vorzeitliche ›Tropenklima‹ in unseren Breiten oder die Entstehung der quartären Vereisungen leicht erklären.«

Verschobene Pole

Eine ehemals gerade Erdachse wäre geeignet, um Korallen auch in Spitzbergen gedeihen zu lassen. Dinosaurier als Kaltblüter am eisfreien Südpol oder der Wuchs tropischer Kohlewälder in Polnähe wären ganz einfach zu erklären. Zur Begründung einer geneigten Erdachse fehlt unseren Geowissenschaftlern jedoch ein auslösendes Ereingis, und sie wird deshalb *kategorisch verneint*.
Sensationelle neue Forschungsergebnisse bestätigen die bisher vorgestellten, anscheinend utopischen Hypothesen. Vielleicht bringen

Abb. 46: Polwanderung. *In der Kreide vor ungefähr 90 bis 65 Ma bewegte sich der magnetische Pol sehr heftig im Verhältnis zur Lage der Erdkruste. Vor ungefähr 84 Ma war sogar eine schnelle Verschiebung um 16 bis 21 Grad zu verzeichnen, wodurch eine plötzliche Vereisung tropischer Gebiete erfolgt wäre. Das obere Bild zeigt die beiden Lagen des Äquators in diesem Zeitraum, wobei der Pfeil (AV) die Verschiebungsrichtung angibt. Damit wurde auch der Pol schnell aus seiner Lage vor der Küste Grönlands nach England bzw. nahe Skandinavien verschoben. Im unteren Bild (Original) ist die ungefähre Richtung der Polverschiebung mit den entsprechenden Datierungen in Ma angegeben. Eine plötzliche Polverschiebung würde jedoch auch eine Vereisung polnaher Gebiete – Kreise (qualitativ) – zu bestimmten Zeitpunkten bedeuten. In der Ära der Dinosaurier (Erdmittelalter) gab es aber* keine *dauernd vereisten Kontinente, weshalb die offizielle Datierung nicht stimmt und der Zeitpunkt der Polverschiebung in Richtung Jetztzeit verlegt werden muss. Durch entsprechende katastrophischen Ereignisse wurden nicht nur die Mammuts in Sibirien blitzschnell tiefgefroren konserviert, sondern auch die meisten Bewohner Mitteleuropas starben einen Kältetod. Nach Sager/Koppers (2000).*

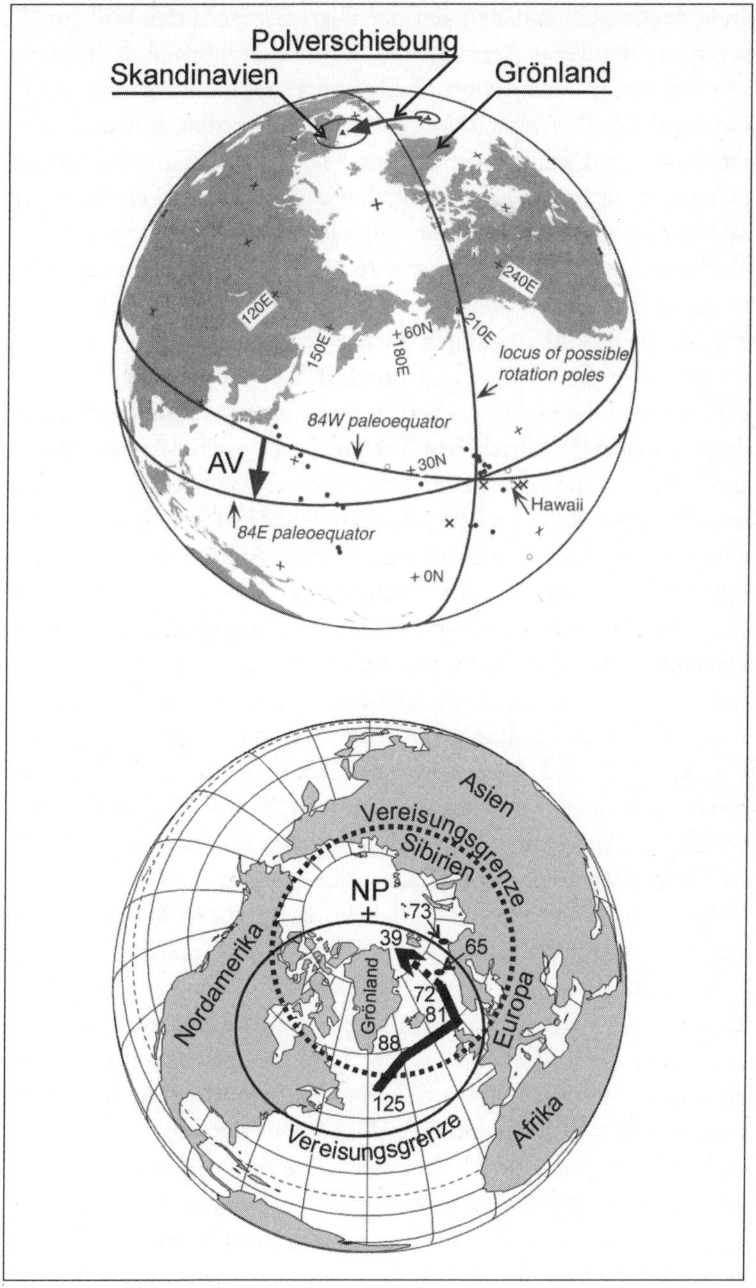

Polverschiebung
Skandinavien
Grönland
120E
150E
+60N
+180E
210E
240E
locus of possible
rotation poles
84W paleoequator
AV
+30N
Hawaii
84E paleoequator
+0N
Asien
Vereisungsgrenze
Sibirien
NP
73
39
65
72
81
88
125
Nordamerika
Grönland
Europa
Afrika
Vereisungsgrenze

die aktuellen Untersuchungen der Geowissenschaftler William W. Sager von der Texas A&M University und Anthony A.P. Koppers von der Scripps Institution of Oceanograhy, die im Fachmagazin »Science« am 21. Januar 2000 veröffentlicht wurden, eine neue wissenschaftliche Diskussionsplattform (Sager/Koppers, 2000). Durch Untersuchungen der Lava von Unterwasservulkanen, in denen das Magnetfeld vergangener Zeiten gespeichert ist, ermittelten sie, dass die Erde vor 86 bis 82 Ma *zwei 16 bis 21 Grad voneinander entfernte magnetische Pole aufwies.* Sager und Koppers (»Science«, 21.1.2000, S. 455) bestätigen auch eine Lageänderung der Drehachse unserer Erde (übersetzt durch d.V.): »Aus ähnlichen Merkmalen bei anderen Polwanderungen kann man darauf schließen, dass mit dem beschriebenen Ereignis eine rasche Änderung der Drehachse im Verhältnis zum Mantel einherging (effektive Polwanderung) und mit der globalen Änderung der Plattenbewegung, großen örtlichen Vulkanausbrüchen und einer Änderung der magnetischen Feldpolarität zusammenhing« (Abb. 46).
Diese neuen wissenschaftlichen Untersuchungsergebnisse bestätigen eine relativ schnelle Verschiebung der magnetischen Pole sowie der Drehachse unserer Erde, und zwar zu *Lebzeiten der Dinosaurier.* Ist es denkbar, dass derart große Veränderungen – Lageänderung der Pole und Aussterbeszenario infolge des Dinosaurier-Impakts – mit einem zeitlichen Abstand von 20 Ma abliefen? Die Verschiebung der magnetischen Pole sowie der Erdachse um vielleicht 21 Grad überstanden die Dinosaurier schadlos, um dann an den Folgen eines einzelnen Asteroideneinschlags vor 65 Ma massenhaft auszusterben? Da die offiziellen Datierungsmethoden zumindest zweifelhaft sind, liegt es aus logischen Überlegungen nahe, diese Ereignisse in engem Zusammenhang zu sehen. Denn durch die Verschiebung der Erdachse wäre die Antarktis zwangsläufig vereist, aber Dinosaurier lebten bis zu ihrem Massentod vor 65 Ma Jahren auch an einem eisfreien Südpol. *Die Verschiebung der magnetischen Pole und der Erdachse 20 Ma zuvor hätte eine vorhergehende Vereisung der Antarktis und auch von Teilen Europas bedeutet!* Diese ist aber für die Lebzeiten der Dinosaurier nicht nachgewiesen worden. Der Beginn der Inlandvereisung mit stark schwankenden

Temperaturen stellte sich erst vor knapp 2 Ma ein, wenn die offizielle Datierung richtig ist. Sollten die Dinosaurier erst vor kurzer Zeit mit der globalen Sintflut fast ausgestorben sein, rückt dieser Zeitpunkt zwangsläufig näher an die Gegenwart.
Einerseits bezeugt die Karte von Piri Reis aus dem Jahre 1513, dass die Antarktis im Süden, und andererseits die Zeno-Karte von 1380, dass Grönland im Norden von Menschen eisfrei kartographiert wurde (Abb. 47). Geschah dies vor 80 bis 65 Ma oder vielleicht doch vor erst wenigen tausend Jahren?

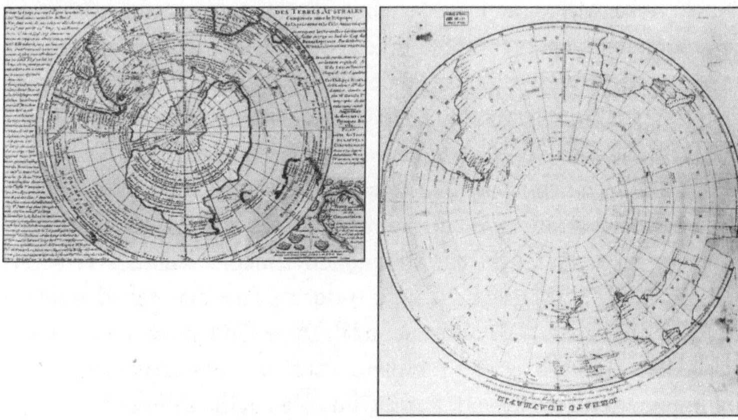

Abb. 47: Antarktis. *Die Karte des Philippe Buache aus dem Jahre 1737 (links) zeigt die Landmassen der Antarktis, wie sie vor der Vereisung ausgesehen haben soll. Die Antarktis ist völlig eisfrei dargestellt. Der Eispanzer der Antarktis soll aber bereits vor 30 Millionen Jahren (Ma) entstanden sein. Woher weiß ein Kartograph, dass sich unter dem Eis Landmassen befinden? Uns gelang diese Entdeckung erst durch Satellitenaufnahmen im Jahr 1958. Die russische Karte des frühen 19. Jahrhunderts (rechts) zeigt noch Wasser am Südpol, denn die Antarktis wurde erst 1818 – 81 Jahre* nach *Erstellung der Buache-Karte – offiziell entdeckt. Wann wurden die eisfreien Landmassen der Antarktis vermessen, vor 30 Ma, als es noch gar keine Menschen gegeben haben soll, oder vielleicht vor nur wenigen tausend Jahren? Die zweite Möglichkeit bezeugt, dass die Gletscher der Eiszeit schnell und nicht langsam erschienen. Folglich könnten auch Dinosaurier noch vor ein paar tausend Jahren bis zur eintretenden Vereisung am Südpol gelebt haben.*

Außerdem bestätigen Sager und Koppers in ihrer Untersuchung: Die Bewegungsrichtung der Kontinente änderte sich vor 84 Ma ebenfalls (»Science«, 21.1.2000, S. 455 ff.). Darauf wurde bereits im Kapitel »Die patagonische Driftspur« (S. 143) hingewiesen. Durch die neuen wissenschaftlichen Untersuchungen, die kurz vor Drucklegung dieses Buchs veröffentlicht wurden, werden die hier vorgestellten Theorien bestätigt.

Fast wasserleere Ozeane

Der kontinentale Schelf ist der untergetauchte Festlandsockel und zeigt ähnliche topographische und geologische Verhältnisse wie das angrenzende Festland. Die nordamerikanische Küste erweckt ebenso den Eindruck einer versunkenen Küste, wurde also wohl irgendwann überflutet. Die Schelfkante, der äußerste Rand des Kontinentalschelfs, liegt zehn bis 500 Meter – im Durchschnitt 200 Meter – tief. An dieser relativ geraden Schelfkante fällt der Kontinentalsockel mehrere Kilometer tief sehr steil ab mit einem Neigungsverhältnis steiler als 1:40. Zahlreiche Canyons durchschneiden den Kontinentalschelf und auch den Kontinentalabhang. Und diese von Flüssen gebildeten Täler, wie der Hudson Canyon, »durchschneiden die Fußregion und dienen als Kanäle für den weiteren Sedimenttransport in ein Tiefseebecken« (Turekian, 1985, S. 6).
Die fjordähnliche Mündung des Kongo in Westafrika setzt sich über 100 Kilometer unter der Meeresoberfläche bis zu 800 Meter tief fort (Abb. 48). Der Hudson weist eine 800 Meter hohe Rinne unter Wasser auf und endet in über 2000 Meter Tiefe (Abb. 49). *Die alten Mündungskanäle der Flüsse liegen also mehrere hundert Meter tief unter der heutigen Meeresoberfläche.* Es gibt Unterwasser-Canyons, die mehrfach so lang wie und tiefer als der Grand Canyon sind. Außerdem besitzen sie eine *V-Form*, wurden also wahrscheinlich durch einen Fluss in den Untergrund *gefräst*. Die heutige Fließgeschwindigkeit in diesen Unterwassertälern ist zu gering, um diese Erosion zu verursachen. Anderseits können die Canyons auch *nicht* durch hangabwärts rasende unterseeische Lawinen mit aufgewirbel-

ten Sedimenten, so genannte *Trübeströme* (Ericson/Heezen, 1951, S. 961), verursacht werden, da in diesem Fall eine *U-Form und nicht eine V-Form* entstünde. Damit ist nicht gesagt, dass es nicht Trübeströme mit sogar großflächigen Unterwasser-Hangrutschen an Kontinentalabhängen gegeben hat und auch noch heute gibt.

Diese Beobachtung eröffnet eine schwer wiegende Frage, denn irgendwann müssen Ströme diese bis zu mehrere Kilometer unter die Meeresoberfläche, ja sogar bis zur Fußregion reichenden Täler erodiert haben. Mit anderen Worten: Irgendwann muss der *Kontinentalabhang nicht unter der Wasseroberfläche, also frei gelegen haben* (Abb. 49). *Der Wasserspiegel der Ozeane lag bis zu mehrere Kilometer unter dem heutigen!* Demzufolge müssen die Kontinentalschilde insgesamt hoch herausragende »Inseln« mit einer hohen *Steilküste* gewesen sein, von der die Flüsse als eine Art Wasserfall oder kaskadenartig *herabstürzten*.

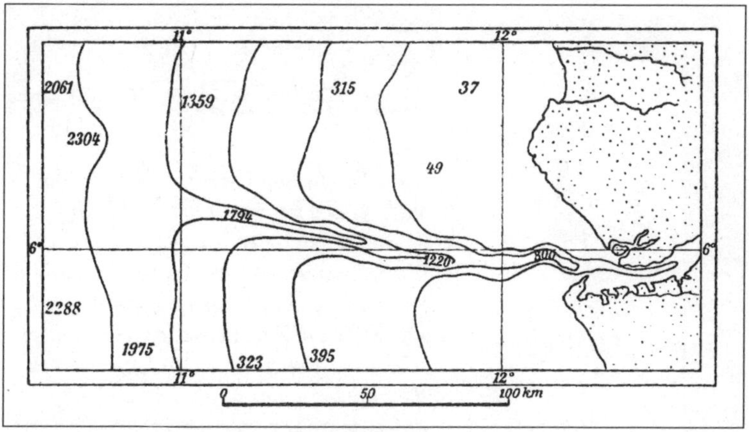

Abb. 48: Kongorinne. *Die Tiefenkurven des Ozeanbodens an der Kongomündung in Westafrika beweisen, dass der urzeitliche Fluss mindestens 180 km weiter westwärts bis in eine Tiefe von 2000 Metern unter dem heutigen Meeresspiegel verlief. »Der Fluss kann diese Rinne natürlich nicht im Meere selbst ausgefurcht, sondern nur im Zusammenhang mit seinem jetzigen obermeerischen Tal ausgearbeitet haben«, bestätigt Dacqué. Das heutige afrikanische Festland ist punktiert dargestellt. Aus Dacqué (1930) nach Kapfer (1921).*

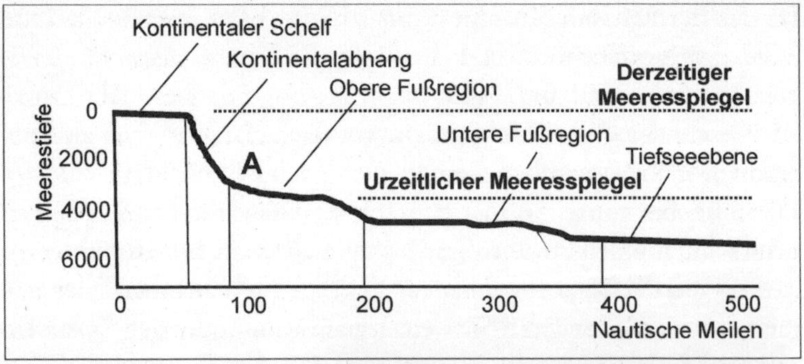

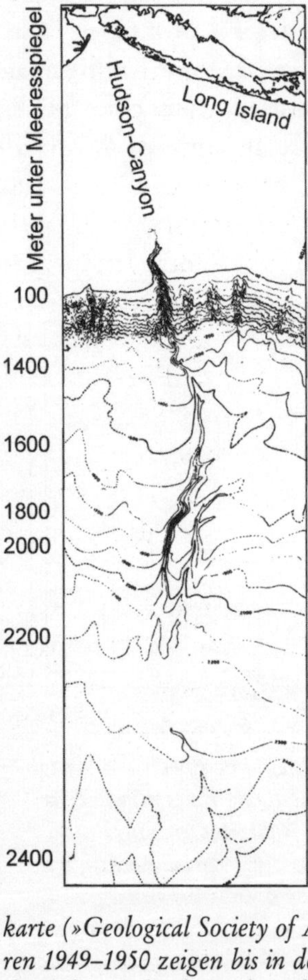

Abb. 49: Hudson Canyon. Oberes Bild: *Viele in den kontinentalen Schelf eingeschnittene Canyons wie der Hudson Canyon setzen sich im Kontinentalhang fort und durchschneiden die Fußregion. Die Tiefsee-Ebene besitzt dagegen nur ein schwaches Relief. In vielen Gegenden ist die Fußregion des Kontinentalabhangs durch den früheren Antransport der Sedimente durch die urzeitlichen Flüsse aufgeschüttet (A). Zu diesem Zeitpunkt lag der urzeitliche Meeresspiegel mehrere Kilometer unterhalb des kontinentalen Schelfs.* Bild links unten: *Die Höhenlinien der Reliefkarte (»Geological Society of America«) nach Echolotmessungen in den Jahren 1949–1950 zeigen bis in den Bereich der kontinentalen Fußregion einen deutlichen Geländeeinschnitt bis in große Tiefen (vgl. Turekian, 1985).*

Da sich der Hudson Canyon von der Küste 190 Kilometer bis zum Rand des Kontinentalsockels und darüber hinaus noch 160 Kilometer weit in den Ozean erstreckt, stellte Professor M. Ewing (1949) von der Columbia University aufgrund einer Atlantikexpedition fest (»National Geographic Magazine«, November 1949): »Wenn dieses ganze Tal ursprünglich vom Fluss auf dem Festland ausgeschürft wurde, wie es den Anschein hat, so bedeutet das entweder, dass der Meeresboden der Ostküste Nordamerikas einst ungefähr zwei Meilen (3,2 Kilometer) über seiner heutigen Höhe lag und seither untergetaucht sein muss – oder dass der Meeresspiegel einmal zwei Meilen oder mehr tiefer lag.«

Diese Feststellung einer wissenschaftlichen Kapazität sollte man ganz genau lesen, denn sie ist mit unserem schulwissenschaftlichen Weltbild überhaupt nicht vereinbar. Als Beweis wurde vorgeschichtlicher Strandsand aus einer Tiefe von über drei und über fünf Kilometern Tiefe »von Stellen heraufgebracht, die weit weg von heutigen Stränden liegen«. Auf dem Boden der Ozeane herrscht relative Ruhe, sodass die erodierende Wirkung der Meereswellen fehlt. Grobkörniger Sand ist daher kein Kennzeichen eines Ozeanbodens, sondern gehört zum Festland und zu den Kontinentalsockeln. Andererseits fehlen mächtige Sedimente zu beiden Seiten des Mittelatlantischen Rückens, woraus man auf ein junges Alter der Ozeanböden schließen kann. Zugleich sind in manchen Bereichen an den Flanken des Rückens die Sedimentschichten mehrere Kilometer mächtig.

In einer Computersimulation wurde der Einschlag eines 1,4 Kilometer großen Asteroiden vor der Atlantikküste bei New York nachgestellt. Der Asteroid verdampfte beim Aufschlag, hunderte Kubikkilometer von Trümmern sowie heißer Wasserdampf und geschmolzenes Gestein wurden in die Atmosphäre geschleudert. Ein

Bild rechts unten: *Der Kontinentalabhang lag in der Vergangenheit frei, bzw. der Meeresspiegel des Atlantiks befand sich mehrere Kilometer tiefer unter dem aktuell zu beobachtenden. Satellitenmessungen (Bild) zeigen einen durch urzeitliche Flüsse zerfurchten Kontinentalabhang, der an ein erodiertes Gebirge erinnert.*

Teil regnete zur Erde zurück, doch der gesamte Globus wurde in eine dichte Wolke gehüllt, und es erfolgte eine weltweite Abkühlung mit wochenlangem Schneefall in nördlichen und hohen Lagen, während in den anderen Gebieten lang anhaltender heftiger Regenfall zu verzeichnen war. Dieses Szenario war der Beginn der Eiszeit, von mir »Schneezeit« genannt.

Aber allein der Asteroid, der für das Dinosaurier-Sterben verantwortlich gemacht wird, war siebenmal größer als derjenige in der Simulation. Was passiert, wenn mehrere große, viele mittlere und unzählige Splittereinschläge zeitverzögert weltweit zu verzeichnen sind? Auf jeden Fall beginnt global eine Schneezeit, und die Gletscher entstehen auf hohen Bergen und die Eisberge an den Polen (BdW, 7/1998, S. 11). Andererseits sank der Spiegel der Ozeane, und das auf die Kontinente geschleuderte Wasser musste wieder zurück in die Ozeane laufen. Die damals viel mächtigeren Flüsse trugen mit ihren reißenden Fluten viel Geröllmaterial mit sich, gruben tiefe Canyons in den damals frei liegenden Kontinentalsockel und bildeten riesige Wasserfälle. Zumindest stürzten die Wasserfluten kaskadenartig in den mehrere Kilometer tiefer liegenden Ozean.

Die Ozeane als zwischen den Kontinenten liegende Seen oder *Tümpel*? Ein unvorstellbares Szenario, denkt man unwillkürlich. Natürlich wären somit wesentlich mehr Landbrücken zwischen Kontinenten vorhanden, und auch die Dinosaurier hätten es bei einem niedrigeren Wasserstand wesentlich *einfacher*, um von Kontinent zu Kontinent zu gelangen, auch wenn die Kontinente schon durch Wasserstraßen getrennt waren. Damit könnte auch das Problem der Galápagos-Fauna gelöst sein. Dass Pärchen bestimmter Tierarten als Nichtschwimmer den Archipel zufällig erreichten, kann als von manchen Darwinisten phantasievoll vorgetragenes Märchen angesehen werden, da ein Erklärungsnotstand im Sinne der lyellistisch-darwinschen Doktrin besteht.

Lagen die Wasserspiegel der Ozeane in der Vergangenheit wesentlich unter dem heutigen, dann konnten die Tiere über die jetzt unter Wasser liegenden Landbrücken zu den Inseln gelangen. Vielleicht lebten sie auch in den heute überfluteten Gebieten und retteten sich vor dem steigenden Wasser in höhere Gebiete, auf die heutigen Galápagos-Inseln als Spitzen früherer Berge.

Wüste Mittelmeer

Die 1968 in Dienst gestellte »Glomar Challenger« nahm im Jahr 1970 mehrere über das ganze Mittelmeer verteilte Bohrungen in den Meeresgrund vor. Die sensationellen Ergebnisse beschreiben die amerikanischen Geophysiker Walter Pitman und William Ryan (1998) vom Lamont-Doherty Earth Observatory (Pasadena) in ihrem Buch »Noah's Flood« (»Sintflut«).

Die Bohrkerne ergaben eindeutige biologische und geologische Beweise für ein unglaubliches Szenario: Man fand fast vollkommen *durchsichtige* Steinzylinder aus dem Mineral Halit, also Natriumchlorid mit magnesium- und kaliumreichen Zonen (Pitman/Ryan, 1999, S. 108). Dies bedeutet: Am Grund des Mittelmeeres gibt es riesige Salzablagerungen als Reste früherer Salzseen in 3600 Metern Tiefe (»IlW«, 1/1998, S. 24). Für kurze Zeit waren trostlose Pfützen hoch konzentrierter Salzlake in der Mitte der Mittelmeersenke komplett eingetrocknet gewesen. Das Mittelmeer war also vormals wasserleer, ja eine regelrechte Wüste (Hsü, 1984). Andererseits wurden Schichten von Anhydrit, wasserfreiem Kalziumsulfat, gefunden, das nur bei Temperaturen über 43 Grad Celsius entsteht (Pitman/Ryan, 1999, S. 103).

Das Mittelmeer war einmal eine Wüstenlandschaft, deren Seen und Schlammpfützen allmählich in der stechenden Sonne verdunstet waren. Außerdem kann es keine Verbindung mit dem Atlantik gegeben haben. Über einen natürlichen Damm kann nur gelegentlich ein Wasserschwall in das Hitzeinferno hinabgestürzt sein, das sich bis zu dreißigmal tiefer unter dem Meeresspiegel befand als das Death Valley (Tal des Todes) in Kalifornien.

Diese Entdeckungen der Forscher an Bord der »Glomar Challenger« wurden durch unabhängige sowjetische Untersuchungen anlässlich des Baus des Assuan-Staudammes in Ägypten ergänzt. Quer durch das Niltal wurden Probebohrungen ins nubische

Grundgestein getrieben, um geeignete Stellen für die Verankerung des Staudamms zu finden. Der russische Wissenschaftler I. S. Chumakov berichtet in der »Prawda« über eine unter dem Nil verborgene, außerordentlich tiefe und enge Schlucht. In der Mitte des Flusses war man ohne Widerstand 300 Meter tiefer in den Boden eingedrungen, als man vorher angenommen hatte, bis der Granitgrund erreicht wurde. Zwischen dem Nilschlamm und dem Granit des Grundgesteins befindet sich Tiefseeschlick, der das gleiche Alter wie die Proben aus dem Mittelmeer haben soll, die die »Glomar Challenger« dem Sediment unmittelbar über dem Anhydrit entnommen hatte. Nach offizieller Meinung soll der alte Fluss unterhalb des Nils vor 5 Ma ein spaghettidünner Ausläufer des Mittelmeeres gewesen sein. An diesem 1000 Kilometer von der heutigen Mittelmeerküste entfernten Punkt wurden sogar Haifischzähne gefunden. Chumakov hatte aus diesen Gegebenheiten geschlossen, dass der Wasserspiegel einmal 1500 Meter tiefer gelegen haben muss als heute (Piman/Ryan, 1999, S. 111 f.). Dieser gewaltige Einschnitt des Niltals erinnert an die beschriebenen unterseeischen Canyons in den Kontinentalschelfen.

Warum lagen die Meeresspiegel des Atlantiks und des Mittelmeers irgendwann wesentlich tiefer als heute? Füllte sich der Atlantik durch die Erdkatastrophen wieder mit Wasser, und brach dann der Damm, der den Atlantik vom Mittelmeer trennte? Falls der Atlantik in den vergangenen 5 Ma immer ungefähr den heutigen Wasserstand aufgewiesen hätte, müsste die Meerenge von Gibraltar schneller aufgebrochen worden sein, und das Mittelmeer hatte nicht genug Zeit auszutrocknen. Irgendwann aber brach der Gibraltar-Damm, tosende Wassermassen fraßen die Barriere weiter an, sodass ein etwa 300 Meter tiefer Durchbruch unter dem Meeresspiegel des eindringenden Atlantischen Ozeans entstand (Pitman/Ryan, 1999, S. 115). Diese Tiefe ist notwendig, um die blinden Krebse aus ihrer Lebenszone im Nordatlantik mitzureißen und mitsamt dem kalten Salzwasser in das sich rasch füllende Becken des Mittelmeeres zu schwemmen.

Das überwältigende Naturschauspiel der Verwandlung einer mediterranen Wüste in ein anderthalb Kilometer tiefes Meer ereignete sich innerhalb der kurzen Zeitspanne eines Menschenlebens (Pitman/Ryan, 1999, S. 115). Da die winzigen Kleinkrebse in den Sedimenten über den trockenen Schichten des Mittelmeerbodens gefunden wurden, muss sich die trockene Senke sehr schnell aufgefüllt haben, denn diese Tiere sind auf Tiefseewasser angewiesen. Die Kleinkrebse wurden andererseits auch unter den Schichten der Austrocknung gefunden. Das Mittelmeer war anscheinend einmal mit Wasser gefüllt, trocknete dann aus und war dann plötzlich wieder voller Wasser.

Wenn solch große Mengen Wasser verdampfen, muss zumindest ein Teil des Wasser wieder als Niederschlag zur Erde fallen. Entstand in dieser Zeit das Eis der Antarktis? »Bereits vor 5 Mio. Jahren ist der größte Teil der Antarktis vergletschert« (Paturi, 1996, S. 414). Auch die Fischfauna bezeugt eine weltweite Abkühlung, und die Korallenriffe verschieben sich weiter zum Äquator (Paturi, 1996, S. 390). Die Arktis, Grönland und Alaska beginnen zu vereisen. Bis vor 2,4 Ma sollen in Holland und im Rhein-Main-Gebiet noch subtropische Pflanzen gewachsen sein, bis die Eiszeit (Prätegelen- oder Biber-Kaltzeit) einsetzte (Paturi, 1996, S. 414).

Festzustellen bleibt, dass mit dem Ende der Wüste Mittelmeer weltweit Vereisungen einsetzen. Damit ist auch ein Zusammenhang zwischen Verdampfung und Eisbildung der verdichteten Schichten aus zur Erde fallenden Schneemassen gegeben. Genau dieses Szenario hatte ich für die Bildung der Eisberge in Zusammenhang mit den kosmischen Einschlägen und damit einhergehendem Sintflutgeschehen verantwortlich gemacht, wie es ja letztendlich auch die Mythen der Eskimos und anderer Völker berichten. Menschen können von solchen Ereignissen aber nur erzählen, falls solche irgendwann tatsächlich beobachtet wurden. Somit kann die Eisbildung nicht vor Millionen von Jahren eingesetzt haben. Andererseits bleibt das verdunstete Wasser des Mittelmeers und auch der Ozeane nicht über sehr lange Zeiträume in dieser Konzentration in der Atmosphäre beständig. Damit ergibt sich der mögliche Schluss, dass die Vereisung innerhalb weniger Jahrzehnten erfolgt sein muss. Auf jeden Fall erscheint eine langsam fortschreitende Vereisung mehr als unwahrscheinlich. Wenn es eine entsprechend langsame globale Verschlechterung des Klimas nach orthodoxer Lehrmeinung gegeben haben soll, ist es unwahrscheinlich, dass zwischen Beginn der Vereisung in arktischen Gebieten und in Mitteleuropa 2 bis 3 Ma liegen sollen und während der Zwischeneiszeiten Flusspferde auch in England und Deutschland badeten.

Flüchtende Tiere

Ptolemäus (um 100–160) war Leiter der Bibliothek von Alexandria (Ägypten). Anhand archaischer Karten der größten Handschriftensammlung des Altertums zeichnete er eine Karte, die im 15. Jahrhundert wieder gefunden wurde. Sie stellt in Nordeuropa Gletscher und Gletscherströme dar. Es gibt keine bekannte Kultur, die Karten erstellte und 10 000 v. Chr. in der Mittelsteinzeit Vermessungen vornahm. Die Bedeutung dieser und anderer ähnlicher Karten wird unterschätzt, da man dieses Problem gerne ignoriert. Denn die kartographisch belegten Erkenntnisse widersprechen unserem darwinistisch-wissenschaftlichen Weltbild auf eine grundsätzliche Art und Weise.
Die Karte (»Portolano«) des Iehudi Ibn Ben Zara aus dem Jahre 1487 dokumentiert ungefähr bis auf die Höhe Englands Gletscher. Gleichzeitig erscheint die Ägäis erheblich inselreicher als heute. Eine befriedigende Erklärung fände man, falls die Karte oder besser gesagt, deren Vorlage vor dem Ende der Eiszeit, nach offizieller Meinung 12 000 Jahre vor unserer Zeit, angefertigt wurde. Durch begleitenden katastrophischen Ereignisse des Sintflutgeschehens stieg dann der Meeresspiegel der Ozeane, und die heutzutage fehlenden Inseln im Mittelmeer wurden überschwemmt.
Auf den großen Mittelmeerinseln Zypern und Kreta fand man Reste von Elefanten und Flusspferden. Bei meinem Besuch des Archäologischen Museums in Limassol (Zypern) waren Schädel von Flusspferden ausgestellt, die vor 10 000 Jahren ausgestorben sein sollen (Abb. 50). Dieser Zeitpunkt erinnert an das Ende der Eiszeit, als ein Massensterben der Tiere eingesetzt haben soll. In Zypern gab es aber keine Eiszeit, höchstens etwas sinkende Temperaturen.

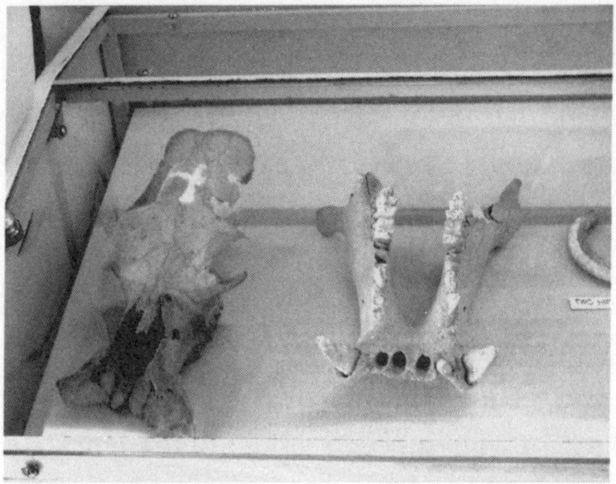

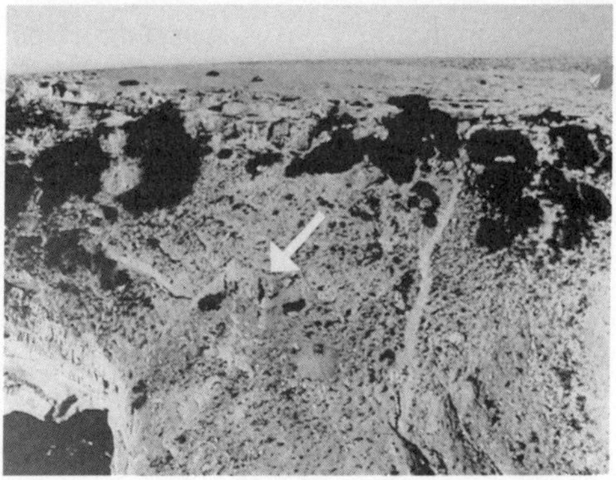

Abb. 50: Zwergflusspferde. Die in der altsteinzeitlichen archäologischen Fundstätte Akrotiri-Aetokremnos (Zypern) entdeckten Überbleibsel von Flusspferden (oberes Bild) lagen einige Meter (siehe Pfeil unteres Bild) unter der ebenen Fläche eines Hochplateaus, das früher einmal Meeresboden darstellte, heutzutage jedoch eine terrassenartige Hochebene am Rande des jetzt wesentlich tiefer liegenden Mittelmeers bildet.

Eine Frage beschäftigte mich beim Studium der alten Knochen: Wie kommen Elefanten und Flusspferde auf die Mittelmeerinseln? Schwimmen können diese Tiere zwar, aber nicht lange genug, um große Entfernungen zu überbrücken. Für Charles Lyell war es ein Rätsel, dass auf Sizilien, Sardinien und Malta ganz plötzlich eine Menge neuer Säugetiere auftauchte (Azzaroli, 1981).

Nimmt man ein fast ausgetrocknetes Mittelmeer und ein entsprechend heißes, wüstenhaftes Klima an – auch in den angrenzenden Regionen –, wird verständlich, dass Flusspferde, Leoparden, Gazellen und andere tropische Tiere im Bereich des heutigen Mittelmeeres lebten, denn es gab in den tieferen Bereichen noch größere Seen. Und gleichzeitig waren möglicherweise natürliche Landbrücken vorhanden, denn vor 10 bis 5 Ma war das Mittelmeer nach offizieller Ansicht von den Weltmeeren abgeschnitten (Paturi, 1996,

S. 395). Die Tiere konnten fast ungehindert auf direktem Weg über den heutigen Boden des Mittelmeeres oder/und über eine damals eventuell noch vorhandene Landbrücke im westlichen Mittelmeer von Afrika nach Europa wandern, aber auch nach England, das zu diesem Zeitpunkt noch zum europäischen Festland gehörte.

Damit ist aber auch Lyells Überzeugung von einer Argonauten-expedition von Flusspferden aus den Flüssen Afrikas bis nach Deutschland und England während der Zwischeneiszeiten und deren Rückkehr vor dem bitterkalten Wintereinbruch ad absurdum geführt. Diese Tiere lebten bereits hier, denn vor der Eiszeit war es auch in Mitteleuropa tropisch warm und sogar auch noch während der so genannten Zwischeneiszeiten, auch im Winter. Im Mittelmeerraum wurden die Flusspferde aus den Seen und Tümpeln im Bereich des heutigen Meeresbodens vertrieben. Das durch die aufgerissene Gibraltar-Schwelle in das Mittelmeer stürzende Wasser vertrieb die Tiere. Sie flüchteten vor dem steigenden Wasser in höhere Regionen: auf Berge, und diese Bergregionen sind die heutigen Inseln – zum Beispiel Kreta, Malta und Zypern. Somit ist auch das plötzliche Auftreten bestimmter Säugetierarten auf den anderen Inseln verständlich.

Bei meinem Besuch in Gibraltar erzählte der Reiseführer, dass die Anwesenheit der dort beheimateten Affen ein Rätsel sei. Vielleicht ist die Lösung ganz einfach: Die Affen flüchteten auf den Felsen von Gibraltar, als die Wasserfluten des Atlantiks durchbrachen und ihren alten Lebensraum vernichteten. Seit dieser Zeit leben die Tiere getrennt von ihren afrikanischen Artgenossen. Aber wie lange ist das her? Ist es möglich, dass die Affen mit einer verhältnismäßig geringen Population 5 Ma auf diesem einsamen, isolierten Felsen überstehen, oder sind vielleicht 6000 Jahre realistischer (Abb. 51)?

François de Sarre (1999) belegt meine Beobachtungen mit weiteren Beispielen in seinem Buch »Als das Mittelmeer trocken war«. Die lange Anwesenheit von Elefanten lässt seiner Meinung nach auf ein durchgehendes Waldgebiet von Zentralafrika bis nach Südeuropa (Kalabrien) schließen. Außerdem leben verschiedene typische Schmetterlinge, Amphibien, Süßwasserfische und auch Säugetiere *nördlich wie südlich* der Meerenge von Gibraltar. Die Trennung die-

Abb. 51: Affenverteilung. Die Abbildung zeigt das Verbreitungsgebiet des Magot (Macarus sylvanus) *in Marokko und Algerien sowie ein Reliktvorkommen auf dem Felsen von Gibraltar. Wurden Populationen dieser nicht schwimmfähigen Affen durch die Flutung des Mittelmeers getrennt, sodass sie heute auf zwei verschiedenen Kontinenten leben?*

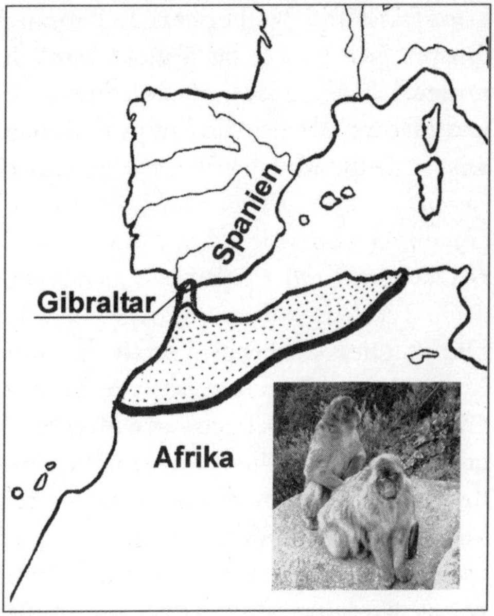

ser Gebiete kann noch nicht lange zurückliegen, insbesondere da die Ausbreitung mancher Arten noch nicht weit fortgeschritten ist.

Das Mittelmeer war also eine Wüste. Walter Pitman, William Ryan und andere Geophysiker verlegten dies aufgrund vergleichender Untersuchungen und radiometrischer Messungen auf 5 Ma vor unserer Zeit. Obwohl sich das Mittelmeer nach Meinung dieser Forscher innerhalb eines Menschenlebens, also in weniger als 100 Jahren schnell füllte, *sehen sie dieses Ereignis nicht in Verbindung mit der Sintflut.* Die nachgewiesene plötzliche Änderung von Fauna, Flora und geologischen Schichten beweist andererseits aber auch eine abrupte Änderung der klimatischen Gegebenheiten, insbesondere im Bereich des Mittelmeers. Auch die Eiszeiten können nicht langsam entstanden sein, sondern innerhalb weniger Jahrzehnte. Berücksichtigt man die relativ plötzlichen Änderungen des Klimas, reichen erdgebundene Szenarien nicht aus. Es müssen außerordentliche kosmische Ereignisse, wie Meteoriteneinschläge, einbezogen werden. Damit schmelzen aber die Erdzeitalter drastisch zusammen. Das vor 5 Ma beginnende Pliozän und das darauf folgende Quartär (vor 1,7 Ma bis heute) könnte in einer Art Zeitraffer auf maximal 10000, vielleicht auch nur gut 5500 Jahre komprimiert und mit der globalen Sintflut in Einklang gebracht werden. So gesehen war das Mittelmeer vor höchstens 10000 Jahren eine Wüste.

Durchbruch am Bosporus

Die »Glomar Challenger« setzte ihre Bohrtätigkeit im Schwarzen Meer fort, und auch hier gaben die Bohrkerne ein kaum vermutetes Geheimnis preis: Das Schwarze Meer war ebenfalls einmal fast ausgetrocknet. Offiziell stellte man fest, dass der Wasserspiegel mindestens 120 Meter unter dem heutigen gelegen haben muss. Große Teile des heutigen Meeres waren bis vor 7500 Jahren (oZ) trockene Ebenen und Steppen (Pitman/Ryan, 1999, S. 197). Zu diesem Zeitpunkt wurde der Wasserdruck des Mittelmeeres derart groß, dass die bis dahin vorhandene Bosporus-Schwelle brach und gewaltige Fluten in das Schwarze Meer stürzten. Pitman und Ryan sehen die Füllung des Mittelmeeres und Schwarzen Meeres allerdings als zwei zeitlich total getrennte Ereignisse an. Gab es nicht eher eine Kettenreaktion: Zuerst lief das Mittelmeer in 100 Jahren voll, und als Folge des sich aufbauenden Wasserdrucks brach kurz danach die Bosporus-Schwelle? Oder hielt sie tatsächlich 5 Ma, wie Pitman und Ryan meinen?

Wie auch immer, durch den Höhenunterschied ergab sich ein Druckgefälle, das dem Zweihundertfachen der heutigen Niagarafälle entsprach. Täglich könnte sich der Meeresspiegel um 15 Zentimeter erhöht haben. Die an den flachen Ufern lebende Bevölkerung musste täglich 400 Meter weiterziehen, um mit dem Ansteigen des Wassers Schritt zu halten. Ein unvorstellbares Szenario, und wie die Bohrkerne bewiesen, fand dies auch in geschichtlicher Zeit statt. Gleichzeitig lief auch eine andere Tragödie für Tiere, Pflanzen und Menschen ab, denn das vorhandene Süßwasser des Schwarzen Meeres wurde mit dem salzigen des Mittelmeeres gemischt.

Anderseits fand man sogar Reste alter Korallenriffe im Schwarzen Meer, die es einerseits heute in diesen Breiten nicht mehr gibt und die andererseits von einer tropischen Vergangenheit dieses Gebiets zeugen (Barker, 1985). Sie sollen seit dem Erdmittelalter bis vor 20 000 Jahren hier existiert haben, als der Höhepunkt der Vereisung stattgefunden haben soll. Nicht weit entfernt von den angeblich in Russland lagernden riesigen Eisbergen soll es im Schwarzen Meer Korallen gegeben haben? Das ist genauso undenkbar wie die Anwesenheit von Flusspferden in England und Mitteleuropa während der so genannten, aber fehlinterpretierten Eiszeit. Vor relativ kurzer Zeit herrschte also am Schwarzen Meer und in Mitteleuropa anscheinend tropisches Klima, trotz angeblicher Eiszeiten. Gab es noch andere tief greifende klimatische Umwälzungen zur Zeit der sintflutartigen Überflutung des Schwarzen Meeres?

Der Urwald Sahara

Mitten in der heutigen Wüste Sahara existieren alte Felsbilder, die von Pferden gezogene Kampfwagen oder auch ausgestorbene Tierarten zeigen. Außerdem fand man den ägyptischen Gott Seth abgebildet. Manche der gezeichneten Rinder erinnern an ägyptische Darstellungen, da auch sie Scheiben zwischen den Hörnern tragen. In früheren Zeiten gab es hier anstatt Sand fruchtbares Land, und zwar in geschichtlicher Zeit, vermutete man.
Der Wandel der Sahara von einer subtropischen Steppe mit Flusspferden, Krokodilen und Elefanten zu einer überwiegend lebensfeindlichen Sandwüste erfolgte erst vor 5000 bis 6000 Jahren, wie Analysen von Pflanzenpollen und Knochen ergaben. Die klimatischen Bedingungen konnten schon 1998 durch das Potsdamer Institut für Klimaforschung rekonstruiert werden. Andererseits wurde die Entstehung dieses größten Wüstengebietes der Erde durch das Computermodell »CLIMBER« (CLIMate and BiosphERe) simuliert (BdW, 12.7.1999 und 16.9.1999). Die abrupten Klima- und Vegetationsänderungen sind auf sich ändernde Faktoren wie die Verteilung der Sonneneinstrahlung zurückzuführen.

»Diese Änderung wiederum sei auf kleine periodische Schwankungen in der Erdbahn und der Erdachsenneigung zurückzuführen. Die Schwankungen führten dazu, dass die Sommer seit mehreren Jahrtausenden in vielen Gebieten der Nordhalbkugel kühler wurde.« Die zuerst unglaubhaft klingende Feststellung, die »Sahara ist abrupt entstanden« (BdW, 15.7.1999) überrascht somit nicht mehr. Mit den Flusspferden und Elefanten verschwanden dann auch die mit ihnen lebenden Jäger und Bauern in der heutigen Wüste Sahara. Professor Helmut Ziegert von der Universität Hamburg entdeckte in der Sahara 400000 Jahre (oZ) alte Spuren einer Besiedlung und 200000 Jahre (oZ) alte Reste von Rundhäusern am Rande eines prähistorischen Gewässers von der Größe Deutschlands (BdW, Ausgabe 4/1998, S. 18ff.). Lange bevor es Neandertaler gab, stellten diese Frühmenschen (angeblich *homo erectus*) bereits Spezialgeräte her. »Der frühe Mensch fuhr Boot und fischte, jagte Strauße und trug Lederkleidung.« Ziegert postuliert deshalb: »Ich wende mich gegen die Rekonstruktionen, in denen die Frühmenschen halbnackt oder mit umgehängtem Fell dargestellt werden.«

Die plötzliche Verwandlung einer Landschaft durch äußere Einflüsse wie die Schwankung der Erdachse wird am Beispiel der Sahara eindrucksvoll dokumentiert. Die kurze Dauer der auslösenden Ereignisse und die dadurch bewirkte rapide Änderung der klimatischen Verhältnisse wurden in geschichtlicher Zeit bestätigt. Ist anderseits aber ein zeitlicher Zusammenhang zwischen der Austrocknung des Mittelmeeres zu einer Wüste und der Bildung der Sahara selbst zu sehen, insbesondere da beide Räume zusammen einen gemeinsamen Großraum bilden würden? Seltsamerweise trifft die Zeitangabe der Wissenschaftler für die Bildung der Sahara mit dem von mir geschätzten Zeitpunkt der globalen Sintflut vor gut 5500 Jahren ungefähr zusammen.

Mythologische Überlieferungen berichten, dass der Atlas entzweigerissen wurde, der große See entleert wurde (Sahara) und die vorher blühende Region zur Furcht einflößenden Wüste verwandelt wurde (Velikovsky, 1951, S. 115). Auch in diesem Fall behalten die Legenden Recht.

Auch andere Naturwunder bezeugen den gewaltigen Umbruch der Landschaft durch die von den Kontinenten abströmenden Wassermassen. Die Niagarafälle in Nordamerika sind in den letzten 200 Jahren um ungefähr eineinhalb Meter pro Jahr vom Ontariosee in Richtung Eriesee zurückgewichen. Daraus kann man durch einfache Division errechnen, dass die Niagarafälle vor ungefähr 7000 Jahren entstanden sein müssen, wenn man von einer gleich bleibenden Erosionsrate ausgeht. Setzt man jedoch anfänglich größere Wassermassen und damit eine wesentlich intensivere Erosion voraus, müssen die Niagarafälle noch jünger sein, und demzufolge wird das Alter oft nur auf 5000 bis 6000 Jahre geschätzt. Zu diesem Zeitpunkt müsste die Sintflut geendet haben, und danach entstanden die meisten alten Kulturen auf der Welt, wie die sumerische, ägyptische, chinesische oder auch diejenige im Industal. Eine zufällige Übereinstimmung?

7 Die Erde leckt

Vor der Sintflut gab es eine unterirdische Wasserschale. Katastrophische Geschehnisse führten zu deren Bruch und gleichzeitig zur Bildung vieler Naturwunder wie Grand Canyon, Black Canyon oder Ayers Rock. Durch diese Ereignisse wurden die Kontinente schnell auseinander geschoben.

Wasser im Erdinnern

Wie kommt es, dass der Meeresspiegel der Ozeane früher wesentlich tiefer lag als heutzutage und das Mittelmeer ausgetrocknet war? Gibt es für die Beantwortung dieser Fragen andere Möglichkeiten als einzig und allein Verdampfungsprozesse? Versickern die Wassermassen zum großen Teil langsam ins Erdinnere? Japanische Wissenschaftler unter Leitung von Professor Shigenori Murayama (Tokyo Institute of Technology) schätzen aufgrund neuester petrologischer und geothermischer Forschungen, dass es in etwa einer Milliarde Jahren kein Wasser mehr auf der Erde geben wird. Das sich etwa 100 Kilometer tief in der Erde befindliche Magma soll sich abkühlen und dadurch einen Wasserentzug von einer Milliarde Tonnen Wasser pro Jahr bewirken. Nur 230 Millionen Tonnen davon gelangen wieder zur Oberfläche. Da dieser Prozess vor 750 Ma begonnen haben soll, wären die Ozeane also insgesamt in 1750 Ma verschwunden. Eine Frage stellt sich sofort: Warum gibt es denn heute überhaupt noch Ozeane? Das Urmeer soll ja wesentlich älter sein. Müsste das Wasser nicht schon längst versickert sein? Wo bleibt das Wasser der ausgetrockneten Meere? Ein Teil verdunstet, und wo bleibt der Rest? Versickert er?

Warum wird mit Vulkanausbrüchen so viel Wasser in die Atmosphäre geblasen? Woher stammen die schätzungsweise 1000 Kubikmeter Wasser, die vom Vulkan Tambora (Indonesien) im Jahr 1815 ausgestoßen worden sind? Mit den Vulkanausbrüchen wird eine beträchtliche Menge Wasser in Form von Wasserdampf freigesetzt. Auch das Magma ist ein Wasserlieferant, denn es besteht – neben verschiedenen Mineralien – aus vier Prozent Wasser. Da es sich insgesamt um große Mengen Wassers handelt, muss man folgerichtig fragen, ob sich nicht eine Art Quelle im Inneren der Erde befindet.
Der amerikanische Geologe Joseph Smyth von der Universität in Boulder (Colorado) behauptete auf einer Tagung der amerikanischen geophysikalischen Vereinigung (AGU), dass das *Erdinnere die Wassermenge von drei bis fünf Ozeanen* enthalte. Es soll allerdings nicht in freier, sondern in kristalliner Form vorliegen. »Smyth ist der Meinung, dass dieses eingebaute Wasser trotzdem eine Rolle für den Ausgleich des Wasserspiegels auf der Oberfläche unseres Planeten spielen könnte« (BdW, 16.12.1997, und SpW, 18.9.1999). Shigenori Maruyama und seine Mitarbeiter glauben, dass jährlich etwa 1,12 Billionen Tonnen Wasser in die Übergangszone zwischen den Mantelschichten versickern. Nur 0,23 Billionen Tonnen sollen dagegen wieder in die Ozeane gelangen (SpW, 18.9.1999).
Sensationelle Forschungsergebnisse veröffentlichte der japanische Forscher Tetsuo Irifune der Ehime University in Matsuyama. Er fand heraus, dass aus kleinen Gesteinskörnern unter einem Druck von 290000 Kilogramm pro Quadratzentimeter noch Wasser austritt. Gemäß unserem bisherigen physikalischen Verständnis sollte Gestein schon bei wesentlich geringeren Drücken kein Wasser mehr enthalten, da alle Fugen und Ritzen so dicht zusammengedrückt seien, dass Flüssigkeiten nicht eindringen können. Auf Grund verschiedener Überlegungen und Versuchsergebnissen kam Irifune zu dem Schluss (BdW, 27.4.1998): »600 Kilometer unter der Erdoberfläche gibt es wahrscheinlich riesige Wasservorkommen.« Wenn es aber mit zunehmender Tiefe im Erdinneren immer heißer würde, müsste das Wasser eigentlich mit der zunehmenden Hitze verdampfen.

Im Norden Russlands und in Deutschland (bis 1994 in der Nähe von Windischeschenbach in der Oberpfalz) wurden mit Bohrungen in die Erdkruste Tiefen von gut elf und neun Kilometern erreicht (Kerr, 1984, 1993, 1994, und Monastersky, 1989). Bei der russischen Tiefbohrung wurde noch in großen Tiefen heißes, fließendes Mineralwasser in den Rissen des zerquetschten Granits entdeckt (Kozlovsky, 1982). Warum ist der Granit in dieser Tiefe zerrissen? Auf Grund des herrschenden Drucks in dieser Tiefe dürfte der Granit kaum Risse aufweisen, in denen sich zudem noch Wasser befindet, denn der angeblich mit zunehmender Tiefe anwachsende Druck durch die Auflast müsste alle Poren zusammenquetschen. In über zehn Kilometer Tiefe dürfte es wegen der mit der Tiefe zunehmenden Erdwärme aufgrund der angeblich herrschenden Drücke *kein frei fließendes Wasser* geben, schon gar nicht salziges, höchstens Wasserdampf. Aber auch in Deutschland wurden ähnliche Phänomene beobachtet. Auf jeden Fall mussten beide Projekte wegen der in der Tiefe stark zunehmenden Hitze aufgegeben werden.
Warum sind aber die Temperaturen in der Erdkruste in bestimmten Tiefen nicht an allen vergleichbaren Punkten ungefähr gleich, ja weisen teilweise sogar große Unterschiede von bis zu mehreren hundert Prozent auf (Brown, 1995, S. 82)? Müsste – unter Berücksichtigung eines so hohen Erdalters – die Erdkruste nicht relativ gleichmäßig durchgewärmt sein? Die Antwort lässt sicher nicht unbedingt auf ein sehr hohes Erdalter schließen – oder die Erde ist zwar älter, wurde aber durch eine gigantische Katastrophe aufgerissen und die Erdkruste umgeschichtet, verflüssigt und neu gebildet. Geschah dies vor wenigen tausend Jahren, sind fast alle bekannten Welträtsel lösbar, denn die von unseren geistigen Kapazitäten vor ungefähr 150 Jahren willkürlich eingeführte *gigantische Zeitdehnung* formte und gebiert förmlich sich *widersprechende Erdrätsel*! Die Erdkugel kann jedenfalls so gesehen älter sein, ohne dass man derzeit das genaue Alter bestimmen kann. Festzuhalten bleibt, dass es entgegen unserer geophysikalischen Auffassung in sehr großen Tiefen noch frei fließendes, salziges Wasser und Risse im Grundgestein gibt. Deshalb wundert es nicht, dass man Bakterien trotz lebensfeindlicher Bedingungen wie hoher Temperaturen und Drücke

sogar bis in 5278 Metern Tiefe fand. Solche Einzeller werden sogar noch in acht bis zwölf Kilometern Tiefe vermutet (Focus«, 34/2000, S. 109–111).

Unterirdische Drainage?

Von der Antike bis zum Beginn der Neuzeit wurde in der Tiefe der Erde eine *Wasserschale* oder ein System riesiger Hohlräume voll Wasser angenommen (Tollmann, 1993, S. 148). Tatsache ist, dass viel mehr Wasser im Erdinnern versickert, als heutzutage wieder freigesetzt wird. Irgendwo in der Tiefe wird das Wasser in Abhängigkeit der Druckverhältnisse die kritische Temperatur erreichen, bei der Wasser in Dampf umgewandelt wird. Gehen wir dabei von 374 Grad Celsius aus. Da das Tiefenwasser mit Mineralien angereichert ist, wird dieser kritische Punkt wohl etwas höher liegen, beispielsweise bei 425 bis 450 Grad Celsius. Das Wasser ist ständig bestrebt, nach unten zu fließen, und erreicht schließlich die Schicht mit der kritischen Temperatur. Der entstehende Dampf dehnt sich aus und wird nach oben streben. Nach Erreichen der dort weniger dichten Schicht mit der niedrigeren kritischen Temperatur von 374 Grad Celsius wird sich wieder Wasser bilden. Nach der erneuten Bildung von Lösungen kann das Wasser durch den höheren Siedepunkt dann erneut in tiefere Schichten absinken – und der Kreislauf beginnt aufs Neue.

Da viel mehr Wasser versickert, als wieder in die Ozeane gelangt, müsste sich der Druck im Bereich dieser Schichten im Erdinnern erhöhen. Ich hatte schon die möglicherweise langsam fortschreitende Expansion der Erde diskutiert. Kann man in einer möglichen Druckerhöhung ein auslösendes Ereignis dafür sehen?

Nach der Hypothese von S. Grigorjew werden in den Kreislauf des Wassers eine Vielzahl chemischer Verbindungen einbezogen, insbesondere leicht lösbare Elemente wie Magnesium, Eisen und Calcium. Beim Erreichen der kritischen Temperatur werden diese Elemente abgestoßen, und so kommt es zur Ausfällung und Anreicherung dieser Mineralien: Der aufsteigende Wasserdampf transpor-

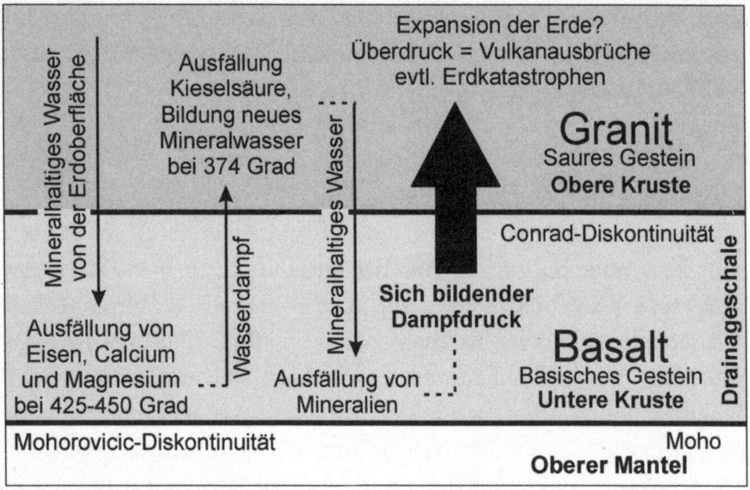

Abb. 52: Drainageschale. *Zwischen der Conrad-Diskontinuität und Moho (= untere Kruste) verdampft das von der Erdoberfläche in das Erdinnere versickernde Wasser, und es entsteht ein sich langsam aufbauender Dampfdruck, der die obere Kruste unter Druck setzt. Der Ablauf dieser Vorgänge ist von links nach rechts dargestellt.*

tiert Kieselsäure nach oben. Bei der Umwandlung von Dampf in Wasser in höheren Schichten wird diese Kieselsäure wieder ausgefällt. Magnesium, Calcium und Eisen werden zur unteren Grenze transportiert, während Kieselsäure an die obere transportiert wird (Abb. 52). Diesen Bereich zwischen den beiden beschriebenen Schichten nennt Grigorjew »Drainageschale«.

Die Erde ist grob gesehen dreischalig aufgebaut: Erdkruste, Erdmantel und Erdkern. Die einzelnen Schalen werden durch Unstetigkeitsflächen – Diskontinuitäten – voneinander getrennt. Die Grenze zwischen Erdkruste und Erdmantel nennen die Geophysiker nach ihrem jugoslawischen Entdecker Mohorovicic-Diskontinuität, kurz *Moho*. Darüber liegt die nach dem österreichischen Geophysiker Victor Conrad benannte Conrad-Diskontinuität als »seismische Grenze zwischen Ober- und Unterkruste« (»Lexikon der Physik«, 1998). Wie seismische Wellen erkennen lassen, nimmt die Geschwindigkeit der Wellen und damit auch die Gesteinsdichte an diesen Diskontinuitätsstellen zu. Jedoch ist die Conrad-Diskontinuität im Gegensatz zur Moho nicht immer stark ausgeprägt (Abb. 53).

Im traditionellen *Zweischichtenmodell* (Chain/Michaijlov, 1989, S. 23) bildet die Conrad-Schicht die Grenze zwischen dem leichteren Granitsockel (d.h. der granitisch-metamorphen sowie der Granit-Gneisschicht) und der darunter liegenden schwereren Basaltschicht (granulitisch-basischer Schicht). *Unter den Ozeanböden gibt es diese Diskontinuität nicht*, da die Ozeanböden nur aus Basalt bestehen. Die Moho läuft auch unter den Ozeanen in einer Tiefe von fünf bis acht Kilometern hinweg, während sie unter den Kontinenten bis zu über 70 Kilometer tief liegt. Außerdem ist sie

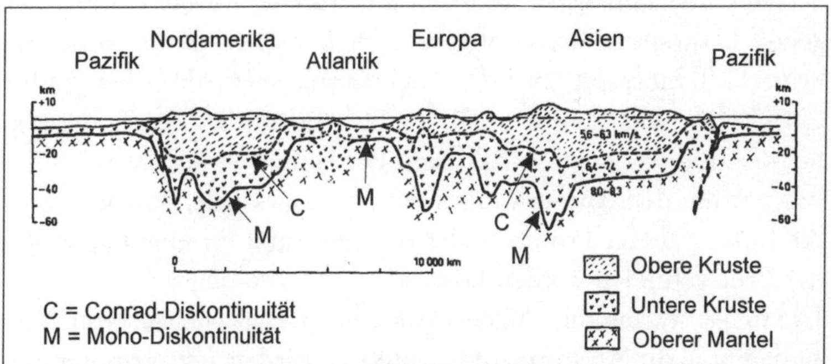

Abb. 53: Erdkruste. *Der Schnitt durch die Erdkruste in 45 Grad nördlicher Breite nach Ergebnissen seismischer Messungen zeigt, dass eine problemlose seitliche Verschiebung angeblich neu entstehender Erdkruste nicht ohne gravierende physikalische Probleme (Reibung, Torsion) möglich ist. Die ozeanische Kruste zeichnet sich durch das* Fehlen *einer sialischen Oberkruste (Granit) aus. Daher gibt es unter den Ozeanen keine Conrad-Diskontinuität als Grenzbereich zwischen* saurer *Oberkruste (Granit) und* basischer *Unterkruste (Basalt). Die* Moho-*Diskontinuität stellt wahrscheinlich eine stoffliche Grenze zu dem darunter liegenden* ultrabasischen *Erdmantel dar. Zwischen beiden Diskontinuitätszonen könnte sich eine unter Druck (Wasserdampf) stehende Drainageschale befinden. Die jeweiligen Grenzen sind zusätzlich durch einen markanten Anstieg der P-Wellen-Geschwindigkeit von 5,6–6,3 km/h in der Oberkruste auf 6,4–7,4 km/h in der Unterkruste und schließlich 8,0–8,3 im Erdmantel gekennzeichnet. Nach Berckhemer (1968/1997).*

selbst zwischen weniger als einem und mehreren Kilometern dick. *Die Moho stellt sich damit als untere Schicht und die Conrad-Diskontinuität als obere Schicht einer »Drainageschale« dar.*
Granite sind saure Gesteine mit einem hohen Anteil an Kieselsäure und geringem Gehalt an Calcium-, Magnesium- und Eisenverbindungen. Basalte sind basische Gesteine mit wenig Kieselsäure und dagegen viel Calcium-, Magnesium- und Eisenverbindungen. Die Conrad-Diskontinuität ist somit ein Grenzstreifen. Alles, was oberhalb anfällt, wird in Granit umgewandelt, alles, was unterhalb anfällt, in Basalte. Die Moho-Diskontinuität ist entsprechend eine Grenze für die Umwandlung von Basalten in Gesteine des darunter liegenden oberen Mantels und umgekehrt.
Da der Schwefelgehalt unserer Erdkruste wesentlich geringer ist als der von Steinmeteoriten, müssten im Erdinnern weitere, tiefer liegende Diskontinuitäten entstehen, insbesondere da für diese die kritische Temperatur bei 1440 Grad Celsius liegt. Ähnliches gilt für Quecksilber. Da diese Betrachtung aber nicht zur Lösung der bisher diskutierten geophysikalischen Probleme beiträgt, befassen wir uns nur mit den Auswirkungen der Drainageschale, obwohl durch die Lösung dieser Probleme der tiefere Grund für eine Expansion der Erde gefunden werden könnte.
Die Frage, warum mit Vulkanausbrüchen riesige Mengen von Wasserdampf in die Atmosphäre katapultiert werden, könnte unter diesem Gesichtspunkt gelöst sein. Vulkane wären demzufolge sozusagen Kinder der Drainageschale und verbinden diese durch zu Kanälen erweiterte Brüche mit der Erdoberfläche. Damit erscheint die Drainageschicht als ein von der Natur geschaffener *Kessel.* Eine andere theoretische Quelle für diese Menge an Wasser und an chemischen Elementen reichen Verbindungen, die man in den Produkten der Vulkanausbrüche findet, gibt es *nicht.*
Würde man imstande sein, die Drainageschale anzubohren, könnte ein unaufhörlich funktionierender Kessel für die Energielieferung zur Verfügung stehen. Er würde auf natürliche Weise ständig heißes Wasser und Dampf liefern. Diese Energiereserven sind tausendmal größer als alle fossilen Brennstoffvorräte. Warum denkt man darüber nicht nach, insbesondere da die Drainageschale unter den

Ozeanen sehr dicht unter der Erdoberfläche liegt? Die Antwort liegt in der Skepsis der Geologen begründet: Sie sind von der Undurchlässigkeit der Erdkruste in denjenigen Tiefen überzeugt, wo das Gestein wenigstens auf 300 Grad Celsius erhitzt ist. Dort soll das Gestein aufgrund des herrschenden Drucks undurchlässig wie Stahl sein, bei einer außerordentlich niedrigen Temperaturleitfähigkeit. Demzufolge dürfte das Gestein nach orthodoxen Überlegungen ohne Sprengungen freiwillig kein heißes Wasser abgeben. Aber wie schon weiter vorne belegt, gibt es neue sensationelle Versuche und geologische Theorien, die nahe legen, dass Gesteine vielleicht sogar bei unwahrscheinlich hohen Drücken von 290000 Kilogramm pro Quadratzentimeter noch Wasser in den Mineralien speichern können (BdW, 27.4.1999).

Bruch der Drainageschale

Da die Geophysik mit den in ihren Modellen zugrunde gelegten langsam wirkenden Kräften keine mit der Wirklichkeit übereinstimmende, befriedigende Erklärungen vorweisen kann, möchte ich eine andere Theorie vorstellen, die zu schnellen Verschiebungsprozessen der Kontinente führt, denn immerhin lebten Dinosaurier und Menschen bis vor ein paar tausend Jahren gemeinsam, und zwar unter weltweit tropischen Verhältnissen. Fand eine Kontinentalverschiebung statt, muss sie aus diesen Gründen schnell erfolgt sein. Diesem Komplex könnte man ein ganzes Buch widmen. Ich werde die möglichen Geschehnisse jedoch nur zusammenfassend darstellen und die Ergebnisse mit bestimmten geologischen und biologischen Gegebenheiten exemplarisch abgleichen. Diese zur Diskussion gestellte Hypothese berücksichtigt die von Walt Brown (1995, S. 75ff.) in seinem Buch »In the Beginning« (Am Anfang) vorgestellte Theorie *(Hydroplate Theory)*. Das Szenario stellt lediglich eine Diskussionsbasis für einen möglichen Lösungsansatz aufgrund der mit unserem schulwissenschaftlichen Weltbild nicht zu vereinbarenden, aber in Übereinstimmung mit der in diesem Buch vorgestellten Beweislage dar.

Stellt man sich einen oder auch mehrere tief in die Erdkruste bis zur Drainageschale einschlagende Planetoiden, gegebenenfalls auch einen entsprechend wirkenden Kataklysmus vor, dann wird die Drainageschale unter Druck gesetzt, wie ein *Dampfdruckkessel.* Demzufolge wurde die darüber liegende Erdkruste wie ein Luftballon gedehnt. Die Erdkruste riss dann an den schwachen Stellen auf. Wahrscheinlich waren die Kontinente zu diesem Zeitpunkt der Sintflut bereits durch Risse bzw. Gräben getrennt. Auch gab es bereits einen Ur-Nordatlantik, der schon während einer vorausgegangenen katastrophischen Phase gebildet worden war, obwohl zwischen Nordamerika noch eine Landbrücke über Grönland nach Europa bestand. Es gab auch noch genügend andere Landbrücken, auf denen die Dinosaurier von Kontinent zu Kontinent wandern konnten. Die schon vorhandenen Risse zwischen den tektonischen Platten erweiterten sich erheblich, andere wurden neu gebildet wie die Nähte auf einem Baseball-Ball. Die sich in Afrika und im Roten Meer angeblich derzeit neu bildende Naht ist unter diesem Gesichtspunkt das auslaufende Ende der Erdrisse – Spreizungszonen genannt – und befindet sich deshalb auch noch in Bewegung.
Durch die sich auch auf den Kontinenten infolge der Verschiebung gebildeten Ritzen und Risse schossen Wasserfontänen in die Atmosphäre, und das Magma drang an vielen Stellen durch die perforierte Erdkruste. Das ganze Szenario wurde durch die Einschläge kosmischer Himmelskörper begleitet. Die mit Schlamm vermischten Wassermassen wurden durch die Eruptionen bis über die Atmosphäre in den Weltraum geschossen und deckten Sibirien mit einem schnell gefrierenden Leichentuch zu. Gleichzeitig wurden bestimmte Bereiche durch die Flutwellen überschwemmt, die schnell gefroren. Das ganze fürchterliche Schauspiel wurde in den hohen Lagen der Gebirge oder in der Nähe der Arktis durch heftigen Schneefall und in den anderen Bereichen durch starken, lang anhaltenden Regen begleitet. Die aufgepeitschten Wasserfluten rissen alles mit sich und begruben Pflanzen, Tiere sowie auch Menschen in den hinterlassenen Schlamm-, Kalk-, Sand- oder Löss-Schichten. Das sich im Erdinneren in der Drainageschale angesammelte Calcium wurde mit an die Erdoberfläche gespült, vermischte

sich mit dem Wasser und bildete zusammen mit dem Sand und Kalk eine Art natürlichen Beton. Sobald dieses Gemisch auf den Kontinenten abgelagert wurde, *erhärtete es sehr schnell, gefror in arktischen Bereichen*, und alles Organische wurde in diesem natürlichen Beton – heute Kalk- und Sandstein – als Fossilien für die Ewigkeit *dreidimensional oder bei entsprechenden Druckverhältnissen in gepresstem, teilweise in gefrorenem Zustand* eingeschlossen, bevor es sich zersetzen konnte. So ist zu erklären, dass viele Fossilien oft komplett mit Haut und Haar enthalten blieben. Eine langsame Versteinerung von Fossilien nach Ansicht unserer Paläontologen ist global, also gleichzeitig auf der ganzen Welt, nicht möglich, da alles organische Gewebe durch den allgegenwärtigen Sauerstoff zersetzt worden wäre. *Versteinerungen vollziehen sich nur unter Luftabschluss.*

Bleiben wir aber bei den geophysikalischen Prozessen. Durch den entweichenden Überdruck wurden mit dem Wasser auch Sand- und Kiesmassen an die Erdoberfläche gedrückt. So entstand der riesige Monolith *Ayers Rock* in Australien binnen weniger Tage, wie es bereits in »Darwins Irrtum« beschrieben wurde. Durch das über der Moho vorhandene und auch mit dem Katastrophengeschehen vagabundierende Calcium entstand relativ schnell harter Sandstein als eine Art Beton (Zillmer, 1999). Bei der Besichtigung des Ayers Rock konnte ich feststellen, dass sogar die Oberfläche des gigantischen Felsbrockens wie glatter Beton aussieht und teilweise sogar eine graublaue Farbe wie Zement aufweist.

Steingemälde Black Canyon

Ein meist wenig beachtetes Naturwunder stellt das Black Canyon of the Gunnison National Monument im Westteil Colorados dar. Bei meinem Besuch im Jahre 1998 war ich überwältigt, ja tief beeindruckt. Der Gunnison River fließt auf seinem Weg zur Grand Junction nordwestlich durch das Monument. Der Fluss fraß sich angeblich 30 Zentimeter pro 1000 Jahre durch das harte kristalline Gestein. Zurück blieb eine Schlucht mit durchschnittlich 600 Meter

hohen, fast senkrecht abfallenden Steilwänden, die kaum Sonnenlicht in den Canyon dringen lassen. Die Felswände erscheinen dunkel, daher der Name *Black Canyon.* Diese unheimlich anmutende Schlucht ist nicht weniger imposant als der Grand Canyon.
Aus geologischer Sicht soll der Black Canyon mit 2 Ma sehr jung sein. Die steilen Felswände bestehen vor allem aus einem granitähnlichen Ergussgestein, das an einen Marmorkuchen erinnert. Das dunkle Gestein ist von zahlreichen hellbunten Streifen (Pegmatit-Adern) durchzogen. Wie entstand dieser Gesteinskuchen? Die offizielle Erklärung ist, dass das urzeitliche Muttergestein einst von vielen Rissen durchzogen war. Starker Druck presste Minerallösungen von unten nach oben in die Erdkruste, und unter langsamem Abkühlen kristallisierten diese Schmelzmassen entlang der Risse und Spalten. Obwohl dieses Szenario so abgelaufen sein kann, ergeben sich mehrere Fragen. Zuerst einmal muss unter dem *gesamten urzeitlichen Felsmassiv eine flüssige Gesteinsschmelze* in ausreichender Menge vorhanden gewesen sein. Immerhin erstreckt sich dieser Canyon auf über 80 Kilometer Länge. Deshalb muss über das ganze Gebiet eine große gleichmäßige Kraft von unten auf das Muttergestein gewirkt haben. Es reicht nicht aus, sich eine kleine Magmakammer oder Mineralader im Erdinnern vorzustellen. Auch das Muttergestein des Grand Canyon wie auch in anderen Gebieten unter den riesigen Sedimentaufschüttungen besteht aus dem gleichen, von hellen Adern durchzogenen Gestein.
Besteht ein Zusammenhang mit der früheren unter dem Granit liegenden Drainageschale mit Wasser? Wie schnell wurden die Risse des Muttergesteins mit der Gesteinsschmelze ausgefüllt? Die Adern sind unterschiedlich breit. Falls der ganze Vorgang langsam ablief, hätten die erste oder *zuerst* erscheinende Spalte direkt gefüllt werden müssen. Es gibt über die sich 80 Kilometer weit erstreckenden Felsen aber *keine hohlen*, also nicht verpressten Risse. Aus dieser Beobachtung kann man auf *ein einziges auslösendes Ereignis* schließen. Das Urgestein zersplitterte *schnell* und nicht langsam, gleichzeitig muss die Gesteinsschmelze großflächig im gesamten Gebiet gewirkt haben, um das Gestein gleichzeitig nach oben in die Erdkruste zu pressen. Außerdem kann die Geschwindigkeit der durch

die Gesteinsadern aufsteigende Gesteinsschmelze nicht so langsam wie bei einem Fluss gewesen sein. Es muss sehr schnell vor sich gegangen sein, denn sonst wäre *die Gesteinsschmelze besonders in engen Spalten und Ritzen an den Kontaktflächen und oberen Bereichen eher erkaltet, bevor alle Hohlräume injiziert worden wären.* Durch langsam und lange andauernde Verpressungen der Risse wäre bei zu geringen oder auch unterschiedlich hohen Drücken ein Vulkanisierungsprozess entstanden, der die Auffüllung frühzeitig

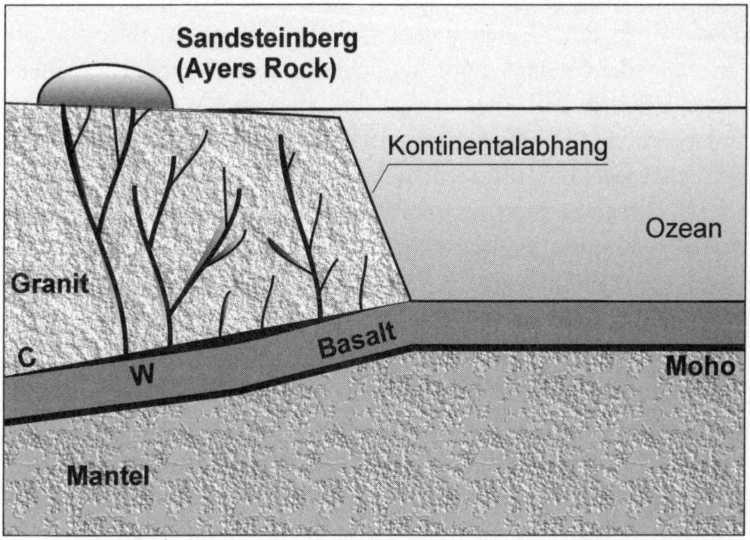

Abb. 54: Zerrissene Kontinentalschilde. *Der Schnitt durch die Lithosphäre zeigt die Situation, wie sie sich heutzutage darstellt. Die Diskontinuität (Moho) zwischen der unteren Erdkruste (Basalt) und dem oberen Mantel liegt unter den Ozeanen nur wenige Kilometer und unter den Gebirgen der Kontinente bis zu 100 km tief. Das salzige, mineralhaltige Wasser der früheren Drainageschale zwischen der unteren (Basalt) und oberen Erdkruste (Granit) wurde unter gleichmäßig großem, weitflächig auftretendem Druck von* unten *in die entstandenen Risse der Kontinentalplatten gedrückt. Nach Erhärtung der Mineralien entstanden gebänderte Granite und andere Gesteine. Ein typisches Beispiel stellt hierfür der »Black Canyon of the Gunnison« (siehe Foto 62) dar. Auch heutzutage sollte zwischen der Granit- und Basaltschicht Restwasser (W) der ursprünglichen Drainageschale vorhanden sein.*

gestoppt hätte. Wenn die geologische Vorstellung von einer *langsamen* Abkühlung richtig sein sollte, muss auch während dieser langen Zeit der hohe Druck aufrechterhalten worden sein, was relativ *unwahrscheinlich* ist.

Da andererseits die einzelnen Risse in sich auch sehr unterschiedliche Breiten aufweisen, muss der Flüssigkeitsdruck im Inneren und an der Oberfläche wie in einem geschlossenen Gefäß überall gleichmäßig gewirkt haben, damit die in sich und untereinander unterschiedlich breiten Risse verpresst worden sein können. Die Vorstellung vom Prinzip der kommunizierenden Röhren und damit sich gleichmäßig verteilenden Flüssigkeit reicht nicht aus. Man müsste sich eher das Prinzip einer hydraulischen Presse vorstellen, allerdings in diesem Fall einer sehr großen, gleichmäßig arbeitenden.

Entsprechende Erscheinungsformen gebänderter Urgesteine findet man weltweit. Deshalb stellt sich die Frage, ob sehr viele gigantische Kräfte in weiten Regionen wirkten oder ob nicht sogar ein global wirkendes Ereignis die logischere Alternative wäre. Eine Drainageschale in der gesamten Erdkruste unter der Granitschicht wäre bei einem Bruch ihrerseits in der Lage, für die globale Voraussetzung hoher Drücke wie bei einem geschlossenen Gefäß und damit für das gleichmäßige Eindringen und Erstarren von Gesteinsschmelzen (Magma) in die Gesteine der Erdkruste (Intrusion) zu sorgen (Abb. 54 und Bild 62).

Aufschwimmende Salzstöcke

Auch das Phänomen der riesigen Salzstöcke aus reinem Steinsalz kann mit der Wasserschalen-Theorie erklärt werden. Diese Salzdome sind mit dem lyellistisch-darwinschen Dogma *nicht zu erklären*. Denn nach dieser Lehre soll das Wasser tiefer Lagunen, die durch eine Barre vom offenen Meer teilweise abgetrennt waren, nach und nach ausgetrocknet sein. Dauernd über die Barre zuströmendes und anschließend verdampfendes Wasser soll Salzschicht auf Salzschicht gebildet haben (*Barrentheorie*, Abb. 55). Kann man auf diese Art und Weise Salzdome erklären, die eine Mächtigkeit

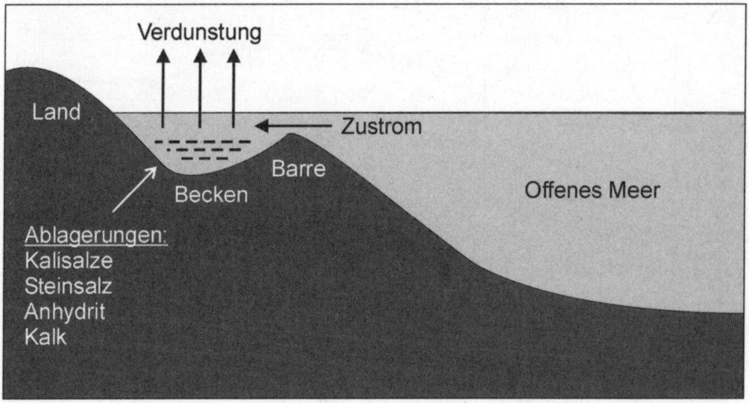

*Abb. 55: **Barrentheorie.** Die schematische Zeichnung erläutert die Entstehung von Salzlagern nach der klassischen Barrentheorie. Salzpfannen sollen in vom Hauptmeer abgeschnürten Meeresarmen oder -becken entstehen, die nur eine seichte oberflächliche Verbindung zum offenen Meer besitzen. In dem abgeschlossenen Becken verdunstet das salzige Meerwasser, und es bleibt eine Salzschicht zurück. Durch mehrfache Phasen des Einspülens von Meerwasser und anschließender Austrocknung kann im Einzelfall eine konzentrierte Sole entstehen. Spiegelt diese Theorie einen Spezialfall wider, oder stellt sie den Normalfall dar? Entstanden auf diese Art und Weise etwa die bis zu 900 Meter mächtigen Steinsalz- und Kalilager unter dem Boden Norddeutschlands?*

von bis zu mehreren Kilometern aufweisen und Flächen von mehreren Tausend Quadratkilometern bedecken? Gibt es so große Meere oder mit diesen oberflächlich verbundene Lagunen, die mehrere Kilometer dicke Steinsalzschichten Millimeter für Millimeter ablagern? Entsprechende Szenarien sind heutzutage in dieser Intensität nicht denkbar.

Die von dem Salzdom durchstoßenen Schichten sind nach oben aufgewölbt und reichen manchmal bis zur Erdoberfläche (Abb. 56). Das leichtere Salz ist also von unten nach oben durch die dichteren Sedimentschichten gedrückt worden, wie ein Korken unter Wasser, der nach oben schwimmt. Das Wasser der vorzeitlichen Drainageschale war mit Salz angereichert, und es gab unter diesen Umständen auch größere unterirdische Kammern. Durch den herr-

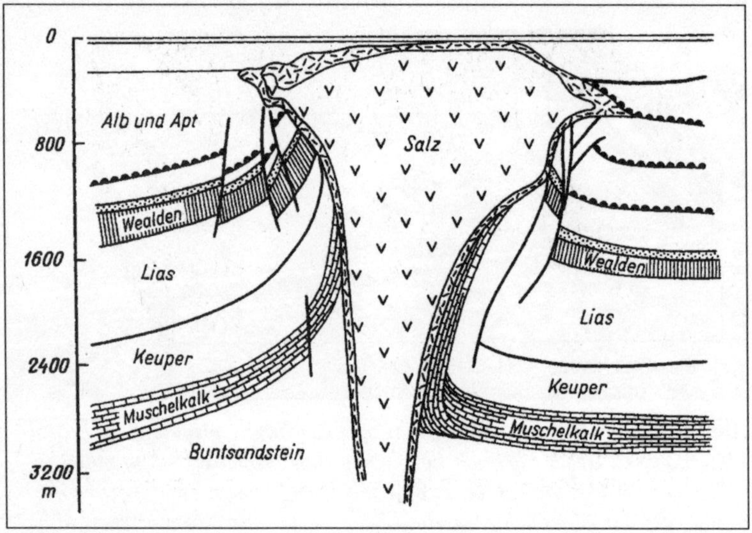

*Abb. 56: **Salzkuppel.** Die umliegenden geologischen Schichten des Salzstocks von Wienhausen-Eiklingen zeigen deutlich, dass das Salz die Erdkruste von unten nach oben wie ein aufschwimmender Korken durchstieß, da die Nebengesteine nach oben mitgerissen (aufgeschleppt) und verdünnt wurden. »Sie sind von zahlreichen Brüchen und Gleitflächen durchzogen, an denen größere Schichtpakete im Gefolge der Aufstiegsbewegung des Kernes über beträchtliche Distanzen transportiert werden.« Die Barrentheorie kommt als Erklärung dieses Phänomens nicht infrage.*

schenden Überdruck wurde das Salz je nach Art und Lageringsdichte der Erdkruste in die Schichten darüber gedrückt (Abb. 57). Andererseits gibt es geschichtete Salzlager an der Oberfläche, die durch das salzige Wasser mit der Überflutung gebildet wurden. Eine Salzlösung kann aber nicht nur durch Verdampfung, sondern auch durch *Gefrierung zur Salzausscheidung* gebracht werden. Das Abdampfverfahren benötigt den sieben- bis achtfachen Wärmezusatz des Gefrierverfahrens. Durch Gefrierung kann demnach eine viel größere Menge Salz erzeugt werden. Gleichzeitig ist die gesetzmäßige Schichtung der Salzlager zu beobachten, die durch das Ausfrierverfahren erklärt werden kann. Die nacheinander folgenden Flutwellen gefrieren in den kalten Klimazonen während der Sintflut – wie in

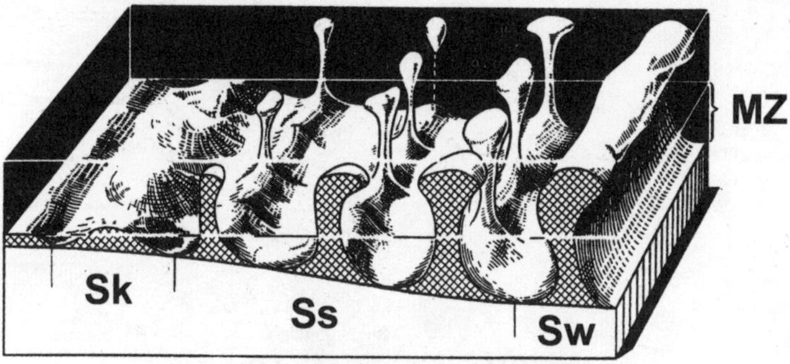

Abb. 57: Salzstrukturen. *Je nach primärer Mächtigkeit des salinaren Zechsteins (MZ) und des überlagernden Deckgebirges entstehen verschiedene Salzstrukturen durch Aufstieg des Salzes aus der Drainageschale: Salzkuppeln (Sk), Salzstöcke (Ss) und Salzwälle (Sw).*

Nord- und Mitteldeutschland – in Schichten übereinander. Das Salz wird dabei jeweils ausgefällt und hinterlässt teilweise richtige Jahresringe, die jedoch nicht jeweils einem Jahr, sondern einer einzigen Überflutungsphase zuzuordnen sind (Fischer, 1923, S. 134). Dieser interessante Mechanismus, der Parallelen zur Kohlebildung aufweist, kann im Rahmen dieses Buches nicht weiter verfolgt werden. Wenden wir uns dem für die hier angestellten Betrachtungen wichtigem Ereignis zu: der Verschiebung der Kontinente.

Die schnelle Verschiebung der Kontinente

Riesige Lavaströme erzeugten Plateaubasalt-Formationen, die Brennpunkte früherer Umwälzungen markieren (Abb. 58). Jede dieser Provinzen ist mit einem *Hot Spot* verknüpft. *Diese Ereignisse sollen zu den angegebenen Zeitpunkten für große Massensterben verantwortlich gewesen sein* (»Spektrum der Wissenschaft«, Digest 5, 1997, S. 116). Warum starben viele unterschiedliche Tierarten *weltweit gleichzeitig* aus, wenn die Kontinentalverschiebung quasi im Schne-

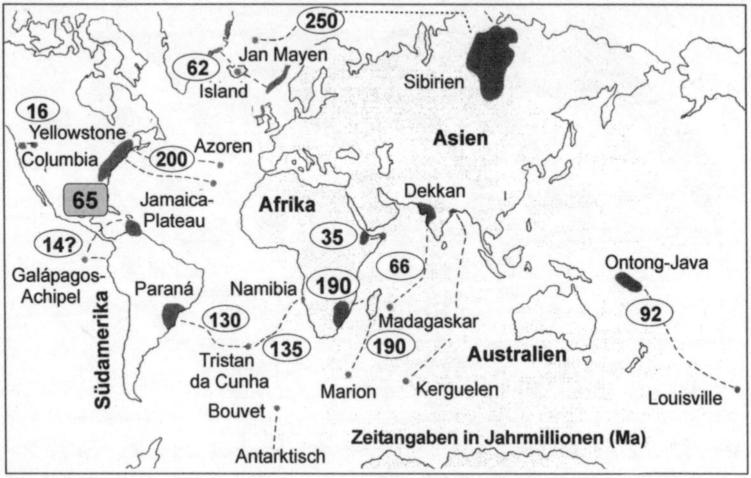

Abb. 58: Lavaströme. *Frühere geologische Umwälzungen erzeugten riesige Lavaströme, die als Basaltregionen nachweisbar sind. Diese sind jeweils mit einem heißen Fleck verknüpft (gestrichelte Linien). Solche »Hot Spots« blieben jedoch ortsfest, während sich die Kontinentalplatten verschoben. Diese Verschiebungen sollen zu unterschiedlichen Zeitpunkten stattgefunden und jeweils ein Massensterben verursacht haben. Somit müsste die Entstehung des Dekkan-Plateaus (Indien) aufgrund des zeitlichen Zusammenhangs mit dem Aussterben der Dinosaurier zusammenhängen. Andererseits soll aber die nordatlantische Verschiebung vor 200 Ma stattgefunden haben, während der Dinosaurier-Impakt (grau unterlegtes Hinweisfeld) nördlich von Yucatán (Mexiko) in relativer Nähe 135 Ma später vor 65 Ma erfolgt sein soll. Ein Rätsel stellt der Zusammenhang zwischen dem »Hot Spot« Jan Mayen und Sibirien zu Beginn des Erdmittelalters dar.*

ckentempo vor sich ging? Fanden nicht doch großräumig wirkende katastrophische Umwälzungen der Erdkruste statt? Widersprechen sich nicht auch die Zeitangaben, wenn man die Verschiebung bei Island und bei Jan Mayen Richtung Sibirien vergleicht (Abb. 58)? Gerade diese sehr kleine, nackte, steil aufragende Insel vor Grönland hat auf mich persönlich einen besonderen Eindruck hinterlassen, so wie sie majestätisch einsam im Atlantik als Mahnmal für katastrophische Ereignisse in der Erdgeschichte wacht.

Die vorhandenen Risse zwischen den Kontinenten, insbesondere zwischen Südamerika und Afrika, öffneten sich nicht langsam, sondern schnell wie ein Reißverschluss. Die Erosion in diesem Nahtbereich wurde beschleunigt, und das heiße Magma erschien in einem breiten feuerglühenden Streifen: die Geburt des Mittelatlantischen Rückens, begleitet von heftigen Eruptionen. Das erodierte Sedimentmaterial, Basalt, aber auch verschiedenste Mineralien und Lava, wurde auf die Kontinentalschilde geschleudert und mit den Wasserfluten angespült. Auf diese Weise kommen auch ozeanische Basalte auf die zu diesem Zeitpunkt noch niedrigen Berge, bevor diese emporwuchsen. Durch diese kataklystischen Prozesse erhöhte sich die Masse der Kontinente, die durch das zusätzliche Gewicht weiter nach unten in den Mantel gedrückt wurden. Die unterirdische Drainageschale wurde weiter gequetscht, bis keine zusammenhängende Wasserschicht mehr vorhanden war. Das Wasser drang dann verstärkt aus den geöffneten Rückenbereichen. Der Rücken selbst schob sich durch das nachströmende Magma mehrere Kilometer nach oben (Abb. 59).

Die damals noch dünnere Erdkruste begann, an den steiler werden Flanken auf der noch vorhandenen Wasserschicht des wachsenden Rückens zu rutschen: Die Kontinente drifteten in Ost-West-Richtung auseinander, da der Rücken im Atlantik in Nord-Süd-Richtung verläuft. So lässt sich auch das geologisch scheinbar zu hoch angegebene Alter mancher Inseln im Atlantik erklären. Es handelt sich um abgerissene Splitter des ursprünglichen Kontinents, die während des schnellen Driftvorganges abbrachen und in dem noch weichen, in Bildung befindlichen Ozeanboden stecken blieben.

Durch die ständig schwerer werdenden Kontinente wurde immer mehr Wasser aus der Drainageschale und der ursprünglich über der Wasserschicht liegende Granit auf den zuvor darunter liegenden Basalt gepresst. Die auftretende Reibung mit entsprechender Hitzebildung in dieser Fuge zerriss den Granit. Es entstanden viele Risse und Klüfte, gefüllt mit salzigem Wasser. Und genau das traf man bei den Tiefbohrungen an. So entstand auch das bereits erwähnte faszinierende Naturwunder Black Canyon in Colorado: Durch die enorme Hitze wurde das Gestein erhitzt, und der auftretende gewaltige Druck sorgte teilweise für metamorphe Umwandlungen des Gesteins.

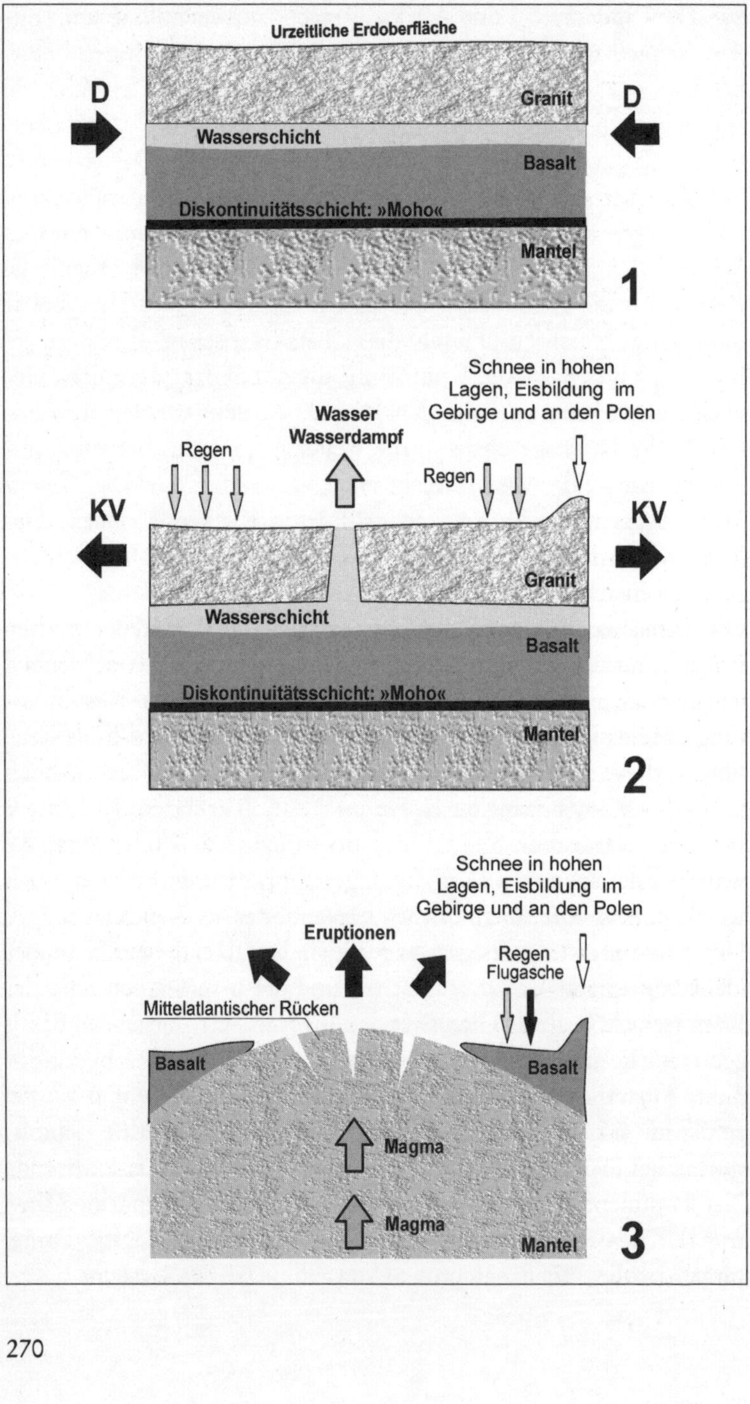
Urzeitliche Erdoberfläche
D
D
Granit
Wasserschicht
Basalt
Diskontinuitätsschicht: »Moho«
Mantel
1
Schnee in hohen Lagen, Eisbildung im Gebirge und an den Polen
Wasser
Wasserdampf
Regen
Regen
KV
KV
Granit
Wasserschicht
Basalt
Diskontinuitätsschicht: »Moho«
Mantel
2
Schnee in hohen Lagen, Eisbildung im Gebirge und an den Polen
Eruptionen
Regen
Flugasche
Mittelatlantischer Rücken
Basalt
Basalt
Magma
Magma
Mantel
3

***Abb. 59: Wasserschale.** Ursprünglich gab es eine unterirdische Wasserschicht, die als geschlossenes System unter Druck (D) stand (Skizze 1). Das Wasser war mit Salz und Kohlenstoffdioxid angereichert. Durch Meteoriteneinschläge und/oder die Expansion der Erde wurde die unter Druck stehende Wasserschale unter der Erdkruste entspannt, und infolge des Überdrucks wurde das Wasser durch Erdrisse in die Erdkruste gedrückt und in die Atmosphäre geblasen (Skizze 2): Die Brunnen der Tiefe ergossen ihr Wasser. Auf Grund des fehlenden Reibungswiderstandes auf der Wasserschale wurden die Erdkrustenteile* schnell *auseinander geschoben (KV), bis schließlich das Wasser in die Atmosphäre entwichen war. Die mittelozeanischen Rücken entstanden (Skizze 3), und schließlich kam die Kontinentalkruste (Granit) direkt auf dem darunter befindlichen Basalt zu liegen. In diesem Kontaktbereich besteht anstatt der urzeitlichen Wasserschale jetzt die – unter den Ozeanen fehlende – Conrad-Diskontinuität.*

Auch Sedimente wurden durch Druck und hohe Temperaturen umgewandelt. Aus Tongesteinen entstand Schiefer, aus Kalkstein Marmor, aus Sandgestein Quarzit und aus Torf Kohle. Dieselben Prozesse liefen auch in der Nähe von kosmischen Einschlägen ab. Weltweit entstand so ein sich überlagerndes Gemisch unterschiedlicher geochemischer Prozesse. Riesige Erdschichten wurden schnell gebildet, verfestigt und auch metamorph umgewandelt. Gleichzeitig wurden diese Schichten durch die Reibung wieder aufgerissen, und glühendes Magma drang durch Ritzen und Kanäle nach oben, erhärtete und bildete nach der Erosion des umliegenden weichen Sedimentmaterials beispielsweise die bekannten Naturwunder im Westen Amerikas, wie auch das Monument Valley. Genau zur Zeit des Dinosaurier-Impakts entstand am Ende des Erdmittelalters das 500000 Quadratkilometer große Dekkan-Plateau am Indischen Schild durch riesige Basaltergüsse (Tollmann, 1993, S. 43).
Gleichzeitig entstanden auch die hohen Gebirge. Sie liegen hauptsächlich parallel zu den mittelozeanischen Rücken, wie etwa die in Nord-Süd-Richtung ausgerichteten Anden und die Rocky Mountains in Amerika oder der Himalaja in Ost-West-Richtung. Die Kontinentalplatten wurden an ihrer Vorderseite – in Richtung der Bewegung gesehen – erhitzt. Das erhitzte Gestein wurde schnell in die Höhe geschoben und im plastisch-elastischen Zu-

stand verformt (Abb. 60). Plötzlich befanden sich Küstenstädte, Menschen und Tiere mehrere Kilometer hoch. Die Gebirge entstanden also schnell und nicht langsam, und so wurden die aufgefundenen großen Schiffsanker aus Stein in 4000 Metern Höhe mit dem Wachsen des Ararat (Türkei) in die Höhe gehoben, genauso wie das früher viel tiefer gelegene Tiahuanaco in den Anden.
Ist so auch das Rätsel der *tiefgefrorenen* Inka-Mumien zu erklären? In den argentinischen Anden fand eine Expedition der National

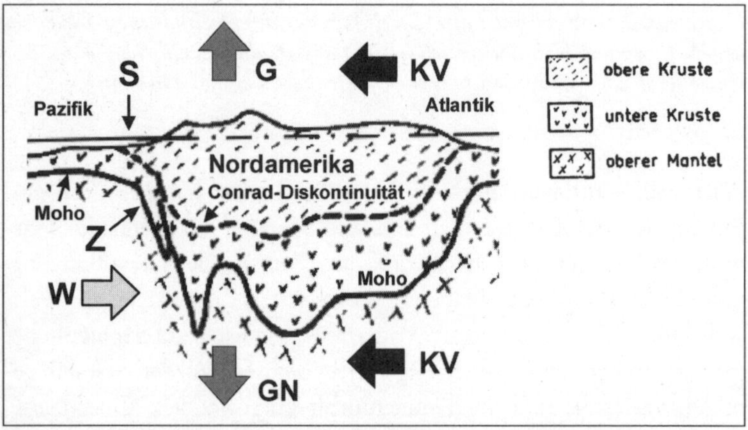

Abb. 60: Gebirgsbildung. *Die Kontinentalplatte wurde auf der ursprünglich vorhandenen Wasserschale verschoben, die fortlaufend ausgequetscht wurde. Durch die immer heftiger wirkenden Reibungskräfte infolge des auftretenden Kontakts mit der unteren Kruste einerseits und des Widerstandes der in der Bewegungsrichtung liegenden Kruste des Pazifiks (W) andererseits wurde die obere Kruste erhitzt und als elastisch-plastische Masse nach oben geschoben (G). Durch die entstandenen Risse drang flüssiges Magma in die Deckschichten (Intrusion) ein. Andererseits wurde analog zu dynamischen Prozessen die obere und untere Kruste nach unten gedrückt, wodurch an der* Unterseite *der Kontinente ein großes Gebirge (GN) entstand, das um ein Mehrfaches höher ist als das über dem Meeresniveau liegende. Aus dieser Sicht stellt die so genannte »Subduktionszone« (S) mit kälterem Gesteinsmaterial nichts anderes dar als eine Basaltzunge (Z) aus ursprünglicher Ozeankruste, die bis unter die Kontinentalplatte reicht. Sie ist der zu Stein gewordene Beweis für einen schnell abgelaufenen Überschiebevorgang der Kontinentalplatte auf die Ozeankruste des Pazifiks, quasi eine Art* versteinerte Bugwelle.

40

40 Eine mit ihren Fangarmen versteinerte Qualle im »Creation Evidence Museum« (Glen Rose, Texas).

41 Die versteinerte Qualle von oben gesehen. Daneben der seltene Fund echter fossiler Dinosaurier-Haut aus Südamerika. Wie schnell muss ein Versteinerungsvorgang ablaufen, damit das biologische Gewebe nicht vorher verrottet?

41

42

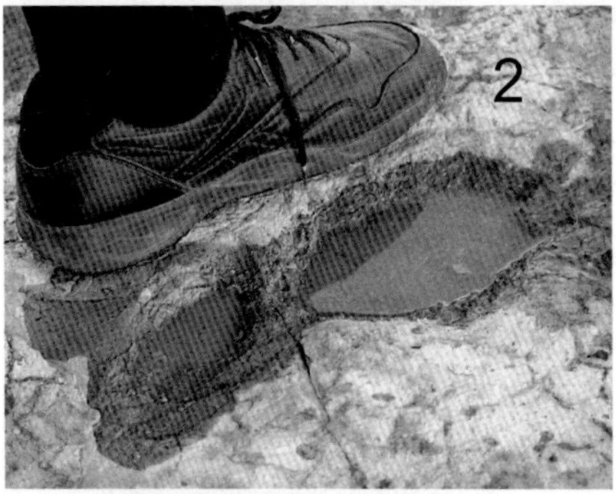

43

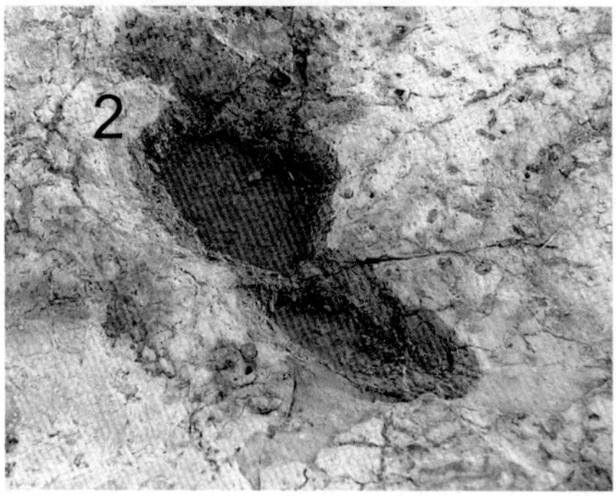

45

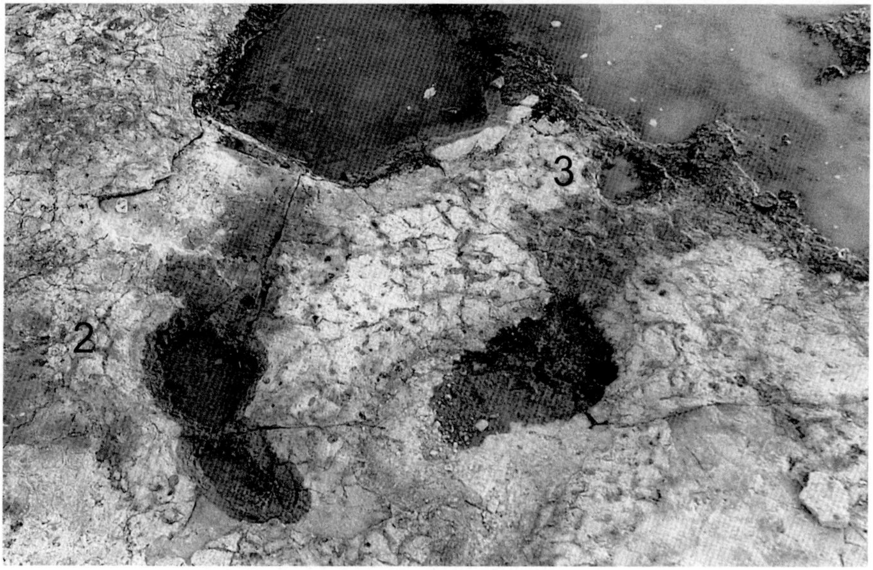

46

42 Hunderte von Dinosaurier-Spuren in der Nähe von Clayton in New Mexico.

43 Der vom Autor zuerst entdeckte, seitlich verschobene Abdruck.

44 Man erkennt deutlich den zur Seite und nach oben weggeschobenen ursprünglichen Schlamm. Daraus kann man schließen, daß es sich nicht um ein Erosionsprodukt handelt.

45 Der Autor steht mit dem rechten Fuß im ersten und mit dem linken im zweiten von vier entdeckten, gleich großen Abdrücken in Schrittweite.

46 Es sind der zweite und folgende dritte Abdruck am Rande der Pfütze zu erkennen.

47 Der Autor steht im zweiten und dritten Abdruck.

47

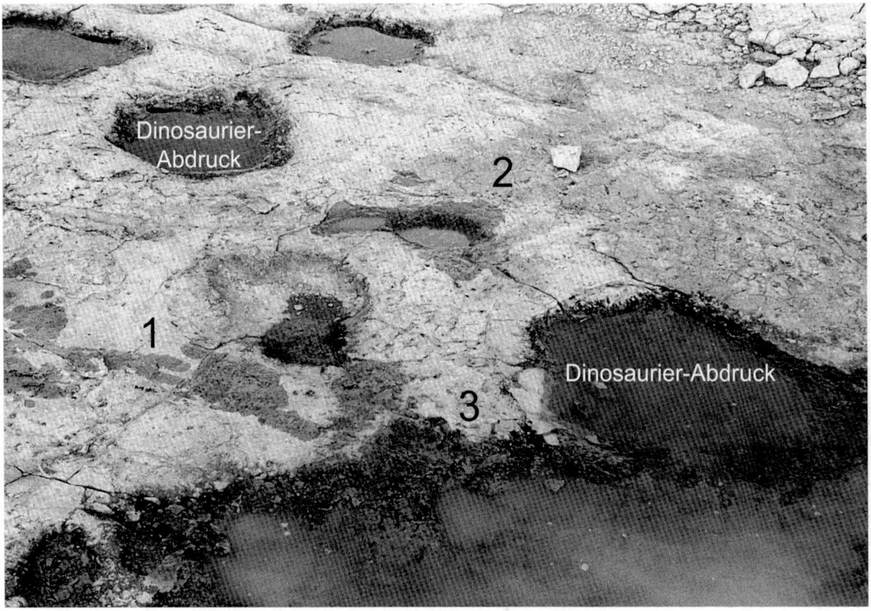

48

48 Es sind die drei ersten versteinerten Schuhabdrücke neben Fußspuren von Sauropoden zu sehen.

49 Der dritte Schuhabdruck neben einer großen Sauropoden-Fußspur ist aus einem anderen Blickwinkel sehr deutlich zu sehen.

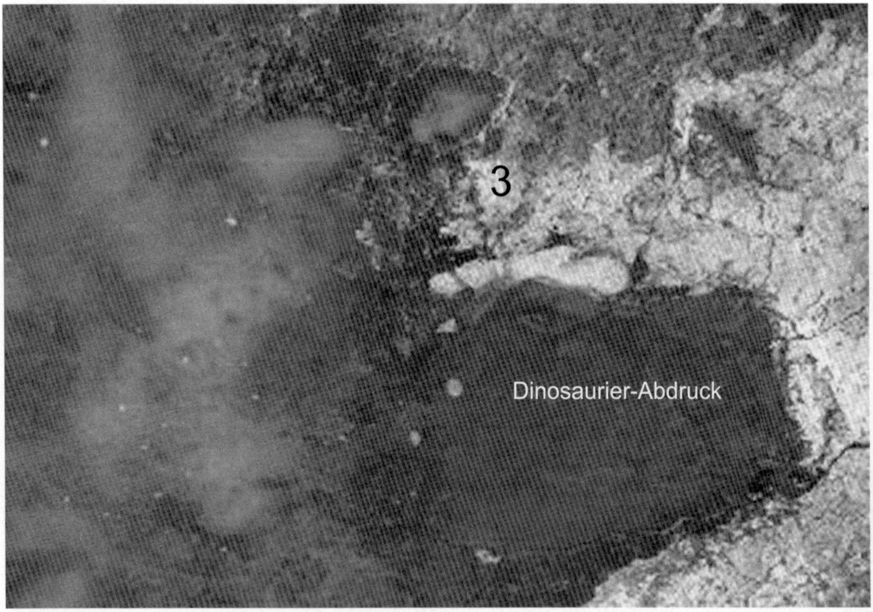

49

50

50 Larissa Zillmer fand den vierten Abdruck auf der gegenüberliegenden Seite der Pfütze, an deren linkem Rand der dritte Abdruck zu erkennen ist.

51 Das T-Shirt sperrt das Wasser ab, damit der Abdruck deutlich zu erkennen ist.

51

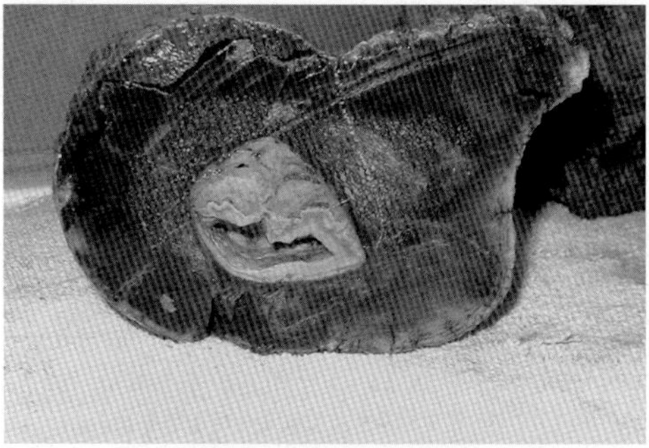

52

53

52, 53 Dinosaurier-Knochen mit anscheinend versteinertem Knochenmark.

54 Zu knallhartem Gestein fossilierter Dinosaurier-Kot. Der Koprolith zeigt keine Anzeichen irgendwelcher Erosionseinflüsse.

54

55 Ein großer Koprolith liegt unbeachtet in der Wüstenlandschaft Colorados. Es sind keine Zerstörungen durch Frost zu erkennen. Wie lange liegt er hier?

55

56, 57, 58 Die Felsen im El Morro Nationalpark beinhalten scheinbar viele Konkretionen. In diesem Fall handelt es sich offensichtlich nicht um anorganisches, sondern um ehemals organisches Material, wie zum Beispiel Dinosaurier-Kot oder -Eier. Wie kommen diese Gebilde (K1, K) in eine massive Felswand? Erhärtete die ehemals weiche Felsmasse mitsamt den Einschlüssen schnell, anstatt Millimeter für Millimeter über lange Zeiträume zu wachsen?

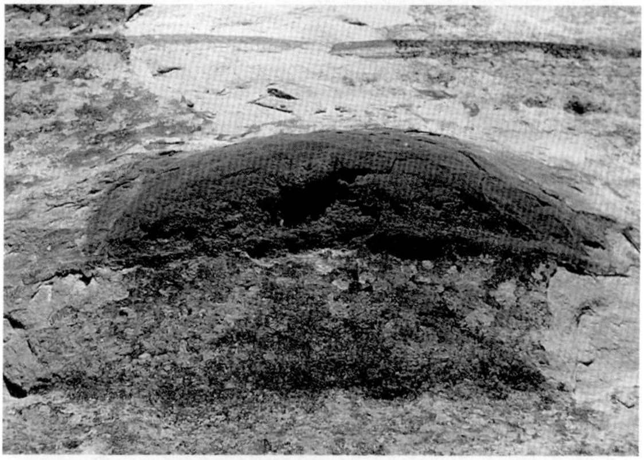

56

58

59

59, 60 Ein vor 45 Ma versteinerter Krebs aus Verona in Italien (Fossiliensammlung des Autors). Versteinerte dieses Tier schnell oder langsam? War der Krebs wirklich tot, als er versteinerte? Oder wurde er durch katastrophische Umstände konserviert, z. B. durch Schockgefrierung (Impaktwinter) und anschließende schnelle Versteinerung, bevor das Tier verwesen konnte?

60

61 Ein vor 390 Ma versteinerter Trilobit aus Oklahoma (Fossiliensammlung des Autors). Dieses Urtier versteinerte mitsamt seinen Augen komplett dreidimensional. *Wie schnell erfolgte der Versteinerungsvorgang?*

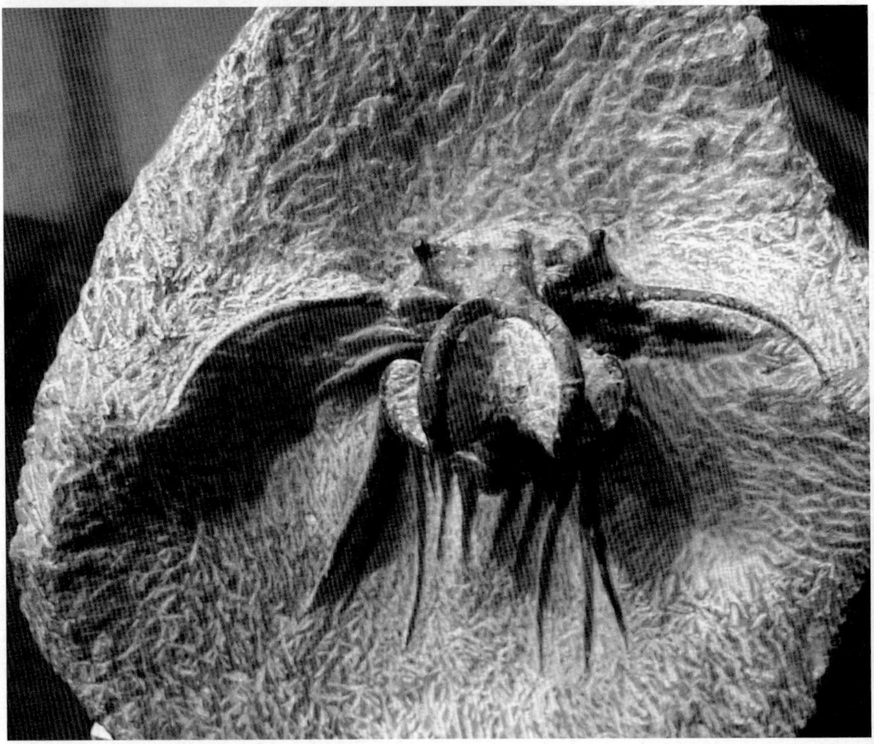

61

62

62 Das »Black Canyon of the Gunnison National Monument« (Colorado) soll durch das Rinnsal Gunnison River geschaffen worden sein. Die steilen, 610 Meter hohen Canyon-Wände - siehe Bäume am Canyonrand - sind durch unzählige Pegmatitadern Adern kreuz und quer zerrissen. Welche gewaltigen, pressenden Kräfte waren hier am Werk?

63

63 Dieser Sandsteinblock besteht aus durch Wasserbewegung gerundeten Sandkörnern und enthält eine Schicht hellgrauen Sandsteins. Die Quarzkörner wurden durch einen natürlichen Zement verkittet, der Kieselerde genannt wird. Kieselerdezement ist haltbarer als der allgemein häufiger vorkommende Kalkspatzement anderer Sandsteinarten. Die Mineralien stammen von Vulkanausbrüchen im westlichen Utah und wurden mit der vulkanischen Asche vom Wind verweht. Diese offizielle Darstellung bezeugt die schnelle Bildung von Sandstein unter katastrophischen Umständen: Wasser und Vulkanausbrüche. Gleichzeitig wird die Bildung dieses Sandsteins als eine Art »Betonierungsvorgang« des ursprünglich nassen, weichen Sandgemisches bestätigt. Dieser Vorgang ist aber kein Spezialfall, sondern das allgemeine Rezept der Sedimentsteinbildung und entspricht der vom Autor vorgestellten »Naturbetontheorie«.

64

64 Der Loowit Canyon nördlich des Mount St. Helens hat sich im Sommer 1980 plötzlich neu gebildet. Der solide Fels wurde in kurzer Zeit 30 Meter tief eingeschnitten. Der Wasserfall am linken Bildrand scheint auf ein lang andauerndes Erosionswerk durch den kleinen Bach hinzudeuten. Demzufolge müsste es Millionen von Jahren bis zur Bildung dieses Canyons gedauert haben. Dieser Rückschluss wäre jedoch ein gewaltiger Irrtum, da wir Augenzeugen des katastrophischen Ereignisses waren.

65 Die Bildung von dicken und/oder gebänderten Gesteinsschichten geht schnell vor sich und nicht unmerklich langsam. Eine 8 Meter dicke Schicht (S) – Größenvergleich Mensch (M) - entstand an einem Tag am 12. Juni 1980, und darüber bildeten sich viele fein gebänderte Schichten (G) am 19. März 1982 in wenigen Stunden beim Ausbruch des Mount St. Helens. Zahlreiche dünne oder massiv dicke Erdschichten stellen keinen Beweis für lange Zeiträume dar. Fazit: Wenn Erdschichten schnell wachsen können, ist die Einteilung der Erdzeitalter (Lyell-Dogma) der größte Irrtum des zweiten Jahrtausends.

65

66 Nach offizieller Ansicht stellt die gewaltige Sandsteinschicht (Coconino Sandstone) am Bright Angel Trail eine versteinerte Sanddüne dar. Deutlich ist die ausgeprägte Kreuzschichtung zu erkennen. Diese Felsen können aber das Ergebnis einer Flut mit einer Wassergeschwindigkeit von ca. 80 cm/s sein (siehe Abb. 63). Fazit: Unter katastrophischen Voraussetzungen entstanden diese Klippen innerhalb von Stunden und nicht von Jahrmillionen. Der Mensch (links unten) dient als Größenvergleich.

66

67 Geschichteter Sandstein in verschiedenen Richtungen kreuz und quer versteinert. Handelt es sich um eine versteinerte Sanddüne in der Wüste oder eine durch schnell fließendes Wasser erzeugte Lagerung?

67

68 Wie eine Sandburg aus nassem Sand sieht dieser Felsen im »Arches Nationalpark« aus. Der kreuzgeschichtete Sandstein scheint wie aus einer Spritztüte in kurvenförmigen Lagen gebildet worden zu sein. Der Sand war eine feuchte, formbare Masse, bevor er jeweils als großes Gebilde zu einer von drei verschiedenen Felsformation (A, B, C) versteinerte.

68

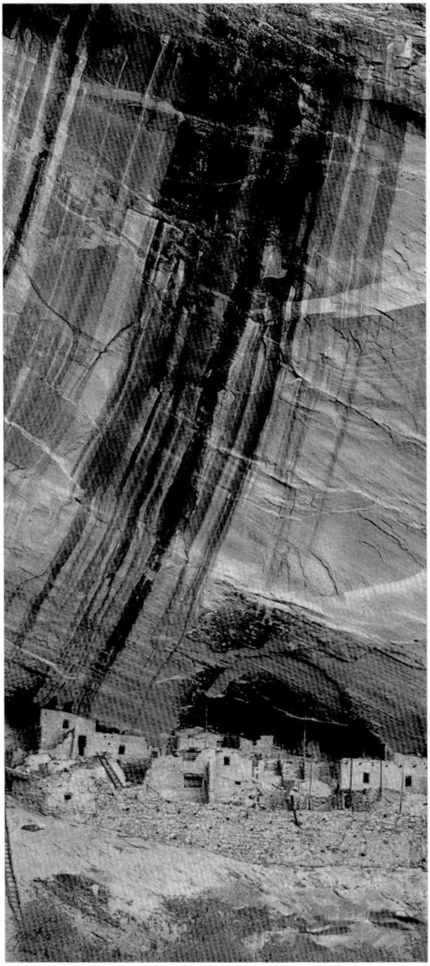

69

69 Der dunkle Desert Varnish (Wüstenlack) liegt in dicken Fahnen auf dem Navajo Sandstone über der Anasazi-Ruine Keet Seel. Diese Patina soll ganz langsam entstehen und sehr alt sein. Sie liegt auch über dem Dinosaurier-Bild (Foto 19 bis 21).

70 Diese versteinerten Rippelmarken sollen 240 Ma alt sein (Moenkopi-Formation), liegen aber ohne jede Erosionsspur an der Erdoberfläche. Wie alt ist diese Formation wirklich? Handelt es sich tatsächlich um eine versteinerte Sanddüne oder vielleicht doch um früheren Meeresboden?

71 Diese Sandstein-Phantasie soll durch von Wind angewehten Sand entstanden sein. Handelt es sich nicht eher um ein schnell zementiertes Sand-Mineralien-Wasser-Gemisch ehemaliger Überflutungen?

72 Kreuzgeschichteter Sandstein mit deutlich messerscharfen Abgrenzungen der einzelnen Schichten. Flache Lagerung ist eher das Kennzeichen von Meeresboden als einer Wüste. Bildet Wind kreuzgeschichteten Sandstein, kappt dann diese Düne horizontal, bildet darauf neuen kreuzgeschichteten Sandstein, kappt diese wiederum horizontal, um dann wieder kreuzgeschichteten Sand versteinern zu lassen? Das für die Versteinerung notwendige Wasser soll vom Grundwasser und Regen stammen. In diesem Fall muss es in der damals angeblich vorhandenen Wüste im Südwesten der USA sehr viel Wasser gegeben haben. Entstanden die kreuzgeschichteten Sanddünen durch Windtätigkeit oder unter schnell fließendem Wasser? Für den zweiten Fall gab es gar keine Wüste während der Dinosaurier-Ära.

73

74

73 Der im Vordergrund zu sehende Spider Rock (Spinnenfelsen) im Canyon de Chelly National Monument ist 244 Meter hoch. Deutlich sind die Wasserspuren zu erkennen. Warum ist dieser Felsen nach Jahrmillionen nicht zerbröckelt? Wann floss hier das Wasser mehr als 200 Meter über dem Talgrund? Vor kurzer Zeit oder vor Urzeiten? Woher kam das ganze Wasser in der Wüste (1676 Meter ü.M.)?

74 Der in den Grand Canyon mündende Little Colorado River zeichnet sich durch steile Canyon-Wände aus. Der urzeitliche Hopi Lake wurde durch diese Erosionsrinne in den Grand Canyon entwässert.

75

75 Im Bereich des heutigen Großen Sees in Utah befand sich früher der wesentlich größere Lake Bonneville. Das Wasser und große Teile des früheren Seebodens fluteten nach Südwesten. Es wurden dort neue, dicke Sedimentschichten gebildet, deren Entstehung nur wenige Stunden und nicht Jahrtausende dauerte. So entstanden auch Moränen, die sonst als Beweis für das Große Eiszeitalter interpretiert werden.

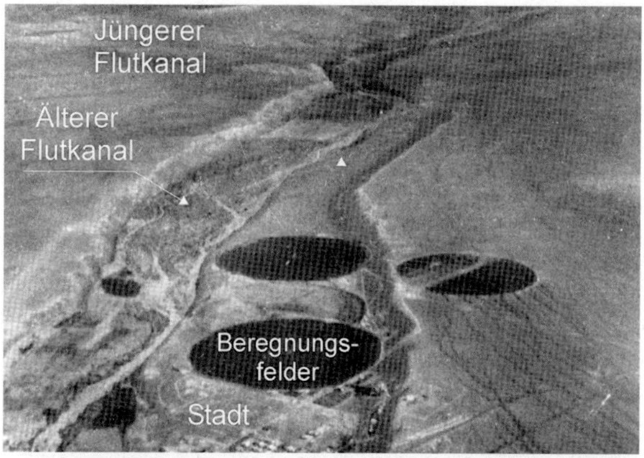

76

76 In der Nähe von Littlefield (Arizona) befindet sich ein 800 Meter breiter Flutkanal, der in einen noch älteren, 1,6 km breiten Kanal eingeschnitten wurde.

77

77 Viele moränenartige Ablagerungen sind im Westen der USA zu sehen, wie der San Luis Rey Boulder Gravel. Diese Geschiebe sind Relikte vergangener Überflutungen und drainierter Seen, sie wurden durch große Wassermengen mit entsprechenden Geschwindigkeiten hierher transportiert. Kleine Flüsse sind zu dieser gigantischen Erosionsarbeit nicht in der Lage. Außerdem war dieses Gebiet nie vergletschert.

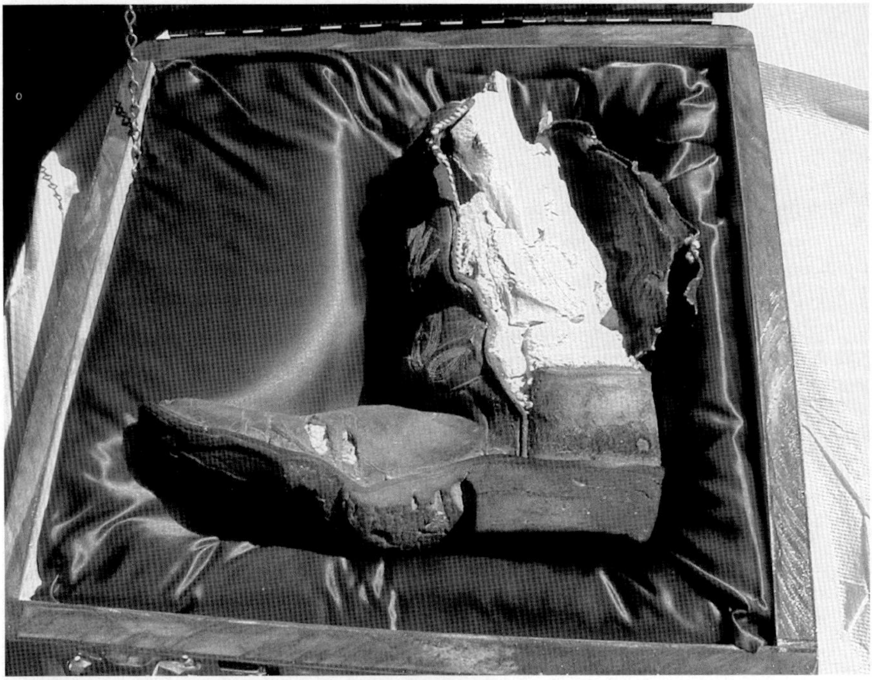

78

79

78, 79 Carl E. Baugh und der Autor mit dem zu Kalkstein versteinerten Bein in einem Cowboy-Stiefel. Nachweislich geschah dieser Vorgang schnell *in den Fünfzigerjahren. Eine Versteinerung kann unter entsprechenden Bedingungen sehr schnell ablaufen; sie ist kein Indiz oder gar ein Beweis für lang andauernde Prozesse und damit lange währende Erdzeitalter und insgesamt ein hohes Alter der Erde.*

Geographic Society Anfang April 1999 in 6279 Meter Höhe die am besten erhaltenen Mumien aller Zeiten. Sämtliche Organe stellten sich bei computertomographischen Analysen als intakt heraus, es scheint sich sogar noch Blut im Herzen und in der Lunge zu befinden. Der amerikanische Archäologe Johann Reinhard bestätigte eine *plötzliche Todesursache*, glaubt jedoch an einen Blitzschlag. Warum sind diese Menschen dann aber *erfroren*?
Ebenfalls gefundene Statuetten aus Gold und Silber, Gewebe, Mokassins und Keramiken wurden als Grabbeigaben deklariert. Gibt es Parallelen zu den Hockergräbern und den plötzlich schockgefrorenen Mammuts? Wie bereits beschrieben, wurden die Anden während der Sintflut plötzlich mit einer Eishaube versehen. Andererseits erhoben sich die Anden schnell in die Höhe. Handelt es sich also *nicht um Gräber samt Beigaben*, wogegen auch das Blut im Körper spricht, sondern um Opfer der kataklystischen Katastrophe? Die angeblichen Grabbeigaben könnte man ganz einfach als zusammengeraffte Habseligkeiten ansehen.

Sinkende Kontinente

Mit den Sintfluten wurde eine calciumhaltige, zementartige Masse – auch mit zusammengeschwemmten tierischen und pflanzlichen Bestandteilen – auf die Kontinente geworfen, die durch hydraulische, teilweise auch zusätzliche geochemische Prozesse schnell, ja manchmal blitzartig erhärteten. Durch die zusätzlichen Massen wurden die Kontinente immer schwerer und *sanken isostatisch* ab. Gleichzeitig wurde der Ozeanboden aus denselben Gründen *nach oben gedrückt*. Stellen Sie sich zwei schwere parallele Wände auf einer dicken weichen schaumgummiartigen Unterlage vor: Die elastische Unterlage wölbt sich zwischen den Wänden auf. Ähnliches geschah in den Ozeanen. Dadurch entstanden zwangsläufig die so genannten Spreizungszonen, und zwar als Risse mit ausströmender glutflüssiger Gesteinsschmelze ungefähr in der Mitte zwischen den Kontinentalabhängen, die die Fixpunkte darstellten. Der ursprüngliche zur Theorie der Plattentektonik aufgezeigte Wider-

spruch, dass sich diese Spreizungszonen überlappen, ja sogar an den Transformstörungsstellen teilweise um bis zu mehrere hundert Kilometer versetzt sind, ist nun aufgehoben. Denn unter Berücksichtigung der hier vorgestellten Wasserschalen-Theorie sind diese Risse nichts anderes als das Ergebnis der zu großen Zugspannungen aufgrund der Dehnung und Wölbung des Ozeanbodens. Das Ganze entspricht dem Rissbild einer Betonplatte, die man bei einer entsprechenden Versuchsanordnung zu hoch belastet.
Das mit der Sintflut auf die Kontinente gepeitschte Wasser floss in riesigen Flusstälern wieder zurück in Richtung Ozean und erzeugte die gewaltigen Erosionsrinnen, die heutigen Unterwasser-Canyons, im Kontinentalschelf, im Kontinentalabhang und in dessen Fußregion. *Der Ozeanboden hob sich*, zusätzlich erhöhte sich die Wassermenge, und dann wurde eine kritische Wasserhöhe erreicht, sodass durch die Meerenge von Gibraltar plötzlich Wasser in das Mittelmeer schoss. Nachdem dieses gefüllt war, passierte das Gleiche am Bosporus und dann im Schwarzen Meer. Die V-förmigen Täler der Meerengen beweisen ein entsprechendes katastrophisches Schauspiel.
Möglich ist auch, dass sich das Wasser des Mittelmeeres in einer Phase vor der Kontinentalverschiebung zuerst teilweise in den damals tiefer liegenden Atlantik entleerte und nur noch ein Restmeer übrig blieb. Das wäre ein Beispiel für die bereits diskutierte Barrentheorie, denn das Salz blieb im Mittelmeer und fällte aus, und mit dem danach erneut ansteigenden Wasserspiegel des Atlantiks wurde das Mittelmeer erneut gefüllt.

Flutkanal Grand Canyon

Auf einer *Hinweistafel* im Yavapai Point Museum im Grand Canyon Nationalpark wird der Glaube der einheimischen Havasupai beschrieben. Ihrer Meinung nach wurde die Erde mit einer Flut bedeckt, und »als schließlich das Hochwasser zurückging und die Berge sich in die Höhe drückten, entstanden Flüsse; einer davon schnitt den großen Graben ein, der zum Grand Canyon wurde«.

Nach den Überlieferungen entstand der Grand Canyon also schnell als Folge der Sintflut: Ist das pure Phantasie oder unglaubliche Realität? Durch vier große Überflutungsphasen wurde der Bereich des heutigen Grand Canyon in Arizona geologisch auf dem Grundgestein (Vischnu-Schiefer) gebildet, und zwar *in Meereshöhe*. Diese Bereiche sind farblich und durch die Art der Sedimente deutlich zu unterscheiden. Die Geologen glauben, dass sich das Kaibab-Plateau vor 65 Ma zu heben begann, also anscheinend ungefähr zum Aussterbezeitpunkt der Dinosaurier. Der zeitliche Zusammenhang beider Ereignisse entspricht meiner Auffassung, unabhängig vom tatsächlichen Zeitpunkt. Der *Colorado River* fraß sich dann angeblich sehr langsam Millimeter für Millimeter in das weiche Gestein. Richtig ist, dass sich dieses Plateau aus geologischer Sichtweise mit den Ende der Dinosaurier-Ära empor hob, ebenso wie das gesamte Colorado-Plateau. Die Hebung des gesamten riesigen Gebiets erfolgte tatsächlich, aber eben schnell als Ergebnis eines isostatischen »Floatens«.
Mit der Anhebung des gesamten Plateaus wurde das Wasser der vorsintflutlichen Seen oder auch der Überflutung mit in die Höhe gehoben. Neben mehreren kleinen gab es plötzlich große Seen auf der Hochebene. Einer der Seen, südwestlich des Grand Canyon im Nordosten Arizonas, heißt *Hopi Lake*. Ein anderer erstreckte sich nordöstlich rechts und links vom heutigen Flussbett des Colorado River in Arizona, New Mexico, Colorado und Utah. Dieser See wird von Walt Brown (1995) *Grand Lake* und von dem Geologen Steven A. Austin (1994) *Canyonlands Lake* genannt. Die Konturen des Sees unterscheiden sich, je nachdem, wie man die Höhenlage des Seespiegels rekonstruiert. Die Umrisse dieses Sees wurden erstmalig von Edmond W. Holroyd (1987) durch eine Computergeneration annäherungsweise ermittelt. Deshalb möchte ich den Namen Canyonlands Lake verwenden, auch aufgrund der in dieser Ära vorhandenen grandiosen Canyons (siehe Abb. 11, S. 56).
Die Barriere der urzeitlichen Seen im Bereich des Grand Canyon lag ungefähr in 1800 Meter Höhe. Das gestaute Wasser bedeckte entsprechend eine Fläche von ungefähr 80000 Quadratmetern. Durch den heftigen Regenfall während der Sintflut – laut bibli-

schen Angaben 40 Tage lang – liefen die Wasserbecken über die natürlichen Dämme hinweg, und es wurden nacheinander mehrere Canyons in die Sedimentschichten geschnitten, wie mit einem Messer in Butter, insbesondere da die mit den Fluten aufgeschütteten

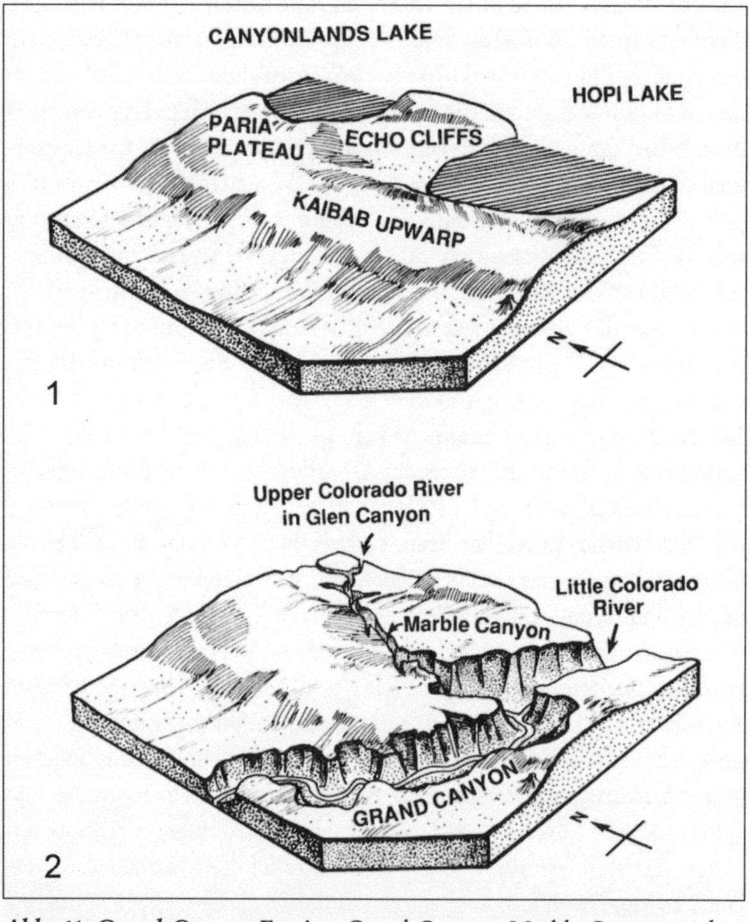

*Abb. 61: **Grand-Canyon-Erosion.*** Grand Canyon, Marble Canyon *und* Little Colorado Canyon *entstanden durch die plötzliche Entwässerung der vorzeitlichen Seen* Canyonlands Lake *und* Hopi Lake *(Skizze 1, vgl. Abb. 11 auf Seite* 56*) im Bereich des heutigen Colorado Plateaus als Erosionsrinne (Skizze 2). Dieses Katastrophen-Szenario lief nach der globalen Sintflut vor nur ein paar tausend Jahren ab.*

Gesteinsschichten noch gar nicht richtig verfestigt waren. Der Canyonlands Lake ergoss sich durch den Marble Canyon bei Page in den heutigen Grand Canyon (Abb. 61), der Hopi Lake entsprechend durch den Little Colorado River auch in den Grand Canyon (Bild 74). Gerade dort erkennt man an den steilen, kaum erodierten Canyonwänden die *schnelle* und nicht langsame Erosionsarbeit der Wassermassen besonders deutlich. So wurden nacheinander viele Canyons gebildet.

Sind wirklich Millionen von Jahren nötig, um einen Canyon zu bilden? Nein, denn es hängt letztendlich von den Wassermassen, der Geschwindigkeit, der Erdbebentätigkeit und der Art sowie Struktur des Untergrunds ab. Die schnelle Bildung eines Canyons konnte vor 20 Jahren sogar *live* verfolgt werden: Beim Ausbruch des Vulkans Mount Saint Helens im Sommer 1980 wurde der *feste Fels* ungefähr 30 Meter tief erodiert und der Loowit Canyon neu gebildet. In 1000 Jahren werden die Geologen von dem kleinen Vulkanausbruch vielleicht gar nichts wissen und konstatieren, dass die Bildung dieses Geländeeinschnitts und der beschriebenen (schnell aufgeschütteten!) Schichten sehr langsam vor sich ging und hierfür dementsprechend lange Zeiträume angesetzt werden müssen. Aber es ist zu hoffen, dass bis zu diesem Zeitpunkt Erdkatastrophen keine verfemte Ereignisse mehr darstellen und sich damit *schnell ablaufende Katastrophenszenarien* im Einklang mit den natürlichen Phänomenen auch in konservativ-wissenschaftlichen Kreisen durchgesetzt haben. Dann wird auch die schnelle Entstehung der Kohleflöze – analog zu den Sedimentschichten – mit darin senkrecht stehenden Baumstämmen kein wissenschaftliches Rätsel mehr darstellen (Abb. 62, vgl. Abb. 8 auf S. 35).

Wüstenmärchen

Eine interessante geologische Schicht in Utah (USA) besteht aus dem *Coconino-Sandstein*, der mit ähnlichen Formationen in Nevada, New Mexico und Texas (Glorieta) ein Gebiet von über 300000 Quadratkilometern bedeckt. Die Schlucht ist die dritt-

***Abb. 62: Steinkohlenwald.** Nicht nur im Kohlensandstein von St. Etienne in Frankreich fand man aufrecht stehende Baumstämme, die etliche geologische Schichten durchstoßen und nicht an dieser Stelle gewachsen sind. »Von unten nach oben sind folgende Schichten zu sehen: Steinkohle, Kohlenschiefer mit Pflanzenabdrücken, Kohlenlager mit Toneisennieren, darüber Sandstein mit stehenden Stämmen.« Diese Schichten haben keine Verschiebungen oder Faltungen erlitten und sollen Millimeter für Millimeter über sehr lange Zeiträume langsam gewachsen sein. Die Lage der Baumstämme beweist jedoch, dass Flutwellen zunächst die Kronen der Bäume kappten, dann wurden die teilweise mit ihren Wurzeln aufrecht schwimmenden Stämme abgelagert, mit Erdmaterial verfüllt und schnell durch mehrere Überflutungsphasen aufrecht stehend verschüttet. Diese Erd- und Kohleschichten entstehen in einem kurzen Zeitraum, der vielleicht sogar nur einen Tag dauerte, sehr schnell hintereinander, und zwar bevor das Holz verrotten konnte. Aus Fischer (1923).*

jüngste Schicht im Grand Canyon und durch eine kreuzgeschichtete Lagerung gekennzeichnet. Die darüber liegende *Toroweap-Formation* sowie der *Hermit-Schiefer* darunter sind horizontal gelagert und sollen vor der Anhebung des Kaibab-Plateaus als Ablagerung im Meer entstanden sein (Bonechi, 1997, S. 13).

Im Yavapai Point Museum wird der *Coconino-Sandstein* wie folgt beschrieben: »...dieser Sandstein bildete sich durch vom Wind herbeigetragenen Sand, der sich zu hohen Sanddünen anhäufte. Als der Sandstein sich entwickelte, sah die Gegend des Grand

Canyon etwa so aus wie die Wüste Sahara.« Die unter und über dem Coconino-Sandstein liegenden geologischen Formationen aus Schiefer und Kalkstein sind im Meer entstanden. Es muss ein abrupter und krasser Wechsel vom Meer zur Wüste und wiederum zum Meer erfolgt sein, da es keine Übergangsschichten in den geologischen Formationen, sondern leicht zu erkennende scharfe Grenzschichten gibt, wovon ich mich beim Besuch des Grand Canyon überzeugen konnte.

Warum findet man im Coconino-Sandstein so häufig versteinerte Spuren von Reptilien oder Amphibien? Gab es so viele dieser Tiere in diesem angeblich staubtrockenen Wüstengebiet? Da der Coconino-Sandstein früher als loser Sand riesige Gebiete der USA bedeckt haben soll, muss es sich auch um ein große Wüste gehandelt haben. William Lee Stokes (1998, S. 98) führt in »Geology of Utah« aus, dass der Sand durch aus nördlicher Richtung wehende Winde geformt wurde. Wo gab es aber im Norden eine solch große Anhäufung von Sand? War zuerst im Norden eine Wüste, und verlagerte sie sich nach Süden? Dafür gibt es keine Anzeichen.

Warum erkennt man offiziell nicht an, dass dieser Sandstein auch durch das Meer und die im Wasser gelösten Mineralien gebildet wurde? Die Antwort ist einfach, denn diese geologische Formation ist im Gegensatz zur darunter und zur darüber liegenden Gesteinsschicht kreuzgeschichtet, wurde also in verschiedenen Richtungen und *steilen Winkeln* abgelagert. Eine nachträgliche Verschiebung der Sandsteinschicht kommt wegen der »Sandwichlage« nicht in Betracht. Deshalb versucht man die Bildung dieser und anderer zahlreicher Sandsteine im Sinne des aktuellen geologischen Modells als zu Dünen aufgeschütteten Flugsand oder Wüstensand zu erklären, wie es Dr. Ernst Weinschenk (1906, S. 101f., vgl. Credner, 1912, S. 164f.) in »Grundzüge der Gesteinskunde« versucht: »Wenn verschiedene Systeme solcher Dünenbildungen... übereinander vorhanden sind..., so tritt der Charakter dieser schief verlaufenden Schichtung in der so genannten Kreuz- oder Diagonalschichtung deutlich hervor...«

Sand kann nur unter hohem Druck zu festem Sandstein geformt

werden – Beispiel aus der Bautechnik: Herstellung von Kalksandsteinen –, oder man vermischt den Sand mit Mineralien, beispielsweise mit Calcium, also Kalk, oder auch Zement sowie natürlich Wasser. In diesem Fall müssen aber 300 000 Quadratkilometer Wüste mit einem Wasser-Calcium-Gemisch gleichmäßig und langsam stetig durchfeuchtet worden sein, damit die Sandschichten gleichmäßig erhärten.

Warum glaubt man an die Bildung entsprechender riesiger Sandsteingebilde durch wüstenhafte Erscheinungen? Ganz simpel: Das erfordert das lyellistisch-darwinsche Dogma, da alle Prozesse phlegmatisch langsam, ja unmerklich vonstatten gegangen sein sollen. Schnelle Bildungen von bis zu mehreren hundert Metern mächtigen Sedimentschichten werden geologisch bis heute nicht anerkannt. Die Dicke der geologischen Schicht lässt letztendlich auch auf das Alter, die Entstehungsdauer und damit auch auf das Alter der Erde schließen. Die Bildung des *Coconino-Sandsteins* soll bis zu 20 Ma gedauert haben. Erkennt man die Bildung des mächtigen kreuzgeschichteten Sandsteins als Ergebnis einer Flut an, schmilzt dieses Erdalter auf Stunden oder Tage zusammen! In diesem Fall könnte man also Millionen von Jahren unseres Erdalters ganz einfach streichen. Die Erde wird jünger …

Beim Ausbruch des Vulkans Mount Saint Helens am 12. Juni 1980 wurden innerhalb weniger Stunden etliche Meter fein gebänderte Schichtungen gebildet. Die darunter liegende Schicht entstand am 18. Mai 1980 und die darüber liegende am 19. März 1982 (Bilder 64 und 65). Innerhalb kurzer Zeit entstanden dort zig Meter mehrerer unterschiedlicher geologischer Schichten. Zukünftige Geologen werden diese Formationen als Beweis eines sich langsam vollziehenden Gesteinsbildungsprozesses ansehen, sofern sie noch an das lyellistisch-darwinsche Dogma glauben. In diesem Sinn würden diese unter katastrophischen Umständen entstandenen Schichten als Beweis für Millionen von Jahren der Zeitgeschichte unserer Erde herhalten müssen. Nur: In diesem Fall wissen wir ganz genau, dass es *sehr schnell* vonstatten ging. Welche Augenzeugen gab es aber vor ein paar tausend oder sogar angeb-

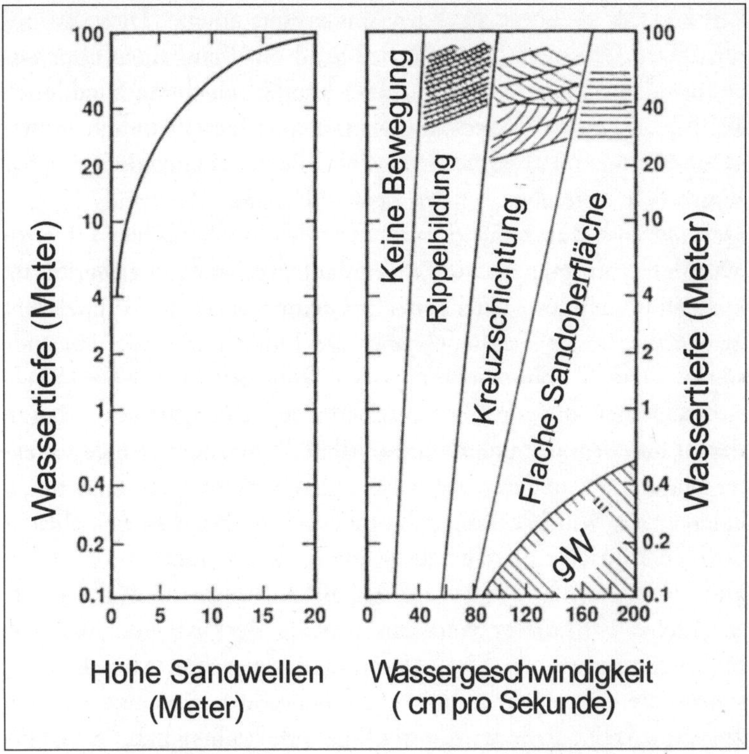

Abb. 63: ***Sandstrukturen.*** *Die Graphiken zeigen den Zusammenhang zwischen der Höhe von Sandwellen und Wassertiefe (linkes Bild) einerseits sowie die Art der Oberflächenstruktur in Abhängigkeit von der Wassergeschwindigkeit und Wassertiefe andererseits. Je nach vorliegenden Verhältnissen und ergeben sich Rippelbildung, Kreuzschichtung oder auch eine flache Lagerung des Sandbodens, ggf. auch gleichphasige Wellen (gW). Versteinerte Dünen sind daher im Normalfall leicht als früher Meeresboden zu identifizieren. Nach Rubin/McCulloch (1980).*

lich Millionen Jahren, die von ähnlichen Vorgängen berichten könnten?

Der *Coconino-Sandstein* kann auch entsprechend schnell entstanden sein. D.M. Rubin und D.S. McCulloch (1980) haben Untersuchungen an Sandwellen in der San Francisco Bay vorgenommen und sie ins Verhältnis zu Sandwellen, zur Strömungsgeschwindigkeit und der sie überdeckenden Wasserhöhe gesetzt. Diese in »Sedimentary Geology« (26/1980, S. 207ff.) veröffentlichten Untersuchungen bestätigen eindeutig, dass kreuzgeschichtete Sanddünen als Ergebnis einer Wasserströmung mit einer Geschwindigkeit zwischen 60 und 160 Zentimeter pro Sekunde in Abhängigkeit von der Wassertiefe angesehen werden kann (Abb. 63).

Der mittlere Buntsandstein im Trias ist in Deutschland bis zu 300 Meter mächtig und oft diskordant, das heißt ungleichförmig zueinander gelagert. Dr. Hermann Credner (1912, S. 519) schreibt in »Elemente der Geologie« über die Entstehung des Buntsandsteins: »Die Schrägschichtung, also Dünenstruktur vieler Sandsteinschichten, die von Wind geschliffenen Kantengerölle ... weisen darauf hin, dass der untere und mittlere Buntsandstein eine terrestre Bildung ist, an deren Aufbau sich Sandstürme wesentlich beteiligt haben.« Wurden die Sandkörnchen vom Wind oder vielleicht doch eher durch eine reibende Wasserkraft gerundet?

Das Untertrias vor 250 bis 243 Ma gilt als das Zeitalter des Buntsandsteins. Falls dieser Sandstein nicht als Merkmal einer Wüstenbildung, sondern als Ergebnis einer riesigen Flut zu sehen ist, schrumpfen diese Jahrmillionen auf vielleicht nur wenige Stunden zusammen. Die Erde wird unter diesem Gesichtswinkel ganz einfach jünger. Vielleicht muss man dann aber auch eine Serie des Perm streichen: Rotliegendes (290 bis 270 Ma). Diese durchschnittlich 500 Meter mächtigen Schichtenfolgen sind teilweise auch diskordant gelagert.

In »Darwins Irrtum« habe ich meine Idee von der schnellen »Betonierung« der meisten Sedimentschichten vorgestellt und Vergleiche mit der mir als Bauingenieur vertrauten Betonproduktion angestellt. Durch katastrophische Umstände kann regelrecht natürlicher Zement gebildet werden. Auch Calcium (Kalk) und andere Minerale treten als Bindemittel in der Natur auf. Der Geologe Credner (1912, S. 515) bestätigt, dass der »kieselige Zement« an der Bildung des mittleren Sandsteins beteiligt ist. Zement erhärtet aber schnell und nicht langsam. Der Buntsandstein entstand also nicht in Millionen von Jahren, ebenso wenig wie der Coconino-Sandstein in Nordamerika. So ist es auch zu erklären,

dass auf diesen Sandsteinschichten weltweit versteinerte Tierfährten zu sehen sind. Solche fossile Spuren sind nur denkbar, wenn der damalige Sand *nass und nicht trocken* wie in der Wüste war, denn in trockenem Sand kann man gar keine deutlichen, detaillierten Spuren hinterlassen. Wie auch immer: Diese Spuren mussten *schnell erhärten*, denn sonst wären sie durch die verschiedensten Erosionseinflüsse schnell verwischt worden. Jeder Besucher von Beverly Hills in Los Angelos kennt die zementierten Fuß- und Handabdrücke bekannter Persönlichkeiten. Ähnlich entstanden die fossilen Abdrücke.
Auf den zuvor beschriebenen diskordanten Sandsteinschichten findet man sehr häufig mehr oder minder scharf ausgeprägte Wellenfurchen, so genannte Rippelmarken. Diese werden auch der Wirkung des Windes an der Erdoberfläche zugeschrieben. Tatsächlich kann man auf Sanddünen diese Rippelmarken erkennen, ebenso aber am Meeresboden. Wie sollen solche Sandwellen an der Erdoberfläche in Wüstengebieten weiträumig versteinern? Dazu braucht man zumindest Wasser und darin gelöste Bindemittel. Im Zusammenhang mit überfluteten Gebieten kann die Versteinerung der Rippelmarken am Meeresboden durch das während der kataklystischen Erduntergänge im Wasser der Ozeane vermehrt gelöste Calcium sowie auch anderer Bindemittel und Mineralien leicht erklärt werden. Und so kann auch das Phänomen versteinerter Regentropfen gelöst werden. Die Untersuchungen von Rubin und McCulloch haben den Nachweis erbracht, dass Rippelmarken in fließenden Gewässern je nach Tiefe bei Wassergeschwindigkeiten von ungefähr 20 bis 60 Zentimetern pro Sekunde entstehen (Abb. 63).

Glücksspiel Datierung

Verschiedene Datierungsmethoden ergeben nicht immer dieselben Ergebnisse. Die Lava des *Western Grand Canyon* gehört zu den jüngsten Formationen, die auch geologisch sehr jung, ja frisch aussehen. Überall kann dieses basaltische Gestein auf dem *Uinkaret-*

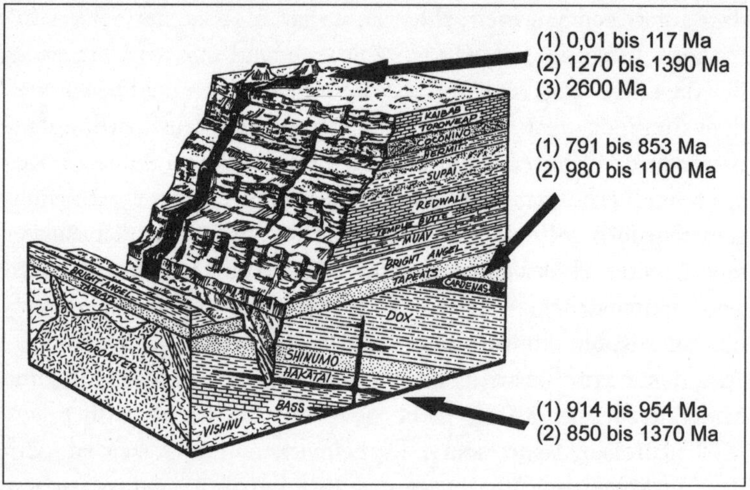

Abb. 64: Datierung. *Das Blockdiagramm zeigt unterschiedliche Ergebnisse der Datierungen im Bereich des Nordrandes des Grand Canyon. Kalium-Argon-Methode (1), Rubidium-Strontium-Methode (2), Blei-Blei-Methode (3).*

Plateau im Grand Canyon gefunden werden. Alte indianische Überlieferungen berichten von entsprechenden Vulkanausbrüchen *nach* der Bildung des Grand Canyon.

Gemäß einer Veröffentlichung im »Arizona Bureau of Geology and Mineral Technology Bulletin« (197/1986, S. 1ff.; Reynolds u. a.,) wurde anhand eines Kalium-Argon-Modells das Alter für das Gestein eines Vulkans nördlich vom Colorado River in Arizona auf nur 10000 Jahre (oZ) geschätzt (Abb. 64). Aus demselben Lavafluss wurde eine andere Probe auf 117 (+/–3) Ma datiert (Damon, 1967). Diese Altersbestimmung entspricht der geologischen Vorstellung von der Entstehung dieses Vulkans. Im zweiten Fall wurde das glasig glänzende, flaschengrün bis gelblich durchscheinende Mineral Olivin untersucht. Diese Probe enthielt allerdings sehr wenig Kalium, aber dafür sehr viel Argon. Anscheinend wird durch diese Mischung für die Bestimmung des Kalium-Argon-Modellalters ein zu hoher Wert ermittelt. Eine andere Probe einer Lava, die das Plateau überflutet und in das Flussbett des Colorado River gelaufen war, ergab gemäß einer Abhandlung im »Geological Society of America Bulletin« (79/1698, S. 133 ff.) ein geschätztes Alter von 1,2 Ma +/–0,2 Ma (McKee u. a., 1968). Nach der Rubidium-Strontium-Methode ergab eine Isochronaltersbestimmung allerdings ein Alter von 1340 Ma (Austin, 1994, S. 126), nach einer weiteren Methode ermittelte man 2600 Ma. Mit den beiden zuletzt genannten Altersangaben wäre die junge Lava auf dem Uinkaret-Plateau wesentlich älter als der geologisch in sehr tiefen Schichten auf Höhe des Colorado River liegende *Cardenas-Basalt* im Grundgestein. Nach der Rubidium-Strontium-Methode ergab sich für das Grundgestein nur ein Alter von 1070 gegenüber 1340 Ma der Lava auf dem Plateau (Abb. 64). Ist die Lava nach offizieller Datierung jetzt 10 000 Jahre (oZ) oder aber 1340 Ma, vielleicht auch 2600 Ma alt? Sollte das Messergebnis mit nur ein paar Tausend Jahren richtig sein, wäre das jugendliche Alter des Grand Canyon auch im Einklang mit der offiziellen Datierung keine Utopie. Ein zeitlicher Zusammenhang mit dem Sintflutgeschehen wäre augenscheinlich gegeben, quasi wissenschaftlich bewiesen.

8 Elektrisches Sonnensystem?

Zwischen großen Himmelskörpern in unserem Sonnensystem sind elektrische Kräfte wirksam. Sie spielen aber auch eine große Rolle bei der Entwicklung des Erdinneren und wirkten vor ein paar tausend Jahren während des kataklystischen Erduntergangs. Sind geoelektrische Phänomene auch für die Bildung von Fossilien und den Tod der riesigen Dinosaurier verantwortlich?

Der Kalkstein-Cowboy

Der an der Universität in Bogota (Kolumbien) lehrende Industrie-Designer Jaime Guitierrez Lega zeigte uns anlässlich unserer Südamerikareise zur Vorbereitung der Ausstellung in Wien etwas Ungewöhnliches, das er selbst in der Nähe von Bogota gefunden hatte: zwei versteinerte Hände, in dunklem Lydit (Kieselschiefer mit kohligen Substanzen) eingeschweißt (Bild 35). Zusammen mit diesen Händen wurden Fossilien und Relikte von Dinosauriern gefunden, die auf ungefähr 100 bis 130 Ma Alter geschätzt werden. Das Gebiet befand sich früher auf Meeresniveau, bis es als Teil der Anden schnell auf ungefähr 2000 Meter angehoben wurde. Bis zu diesem Zeitpunkt floss der Amazonas noch in den Pazifik.
Wir wissen scheinbar sicher: Es dauert Millionen von Jahren, bis Fossilien versteinern. Es ist so offensichtlich, dass kein Beweis notwendig ist, und natürlich hat keiner diese Behauptung geprüft, denn es gibt die Menschheit noch nicht lange genug. Trotzdem wird sie stereotyp wiederholt.
Im Jahre 1980 wurde in einem trockenen Flussbett in der Nähe der Stadt Iraan (West-Texas) von Jerry Stone – einem Mitarbeiter der

Corvette Oil Company – ein mit Gummi besohlter Cowboystiefel gefunden. Darin steckte ein versteinertes menschliches Bein, also das *Fleisch samt den Knochen*, allerdings im Ganzen zu Kalkstein versteinert (Bild 78). Von den Zehenspitzen bis zum Knie. Weitere Körperteile fand man nicht.

Der Stiefel stammte von der Herstellerfirma M.L. Leddy aus San Angelo, die 1936 mit der Produktion von Stiefeln begann. Gayland Leddy, ein Neffe des Firmengründers, wurde im Stiefelgeschäft groß und managt jetzt »Boot Town« in Garland, Texas. Er erkannte das Stichmuster der Nähte wieder und schloss daraus, dass dieser Stiefel von der Firma seines Onkels in den frühen Fünfzigerjahren hergestellt worden sein muss.

Nur der Inhalt des Stiefels ist versteinert, nicht der Stiefel selbst. Dadurch wird demonstriert, dass verschiedene Materialien auch unterschiedlich schnell fossilieren. Die Knochen des unteren Beines und Fußes wurden am Harris Methodist Hospital in Bedford, ebenfalls Texas, am 24. Juli 1997 radiotechnisch untersucht. Ein kompletter Satz dieser Aufnahmen liegt samt Stiefel im Creation Evidence Museum in Glen Rose unter sicherem Verschluss. Bei meinem Besuch in Glen Rose im März 1999 zeigte mir mein Freund Carl Baugh diesen erstaunlichen Fund im Original.

Unter bestimmten Umständen geht eine Fossilation entgegen den geologischen Vorstellungen Lyells schnell vonstatten. Der Kalkstein-Cowboy beweist: Versteinerung hat nicht zwangsläufig etwas mit langen Zeiträumen zu tun. Was war aber der Grund für die plötzliche Versteinerung des Beins? Man vermutet, dass der Mann aus einem Flugzeug und auf eine Hochspannungsleitung fiel. Einen anderen Erklärungsversuch gibt es nicht.

Mit meiner in »Darwins Irrtum« vorgestellten *Theorie der schnellen hydraulischen Erhärtung* vieler Sedimentschichten und sogar ganzer Gebirge kann man viele Phänomene erklären, wozu unser schulwissenschaftliches Weltbild ganz einfach nicht fähig ist, falls man Wunder als wissenschaftliche Erklärung nicht akzeptiert. Denken wir uns nun einen Beschleuniger oder teilweise sogar Auslöser dieser Versteinerungsprozesse: *elektromagnetische Strahlung* bzw. *Strom*!

Die in diesem Buch bereits vorgestellte Hypothese von der in der Unterkruste liegenden Drainageschale führte zu der Theorie einer (vor der Sintflut) den ganzen Erdball umspannenden salzhaltigen Wasserschicht. Solch eine Schicht stellt einen guten elektrischen Leiter dar. Und dieser Effekt war vielleicht besonders ausgeprägt, als es die unterirdische Wasserschale noch gab.

Elektrische Himmelskörper

Ausgerechnet auf dem kleinen Jupitermond Io (mit einem Durchmesser von 3630 Kilometern etwas größer als der Erdmond) wurden mehrere tätige Vulkan entdeckt. Woher hat Io seine Energie? Er müsste eigentlich wie der Erdmond im eiskalten Weltraum erkaltet sein. Angeblich fließt zwischen Io und den Polen des Jupiter ein elektrischer Strom und bringt den Mond zum Leuchten (BdW, 31.3. 1999). Elektromagnetische Wechselwirkungen zwischen Planeten? Dies entspricht nicht unserem kosmologischen Weltbild.
Die NASA-Sonde Galileo hat das Magnetfeld eines anderen Jupitermonds im Januar 2000 näher untersucht und *Richtungsänderungen des Magnetfeldes* bei dem Jupitermond *Europa* festgestellt. Margaret Kivelson – University of California in Los Angeles – kam zu dem vorläufigen Schluss, dass die dabei registrierten Informationen genau den Daten entsprechen, »die ein Mond mit einer Schale aus elektrisch leitendem Material liefern würde. Bedingungen, wie sie beispielsweise ein salziger, flüssiger Ozean liefert« (SpW, 12.1.2000). Und weiter: »Diese Ergebnisse sagen uns, es gibt tatsächlich eine Lage flüssigen Wassers unter Europas Oberfläche« – eine Art Drainageschale? Bedingt durch das sich für Europa alle fünfeinhalb Stunden ändernde Magnetfeld Jupiters sollen in dem Ozean elektrische Ströme erzeugt werden können. »Diese Ströme erzeugen dann ein Feld, das ständig seine Position ändert. Genau genommen wechselt das Magnetfeld alle fünfeinhalb Stunden seine Polarität.«
Berücksichtigt man die vorzeitliche globale Wasserschale auf der Erde, wären so die auch bei der Erde angeblich festgestellten Polaritätswechsel in der Erdvergangenheit erklärbar, insbesondere falls

es tatsächlich die propagierten Planetenannäherungen gegeben hat. Eine Umkehr des Magnetfeldes in der bisher durch unsere Geowissenschaftler propagierten Form kann es eigentlich nur für den Fall geben, dass sich die Drehrichtung der heißen Magmaströme im Erdinneren ändert. »Wodurch eine Umpolung ausgelöst wird, ist den Geophysikern noch völlig unklar« (SpW, 24.9.1999).

Die Sachlage ist aber sicher wesentlich komplexer. Die Geophysiker entdeckten im Inneren der Erde Schichten mit einer erhöhten elektrischen Leitfähigkeit. »Im Zusammenhang mit der Wechsellagerung von Schichten unterschiedlicher elektrischer Leitfähigkeit nimmt Pospelow an, dass die Schalen der Erdkruste und des Mantels elektrische Kondensatoren sind. Ihre Platten sind die unterschiedlich aufgeladenen Gesteinsschichten. In ihnen vollzieht sich eine Anhäufung elektrischer Entladungen, und von Zeit zu Zeit werden sie von unterirdischen Blitzen durchschlagen« (Drujanow, 1984, S. 32).

Ein Kondensator eignet sich als Speicher für elektrische Ladungen bzw. Energie. Entladen sich die Kondensatoren, entstehen Erdbeben in der Erdkruste und im Mantel Brüche. *Elastische* Energie wird in der Bruchzone angesammelt und irgendwann später plötzlich freigesetzt. Die Erdkruste schwankt, und eine sich in Wellenform bewegende Erdoberfläche wird eventuell durch gewaltige Spalten aufgerissen. Tatsache ist, dass eine gewisse Zeit vor einem Erdbeben manchmal eine leuchtende Atmosphäre zu beobachten ist.

Andererseits wurde ein Zusammenhang zwischen Sonnenintensität und einer später folgenden seismischen Aktivität festgestellt (Drujanow, 1984, S. 34). Die Sonnenfleckentätigkeit erreicht alle elf Jahre ein Maximum, und zu diesem Zeitpunkt gibt es auch vermehrt Erdbeben. Die Sonne wirbelt mit dem Sonnenwind und Eruptionswolken Energie und Magnetfelder zur Erde. Nordlichter treten auf, und jede Art von elektronischen Anlagen kann gestört werden. Falls ein riesiger Sonnenblitz die Erde trifft, also in den Erdmagneten einschlägt, entsteht eventuell ein Kurzschluss und somit eine magnetische Umpolung. Ein entsprechender Effekt könnte durch eine Planetenannäherung entstehen, worauf schon Immanuel Velikovsky im Jahr 1950 hinwies.

Stellen wir uns aber jetzt einen katastrophischen Auslöser bzw. eine Entladung des Kondensators vor. Ein Asteroid schlägt durch die damals dünnere Erdkruste in die Drainageschale als elektrischen Leiter ein. Es gäbe eine kaum zu beschreibende gigantische Reaktion, riesige Blitze durchzuckten die Atmosphäre, und gewaltige elektrische Wechselwirkungen in der Erdkruste wären die Folge. So entstünden Explosionsröhren als schmale Schlote. An deren Rändern könnten durch die entstehenden hohen Drücke Diamanten als elektrisch nicht leitender Stoff (Dielektrikum) entstehen. Ausgehend von elektrischen Wechselwirkungen kann man auch die gruppenförmige Anordnung der Diamant- oder Kimberlitschlote erklären.
Die Hypothese der unterirdischen Gewitter erklärt auch die von mir in »Darwins Irrtum« vorgestellte *anorganische* Entstehung des Erdöls. Kohlenwasserstoffe entstehen zumindest hauptsächlich nicht aus biologischem Material, sondern als chemische Reaktion in elektrischen Entladungen auch oder bereits bei *niedrigen Temperaturen*.
Betrachten wir noch einmal den Einschlag des Asteroiden oder auch eines Energiefeldes oder Sonnenblitzes in den irdischen Kondensator. Auf diese Weise könnte ein *Piezoelektrikeffekt* entstehen, also elektrische Ladungen an den Oberflächen von Ionenkristallen, beispielsweise Quarzkristallen, infolge einer mechanischen Deformation. An vielen Fossilienfundstätten versteinerten Trilobiten massenhaft in eingerollter Abwehrhaltung, und auch andere Tiere wurden in seltsam verkrümmter Haltung gefunden. Handelt es sich dabei um Wirkungen fließenden Stroms? Durch diese elektrischen Entladungen wurden jedenfalls plötzliche Versteinerungen ermöglicht, worauf auch der Fund des Kalkstein-Cowboys hinweist. Kann man so auch die Versteinerung einer Qualle mit ihren Fangarmen erklären? Diese gallertartigen Tiere bestehen schließlich fast völlig aus Wasser (Bilder 40 und 41). Man muss eigentlich fragen: Wie versteinert Wasser unter normalen Umständen? Kann eine Qualle in unserer Zeit versteinern? Außer bei biologischen Prozessen (Korallen) gibt es nur im Spezialfall Versteinerungsvorgänge, aber biologisches Gewebe versteinert bis auf ganz seltene Ausnahmen *heutzutage* nicht.

Elektrogravitation

Spielt die irdische Elektrizität auch eine Rolle bei der Gravitation? Keiner weiß, was Gravitation wirklich ist, denn man kennt nur einen messbaren Effekt. Nach dem Gravitationsgesetz von Isaac Newton (1643–1727) üben zwei oder mehr unterschiedliche Körper eine Massenanziehung aufeinander aus. Von dieser Vorstellung rückt man inzwischen ab, denn die Wechselwirkung zwischen den Körpern müsste bei einer Änderung der Masse ja urplötzlich erfolgen, schneller als Lichtgeschwindigkeit. Dieses Verhalten würde aber der Relativitätstheorie von Albert Einstein (1879–1955) widersprechen. Deshalb spricht man heute eher von der geometrischen Gravitation. Man meint damit, dass jeder Körper nur einen Effekt auf den ihn umgebenden Raum ausübt, der sich mit größerem Abstand verringert. Stellen Sie sich dazu eine Kugel vor, die die Oberfläche einer Gummimatte durch ihr Gewicht verformt.

Vielleicht gibt es eine Elektrogravitation auf unserer Erde oder sogar im ganzen Universum? Während feststeht, dass ein Zusammenhang zwischen elektrischer Ladung und dem Magnetismus als Elektromagnetismus besteht, wurde das Verbindungsglied zwischen Schwerkraft und Elektrizität einerseits sowie Magnetismus andererseits bislang *nicht gesucht*, demzufolge offiziell auch nicht gefunden (Abb. 65). Durch die Ausnutzung des Elektromagnetis-

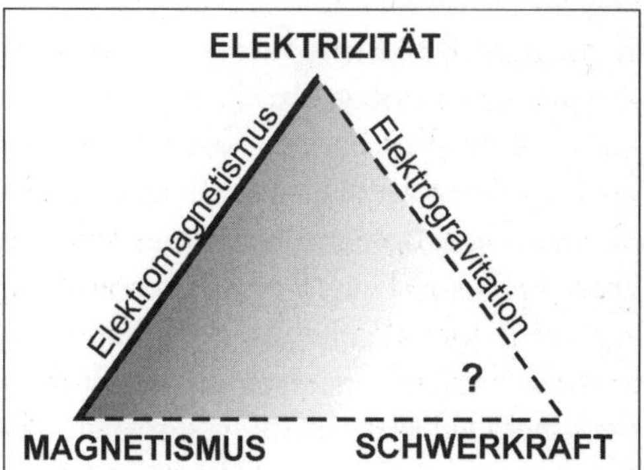

Abb. 65: Elektrizität. *Während der Zusammenhang zwischen Elektrizität und Magnetismus bekannt ist und technisch genutzt wird, wurde ein Zusammenwirken mit der Schwerkraft offiziell noch nicht ernsthaft untersucht.*

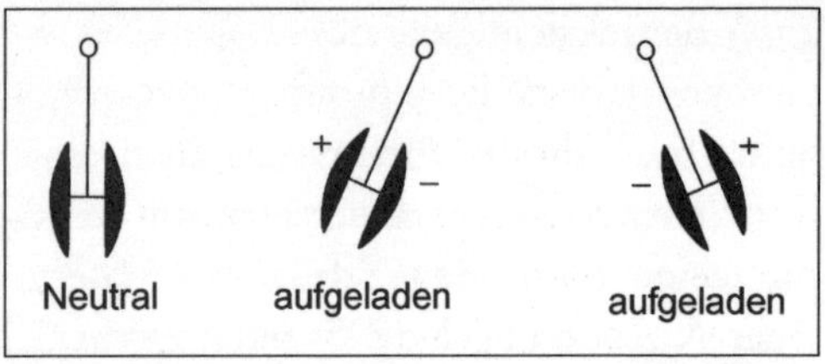

Abb. 66: Biefeld-Brown-Effekt. *Die schematische Zeichnung erläutert das Bewegung eines frei aufgehängten Kondensators, der unter Spannung gesetzt wird. Sobald der Kondensator unter Spannung steht, erfolgt eine Vorwärtsbewegung in Richtung seines negativen Pols. Der Autor stellt zur Diskussion: Wirkte die Erde in der Erdvergangenheit als eine Art Kondensator, könnte eine Ursache für die Erdachsenverschiebung gefunden sein. Zu Lebzeiten der Dinosaurier stand die Erdachse noch gerade (eisfreie Pole). Jede Art von bekannten mechanischen Kräften, außer einer Planetenkollision, ist zu gering, um die große Masse der Erdkugel in eine Kippbewegung zu versetzen.*

mus konstruierte man Elektromagneten. Gibt es über Elektrogravitation alternative Forschungen von Außenseitern?

In dem Buch »Ether Technology« von Rolf Schaffranke (1977) wird ausführlich auf die Forschungen von Townsend Brown hingewiesen. Ein empirisch durchgeführtes Experiment betraf das Verhalten eines frei aufgehängten Kondensators, dessen Polenden sich in der Horizontalen befinden (Abb. 66). Setzt man ihn unter Spannung, erfolgt eine Vorwärtsbewegung in Richtung seines negativen Pols. Eine Umkehrung der Polarität verursacht auch eine Umkehrung der Bewegungsrichtung. Dieser »Biefeld-Brown-Effekt« ist beweis- und wiederholbar.

Kann sich der »Biefeld-Brown-Effekt« auf unsere Erde ereignet haben? Im »Lexikon der Physik« (1998) wird bestätigt: »Formal kann auch ein isolierter Leiter (Konduktor) als Kondensator mit zweitem Belag im Unendlichen aufgefasst werden.« Betrachten wir die urzeitliche salzhaltige Wasserschale unter der damaligen Erdkruste als einen guten elektrischen Leiter. Setzen wir die Drainageschale als die eine geladene Ebene und die Sonne oder auch ein anderes eventuell freies elektrisches Feld wie auch einen anderen Planeten als den anderen entgegengesetzt geladenen Leiter an. Dann ergibt sich aus der Änderung des Spannungsunterschiedes

unter Berücksichtigung des »Biefeld-Brown-Effekts« und katastrophischer Umstände eine erstaunliche Folge: *Die Erdachse neigt sich.* Unter dieser Voraussetzung ist also gar keine mechanische Kraft notwendig, die andererseits ungeheuer groß sein müsste.
Auch ein mehrfaches Pendeln der Erdachse wäre erklärbar, falls man mehrere Änderungen der Spannungsunterschiede hintereinander zugrunde legt. Die allgemein nicht für mögliche gehaltene Änderung der Erdachsenlage im Raum, wozu auch heftige Einschläge größerer Asteroiden mechanisch nicht in der Lage sind, wäre unter diesen Umständen denkbar und möglich. Damit kann man das Sintflutgeschehen auch als zeitlich versetztes Ereignis in Zusammenhang mit der Schiefstellung der Erdachse sehen. Behalten die Hopi Recht, wenn sie von der Schiefstellung der Erdachse berichten, die in diesem Fall in geschichtlicher Zeit erfolgt sein muss?
Damit könnte sich folgendes Bild ergeben: Auf dem durch die sumerische Schöpfungsgeschichte beschriebenen Irrweg der Erde durch das Sonnensystem vollzogen sich möglicherweise mehrere Planetenannäherungen, und vielleicht kam die Erde auch der Sonne näher, als es die heutige Umlaufbahn vermuten lässt. Auf dem Irrweg durch das Sonnensystem änderte sich mehrfach die Länge der Tage, aber auch des Jahres. Die Ägypter, Babylonier *und* Mayas kannten diesseits und jenseits des Atlantiks ein Jahr mit 360 Tagen, bevor fünf Tage neu geboren wurden. Aber auch aus geophysikalischer Sicht weiß man, dass in der Urzeit der Tag vielleicht etwas mehr als halb so lang dauerte wie heute. Die Erddrehung verlangsamt sich ja auch heute noch, und zwar ungefähr alle 500 Tage um eine Sekunde *(leap second)*, weshalb immer wieder eine Schaltsekunde eingeführt werden muss. Setzt sich diese Tendenz fort, wird sich die Erde in nur – erdgeschichtlich gesehen – 120 000 Jahren nicht mehr um die eigene Achse drehen. Provokativ gefragt, warum dreht sie sich nach 4 600 000 Jahren überhaupt noch, oder ist die Erde jünger?
Die seit der Entstehung der Erde anhaltende ständige Verlangsamung der Erdrotation wird offiziell auf die Gezeitenreibung zurückgeführt. Diese Meinung ist jedoch mathematisch nicht zu belegen, obwohl einige Argumente dafür sprechen. Kann es andere

Gründe geben? Beispielsweise die diskutierte Expansion der Erde würde zu einer Rotationsverzögerung führen, vorausgesetzt, die Rotationsenergie ist konstant.

Bei der Geburt unserer Erde aus einer Planetenkollision wurde die erste Verschiebung der damals zusammenhängenden Kontinentalmasse vielleicht durch den Einschlag eines großen Himmelskörpers mechanisch ausgelöst. Nachdem die Erde ihre Reise durch das Sonnensystem begann, erfolgten unzählige verschieden große Einschläge vagabundierender Himmelskörper auf der Erde. Mehrere Sintfluten in verschiedenen Regionen waren die Folge. Es passierte nicht alles an einem Tag, sondern in einem längeren Zeitraum. Durch den Einschlag großer Planetoiden in die unterirdische Wasserschale und die durch die Expansion der Erde mit den in der Folge aufgerissenen mittelozeanischen Rücken begann wahrscheinlich die zweite Phase der Kontinentalverschiebung als schnell ablaufendes Ereignis vor vielleicht 5500 Jahren. Während und nach der letzten Phase dieses Szenarios wurde die Erdachse aufgrund des beschriebenen Kondensatoreffekts mehrfach in einer Pendelbewegung schief gestellt. Durch die *Änderung des Abstandes der Kondensatorplatten*, also in diesem Fall beispielsweise der Entfernung Erde-Sonne oder auch eine andere Planetenannäherung, wird der »Biefeld-Brown-Effekt« ausgelöst bzw. verstärkt. Auch die sich verringernde Dicke der Drainageschale hatte einen Einfluss auf den Winkel der Erdachse. Das bedeutet: Je näher sich die Himmelskörper kamen, desto größer war der Effekt. So sind auch die enormen Klimaschwankungen am Schluss der angeblichen Eiszeit vor ungefähr 10000 Jahren (oZ) zu erklären: Schwankungen der Erdachse.

Da die Mythologien über die Vertauschung von Ost und West berichten, muss sich dieses Ereignis kurz nach der globalen Sintflut vor wenigen tausend Jahren ereignet und über einen längeren Zeitraum erstreckt haben, was nicht ausschließt, dass einzelne regionale Katastrophen oder kosmische Splittereinschläge auch danach noch zu verzeichnen waren. Damit ist ein Zusammenhang zwischen Schiefstellung der Erdachse, beginnende Eiszeiten und Massentod der Tiere gegeben. Andererseits gab es bis zu diesem Ereignis Tropen an den Polen, wie sich allein auch aus der Koexistenz von Mensch und Dinosaurier sowie aus vielen anderen Funden ergibt. Die Eiszeiten, besser als Schneezeit charakterisiert, endeten also nicht vor wenigen tausend Jahren, sondern begannen vielmehr gerade zu diesem Zeitpunkt. Seither schmelzen die Eismassen kontinuierlich, und es wird unter heutigen Verhältnissen keine Eiszeit mehr geben. Im Gegenteil: Die Temperaturen steigen, es regnet weniger, die Erde trocknet ab, und es entstehen mehr und mehr Wüsten.

Aber es gab auch Größenwachstum in der jüngeren Erdvergangenheit, das wissenschaftlich nicht zu erklären ist. Mit dem angeblichen Ende der Eiszeit starben viele Tierarten aus. Im »Informationsdienst Wissenschaft« (Internet, 26.9.1999) wird bestätigt, dass urzeitliche Riesentiere den eurasischen Kontinent von 1,8 Ma bis 10000 Jahren vor heute bevölkerten (Hirsch, 1999). »Die größten Flusspferde aller Zeiten badeten nicht im Nil, sondern einstmals in der Urwerra«, stellt Dr. Ralf-Dieter Kahlke von der Universität Jena fest (BdW, 14.2.1998). Festzuhalten bleibt, dass diese vorzeitlichen Tiere größer waren als heutige Exemplare und dass sich große Flusspferde während des angeblichen Eiszeitalters in Deutschlands Flüssen suhlten.

Auch unser eigenes angebliches Vorläufermodell, der Cro-Magnon-Mensch, war im Schnitt mit über zwei Metern wesentlich größer als wir moderne Menschen. Schließlich gab es Dinosaurier von der Größe mehrgeschossiger Häuser. Wären diese großen Lebewesen unter heutigen physikalischen und biologischen Verhältnissen überhaupt lebensfähig? Für den Saurierforscher Professor Paul Sereno von der University of Chicago (BdW, 10/1999, S. 58) markierten die Urzeitgiganten mit ihren 50 Metern Länge eindeutig die Obergrenze. Nicht umsonst leben die größten Tiere, die bis zu 30 Meter langen Blauwale, heute im Meer, da der Wasserauftrieb der Schwerkraft entgegenwirkt.

»Die Schwerkraft verbietet, dass es auf der Erde einen King Kong von der Größe eines Hochhauses gibt. Wenn man sich einen Gorilla um das Zehnfache vergrößert vorstellt und die Proportionen beibehält, bedeutet dies, dass alle Abmessungen – Länge, Breite und Höhe – um das Zehnfache wachsen. Das Volumen des Riesen stiege entsprechend mit der dritten Potenz an und würde das Gewicht auf das Tausendfache erhöhen. Die Querschnittsflächen der Knochen, die das Gewicht tragen, würden aber nur quadratisch zunehmen, also um das Hundertfache wachsen. Der Druck würde sich demnach bei einer Verzehnfachung aller Abmessungen ebenfalls verzehnfachen. Das Ergebnis: King Kong könnte nicht zehnmal schneller laufen als sein kleiner Bruder, sondern er würde schon nach dem ersten Schritt zusammenbrechen.« Als diese Zeilen geschrieben wurden (Bührke, 1999), wusste man nichts von dem beschriebenen neuen Fund eines 58 Meter langen Riesensauriers in Argentinien.

Das statische Problem verschärft sich aber, da die Dinosaurier hohle Röhrenknochen hatten. Da Dinosaurier bis zu 100 Tonnen gewogen haben sollen, mussten pro Beinröhre je nach Belastungsart vielleicht 40 Tonnen oder mehr getragen werden, denn mindestens ein Fuß muss sich ja bei der Fortbewegung in der Luft befunden haben. Gar nicht zu reden von wissenschaftlichen Darstellungen von auf zwei Beinen balancierenden Sauropoden. Es ergibt sich ein statisches Problem des Skeletts. Zumindest die großen Dinosaurier lebten deshalb wahrscheinlich im Wasser. Aber vielleicht war die Erdahnziehungskraft früher geringer als heute?

Es überrascht, dass die Apatosaurier ihren Kopf nicht höher als die Schultern heben konnten, obwohl die Hälse bis zu zwölf Meter lang waren. Zu dieser Überzeugung kommen Michael Parrish und seine Kollegen von der Northern Illinois University, nachdem sie die Halsregion der Reptilien im Computer nachbildeten, um die Bewegung der Tiere zu rekonstruieren. »Zumeist, so Parrish, hielten die Saurier ihren Kopf an waagerecht ausgestreckten Hälsen oder knapp über dem Boden«, und zwar kaum höher als drei Meter (BdW, 3.5.1999). Die Begründung, dass sich ihre Wirbelknochen bei dem Hochrecken der Köpfe miteinander verkeilt hätten, ist einleuchtend. Damit wäre die Vorstellung von einem in hohen Bäumen äsenden Apatosaurier (früher Brontosaurier) ein schlichtes Märchen und die Modelle in den Museen zum allergrößten Teil falsch aufgebaut. Ich habe weltweit viele Orte mit versteinerten Dinosaurier-Spuren besucht. Sollten die elefantenfüßigen Sauropoden, aber auch andere Arten, ihre Schwänze auf dem Boden hinter sich herzogen haben, müssten es sehr viele Schwanzschleifspuren zwischen den Abdrücken geben. Ähnlich wie bei den Halswirbeln entsteht ein Problem mit der Schwanzwirbelsäule: Schwanzschleifer können die Echsen nicht gewesen sein, da sich die einzelnen Wirbel der rekonstruierten Giganten teilweise überlappen (Scheven). Aber nicht nur Apatosaurier, sondern auch Stegosaurier, Hadrosaurier und Iguanodon sind zurzeit falsch montiert. Die Wirbelsäure dieser Giganten war horizontal gestellt und nicht steil von hinten unten nach vorne oben gerichtet (Abb. 67). In neueren Dokumentarfilmen wird diesem Umstand schon Rechnung getragen.

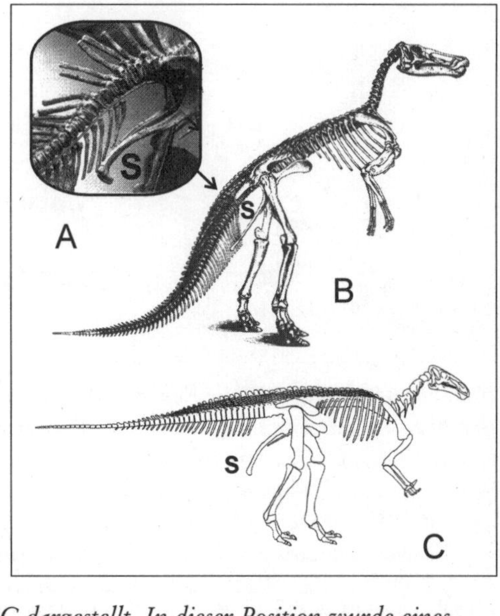

Abb. 67: Sitzbeingabel (Ischiumgabel). *Im Bild B (veröffentlicht 1896) ist ein Claosaurus als Schwanzschleifer rekonstruiert. Die Sitzbeingabel (S) und die* Chevrons *unter den Schwanzwirbeln sind sich im Weg. Dieses Problem ergibt sich auch bei dem montierten Schwanzschleifer Tsintaosaurus (Bild A). Berücksichtigt man einen waagerecht gehaltenen Schwanz, wird die Situation gebessert. Entsprechend ist ein Iguanodon im Bild C dargestellt. In dieser Position wurde eines der Iguanodon-Skelette bei Bernissart in Belgien gefunden: Rücken- und Schwanzwirbelsäule bilden miteinander eine Gerade. Zumindest viele Dinosaurier-Arten – wahrscheinlich alle Ornithischier (Vogelbecken-Saurier) – sind keine Schwanzschleifer. Unter diesen Umständen konnte der Oberkörper jedoch höchstens geringfügig aufgerichtet werden, der Schwanz bewegte sich eventuell wellenförmig horizontal und besaß möglicherweise einen Schwimmsaum.*

Deshalb marschieren Dinosaurier neuerdings mit steifem, horizontalem Schwanz über die Leinwand. Auch in der Bibel gibt es einen Hinweis: die Beschreibung von Behemots Schwanz (Luther-Bibel, Hiob 40, 17): »Sein Schwanz streckt sich wie eine Zeder…«
Aus den vorgelegten Gründen ist anzunehmen, dass Sauropoden vornehmlich im Wasser lebten. Ihr Gebiss bestand aus einzelnen Stiftzähnen, die eine Art Rechen bildeten. Die Sauropoden siebten irgendetwas aus dem Wasser und brauchten deshalb ihre Hälse nicht wesentlich über Schulterhöhe zu heben – die Schwänze schwammen dann auch im Wasser (Abb. 68). Somit haben die seit längerer Zeit bekannten großen Nasenöffnungen einen Sinn, die die Sauropoden an der höchsten Stelle auf dem Kopf trugen. Diese Giganten lagen einfach die meiste Zeit bis zu den Nasenlöchern im

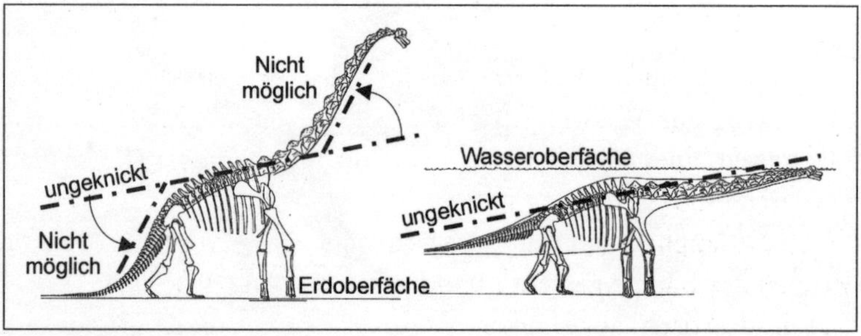

***Abb. 68: Brachiosaurus.** Die Rekonstruktion (rechtes Bild) zeigt einen Brachiosaurus als einen* Bewohner von Flachmeeren. *Der Schwanz ist ausgestreckt »wie eine Zeder« und schwamm im Wasser. Deshalb trugen Sauropoden ihre Nasenöffnungen auf der Stirn. So war es ihnen möglich, unter der Wasseroberfläche zu leben und gleichzeitig über die stirnständigen Nasenlöcher Luft einzuatmen. Die linke Abbildung (nach Janensch, 1950) zeigt einen 23 Meter langen Brachiosaurus aus Ostafrika als* Schwanzschleifer. *Die in Wipfeln urzeitlicher Bäume äsenden Sauropoden, die manchmal sogar auf den Hinterbeinen balancierend dargestellt werden, sind eine falsche Vorstellung. Die Giraffenhaltung – als Vermutung aufgrund der langen Vordergliedmaßen – lässt sich mit der Anordnung des Knochenanhänge an der Unterseite der Schwanzwirbelsäule (Chevron) nicht in Übereinstimmung bringen, da diese bei entsprechenden Rekonstruktionen jeweils* treppenförmig versetzt *sind. Die Außenkante der Wirbel müsste jedoch eine* gerade Linie *bilden.*

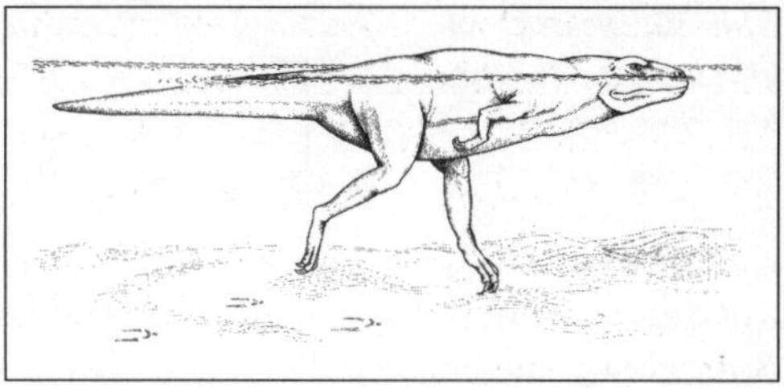

Abb. 69: Schwimmende Fleischfresser. Die Art mehrerer 1980 gefundener Abdrücke verrät, dass ein fleischfressender Megalosaurus schwimmen können musste, da nur Zehen und Krallen deutlich zu erkennen sind, nicht aber der Fuß selbst. Damit konnte die Ansicht revidiert werden, dass sich pflanzenfressende Dinosaurier einer angeblichen Bedrohung durch Flucht ins Wasser entzogen. Die Skizze zeigt anderseits einen Laufstil, der ein Rätsel lösen könnte: Warum findet man viele versteinerte Spuren aber so gut wie keine Schwanzschleifspuren? Lebten Dinosaurier hauptsächlich in Sümpfen und Seen – auch oder gerade wegen ihrer ungeheuren Größe?

Wasser. Aber auch Fleischfresser bewegten sich *entgegen* früherer Auffassung im Wasser (Abb. 69), wie im Jahre 1980 gefundene Fußspuren eines Megalosaurus in Sedimentgesteinen aus dem Jura beweisen (»Spektrum der Wissenschaft«, Digest 5, S. 55).

Wenn die langhalsigen Sauropoden dennoch ihre Köpfe hoch in die Kronen der Bäume gereckt hätten, wäre ihr Blutdruck in der Kopfregion drastisch abgesunken. Deshalb hätten diese Urgiganten einen zweiten Herzmuskel benötigt, wovon auch manche Wissenschaftler ausgehen. Denn auch die Durchblutung und die Sauerstoffversorgung stellen bei solch riesigen Tieren ein Problem dar. Dieses Problem wird verschärft falls Dinosaurier in der dünnen Luft größerer Höhenlagen und nicht nur auf Meereshöhe gelebt haben sollen. Nicht umsonst sind die im Vergleich zu Sauropoden relativ kleinen Elefanten unsere größten Landbewohner. Größere Tiere wären unter heutigen Umständen wahrscheinlich gar nicht lebensfähig. Also: War früher alles wirklich anders?

Auf dem Mars herrscht angeblich nur ein Drittel der irdischen Schwerkraft. Unter diesen Umständen wären auch die riesigen Saurier auf der Erde lebensfähig. Aber, die Schwerkraft hängt nach Isaac Newton von der Masse des Planeten ab. Das Gravitationsgesetz von

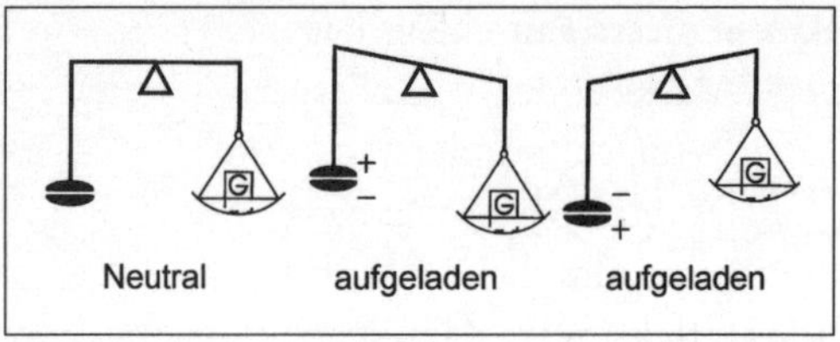

***Abb. 70: Elektrogravitation.** Der Biefeld-Brown-Effekt bewirkt auch einen* Gravitations-Effekt, *falls der Kondensator senkrecht an einer Balkenwaage montiert wird. Je nach Lage des positiven Pols entsteht ein (entlastender) Antigravitations- oder ein (belastender) Gravitationseffekt. Dieser Effekt stellt nach konventioneller Weisheit eine* wissenschaftliche Anomalie *dar, da er auch in einem hohen Vakuum wirksam ist. Durch die Versuche von Townsend Brown wurde eine Verbindung zwischen elektrischer Ladung und Schwerkraft entdeckt, im Gegensatz zu dem bekannten Effekt des Elektromagnetismus.*

Newton ist in seiner klassischen Form aus den bereits dargelegten Gründen falsch. Vielleicht hängt aber die Gravitationskonstante von ganz anderen Faktoren ab? Aus Platzgründen können diese interessanten Aspekte hier nicht weiter diskutiert werden.

Berücksichtigen wir nur einen von mehreren möglichen alternativen und additiven Faktoren: die Elektrogravitation. Durch den beschriebenen Kondensatoreffekt der salzigen Wasserschale gab es im Sinne des »Biefeld-Brown-Effekts« vielleicht einen – zusätzlichen – Elektrogravitationsfaktor (Abb. 70). Durch den Einschlag der Planetoiden in diese Wasserschale wurde einerseits die zweite Phase der Kontinentalverschiebung eingeleitet, andererseits schoss das unterirdische Wasser an die Erdoberfläche und in die Ozeane. Die Wasserschale als elektrischer Leiter verschwand langsam, und damit *erhöhte sich möglicherweise die wirkende Gravitation auf unserer Erde*. Als Folge dieser Entwicklung starben die großen Tiere, insbesondere die riesigen Dinosaurier, langsam aus. Es ist ein Märchen, dass alle Urgiganten innerhalb eines kurzen Zeitraums verendeten. Einzelne Arten überlebten noch längere Zeit, Krokodile sogar bis zum heutigen Tag.

Ein einzelner Asteroideneinschlag kann zwar für die Vernichtung der Dinosaurier *mit verantwortlich* sein, niemals aber können die

Folgen dieses Einschlags das weltweite Aussterben der Dinosaurier von Alaska oder Spitzbergen bis zur Antarktis herbeigeführt haben. Auch alle anderen diskutierten Gründe reichen allein für ein globales Massensterben nicht aus. Eine globale Sintflut, begleitet durch eine plötzliche Erhöhung der Gravitation als Elektrogravitations-Effekt, wäre dazu jedoch ohne weiteres in der Lage.

Mit dem skizzierten Szenario entsteht aber auch im elektromagnetischen Bereich ein induzierter Spannungsstoß, der direkt proportional zur Änderung der Stärke des Magnetfeldes steht. Durch die seit über 160 Jahren gemessene Verlustrate des irdischen Magnetfeldes von insgesamt 15 Prozent ergibt sich unter Berücksichtigung konstanter Rahmenbedingungen – also einer gleichmäßigen Reduktionsrate – rechnerisch eine Spannungsspitze vor ungefähr 22 000 Jahren. Da der Spannungsabfall anfangs kurz nach der Katastrophe sicherlich wesentlich höher war, verringert sich diese Zeitspanne wesentlich. In »Grundlagen der Geophysik« wird bestätigt (Berckhemer, 1990, S. 146): »Messwerte deuten darauf hin, dass in den letzten 2000 Jahren die Stärke des Dipolfeldes auf die Hälfte abgesunken ist.« Geophysiker glauben an heftige Intensitätsschwankungen der Stärke unseres Erdfeldes, geben aber zu bedenken, dass es sehr gewagt wäre, auf ein »Verschwinden des Erdfeldes nach weiteren 2000 Jahren zu schließen«. Eine drastische Abnahme des Dipolfeldes ist jedenfalls dokumentiert (Abb. 71). Es ist *kein Naturgesetz*, dass ein Planet unbedingt ein Magnetfeld besitzen muss. Auch die vielleicht ursprünglich vorhandene Drainageschale als elektrischer Leiter ist nicht mehr in der ursprünglichen Art vorhanden, baut sich ggf. aber nach der letzten Erdkatastrophe wieder auf. Verringert sich die Intensität unseres Magnetfeldes nach einer Spannungsspitze während eines kataklystischen Ereignisses auf ein niedrigeres Niveau? Wurde der Größenwuchs durch geoelektrische Phänomene und plötzlicher Erhöhung der Anziehungskraft (Gravitationskonstante) abrupt beendet?

Die von mir erstmals zur Diskussion gestellte »Geokondensator-Theorie« der Erde führt letztendlich zu einer Erdelektrizität und einem damit zusammenhängendem Faktor der Erdgravitation. Die von uns zu beobachtende »Anziehungskraft« besteht aber aus ver-

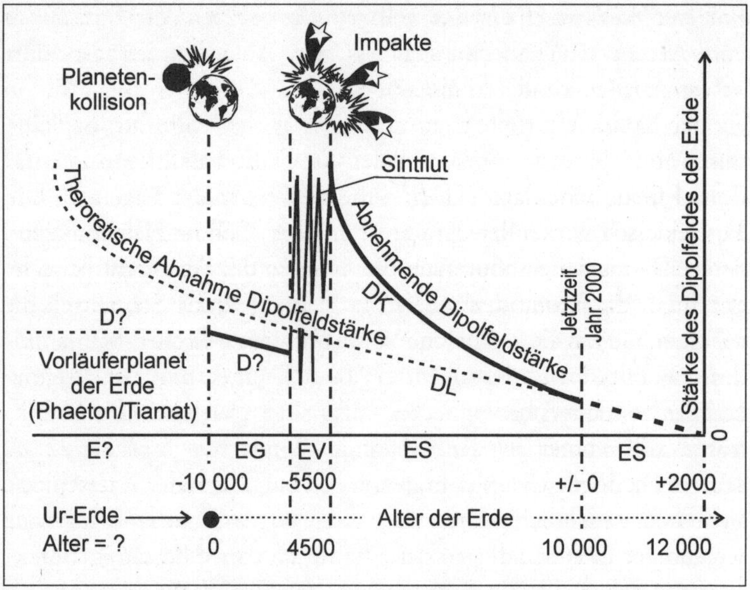

Abb. 71: Dipolfeldstärke. *Die Stärke des Dipolfeldes (Magnetfeld) der Erde hat in den letzten 2000 Jahren um die Hälfte abgenommen und wird bei gleich bleibender Abnahmerate in 2000 Jahren ganz verschwunden sein. Man glaubt, dass sich das Magnetfeld umpolt und wieder neu aufbaut. Diese Vorstellung* widerspricht *dem geophysikalischen Dynamo-Modell der Erde, da die Ströme im Erdinneren entgegengesetzt herumlaufen müssten. Rechnet man die gemessene lineare Abnahme der Stärke des Dipolfeldes der letzten 160 Jahre in die Erdvergangenheit hoch (idealisierte Kurve DL), müsste vor 22 000 eine extreme Spannungsspitze existiert haben, die kein Leben zugelassen hätte. Anderseits könnte durch die Erdkatastrophen ein Extremwert erzeugt worden sein (idealisierte Kurve DK), die ein Massensterben (Dinosaurier) hervorrief. EG = gerade Erdachse, EV = mehrfache Erdachsenschwankungen, ES = schräge Erdachse.*

schiedenen Faktoren, denn zumindest kommen noch Zentrifugal- und Zentripetalkräfte aus der Rotation der Erde hinzu. Der Gravitationseffekt hängt nicht allein – oder vielleicht gar nicht? – von der nicht nachgewiesenen Anziehung durch Masse ab, wie es Newton formulierte. Die beschriebenen erd- und sonnenelektrischen Effekte sind nicht allein wirksam. *Es kommen viele andere Faktoren*

und hier noch nicht diskutierte Einflüsse während des Sintflutgeschehens hinzu, die aber in der hier angestellten Betrachtung nicht weiter verfolgt werden können.
Da der Kondensatoreffekt anscheinend zwischen Jupiter und seinem Mond Europa, aber vielleicht auch Io funktioniert, stellt meine »Geokondensator-Theorie« keine Utopie dar. Man muss nur die elektrisch wirkenden Kräfte in unserem Sonnensystem akzeptieren. Damit wären aber auch die Gesetze der Atomphysik nicht nur im Mikrokosmos, sondern auch in unserem Sonnensystem wirksam. Genau diese Analogie wurde bis heute immer strikt abgelehnt. Bereits im Physikunterricht erzählte man uns, dass Atome und das Sonnensystem optisch ähnlich aufgebaut sind. Der Unterschied soll immer in der Wirkung elektrischer Kräfte bestanden haben. Vielleicht gibt es aber überhaupt keinen Unterschied? Damit wäre auch zu erklären, dass die Planetenbahnen wie auch die Schalen der Elektronen regelmäßige berechenbare Abstände untereinander haben. Dieses Phänomen kann die aktuelle Astrophysik nicht erklären.
Die Erde soll angeblich wie ein Stabmagnet wirken, mit einem Nord- und einem Südpol. Jeder weiß aber, dass bei einem dadurch erzeugten Magnetfeld durch Induktion Strom erzeugt werden kann. Einfache Versuche im Physikunterricht veranschaulichen bereits die Wirkungsweise von induzierten Spannungen, durch die fließender Strom erzeugt wird. Eine alltägliche Praxis! Warum sollen Induktionen nicht auch im Magnetfeld der Erde wirken oder zumindest einst vorgekommen sein, beispielsweise bei einer Erdkatastrophe? Geoelektrische Phänomene werden in »Grundlagen der Geophysik« so beschrieben: »Die höchste Elektronendichte in der Ionosphäre wird in der so genannten F-Schicht in etwa 300 km Höhe erreicht. Die Luft kann in dieser Höhe nicht mehr als Isolator angesehen werden. Ihre Leitfähigkeit entspricht vielmehr derjenigen einer Kochsalzlösung mit 1 g Salz pro Liter Wasser… Wird die elektrisch leitende Ionosphäre … in Bewegung gesetzt, so wird unter dem Einfluss des erdmagnetischen Feldes in der Ionosphäre ein elektrischer Strom induziert« (Berckhemer, 1990, S. 150).

Wie schon dargelegt, haben seismologische Untersuchungen ergeben, dass die Masse des glutflüssigen Magmas mit der Tiefe in unserer Erde *ab*nimmt und nicht *zu*nimmt. Das Material wird von einer gewissen Tiefe an dichter und kühler. Das Magma ist anscheinend also nur in der Nähe der Erdkruste wirklich zähflüssig. Diese Beobachtung steht jedoch *nicht in Übereinstimmung mit den gängigen geophysikalischen Modellen*. Deshalb möchte ich einen anderen Ansatz zur Diskussion stellen.
Zwischen Magnetismus und Elektrizität gibt es die verschiedensten Erscheinungsformen. Einer von vielen bekannten und wirtschaftlich genutzten Effekte ist die Wirkungsweise der Induktion beim so genannten »Skineffekt« einer Hochfrequenzspule. Bei einer Spule fließt der hochfrequente Strom hauptsächlich an der *Innenseite*. Könnte man eine Parallele zum Aufbau des Erdinneren sehen, wo die Gesteinsschmelze nur *in der Nähe der Erdkruste glutheiß verflüssigt* wird?
Die Geologen verneinen die Wirkung mächtiger elektrischer Kräfte im Erdinnern. »Im Gegensatz zum Schwerefeld und Magnetfeld der Erde ist es nicht gelungen, ein globales, permanentes, elektrisches Feld im Erdkörper durch Potentialdifferenzmessungen an der Erdoberfläche nachzuweisen« (Berckhemer, 1990, S. 163). Aus irgendwelchen Gründen wird anderen Energiearten der Vorzug gegeben, zum Beispiel der Ursprungswärme unseres Planeten und den gewaltigen Drücken in seinen Tiefen. Mit der Entdeckung der Radioaktivität fanden die Geologen und Geophysiker diese energetische Quelle für das Erdinnere akzeptabel, denn ansonsten fehlte der entscheidende Grund für das glutflüssige Magma dicht unter der Erdkruste, insbesondere nach Milliarden von Jahren. Unsere Erde als ein sich abkühlender ehemaliger Glutball müsste ansonsten schon wesentlich mehr abgekühlt und bis in tiefere Schichten erkaltet sein. Falls die Vorstellung von der Radioaktivität im Erdinneren nicht richtig ist, muss nach neuen, bisher nicht bekannten Lösungen gesucht werden.
Die Elektrizität könnte dabei eine nicht unbedeutende Rolle spielen. Die Geoelektrik ist ein Gebiet der Geophysik, denn schließlich deuten nicht nur Gewitterblitze auf elektrische Kräfte in der Natur

hin. Der Erdelektrizität wird von den Geologen jedoch nur eine sehr untergeordnete Rolle im geologischen Leben der Erde zugebilligt.
Durch elektrische Entladungen können einer Geschosskugel ähnliche Spuren hinterlassen werden. So sind vielleicht die Beobachtungen des Geologen I. Muschketov zu erklären (Drujanow, 1984, S. 29): »Der Bruch des Kabels Kerkyra am 7. Dezember 1883 geschah im Meer in einer Tiefe von 100 m. Im Meeresteleskop waren dabei deutlich Linien einer Verwerfung auf dem weichen Kalksteinboden zu erkennen … und runde sternförmige Öffnungen im Kalkstein, ähnlich dem Zerspringen von Glas durch eine Kugel…«
Die Geologen glauben, die geschmolzenen und gehärteten Kanten der Basaltbildungen als Spuren hoher Drücke und Temperatur erklären zu können. Warum werden dann aber die gleichen Spuren im *Inneren* von Basaltmassen entdeckt, ja sogar in Form *dünner Adern*, als hätte ein Feuerstoß ein chaotisches Muster in das dunkle Gestein *gebrannt*? Es sind auch punktuelle Schmelznester zu beobachten. Wie erfolgt die Energiezufuhr zu einem solchen Nest, wenn *ringsherum* nicht die geringsten Anzeichen von Energie festzustellen sind? Kommt der Zündfunke als Auslöser für Explosionen und Brände in Gruben aus dem Inneren der Erde? An Gesteinsproben entdeckte man Spuren der Zerstörung, die denen ähnlich sind, die bei elektrischen Ladungen in Dielektrika entstehen (Drujanow, 1984, S. 36). Schließlich könnte die Erhitzung und Verflüssigung der Gesteine infolge einer elektrischen Entladung auch für die Entstehung von Vulkanen verantwortlich sein. Der tief ins Erdinnere reichende vulkanische Kanal könnte der Anfang eines unterirdischen Blitzes sein. Das sich ausdehnende geschmolzene Material steigt unter dem Einfluss des Seitendrucks empor. Der Blitz wandelt das Steinmaterial in Asche um, zermahlt und erhitzt es in riesigen Mengen, bevor es glühend an die Tagesoberfläche gedrückt wird.

Im Rahmen dieses Buches kann nicht weiter auf die vielfältigen geoelektrischen Phänomene und Wechselwirkungen unserer Erde und des Sonnensystems eingegangen werden, in die wahrscheinlich auch der Mensch mit einem »elektrisch« reagierenden Körper – der

Aura – eingebunden ist, der auf die vielfältigen Kraftfelder und Schwingungen vielleicht in einer durch die offizielle Forschung noch nicht anerkannten Art und Weise reagiert oder damit in Wechselwirkung steht. So wären vielleicht auch bestimmte Psi-Phänomene – Gedankenlesen, außersinnliche Wahrnehmung, außerkörperliche Erfahrung, Telepathie, Telekinese – zu erklären... Immerhin sandte der amerikanische Geheimdienst entsprechend ausgebildete Leute in den Irak, um die nach dem verlorenen Golfkrieg im Jahre 1991 dort versteckten geheimen Waffen zu finden. Diese Suchaktion, der eine lange Planungs- und Ausbildungsphase vorangegangen sein muss, war von Erfolg gekrönt und damit eine Bestätigung »übersinnlicher« Phänomene.

Die naturwissenschaftlichen Modelle können es nicht vermeiden, dass durch notwendige Vereinfachungen offiziell eine Reihe von Effekten unter den Tisch gekehrt wird. Es ist jedoch bedenklich, wenn neue Erkenntnisse einfach ignoriert werden, weil es unbequem ist, sie in die bestehende Theorie einzugliedern oder sogar ganz neue Hypothesen aufzustellen.

Die *Koexistenz von Mensch und Dinosauriern* sollte nicht mit einem gleichgültigen Achselzucken hingenommen werden wie etwa die Entdeckung des angeblich im späten Erdmittelalter ausgestorbenen Quastenflossers, der heutzutage quietschvergnügt in der Nähe von Madagaskar und vor Sumatra umherschwimmt. Denn die Dinosaurier lebten vom Nord- bis zum Südpol in einem tropischen Klima ohne Kaltzeiten, Eis oder Schnee. Aber Menschen seit dem Homo erectus oder spätestens dem Neandertaler lebten angeblich in einer bitterkalten Eiszeit? Ist die Ära der Dinosaurier dementsprechend also vor nur kurzer Zeit anzusetzen, hat es definitiv gar keine Eiszeiten gegeben, denn dann fand die Urzeit, aber auch die Verschiebung der Kontinente, nicht vor zig Millionen Jahren sondern erst »gestern« – vor wenigen Jahrtausenden und zu Lebzeiten des Menschen – statt...

Epilog

Mit der Lektüre dieses Buches unternahmen Sie eine gedankliche Reise von der Urzeit in die Vorzeit – vor nur wenigen tausend Jahren. Ein eigentümlicher Weg – von Problem zu Problem, von Hypothese zu Hypothese: aus den Tiefen der Erdkruste mit ihren urzeitlichen Vermächtnissen hin zu den Planeten und zurück in das geheimnisvolle Erdinnere, unterbrochen durch gewaltige Erdkatastrophen. Die Reise führte zu wissenschaftlichen Erkenntnissen, die kaum bekannt oder so neu sind, dass deren Auswirkungen auf unser Weltbild noch nicht endgültig abgeschätzt werden können. Es wurde der Versuch unternommen, Begründungen und Theorien für scheinbar widersprüchliche, eigentlich undenkbare Funde und Erkenntnisse vorzustellen, deren konventionelle Deutung im Sinne unseres schulwissenschaftlichen Weltbildes nicht möglich erscheint.

Lebten Menschen und Dinosaurier zur gleichen Zeit, bricht nicht nur das Gebäude der im vorigen Jahrhundert erfundenen Evolutionstheorie zusammen, sondern auch die Entwicklungsgeschichte unseres Planeten und unsere geologischen sowie geophysikalischen Vorstellungen vom Aufbau der Erde. Und auch die astrophysikalischen Modelle müssten grundlegend überdacht werden. Obwohl hier eigentlich *Ereignisse in der Ur- und Vorzeit* abgehandelt wurden, haben die Erkenntnisse erhebliche Konsequenzen auf unser aktuelles und zukünftiges Bewusstsein. Die Reise durch die Erdgeschichte ergab als Konsequenz das Wirken geoelektrischer Phänomene besonders in der jüngeren Erdvergangenheit, deren Folgen noch heutzutage auf alles Lebende wirken.

Unser Bewusstsein und wahrscheinlich auch unser Körper lassen sich als Kraftfelder begreifen, die in Wechselwirkung mit einer elektrischen Erde und vielleicht mit dem gesamten Kosmos stehen – sozusagen Refrains im harmonischen Fließen der Energie. In diesem Sinn ist unser Körper gesund, wenn sich unser Schwingungsgefüge in Übereinstimmung mit der übergeordneten oder irdischen Energie befindet, aus der wir stammen (Davidson, 1989, S. 49). Deshalb stellen New-Age-Heilverfahren vielleicht eine wirkliche Alternative zur Medikamentenmedizin dar, denn die Auffassung unserer Biologen, dass der menschliche Körper nur ein *Behältnis* für die Gene und biologische Masse im Sinne der Evolutionstheorie darstellt, muss eine *geistige Sackgasse* darstellen. Menschen stehen in Wechselwirkung auch mit der Erde und allen Lebewesen, ja vielleicht auch mit bisher unbekannten Erscheinungen, auf einer offiziell noch nicht anerkannten geistigen, »elektrischen« Ebene. Immerhin besteht praktisch alles aus Schwingungen bzw. Wellenfunktionen, auch die anscheinend feste Materie. Wir sind keine *deterministischen Maschinen*, quasi ausschließlich physikalische Behälter für Gene, im Sinne der Evolutionstheorie...

Elektrische und magnetische Felder – auch morphogenetische nach Rupert Sheldrake (1985) – üben Einfluss auf die Lebensvorgänge aus, der – speziell angeregt durch die Raumfahrt – mehr und mehr untersucht wurde. Jedoch fixierte man dabei den Blick auf die Untersuchung hoch energetischer Strahlungen. Im Gegensatz dazu spielen sich elektrische Vorgänge jedoch in kleinen bis allerkleinsten Intensitäten ab. Das den Menschen umgebende Feld, die durch Mikrowellendetektoren nachzuweisende Aura, wirkt auf benachbarte Organismen und wird gleichzeitig durch die verschiedenartigsten Strahlungen – Mikrowellen, Infrarot, Gammastrahlung, Erdpotenzial, luftelektrische Felder usw. – entscheidend beeinflusst. Die Einstrahlung aus dem Kosmos und die Ausstrahlung aus dem Boden erzeugen Reaktionen des Blutes und physikalischen Zustands des Wassers in der Körperflüssigkeit.

Deshalb sollte man auch Psi-Phänomene nicht grundsätzlich ablehnen, nur weil es keine direkten offiziell anerkannten physikalischen Beweise dafür gibt. Die Phänomene selbst gibt es unbestreitbar – und sie sind nachgewiesen. Die fernöstlichen Kulturen sind in die-

ser Hinsicht den westlichen traditionell weit überlegen. Öffnen wir unser Bewusstsein und wissenschaftlichen Untersuchungen verstärkt auch den Ebenen nicht materialistischer Natur...
Letztendlich scheinen die alten, besonders aber prähistorischen Kulturen ein uns verloren gegangenes Wissens besessen zu haben. Denn die Kultanlagen wurden an besonderen Plätzen gebaut, die oft von einem unterirdischen Wasserlauf umzogen sind, meist in einer Mäanderschicht eines verschütteten Flusslaufes. Die Ortung unterirdischer Zustände hängt heutzutage nicht mehr ausschließlich von der individuellen Fähigkeit (Wünschelrutengänger) ab, sondern kann mittels technischer Messfühler nachvollzogen werden. Die archäologische Berücksichtigung dieser Phänomene hat ergeben, dass die bedeutendsten Kulturanlagen, Tempel und Theater des Altertums in der Regel auf Plätzen stehen, die landschaftlich gar nicht dafür prädestiniert sind, aber z.B. genau einem unterirdischen Wasserlauf angepasst sind. Auch Kirchen und Kathedralen römischen Ursprungs sind auf Strukturen des Untergrunds ausgerichtet. Keltische Kultplätze (oder sollte man besser »Orte der Energie« bzw. »Orte der Kraft« sagen?) sind über ausgeprägten Grundwasser-Schleifen gebaut. Die spezifische Bodenstrahlung wird dadurch unterstrichen und verstärkt (Geise, 1998).
Auf den seit alters bekannten »Kraftorten« wurden viele alte Kirchen errichtet, wie Santa Croce in Florenz, die Stiftskirche in St. Gallen, Westminster Abbey in London oder der Dom in Barcelona. Es besteht nachgewiesenermaßen eine Wechselwirkung zwischen diesen Orten und dem menschlichen Körper. So kann hier beispielsweise eine wesentliche Steigerung der Aktivität der Keimdrüsen nachgewiesen werden. In diesem Phänomen ist auch der Grund dafür zu suchen, dass die so genannten »Lustschlösser« an entsprechend ausgezeichneten Orten mit besonderem Strahlungsmilieu in früherer Zeit, aber auch in der Barockzeit errichtet wurden, zum Beispiel Herrenchiemsee, Hohenschwangau oder in Frankreich das Schloss Versailles.
In der Ur- und Vorzeit wirkten diese Phänomene wesentlich stärker, und vielleicht fehlt uns aus diesen Gründen das Verständnis für Phänomene in unserer jüngeren Erdvergangenheit, wie für den

Größenwuchs, der nach der Evolutionstheorie eigentlich ein Irrweg gewesen sein muss, da er ja vernichtet wurde. War Größenwuchs das Ergebnis einer Art »Lustschloss« der damaligen Gegebenheiten (unterirdische Wasser- bzw. Drainageschale)?
Meine Theorie von der unterirdischen urzeitlichen Wasserschale im Erdinneren steht allerdings im Gegensatz zu aktuellen geophysikalischen Ansichten. Laut einer Meldung vom 17. Dezember 2000 entdeckte die US-Sonde Galileo beim Jupitermond salzhaltiges Wasser, einen Ozean in 200 Kilometer Tiefe ähnlich wie bei dem anderen Mond Europa (siehe S. 288). Man hält es für möglich, dass das unterirdische Wasser Ganymeds durch Vulkane auf die Planetenoberfläche gelangt. Genau dieses Szenario beschrieb ich als Teilaspekt des Sintflutgeschehens – nach der Bibel sind das die Brunnen der Tiefe –, und auch heutzutage wird mit jedem Vulkanausbruch Wasser ausgespuckt.

Eine andere Sichtweise unserer Erdvergangenheit eröffnet ganz andere Aspekte nicht nur hinsichtlich eines *akademischen* Weltbildes, sondern für unsere Zukunftsperspektiven auch in Hinsicht auf die Entwicklung anderer, neuer umwelt- und rohstoffschonender Techniken über neue Forschungsfelder bis hin zu neuen Heilverfahren ohne übertriebenen oder sogar ganz ohne Medikamenteneinsatz in Übereinstimmung mit den Prinzipien der Natur zur Verbesserung unserer Lebensumstände und letztendlich auch unseres Bewusstseins. Nicht nur in diesem Zusammenhang spielt die nachgewiesene Koexistenz von Menschen und Dinosauriern eine wichtige Rolle.

Glossar wichtiger Fachbegriffe

Aktualismus: Die unserem Weltbild zugrunde liegende Hypothese, nach der sich das erdgeschichtliche Geschehen in der Vergangenheit in derselben Art und Weise und aufgrund derselben Kräfte abspielte wie das heutige erdgeschichtliche Geschehen. Nach dem Aktualismus lässt sich durch Beobachtungen heute ablaufender Prozesse ein zutreffendes Bild früherer Vorgänge gewinnen. Dieses Prinzip wird vom Autor verworfen, insbesondere da heutzutage unter Beachtung der Gleichförmigkeitstheorien keine Versteinerungsvorgänge (Ausnahmen: z. B. auf biologischer und mineralischer Basis) vorkommen und demzufolge auch nicht in der Vergangenheit hätten vorkommen können.

allochthon: nicht am Fundort entstanden oder beheimatet.

Asche (Flugasche): Staubförmige bis feinkörnige Massen aus zerplatztem Magma oder zerriebenem Gesteinsmaterial, die bei vulkanischen Ausbrüchen in die Luft geschleudert werden. Der mit dem Wind niedergehende Ascheregen verfestigt sich als Lockergestein in Form von Sedimenten zu Tuffgestein.

Astenosphäre: Im Schalenaufbau der Erde der Bereich unter der Lithosphäre zwischen rund 100 bis 300 km Tiefe im oberen Erdmantel.

Bänderton: Warventon (siehe *Warve*).

Basalt: Dunkles, junges Ergussgestein, Hauptbestandteile Plagioklas, Augit und Olivin; häufig säulenförmige Absonderung, senkrecht zur Abkühlungsfläche.

Bindemittel: Stoff zur Bindung oder Verkittung auf mineralischer, chemischer oder organischer Basis; beispielsweise Zement zur Bindung von Wasser und Zuschlagstoffen beim Beton.

Buntsandstein: Unterste Serie der Trias (250–243 Ma), benannt nach den kontinentalen Rotsedimenten dieser Zeit.

Carbonate: Mineralgruppe der Salze der Kohlensäure. Carbonat-Gesteine können direkt aus einer wässrigen Lösung durch Ausfällung hervorgehen,

z. B. bei Abkühlung heißer Quellen oder Abnahme des CO_2-Gehalts der umgebenden Luft, sodass Sinterterrassen oder Tropfsteine entstehen.

Conrad-Diskontinuität: Nach dem österreichischen Geophysiker Victor Conrad (1876–1962) benannte Grenze zwischen Ober- und Unterkruste.

Curie-Punkt (Curie-Temperatur): Die nach dem französischen Physiker Pierre Curie (1859–1906) benannte Temperatur, bei der die Ordnung der magnetischen Momente in Ferromagnetika aufgrund der thermischen Bewegung zusammenbricht. Bei Erhitzung des Gesteins über den Curie-Punkt bilden sich deshalb keine Magnetstreifenmuster.

Datierung: Altersbestimmung von geologischen Ereignissen und vorgeschichtlichen Funden.

Diagenese: Umbildung lockerer Sedimente in feste Gesteine durch Einwirkung von hohem Druck, hohen Temperaturen und/oder chemischen Einflüssen.

Diapir: Geologischer Körper, der aufgrund seiner geringeren Erddichte im Erdmantel Auftrieb besitzt und deshalb zur Dom-, Stock- oder Pilzbildung (z. B. Salzstock) in überlagernden Schichten neigt.

Dinosaurier: Bezeichnung für die Reptilien des Erdmittelalters mit zwei Schläfenfenstern. Man unterscheidet die Echsenbeckensaurier (Saurischia) und die Vogelbeckensaurier (Ornithischia), die beide von den Thecodontia abstammen sollen. Es ist nicht geklärt, ob Dinosaurier warm- oder kaltblütig waren.

Eiszeit (= Kaltzeit, Glazialzeit): Erdgeschichtlicher Abschnitt (Pleistozän), während dessen größere Gebiete von mächtigen Gletschern oder ausgedehnten Inlandeismassen bedeckt waren, die nach offizieller Ansicht außerhalb polarer Gebiete lagen. Nach Ansicht des Autors lagen diese Gebiete zeitweise innerhalb Polgebiete, bedingt durch heftige Erdachsenverschiebungen.

Erdaltertum: Paläozoikum (590–250 Ma), umfasst die Systeme Kambrium, Ordovizium, Silur und Devon.

Erdkern: Man vermutet, dass er aus Nickel- und Eisenverbindungen, dem Nife, besteht. Den äußeren Kern stellt man sich quasiflüssig, den inneren dagegen fest vor.

Erdkruste: Äußerer Bereich der Erde. Man unterscheidet die granitische kontinentale Oberkruste (70 km unter Gebirgen) und die basaltische ozeanische Unterkruste (5–8 km). Darunter folgt der Erdmantel.

Erdmantel: Kugelschale der Erde zwischen Erdkruste und Erdkern.

Erdmittelalter: Mesozoikum (250–65 Ma), das Zeitalter der Dinosaurier; umfasst die Systeme Trias, Jura und Kreide.

Erosion: Abtragung von Gesteins- und Lockermaterial an der Erdoberfläche durch Wasser-, Eis oder Windkraft.

Eruptivgestein: siehe *Magma.*

Eruption: Prozess des Emporsteigens glutflüssigen Magmas aus der Tiefe des Erdmantels oder einem Magmaherd. Man unterscheidet *Intrusion*, *Extrusion* und *Effusion.*

Extrusion: Magma tritt an der Erdoberfläche aus.

Gebirgsbildung (Orogenese): Vorgang der Verformung von Teilen der Erdkruste, verbunden mit vertikalen und horizontalen Verlagerungen der Gesteine, mit Faltung, Bruchtektonik, Deckenbau, Vulkanismus. Die Theorie der *Kontinentalverschiebung* führt das Entstehen von Faltengebirgen auf Stau bei der aktiven Drift der Kontinente zurück.

Geosynklinale: Weiträumiges, über lange Zeiträume hinweg aktives Senkungsgebiet der Erdkruste, in dem sich größere Mengen von Sedimentgesteinen ansammeln.

Gesteine: Bezeichnung für Mineralgemenge, die in mehr oder weniger konstanter Ausbildung selbstständige Teile der Erdkruste sind. Nach der Entstehung unterscheidet man *magmatische*, *sedimentäre* und *metamorphe Gesteine* (siehe dort).

Gleichförmigkeitstheorien: Grundlage unseres Weltbildes, begründet durch die Dogmen (Glaubensgrundsätze) von Charles Lyell (Geologie) und Charles Darwin (Biologie). Sie gehen von einer immer gleichmäßigen Entwicklung unserer Erde und der Geschöpfe ohne Erdkatastrophen (siehe auch *Lyell-Prinzip* und *Aktualismus*) aus.

Granit: Tiefengestein, häufigstes Gestein der Erdkruste; Hauptbestandteile: Feldspat (der die Färbung – rötlich bis grau – bestimmt), Quarz, Glimmer.

Impakt: Meteoriteneinschlag.

in situ: in originaler Lage entstanden oder beheimatet.

Intrusion: Eindringen und Erstarren von Magma in Gesteine der Erdkruste ohne an die Oberfläche zu gelangen.

Konglomerat: Ein aus verkitteten Geröllen bestehendes Sedimentgestein.

Kontinentalverschiebung: Von dem deutschen Geophysiker Alfred Wegener (1880–1930) aufgestellte Theorie, nach der die Kontinente im Laufe der Erdgeschichte horizontal verschoben wurden. Die von Wegener postulierten Antriebskräfte der Kontinentaldrift erwiesen sich als unzureichend. Siehe *Plattentektonik.*

Lyell-Prinzip: Die Theorie von Charles Lyell (Geologie) vertritt die Alleinwirksamkeit winziger aktueller Kräfte an der Veränderung der Erdoberfläche. Diese Theorie bildet neben der Biogenetischen Grundregel von Ernst Haeckel das wichtigste Standbein der Evolutionstheorie. Die Grundprinzipien der Gleichförmigkeitstheorie bilden daher nur unmerklich langsam wirkende Prozesse und lässt daher keinen Raum für kataklysmische Großereignisse wie eine weltweite Sintflut.

Magma: Bezeichnung für die Gesteinsschmelze im oberen Erdmantel und in der Erdkruste, die in erstarrtem Zustand die magmatische Gesteine (Erstarrungsgesteine) bildet. Nach der stofflichen Zusammensetzung unterscheidet man saure (granitische) und basische (basaltische) Magmen (über bzw. unter 55% Kieselsäuregehalt).

Metamorphose (Gesteinsmetamorphose): Die Umbildung eines sedimentären oder magmatischen Gesteins in ein metamorphes als Folge von Temperatur- und Druckveränderungen, wobei Minerale neu gebildet oder umkristallisiert werden, das Gefüge verändert wird und Stoffaustausch stattfindet. Bei der Kontaktmetamorphose bewirkt aufsteigendes Magma Änderungen im Nebengestein. Neben hohen Temperaturen ist gerichteter Druck entscheidend bei der Dynamometamorphose, die im Zusammenhang mit der Gebirgsbildung steht. Bei der Regionalmetamorphose werden großräumige Gesteinskomplexe in die tiefere Erdkruste abgesenkt.

Metamorphe Gesteine: Sie (Metamorphite) werden wegen ihres Gefüges z. T. auch kristalline Schiefer genannt. Sie entstehen aus Erstarrungsgesteinen und Sedimentgesteinen durch *Metamorphose* (siehe dort) unterschiedlich starke Umgestaltung durch Druck und Temperatur. So entstehen z. B. aus Graniten Orthogneise, aus Tongesteinen Paragneise, aus Kalksteinen Marmore. Die Metamorphose kann über die teilweise Aufschmelzung (Anatexis), wobei Migmatite (Mischgesteine) entstehen, bis zur völligen Aufschmelzung führen (Palingenese), bei der sich Magma neu bildet.

Reginalmetamorphose: Metamorhose (siehe dort).

Mittelozeanischer Rücken (M. R.): Untermeerisches Gebirgssystem, das sich über 60 000 km als längstes Gebirge der Erde durch die Ozeane zieht. Am Fuß erreicht der M. R. eine Breite bis zu 4000 km. Die Spitzen erheben sich 1000–3000 m über die Tiefseebecken, teilweise durchstoßen sie die

Meeresoberfläche und bilden Inseln. Auf dem Kamm öffnet sich eine 20–50 km breite Zentralspalte. Der M. R. stellt Spreizungszonen der Erdkruste dar, an denen die Platten der Erdkruste auseinander driften; die tektonische Aktivität führt zu Erdbeben und Vulkanen (Meyers Lexikon).

Mohorovicic-Diskontinuität (Moho): Die nach dem kroatischen Seismologen A. Mohorovicic benannte Grenze zwischen *Erdkruste* und *Erdmantel*, die sich in einem Anstieg der seismischen Wellengeschwindigkeit ausdrückt.

Orogenese: Gebirgsbildung (siehe dort).

Plateaubasalt (= Flutbasalt): Aus zahlreichen Lava-Decken und Tufflagen aufgebaute, großflächige und zugleich sehr mächtige Decke vulkanischer Gesteine, z. T. mit Zwischenlagen von klassischen Sedimenten.

Plattentektonik: Weiterentwicklung der Theorie der *Kontinentalverschiebung*. Danach ist die Lithosphäre in mehrere große und zahlreiche kleinere Platten aufgeteilt, deren Verschiebung und die damit verbundene Entstehung der Ozeane auf ständiges Aufdringen von basaltischer Lava aus der Zentralspalte der mittelozeanischen Rücken zurückzuführen sind. Als Energiequelle werden in sich geschlossene Wärmeströmungen im Erdinneren angenommen.

Plutonismus: Entstehung, Veränderung, Wanderung und Platznahme natürlicher Gesteinsschmelzen innerhalb der Erdkruste.

Salzstock: Diapir (siehe dort).

Scholle: Ein von tektonischen Störungen begrenztes Stück der Erdkruste.

Sedimente: Sedimentgesteine (Schichtgesteine) werden als Lockergesteine (Sand, Schlick, Kies) abgelagert und durch *Diagenese* verfestigt. Sie werden nach ihrem Entstehungsraum eingeteilt in *marine Sedimente* (Flachsee- und Tiefseeablagerungen) und in *kontinentale Ablagerungen* (d. h. auf dem Festland und in dessen Gewässern) oder beschreibend in *Trümmergesteine* wie Löss, Sandstein, Grauwacke, Geschiebemergel, einige Kalksteine, in *chemische Sedimente*, die durch chemische Reaktionen ausgeschieden werden, wie zum Beispiel Salzgesteine und Gipsgesteine, einige Kalke und Dolomite, und in *organogene Sedimente*, die von Organismen aufgebaut werden. Durch Pflanzen entstehen zum Beispiel Kohlen und Algenkalke, durch Tiere Korallenkalke, Radiolarite.

Silicate (Silikate): Salze und Ester der Monokieselsäure H_4SiO_4 und ihrer Kondensationsprodukte (Kieselsäuren). Die anorganischen Silicate sind als Silicatminerale wesentlich am Aufbau der Erdkruste beteiligt; z. B. Glimmer, Quarz, Feldspäte, Hornblenden, Granate und Beryll. Künstliche Silicate liegen in Zement, Porzellan und Wasserglas vor.

Spreizungszone: siehe *mittelozeanische Rücken.*

Subduktion: Die leichtere kontinentale Kruste wird auf die schwerere ozeanische aufgeschoben, die angeblich im Erdmantel verschluckt (subduziert) wird.

Tafel: Teil der Erdkruste aus ungefalteten, überwiegend flach liegenden Schichten.

Tektonik: Lehre vom Bau und den Lagerungsstörungen der Erdkruste.

Trilobit: Dreilapper, Urkrebs. Eine Gruppe im Meer lebender Gliederfüßler mit kräftigem Rückenpanzer. Sie starben mit Beginn des Erdmittelalters angeblich aus.

Warve: Als geschichteter Ton (Bänderton)in Schmelzwasserbecken vor Gletschern abgelagert.

Literaturverzeichnis

Agassiz, L.: »Etudes sur les Glaciers«, Neuchâtel 1840

Andersen, J. A.: »Polsprung«, Weilersbach 1998

Anderson, D. L., und Dziewonski, A. M.: Seismische Tomographie: 3-D-Bilder des Erdmantels, in: »Die Dynamik der Erde«, Heidelberg 1988

Anthony, H. E.: Nature's Deep Freeze, in: »Natural History«, September 1949

Arguelles, J.: »Der Maya-Faktor«, München 1987

Asimov, I und J.: »Frontiers II«, New York 1993 (deutsch: »Kosmos und Materie«, München 1995)

Austin, S. A.: »Grand Canyon«, Santee 1994

Azzaroli, A.: Cainozoic Mammals and the Biogeography of the Island of Sardinia, Western Mediterranean, in: »Paleogeography, Paleoclimatology, Paleoecology«, 36, 1981

Baars, D.: »The Colorado Plateau«, Albuquerque 1983, 6. Aufl. 1994

Balázs, D.: »Galápagos«, Leipzig 1975

Barker, G.: »Prehistoric Farming in Europe« in »New Studies in Archaeology«, Cambridge 1985, 139–147

Barnes, F. A.: »Canyon County Geology«, Salt Lake City 1978, 6. Auflage 1996

Baugh, C. E.: »Dinosaur«, Orange 1987, 2. Auflage 1991

Beiser, A.: »Die Erde« in der Reihe »Life – Wunder der Natur«, 1970

Bellamy: »Moons, Myths and Man«, 1938

Berckhemer, H.: »Grundlagen der Geophysik«, Darmstadt 1990, 2. Auflage 1997

Berlitz, C.: »Mysteries From Forgotten Worlds«, New York 1972

Binford, S. R. und L. R.: »A preliminary analysis of functional variability in the Mousterian of Levallois faces« in »American Anthropologist«, Bd. 68

Blackstone, D. L.: »Traveller's Guide to the Geology of Wyoming«, Laramie 1988

Blöss, C., und Niemitz, H.-U.: »C14-Crash«, Gräfelfing 1997

Bolsche, W.: »Das Leben der Urwelt«, Leipzig 1932

Bonatti, E.: Der Erdmantel unter den Ozeanen, in: »Spektrum der Wissenschaft«, Mai 1994

Bonechi, C. E. (Hrsg.): »Yellowstone and Grand Teton Nationalparks«, Florenz 1996
Bonechi, C. E:. (Hrsg.): »Grand Canyon Nationalpark«, Florenz 1997
Boschke, F. L.: »Die Schöpfung ist noch nicht zu Ende«, Rastatt 1985
Brown, T.: How I control Gravitation, in: »Science and Invention«, 1929
Brown, W.: »In the Beginning«, Phoenix 1980, 6. Auflage 1995
Browne, M. W.: Skepticism Over Dinosaur DNA, in: »International Herold Tribune«, 22. 6. 1995
Brugger, K.: »Die Chronik von Akakor«, Düsseldorf/Wien 1976
Bryan, A. L.: An Overview of Paleo-American Prehistory from a Circum-Pacific Perspective, in: »Early Man in America«, 1978
Buckland, W.: »Reliquiae Diluvianae; or observations on the Organic Remains Contained in Caves, Fissures and Diluvial Gravel and other Geological Phenomena Attesting the Action of an Universal Deluge«, London 1824
Büdel, J.: »Die Klimazonen des Eiszeitalters«, EuG 1, 1951; »Die Gliederung der Würmkaltzeit«, Würzb. Geogr. Arb. 8, 1960
Bührke, T.: King Kong unter Druck, in: »Bild der Wissenschaft«, 10/1999
Bürgel, B. H.: »Die Weltanschauung des modernen Menschen«, Berlin 1932
Bürgel, B. H.: »Weltall und Weltgefühl«, Berlin 1925
Bürgin, L.: »Geheimakte Archäologie«, München 1998
Burroughs, W. G.: Human-like Footprints, 250 million years old, in: »The Berea Alumnus«, Kentucky 1938
Busse, F. H.: Magnetohydrodynamics of the Earth's Dynamo, in: »Annual Review of Fluid Mechanics«, Band 10, 1978
»Cambridge Encyclopaedia of Earth Sciences«, Cambridge 1982
Carey, S. W.: »The Expanding Earth«, Amsterdam 1976
Carlson, M. P.: »Geology, Geologic Time and Nebraska«, Nr. 10, Lincoln 1993
Carpenter, K., Hirsch, K. F., und Horner, J. R.: »Dinosaur Eggs and Babies«, Cambridge 1994
Carrigan, C. R., und Gubbins D.: Wie entsteht das Magnetfeld der Erde, in: »Spektrum der Wissenschaft«, 4/1979
Ceram, C. W.: »The first American«, 1971 (deutsch: »Der erste Amerikaner«, Hamburg 1972)
Chain, V. E., und Michajlov, A. E.: »Allgemeine Geotektonik«, Leipzig 1989
Charig, A.: »A new look at the Dinosaurs«, London (deutsch: »Dinosaurier, rätselhafte Riesen«, Frankfurt/M., Berlin 1993)
Charig, A.: »Dinosaurier«, Frankfurt 1993
Charlton, W.: »Eiszeiten«, in der Reihe »Time-Life«, Gütersloh 1983

Charroux, R.: »Le livre des secrets trahis«, Paris 1965 (deutsch: »Verratene Geheimnisse«, Stuttgart 1965)
Chronik, H.: »Pages of Stone, Grand Canyon and the Plateau County«, Seattle 1988, 4. Auflage 1977
Cleophas, C.: »The White River Badlands«, Rapid City 1920
Closs, H., Giese, P., und Jacobshagen, V.: Alfred Wegeners Kontinentalverschiebung aus heutiger Sicht, in: »Ozeane und Kontinente«, Heidelberg 1987
Colbert, E. H.: »The Great Dinosaur Hunters and Their Discoveries«, Toronto 1968, Neuauflage 1984
Coleman, R. G.: »Ophiolites: Ancient Oceanic Lithosphere?«, Berlin 1977
Courtillot, V. E.: Die Kreide-Tertiär-Wende: verheerender Vulkanismus?, in: »Spektrum der Wissenschaft«, Digest 5, 1997
Credner, H.: »Elemente der Geologie«, Leipzig 1912
Cremo, M. A., und Thompson, R. L.: »Forbidden Archaeology«, Badger 1993 (deutsch: »Verbotene Archäologie«, Augsburg 1997)
Cuvier, G.: »Discours sur les révolutions de la surface du globe, et sur les changements qu'elles ont produits dans le règne animal«, Paris 1821
Daber, R.: »Geologie erforscht und erlebt«, Leipzig/Jena/Berlin 1965
Dacqué, E.: »Die Erdzeitalter«, München und Berlin, 1930
Dacqué, E.: »Die Urgestalt«, Stuttgart 1951
Dacqué, E.: »Urwelt, Sage und Menschheit«, München und Berlin, 1931
Dall, W. H.: Extract from a Report to C. P. Patterson, Supt. Coast and Geodetic Survey, in: »American Journal of Science«, 21, 1881
Dallmann, G.: »Vorzeitliche Meeresspuren – Die Kalkmergelsand-Flora«, Leopoldshöhe 1995
Damon, P. E., u. a.: Correlation and Chronology of the Ore Deposits and Volcanic Rocks, in: »U. S. Atomic Energy Commission Annual Report«, No. C00-689-76, 1967
Darwin, C.: »The Origin of Species«, London 1859 (deutsch: »Die Entstehung der Arten«, Stuttgart 1981)
Darwin, C.: »Reise eines Naturforschers um die Welt«, 30. März 1835
Darwin, C.: »The Descent of Man«, London 1871 (deutsch: »Die Abstammung des Menschen«, Wiesbaden 1966)
Davidson, J.: »The Secret Of The Creative Vacuum«, Essex 1989 (deutsch: »Das Geheimnis des Vakuums«, Düsseldorf 1996)
Dawkins, R.: »Der blinde Uhrmacher – Ein Playdoyer für den Darwinismus«, München 1987
Dell, R. F.: »Geology of Colorado Illustrated«, Grand Junction 1994
Deloria, V.: »Red Earth, White Lies«, New York 1995
Dewey, J. F.: Plattentektonik, in: »Ozeane und Kontinente«, Heidelberg 1987, siehe auch: »Scientific American«, 5/1972

Dixon, D.: »The Practical Geologist«, New York 1992
Donald, G. J. F.: The Deep Structure of Continents, in: »Reviews of Geophysics«, Band 1, Heft 4, 1963
Dorozynky, A.: Le premier Américain était-il européen?, in: »Science & Vie«, 1997
Dougherty, C. N.: »Valley of the Giants«, Cleburne 1971, Neudruck 1984
Drujanow, W. A.: »Rätselhafte Biographie der Erde«, Leipzig 1984
Du Torr, A.: »Our Wandering Continents«, Edinburgh 1957
Dunbar, C. O: »Historical Geology«, 1949
Eisbacher, G. H.: »Nordamerika« in der Reihe »Geologie der Erde«, Stuttgart 1988
Endrös, R.: »Die Strahlung der Erde«, Tuningen 1998, 6. Auflage
Erdoes, R., und Ortiz, A.: »American Indian Myths and Legends«, New York 1985
Ericson, M., und Heezen, B. und C.: Deepsea Sands and Submarine Canyons, in: »Geological Society of America Bulletin 62«, 1951
Erman, A.: »Travels in Siberia«, London 1848
Ewing, M.: New Discoveries of the Mid-Atlantic Ridge, in: »National Geographic Magazine«, Vol. XCVI, No. 5, November 1949
Feduccia, A.: »The Origin and Evolution of Birds«, New Haven 1996
Fischer, H.: »Rätsel der Tiefe«, Leipzig 1923
Fitzhugh, E. F.: »Treasures in the Earth«, Caldwell 1936
Flandern, T. v.: »Dark Matter, Missing Planets & New Comets«, Berkeley 1993
Flint, R. F.: »Glacial Geology and the Pleistocene Epoch«, 1947
Francheteau, J.: Die ozeanische Kruste, in: »Die Dynamik der Erde«, Heidelberg 1988
Freyberg, B. v.: »Thüringen – Geologische Geschichte und Landschaftsbild«, Öhringen 1937
Friedell, E.: »Kulturgeschichte Ägyptens und des Alten Orients«, München 1936
Friedrich, H,: »Erdkatastrophen und Menschheitsentwicklung«, Hohenpeißenberg 1998
Friedrich, H.: »Jahrhundertirrtum ›Eiszeit‹?«, Hohenpeißenberg 1997
Fritz, W. J.: »Roadside Geology of the Yellowstone County«, Missoula 1985
Geinitz, F.: »Die Eiszeit«, Braunschweig 1906
Geise, G.: »Keltenschanzen und ihre verborgenen Funktionen«, Hohenpeißenberg 1998
Geise, G.: »Woher stammt der Mensch wirklich«, Hohenpeißenberg 1997
Gentry, R. V.: »Creation's Tiny Mystery«, Knoxville 1992

Gish: »Wie war das wohl mit den Dinosauriern?«, Gräfelfing 1982
Gitt, W.: »Logos und Chaos«, Neuhausen/Stuttgart, 1985
Gitt, W.: »Wenn Tiere reden könnten«, Bielefeld 1997
Goodwin, B.: »How the Leopard Changed Ist Spots«, New York 1994
Gregory, J. W.: Contributions to the Geography of British East Africa, in: »Geographical Journal«, IV, 1894
Gregory, J. W.: The African Rift Valleys, in: »Geographical Journal«, LVI, 1920
Greulich, W. (Hrsg.): »Lexikon der Physik in sechs Bänden«, Heidelberg 1998
Gripenberg, W. S.: »Über eine theoretisch mögliche Art der Paläothermie«, Ark. Keemi 1933
Häckel, E.: »Prinzipien der generellen Morphologie der Organismen«, Berlin 1906
Hager, M. W.: »Fossils of Wyoming«, Laramie 1970
Hallam, A.: »A Revolution in the Earth Sciences«, Oxford 1973
Hallam, A.: »Revolution in the Earth Sciences. From Continental Drift to Plate Tectonics«, Oxford 1973
Hancock, G.: »Die Spur der Götter«, Bergisch Gladbach 1995
Hansen, R. W.: »The Black Canyon of the Gunnison in depth«, Tucson 1987
Hapgood, C.: »Maps of the Ancient Sea Kings«, New York 1966, Ausgabe 1996
Hapgood, C.: »The Path of the Pole«, New York 1970
Hartmann, F.: »Das Geheimnis des Leviathan«, Berneck 1994
Haubold, H.: »Die fossilen Saurierfährten«, Wittenberg 1974
Hausel, W. D.: »Minerals and Rocks of Wyoming«, Laramie 1986
Hayes, D.: »Im Eis verschollen«, Berlin 1994
Heer, O.: »Flora fossiles arctica: Die fossile Flora der Polarländer«, Zürich 1868
Heinsohn, G.: Für wie viele Jahre reicht das Grönlandeis?, in: »Vorzeit-Frühzeit-Gegenwart«, Ausgabe 4/1994
Heinsohn, G.: Wann starben die Dinosaurier aus?, in: »Zeitensprünge«, Ausgabe 4/1995
Heinsohn, G.: »Wie alt ist das Menschengeschlecht?«, München 1991
Heinzerling, J.: »Energie aus dem Nichts«, München/Essen 1996
Henke, W., und Rothe, H.: »Der Ursprung des Menschen«, Stuttgart 1983
Hentze, L. F.: »Geologic History of Utah«, Provo 1988, Reprint 1993
Herz, O. F.: Frozen Mammoth in Siberia, in: »Annual Report of the Board of Regents of the Smithsonian Institution«, Washington D.C. 1904
Heuvelmann, B.: »In the Wake of the Sea-Serpents«, London 1968

Hickmann, C. S., und Lipps, J. H.: Geologic Youth of Galápagos Islands Confirmed by Marine Stratigraphy and Palaeontology, in »Science«, 227
Hirsch, W.: Urzeitliche Riesen besiedelten den eurasischen Kontinent, in: »Informationsdienst Wissenschaft«, Online am 26. 9. 1999
Holroyd, E.. W.: Missing Talus, in: »Creation Research Society Quarterly«, 24/1987
Hones, E. W.: Der Schweif der Erdatmosphäre, in: »Spektrum der Wissenschaft«, 8/1980
Horgan, J.: »The End of Science«, Reading 1996 (deutsch: »An den Grenzen des Wissens«, München 1997)
Horn, A. D.: »Götter gaben uns die Gene«, Güllesheim 1997
Howell, G. H.: Terrane, in: »Die Dynamik der Erde«, Heidelberg 1988
Hsü, K. J.: Als das Schwarze Meer austrocknete, in: »Spektrum der Wissenschaft«, Mai 1979
Hsü, K.: »The Mediterranen Was a Desert«, New Jersey 1983 (deutsch: »Das Mittelmeer war eine Wüste«, München 1984)
Hubbard, S.: »The Doheny Scientific Expedition to the Hava Supai Canyon, Northern Arizona«, eine Kopie des privaten Berichts über die Expeditionen im Jahre 1924 liegt im Peabody Museum of American Archaeology and Ethnologie der Harvard University
Humboldt, A.: »Voyage aux régions équinoxiales du nouveau continent«, Paris, 1805–1834
Hutchinson, J. H.: Western North American Reptile and Amphibian Record across the Eocene/Oligocene Boundary and its Climatic Implications, in: D. R. Prothero, W. A. Berggren (Hrsg.): »Eocene-Oligocene Climatic and Biotic Evolution«, Princeton 1992
Illies, J.: »Der Jahrhundertirrtum«, Frankfurt/M. 1983
Illig, H.: »Chronologie und Katastrophismus«, Gräfelfing 1992
Illig. H.: »Die veraltete Vorzeit«, Frankfurt/M. 1988
Isacks, B., Oliver, J., und Sykes, L. R.: Seismology and the New Global Tectonics, in: »Journal of Geophysical Research«, Band 73, Heft 18, September 1968
Ivanov, A. A., Kouznetsov, D. A., und Miller, H. R.: Aus den Proceedings des 5. Internationalen Kreationisten-Kongresses in England, zitiert in: Lebten Dinosaurier und Menschen zur selben Zeit?, in: »Factum«, Ausgabe 2/1993
Jacobs, J. A.: »The Earth Core«, New York 1975
Jordan, T. H.: Composition and Development of the Continental Tectosphere, in: »Nature«, Band 274, 10. 8. 1978
Junker R., und Scherer, S.: »Entstehung und Geschichte der Lebewesen«, Gießen 1986

Kahlke, H. D.: »Das Eiszeitalter«, Berlin 1987
Kaiser, P.: »Die Rückkehr der Gletscher«, München 1971
Kapfer, E.: »Lehrbuch der Geologie«, 2 Teile in 4 Bänden, 6. und 7. Auflage, Stuttgart 1921-23
Keller, H.-U.: »Astrowissen«, Stuttgart 1994
Kelly, A. O.: »Impact Geology«, 1985
Kerr, R. A.: Continental Drilling Heading Deeper, in: »Science«, Vol. 224, 29. 6. 1984
Kerr, R. A.: German Super-Deep Hole Hits Bottom, in: »Science« Vol. 266, 28. 10. 1994
Kerr, R. A.: Looking-Deeply-into the Earth's Crust in Europe, in: »Science«, Vol. 261, 16. 7. 1993
Kozlovsky, Y. A.: Kola Super-Deep: Interim Results and Prospects, in: »Episodes«, Vol. 1982
Kraus, E.: »Die Entstehung der Kontinente und Ozeane«, Berlin 1951
Kraus, E.: »Die Entwicklungsgeschichte der Kontinente und Ozeane«, Berlin 1971
Krenkel, E.: »Die Bruchzonen Ostafrikas«, 1922
Kroh, H.: »Es werde Licht«, München 1980
Kuban, G. J.: Do Human Tracks Occur in the Kayenta of Arizona?, in: »Origins Research«, Vol. 14, No. 2, 1992
Kühn, A.: »Allgemeine Zoologie«, Göttingen 1922, 10. Aufl. Tübingen 1953
Kuhn, T. S.: »Die Struktur wissenschaftlicher Revolutionen«, Frankfurt/M. 1973
Laatsch, W.: »Dynamik der mitteleuropäischen Mineralböden«, Dresden/Leipzig 1954
Lageson, D. R., and Spearing, D. R.: »Roadside Geology of Wyoming«, Misspoula 1988
Lambert, D.: »The Field Guide To Geology«, Cambridge 1932, Neuauflage 1988
Langbein, W.-J.: »Bevor die Sintflut kam«, München 1996
Laubscher, H. P.: Alpen und Plattentektonik: Das Problem der Bewegungsdiffusion an kompressiven Plattengrenzen, in: »Zeitschrift der Deutschen Geologischen Gesellschaft«, Band 124, 1973
Lewis, R. S.: A Continent for Science, in: »The Antarctic Adventure«, New York 1961
Ley, W.: »Drachen, Riesen«, Stuttgart 1953
Lister, A.: »Mammoths«, London 1994 (deutsch: »Mammuts«, Sigmaringen 1997)
Lockley, M.: »Auf den Spuren der Dinosaurier«, Basel 19893
Lyell, C.: »Das Alter des Menschengeschlechts«, Leipzig 1864

Lyell, C.: »The Principles of Geology: Being an Attempt to explain the Former Changes of the Earth's Surface, by reference to Causes Now in Operation«, London 1830
Maack, R.: »Continentaldrift und Geologie des südatlantischen Ozeans«, Berlin 1969
Macdonald, W. J., und Fox, P. J.: Overlapping Spreading Centers, in: »Nature«, Vol. 135, 13. 5. 1983
Mania, D.: »Auf den Spuren des Urmenschen«, Berlin 1990
Marchant, P.: »Die Frühgeschichte der Menschheit«, Gütersloh/München 1992
Marien, K. H.: »Wie entstanden die Eiszeiten«, Frankfurt 1997
Markham, C.: »The Incas of Peru«, 1910
Markus, W.: »Schöpfung in neuem Licht«, Bergisch-Gladbach 1990
Martin, H.: The Late Palaeozonic Gondwana Glaciation, in: »Geologische Rundschau«, 70
McKee, E. D., Hamblin, W. K., und Damon, P. E.: K-Ar Age of Lava Dam in Grand Canyon, in: »Geological Society of America Bulletin«, 79, 1968
Milanovsky, E. E.: »Riftogenez v istorii zemli« (»Riftogonese in der Erdgeschichte«), Moskau 1983
Monastersky, R.: Inner Space, in: »Science News«, Vol. 224, 26. 6. 1984
Moon, P. H.: »The Geology and Physiography of the Altiplano of Peru and Bolivia«, The Transactions of the Society of London, 3rd Series, Vol. I, Pt. I, 1939
Moorbath, S.: The Oldest Rocks and the Growth of Continents, in: »Scientific American«, Band 236, Heft 3, März 1977
Moore, R.: Die Evolution, in: »Life – Wunder der Natur«, 1970
Morgan, J. W.: Rises, Tenches, Great Faults, and Crustal B., in: »Journal of Geophysical Research«, Vol. 73, No. 6, 15. 3. 1968
Morris, J. D.: »The Young Earth«, Colorado Springs 1994
Muck, O.: »Alles über Atlantis«, Düsseldorf/Wien 1976
Müller, Roest, Royer, Gahagan und Schlater: Digital Age Map of the Ocean Floor, in: »Scripps Institution of Oceanography«, Ref. Series No. 93–30
Naudiet, A.: »Paradies, Sintflut, Eiszeit«, Hohenpeißenberg 1996, 2. Auflage,
Niaux, J. C.: »Die altsteinzeitlichen Bilderhöhlen in der Ariège«, Sigmaringen 1997
Norman, D. B.: »Dinosaurier«, München 1991
O'Niens, R. K., Hamilton, P. J., und Evensen, N. M.: Die chemische Entwicklung des Erdmantels, in: »Spektrum der Wissenschaft«, 7/1980
Obuljen, A.: Essai déxplication héliogéophysique des changements pa-

leoclimatiques, in: »Change of climates«, Proc. Rome Sympos. Unesco, 1963
Parker, E. N.: Kosmische Magnetfelder, in: »Spektrum der Wissenschaft«, 10/1983
Parrish, J. T., Spicer, R. A., Parrish, J. T., u. a.: Continental Climate near the Albian South Pole and Comparison with Climate near the North Pole, in: »Geological Society of America, Abstracts with Programs«, Band 23, Heft 5, 1991
Paturi, F. R.: »Die Chronik der Erde«, Augsburg 1996
Paturi, F. R.: »Harenberg Schlüsseldaten Astronomie«, Dortmund 1996
Petersen, D. R.: »The Mysteries of Creation«, El Dorado 1986
Petratu, C. und Roidinger, B.: »Die Steine von Ica«, Essen/München 1994
Pfeiffer, J. E.: »The Emergence of Man«, New York 1978
Pitman, W., und Ryan, W.: »Noah's Flood«, New York 1998 (deutsch: »Sintflut«, Bergisch-Gladbach 1999)
Posnansky, A.: »Tiahuanaco, the Cradle of the American Man«, 1945
Potonié, H.: Autochtonie von Karbonkohlen-Flözen, in: »Jahrbuch der königlich preußischen Geologen«, 1893
Potonié, H.: »Die Entstehung der Steinkohle«, Berlin 1910
Quackenbush, L. S.: Notes on Alaskan Mammoth Expeditions of 1907 and 1908, in: »Bulletin American Museum of Natural History«, Vol. 26
Raff, A. D.: The Magnetism of the Ocean Floor, in: »Scientific American«, Ausgabe Oktober 1961
Raup, R.: »The Nemesis Affair«, New York 1986 (deutsch: »Der Untergang der Dinosaurier«, Hamburg 1992)
Reinsch, D.: »Natursteinkunde«, Stuttgart 1991
Repo, R.: »Untersuchungen über die Bewegungen des Inlandeises in Nordkarelien«, Bulletin Comm. Géol. Finland. 179, 1957
Reuter, J. P.: »Die Wissenschaft vom Wetter«, Berlin/Heidelberg 1978
Reynolds, S. J., u. a.: Compilation of Radiometric Age Determinations in Arizona, in: »Arizona Bureau of Geology and Mineral Technology Bulletin«, 197, 1986
Ridley, F.: Transatlantic Contacts of Primitive Man. Eastern Canada and Northwestern Russia, in: »Pennsylvania Archaeologist«, 1960
Riem, J.: »Die Sintflut in Sage und Wissenschaft«, Hamburg 1925
Ringwood, A. E.: »Origin of Earth and Moon«, Heidelberg 1979
Rona, P. A.: Erzbildung an heißen Quellen im Meer, in: »Die Dynamik der Erde«, Heidelberg 1988
Rosnau, P. O., Auldaney, J., Howe, G. F., und Waisberger, W.: Are human and mammal tracks found together with the tracks of Dinosaurs in the Kayenta of Arizona?, in: »Creation Research Society Quarterly«, Vol. 26, 1990

Rubin, D. M., und McCulloch, D. S.: Single and Superimposed Bedforms: A Synthesis of San Francisco Bay and Flume Observations, in: »Sedimentary Geology«, 26, 1980
Runcorn, S. K.: »Continental Drift«, New York 1962
Rutte, E.: »Bayerns Neandertaler«, München 1992
Sager, W. W., und Koppers, A. A. P.: Late Cretaceous Polar Wander of the Pacific Plate: Evidence of a Rapid True Polar Wander Event, in: »Science«, Vol. 287, 21. 1. 2000, 455–459
Sandberg, C.: »Ist die Annahme von Eiszeiten berechtigt?«, Bd. 1, Leiden 1937
Sarre, F. D.: »Als das Mittelmeer trocken war«, Rüsselsheim 1999
Schaffranke, R.: »Ether Technology«, privat 1977 (als abweichende deutsche Ausgabe unter Sigma, R.: »Forschung in Fesseln«, Oldendorf 1994)
Scheven, J.: »Leben« (»Deutsches Schöpfungsmagazin«), Nr. 6, 1995
Schildmann, K.: »Als das Raumschiff ›Athena‹ die Erde kippte«, Suhl 1999
Schmidt, R. R.: »Der Geist der Vorzeit«, Berlin 1934
Schmidt, R. R.: »Die diluviale Vorzeit«, Stuttgart 1912
Schmitt, C.: Junger Vulkanismus in der Kordillerenzügen Südkolumbiens, in: »Zbl. Geol. Paläont. I«, 3/4
Schoolcraft, H. R., und Benton, T. H.: Remarks on the Prints of Human Feet, Observed in the Secondary Limestone of the Mississippi Valley, in: »The American Journal of Science and Arts«, 5. Jahrgang 1822
Schwarzbach, M.: »Das Klima der Vorzeit«, Stuttgart 1993
Sclater, J. G., und Tapscott, C.: Die Geschichte des Atlantik, in: »Ozeane und Kontinente«, Heidelberg 1987
Seibold, E.: »Der Meeresboden«, Berlin/Heidelberg/New York 1974
Shackleton, E. H.: »The Heart of the Antarctic«, vgl. Velikovsky 1980, 62
Shaw, H. R.: »Craters, Cosmos and Chronicles«, Stanford 1994
Sheldrake, R.: »Das Gedächtnis der Natur«, München 1993
Sheldrake, R.: »Das schöpferische Universum«, München 1985
Sheldrake, R.: »Seven Experiments That Could Change The World«, London 1994 (deutsch: »Sieben Experimente, die die Welt verändern könnten«, Bern/München/Wien 1998)
Singh, M.: »Die Sonne«, Berlin 1997
Sitchin, Z.: »Am Anfang war der Fortschritt«, München 1991
Sitchin, Z.: »Der Zwölfte Planet«, München 1995
Sitchin, Z.: »Stufen zum Kosmos«, Frankfurt/Berlin 1996
Steiger, B.: »Mysteries of Time and Space«, West Chester 1989
Stokes, W. L.: »Dinosaur Tour Book«, Salt Lake City, 1998, 2. Auflage 1992

Stokes, W. L.: »Geology of Utah«, Salt Lake City 1987, 2. Auflage 1988
Strangway, D. W.: The Continental Crust and its Mineral Deposits, in: »Special Paper 20. Geological Society of Canada«, 1980
Suess, E.: »Das Antlitz der Erde« (4 Bände), Leipzig 1885/1909
Supan, A.: »Grundzüge der physischen Erdkunde«, Leipzig 1916
Taylor, J.: »Fossils Facts & Fantasies«, Crosbyton 1999
Thopmson, R. C.: »The Reports of the Magicans ans Astrologers of Ninive and Babylon«, II
Thorson, R. M., Clayton, W. S., und Seeber, L.: Geologic evidence for a large prehistoric earthquake in eastern Connecticut, in: »Geology«, 14, Boulder 1986
Toksöz, M. N., Sleep, N. H., und Smith, A. T.: Evolution of the Downgoing Lithosphere and the Mechanisms of Deep Focus Earthquakes, in: »The Geophysical Journal of the Astronomical Society«, Band 35, Hefte 1–3, Dezember 1973
Tollmann, A. und E.: »Und die Sintflut gab es doch«, München 1993
Topfer, V.: »Die Tierwelt des Eiszeitalters«, Leipzig 1963
Topper, U.: »Das Erbe der Giganten«, Olten 1977
Topper, U.: »Erfundene Geschichte«, München 1999
Turekian, K. K.: »Die Ozeane«, Stuttgart 1985
Velikovsky, I.: »Earth in Upheaval«, Garden City 1955 (deutsch: »Erde im Aufruhr«, Frankfurt/M. 1980)
Velikovsky, I.: »Worlds in Collision«, New York 1950 (deutsch: »Welten im Zusammenstoß«, Stuttgart 1951, Taschenbuchausgabe Frankfurt 1994)
Vollmer, A.: »Sintflut und Eiszeit«, Obernburg 1989
Wagenbreth, O., und Steiner, W.: »Geologische Streifzüge«, Leipzig 1990
Walker, J. C. G.: »Evolution of the Atmosphere«, New York 1977
Walther, J. W.: »Geschichte der Erde und des Lebens«, Leipzig 1908
Weber, H.: »Einführung in die Geologie Thüringens«, Berlin 1955
Wegener, A.: »Die Entstehung der Kontinente und Ozeane«, Braunschweig 1915
Wegener, A.: Die Entstehung der Kontinente, in: »Geologische Rundschau«, Leipzig 1912
Weinschenk, E.: »Grundzüge der Gesteinskunde, Teil I«, Freiburg 1906
Weinschenk, E.: »Grundzüge der Gesteinskunde, Teil II«, Freiburg 1907
Weiß, E.: »Littrow, Wunder des Himmels«, Berlin 1886
Wilder-Smith, A. E.: »Herkunft und Zukunft des Menschen«, Hamburg 1994
Wilder-Smith, A. E.: »Wer denkt, muß glauben«, Bielefeld 1997
Williams, G. E.: Geological evidence relating to the origin and secular rotation of the solar system, in: »Modern Geology 3«, 1972

Willis, B.: »East African Plateaus and Rift Valleys«, 1936
Wilson, J. T.: Kontinentaldrift, in: »Ozeane und Kontinente«, Heidelberg 1987, siehe auch »Scientific American«, 4/1963
Woldstedt, P., und Duphorn, K.: »Norddeutschland und angrenzende Gebiete im Eiszeitalter«, Stuttgart 1974
Woldstedt, P.: »Das Eiszeitalter«, Stuttgart 1954
Woldstedt, P.: »Quartär. Handbuch der stratigraphischen Geologie 2«, Stuttgart 1969
Wolf, M.: »Kohlen permokarbonischen Alters im außerandinen Südamerika« in »Zbl. Geol. Paläont. I«, 3/4
Woodward, S. R., Weyand, N. J., und Bunnel, M.: DNA Sequenz from Cretaceous Period Bone Fragments, in: »Science«, Bd. 266, 18. 11. 1994
Wright, G. F.: »Man an the Glacial Period«, New York 1987
Wuketits, F. M.: »Biologie und Kausalität«, Berlin/Hamburg 1981
Wunderlich, H. G.: »Das neue Bild der Erde«, Hamburg 1975
Zeil, W.: »Geologie von Chile«, Berlin 1964
Zeil, W.: »Südamerika«, Stuttgart 1986
Zillmer, H.-J.: »Darwins Irrtum – Vorsintflutliche Funde beweisen: Dinosaurier und Menschen lebten gemeinsam«, München 1998, 2. Auflage 1999
Zillmer, H.-J.: »Der fossile Hammer aus der Zeit der Dinosaurier«, Efodon-Dokumentation Nr. DO-38, Hohenpeißenberg 1998
Zimmermann, M. R., und Tedford, R. H.: Histologic Structures Pressed for 21 300 Years, in: »Science«, 8. Oktober 1976

Register

	System	Serie	Eiszeiten		Alter*
Erdurzeit (Azoikum)					4600–4000
Erdfrühzeit (Präkambrium)			Erste Eiszeiten** vor 2000–1900* u. 750–650*		4000–590
Erdaltertum (Paläozoikum)	**Kambrium**		Keine Vereisung.	Frei driftende Urkontinente?	590–500
	Ordovizium		Afrika am vereisten Südpol.**		500–440
	Silur				440–410
	Devon 410–360 Ma	Unterdevon	Keine globalen Eiszeiten, Südamerika liegt am Südpol.**		410–390
		Mitteldevon			390–375
		Oberdevon			375–360
	Karbon 360–290 Ma	Unterkarbon	Keine Eiszeiten, Antarktis am vereisten Südpol.**		360–325
		Mittel-/Oberkarbon			325–290
	Perm 290–250 Ma	Rotliegendes	Abnehmende südliche Vereisung; trockene Hitze.		290–270
		Zechstein		Pangaea	270–250
Erdmittelalter (Mesozoikum)	**Trias** 250–210 Ma	Untertrias	Keine Eiszeiten und keine vereisten Pole; warmes bis tropisches Klima auf der ganzen Welt von Pol zu Pol; der jetzt relativ stationäre Urkontinent (Pangaea) zerfällt langsam.		250–243
		Mitteltrias			243–230
		Obertrias			230–210
	Jura 210–140 Ma	Unterjura			210–184
		Mitteljura		Kontinentalverschiebung (Plattentektonik)	184–160
		Oberjura			160–140
	Kreide 140–65 Ma	Unterkreide			140–97
		Oberkreide			97–65***
Erdneuzeit (Neozoikum)	**Tertiär** 65–1,7 Ma	Paläozän	Keine Eiszeit und keine vereisten Pole.		65–55
		Eozän			55–36
		Oligozän			36–24
		Miozän	Eis am Südpol.		24–5
		Pliozän	Kaltzeit.		5–1,7
	Quartär 1,7 Ma – heute	U. Pleistozän	Beginn Eiszeit.		1,7–0,72
		O. Pleistozän	Eiszeit.		0,72–0,01
		Holozän	Nur Eis an Polen.		0,01–heute
	Vorausschau	Zukunft	Kein Poleis mehr in ca. 5000 Jahren.		

* = Zeitangaben in Millionen Jahre, ** = Unterschiedliche Meinungen (Autor: keine Vereisungen, da im und vor dem Erdmittelalter gerade Erdachse), *** = Schiefstellung Erdachse.